GEHEIMNISSE der Wildnis

Gefährliche und heilsame Begegnungen

Unvergessliche Erlebnisse mit Parasiten,
Schlangen, Spinnen, Heilpflanzen u. v. m.

Wolfgang Dibiasi

Bibliografische Information der Deutschen Nationalbibliothek.

Die Deutsche Nationalbibliothek verzeichnet diese Publikation in der Deutschen Nationalbibliografie; detaillierte bibliografische Daten sind
im Internet über http://dnb.dnb.de abrufbar.

Für Fragen und Anregungen:
info@eulogiaverlag.de

ISBN Softcover: 978-3-96967-458-1
ISBN eBook: 978-3-96967-459-8

Originale Erstausgabe 2024

Eulogia Verlags GmbH
Gerhofstraße 1–3
20354 Hamburg

Lektorat: Sandra Pichler
Satz und Layout: Tomasz Dębowski
Covergestaltung: Aleksandar Petrović, unter Verwendung von
© reptiles4all/Shutterstock.com, © elena_prosvirova/Shutterstock.com,
© Kurit afshen/Shutterstock.com.

GEHEIMNISSE der Wildnis

Gefährliche und heilsame Begegnungen

Unvergessliche Erlebnisse mit Parasiten,
Schlangen, Spinnen, Heilpflanzen u. v. m.

EULOGIA
VERLAG

Inhaltsverzeichnis

Rechtlicher Hinweis

Der Autor und der Verlag dieses Buches möchten ausdrücklich darauf hinweisen, dass alle beschriebenen Erlebnisse und Handlungen auf den persönlichen Erfahrungen des Autors basieren. Dieses Buch ist nicht dazu gedacht, Leser dazu zu ermutigen oder anzuregen, die beschriebenen Handlungen nachzumachen oder selbst auszuprobieren.

Weder der Autor noch der Verlag übernehmen Verantwortung oder Haftung für Unfälle, Verletzungen oder sonstige Missgeschicke, die durch das Nachahmen oder Umsetzen der im Buch beschriebenen Handlungen entstehen können.

Alle Informationen und Beschreibungen in diesem Buch sind ausschließlich zu Informations- und Unterhaltungszwecken gedacht. Jegliche Handlungen im Zusammenhang mit giftigen Tieren und Pflanzen erfordern Fachwissen und sind potenziell gefährlich. Es wird dringend davon abgeraten, ohne ausreichende Fachkenntnisse und Sicherheitsvorkehrungen mit giftigen Tieren und Pflanzen umzugehen.

Indem Sie dieses Buch lesen, erkennen Sie an, dass Sie sich des Risikos bewusst sind und dass weder der Autor noch der Verlag für etwaige Schäden haftbar gemacht werden können.

Vorwort

Ich erinnere mich noch gut daran, als ich Wolfgang vor über einem Jahrzehnt kennengelernt habe. Damals war er ein Zoologie-begeisterter Student, der bei mir eines seiner ersten Bücher, „Die Schlangen Südtirols", verlegte. Schon damals zeichnete sich ab, dass er eine große Leidenschaft für die Welt der Tiere, insbesondere für die Schlangen, hatte. Diese Leidenschaft und sein unermüdlicher Einsatz führten später dazu, dass er bei mir seine herausragende Masterarbeit verfasste.

In einem Interview erzählte Wolfgang einmal, dass er sich als Kind vor Schmetterlingen gefürchtet hat – eine Ironie des Schicksals, wenn man bedenkt, dass er heute als erfolgreicher YouTuber auf seinem Kanal „Der YouTube Biologe" seine Faszination für Gifttiere mit der Welt teilt. Mit seinem mitreißenden Storytelling gelingt es ihm, junge Menschen für die Zoologie und Biowissenschaften zu begeistern. Eine Eigenschaft, die ich mir von mehr Wissenschaftlern wünschen würde.

Wolfgangs Arbeit und seine Fähigkeit, komplexe biologische Themen verständlich und spannend zu präsentieren, tragen erheblich dazu bei, das Interesse und die Begeisterung der jungen Generation für die Naturwissenschaften zu wecken. Seine Reise von einem neugierigen Studenten zu einem einflussreichen Wissenschaftskommunikator ist beeindruckend und inspirierend zugleich. Es erfüllt mich mit Stolz und Freude, seinen Werdegang begleiten zu dürfen und zu sehen, wie er die Faszination für die Tierwelt in die Welt hinausträgt.

In diesem Buch, „Geheimnisse der Wildnis", nimmt uns Wolfgang mit auf eine Reise in die tiefen Wälder, die verborgenen Ecken Europas und an Orte, die von den meisten gemieden werden. Wir begegnen Kreaturen, die einem das Blut in den Adern gefrieren lassen, und erfahren von Entdeckungen, die das menschliche Verständnis herausfordern. Seine Erlebnisse mit Parasiten, Schlangen, Spinnen und Heilpflanzen sind nicht nur lehrreich, sondern auch eine Erinnerung daran, dass die Natur, so gefährlich sie auch sein mag, immer noch das größte und wertvollste Wunder von allen ist.

Neben seiner Tätigkeit als YouTuber war Wolfgang auch maßgeblich am Aufbau des YouTube-Kanals des „Instituts für Zoologie“ beteiligt. Sein Engagement und seine Expertise haben dazu beigetragen, dass wissenschaftliche Inhalte einer breiten Öffentlichkeit zugänglich gemacht wurden. Zudem ist er ein wertvoller Berater für das zukünftige Science Center „MikroMondo“, das in Tirol eröffnet werden soll. Dieses Zentrum wird Einblicke in die faszinierende Welt der Biologie im Kleinsten geben und durch Wolfgangs Einfluss sicherlich ein Anziehungspunkt für viele Naturinteressierte werden.

Die Relevanz ausgezeichneter Wissenschaftskommunikation kann nicht hoch genug eingeschätzt werden. In einer Zeit, in der wissenschaftliche Erkenntnisse für das öffentliche Verständnis von großer Bedeutung sind, ist es unerlässlich, dass diese Informationen klar und zugänglich vermittelt werden. An der Universität Innsbruck wird dies im Rahmen des Masterstudiums Zoologie besonders betont. Wolfgangs Erfolg und seine Fähigkeit, ein breites Publikum zu erreichen, zeigen, wie wichtig und wirkungsvoll gute Wissenschaftskommunikation sein kann. Sie trägt dazu bei, die Kluft zwischen Wissenschaft und Öffentlichkeit zu überbrücken und das Verständnis und die Wertschätzung für die Natur zu fördern.

Ein besonderes Highlight in Wolfgangs akademischer Laufbahn war sein Gastvortrag im Rahmen der Vorlesung „Spezielle Tierphysiologie“ an der Universität Innsbruck. Diese Vorlesung, die sich unter anderem mit Gifttieren beschäftigt, bot ihm die Gelegenheit, sein Wissen und seine Erfahrungen als Student mit seinen Kommilitonen zu teilen. Sein Vortrag beeindruckte nicht nur durch die Tiefe seines Wissens, sondern auch durch seine Fähigkeit, komplexe Themen auf verständliche und fesselnde Weise zu vermitteln.

Wolfgangs Arbeit ist ein leuchtendes Beispiel dafür, wie Wissenschaft und Begeisterung Hand in Hand gehen können. Seine Geschichten und Erlebnisse ermutigen uns, die Natur mit anderen Augen zu sehen und die vielen Wunder, die sie zu bieten hat, zu schätzen. Dieses Buch ist nicht nur ein Sachbuch über gefährliche Tiere, sondern auch eine Einladung, sich für die Natur zu begeistern und ein Leben voller Zufriedenheit und Unabhängigkeit aufzubauen.

Ich lade Sie ein, sich auf diese spannende Reise zu begeben und die Geheimnisse der Wildnis durch Wolfgangs Augen zu entdecken. Lassen Sie sich inspirieren und faszinieren von der Vielfalt und Schönheit der Natur, die uns umgibt.

Viel Freude beim Lesen
Diplom-Biologe ao. Prof. Dr. Thorsten Schwerte

Die große Reise

Wie alles begann

Ich war ein kleiner Junge, der noch nicht lesen konnte, sich aber für die Natur begeisterte. In meinen Händen hielt ich ein kleines, altes Büchlein über Tiere und Pflanzen. Die Ränder des Büchleins waren bereits abgenutzt und die Folie, in die es eingebunden war, fing bereits zu bröckeln an. Dieses Büchlein blätterte ich mehrmals am Tag durch und begutachtete die Fotos von den verschiedenen Tieren, die darin enthalten waren. Weil ich noch nicht lesen konnte, mussten mir die Erwachsenen entweder den Text vorlesen oder mir zusammenfassend erklären, was darin stand.

Nachdem ich der Meinung war, genug Informationen erhalten zu haben, blätterte ich weiter, zeigte auf das nächste Foto und fragte meine Mutter: „Und das hier? Was ist das?“ Meine Mutter erzählte mir ein bisschen was, ehe sie verstummte. Ich blätterte weiter und sah mir das nächste Tier an. Als ich es sah, veränderte sich sofort meine Gefühlslage. Zunächst noch relativ entspannt, machte sich nun ein ganz neues Gefühl in mir breit. Dieses eine Tier zog mich regelrecht in seinen Bann. Ich konnte nicht aufhören, es mir anzuschauen. Sein stechend scharfer und durchdringender Blick wurde durch seine leuchtend orangen Augen zusätzlich verstärkt. Allein durch seinen Blick und sein Äußeres vermochte das Tier in mir eine Mischung aus Faszination, aber auch großen Respekt auszulösen.

Aufgeregt stellte ich meiner Mutter die Frage, die sie schon unzählige Male von mir gehört hatte: „Das hier auf dem Bild … Was ist das?“

„Das hier ist eine Schlange und die solltest du niemals anfassen.“

Ich war erstaunt und wollte wissen, warum man diese Tiere nicht anfassen sollte.

Darauf folgte ein kurzes und knappes „Weil sie giftig ist“.

„Und was bedeutet das? Giftig?“

„Das bedeutet, dass sie dich beißt und dir dann ein Gift verabreicht. Dadurch kannst du sterben.“

Damit wurde das Feuer der Begeisterung entfacht. Besonders fasziniert hat mich, dass dieses Tier offensichtlich jemanden, der sehr viel größer und stärker ist als es selbst, einfach so aus dem Leben befördern kann, und dafür nicht mehr als einen einzigen Biss benötigt. Jetzt wollte ich mehr wissen. Was gibt es für Schlangen? Wie groß werden sie? Wo leben sie? Warum habe ich noch nie eine gesehen? Wo kann ich Schlangen finden?

Meine Eltern erhielten ihren ersten offiziellen Bildungsauftrag von mir. Ich wollte mehr Bücher über Schlangen haben und Dokumentationen über Schlangen schauen. Irgendwann wollte ich echte Schlangen beobachten. Es blieb nicht nur bei den Schlangen. Denn mir entging nicht, dass auch andere Tiere giftig sein können. Verschiedene Insekten, Spinnen und andere Tiere. Alles, was auf irgendeine Art und Weise „heimlich" gefährlich sein konnte, zog mich an, wie ein Magnet.

Es versteht sich von selbst, dass eine Mutter zunächst nicht sonderlich begeistert ist, wenn sich ihr Sohn für Tiere interessiert, die ihm gefährlich werden könnten. Trotzdem haben meine Eltern dieses Interesse weiter gefördert und mir auf meinen Wunsch jede einzelne Dokumentation aufgenommen, in der Schlangen, Spinnen oder andere derartige Tiere zu sehen waren. Diese Filme habe ich mir unzählige Male angeschaut und bis heute kenne ich jede einzelne Stelle auswendig. Besonders fasziniert haben mich Dokumentationen, in denen man Menschen gesehen hat, die solche Schlangen in freier Natur aufspüren, fotografieren und filmen. Menschen, die mit diesen gefährlichen Tieren offensichtlich sehr gut umzugehen wussten. Diese Menschen hatten in meinen Augen eine Art Superkraft. Die Kraft, mit gefährlichen Tieren kommunizieren zu können, sodass ihnen nichts passiert.

Obwohl meine Eltern mein Interesse gefördert haben, versuchten sie mir trotzdem sehr deutlich klarzumachen, dass man solchen Tieren besser nicht zu nahekommt und dass ich auf keinen Fall eine Schlange einfangen soll, wenn ich jemals eine in freier Wildbahn zu Gesicht bekommen sollte. Ich willigte zunächst ein und erklärte meinen Eltern, dass ich Schlangen niemals anrühren würde. Doch dabei blieb es nicht.

Meine erste Begegnung mit einer wild lebenden Schlange

Meine erste Schlange habe ich gefangen, bevor ich lesen und schreiben gelernt habe. Das war damals ein Riesentheater. Ich war mit meiner Großmutter unterwegs. Sie hatte zu dieser Zeit große Angst vor Schlangen. Das hielt mich allerdings nicht davon ab, Steine umzudrehen, wann immer ich mit ihr draußen im Feld unterwegs war. Meine Großmutter bat mich darum, die Steine liegen zu lassen, weil darunter Schlangen sein könnten. Das habe ich natürlich nicht als Anlass dafür genommen, mit dem Steineumdrehen aufzuhören. Nein, jetzt wollte ich erst recht wissen, was unter den Steinen war. Um es mal in der Sprache eines „normalen" Kindes auszudrücken: „Mach dieses Geschenk auf keinen Fall auf! Es könnte sein, dass sich darin vielleicht das Coolste befinden könnte, was du jemals gesehen hast!" Welches Kind hört denn bitte darauf? Ich jedenfalls nicht. Und so drehte ich jeden einzelnen Stein um, den ich mit meinen kleinen Händen bewegen konnte. Unter einem von ihnen war tatsächlich eine Schlange. Meine erste Schlange in freier Wildbahn.

Weil ich Unmengen an Zeit damit verbrachte, mir Bilder von Schlangen anzusehen, erkannte ich sofort, dass es sich um eine ungiftige Zornnatter handelte. Das bedeutete, dass ich nur ein bisschen bluten würde, wenn sie mich beißen würde. Was ich damals noch nicht wusste: Auch der Biss einer ungiftigen Schlange kann sehr unangenehme Folgen nach sich ziehen. Diese Erfahrung sollte ich aber erst 23 Jahre später machen.

Die Schlange spannte sich an und schnappte blitzschnell in meine Richtung. Als ich zur Seite sprang, versuchte sie zu flüchten, doch es gelang mir, sie zu packen. Mit einem Stock fixierte ich ihren Kopf und ergriff sie direkt am Nacken, damit sie mich nicht beißen konnte. Ich wusste durch die unzähligen Dokumentationen, wie man eine Schlange fängt. Das soll nicht bedeuten, dass ich so etwas weiterempfehlen würde. Wenn du, lieber Leser, den Umgang mit Schlangen erlernen willst, kontaktiere einen Profi, der es dir Schritt für Schritt beibringt.

Voller Stolz rannte ich mit der Schlange zu meiner Großmutter, um ihr meinen Fang zu präsentieren.

Sie fing allerdings panisch zu schreien an: „Spinnst du! Schmeiß sie weg!"

Ich ließ die Schlange fallen und sie schlängelte sich davon.

Meine Großmutter war außer sich und ich durfte mir erst mal ihr Geschimpfe anhören.

Ich war damals knappe fünf Jahre alt und ließ mir immer noch die Texte aus den Büchern vorlesen oder nacherzählen. In dem Alter wusste ich aber bereits, wie man in meiner Gegend Giftschlangen von ungiftigen Schlangen unterscheiden kann.

Als ich ihr versuchte zu erklären, dass diese Schlange harmlos ist, antwortete sie nur: „Nein! Du verstehst das noch nicht!"

Ich war deswegen ziemlich sauer auf meine Großmutter. Inzwischen kann ich gut nachvollziehen, dass es sehr besorgniserregend sein kann, wenn der eigene Enkel plötzlich mit einer Schlange daherkommt, wenn man noch dazu selber große Angst vor diesen Tieren hat.

Obwohl mir meine Großmutter ausdrücklich verboten hatte, jemals wieder eine Schlange zu ergreifen, blieb es natürlich nicht dabei. Ich machte mich bei jeder Gelegenheit aufs Neue auf in die Natur, um dort nach Schlangen zu suchen. Die Zornnatter war in dieser Gegend die häufigste Schlange. Mit etwas Glück fand ich Äskulapnattern oder Ringelnattern. Die einzige Giftschlange, die in dieser Gegend lebte, war die Aspisviper. Diese ist jedoch eine sehr versteckt lebende Art, die insbesondere im Sommer vermehrt in der Dämmerung aktiv ist, weshalb ich am Anfang nie eine gefunden habe. Bis zu jenem Zeitpunkt, an dem ich mich am Ende eines sehr langen Sommertages erneut auf ein kleines Abenteuer eingelassen habe.

Kontrolliere deine Angst! Meine erste Giftschlange

Zu dem Zeitpunkt war ich etwa sechs Jahre alt und hatte schon meine ersten Erfahrungen mit Schlangen gesammelt. Ich wusste, wo diese Tiere leben, zu welchen Uhrzeiten sie aktiv sind und wie ich sie am besten finden konnte. Außerdem konnte ich inzwischen lesen. Meine Lesekünste waren zwar noch ziemlich holprig und ich hatte Mühe, einzelne Wörter zu entziffern. Aber es reichte, um den Inhalt eines Sachbuches zu begreifen.

Die Aspisviper war im Hochsommer sehr früh am Morgen und in der Dämmerung aktiv. Kein Wunder, dass ich am helllichten Tag niemals eine gefunden hatte. Wenn ich jemals eine Aspisviper sehen wollte, müsste ich in der Dämmerung ausrücken. Es gab da nur ein kleines Problem … Die Dämmerung war eine Zeit, zu der ich bereits zu Hause sein musste. Außerdem wurde es mir im Wald zu unheimlich, sobald die Sonne unterging. Doch an diesem Tag bekam ich eine Gelegenheit, die ich auf jeden Fall nutzen wollte.

Meine Großeltern feierten draußen in den Feldern eine Grillparty. Auf einem flachen Hügel stand ein kleines Häuschen, das sie tagsüber als Unterkunft benutzten, während sie Pause von der Feldarbeit machten. Sobald die Sonne hinter den Bergen verschwand, nutzte ich die Gelegenheit und machte einen kleinen „Spaziergang".

Etwas weiter draußen in den Feldern, fernab vom kleinen Haus, schlenderte ich einen Feldweg entlang und kam zu einer Kreuzung, neben der ein Haufen Steine lag. Kleine Steine, große Steine, Felsen und ein paar

Baumstämme waren dort verstreut. Dazwischen wuchsen hohe Grashalme und Brombeeren. Der perfekte Lebensraum für eine Aspisviper.

Ich hielt mich eine Weile an diesem Ort auf und suchte nach der Schlange. Allerdings konnte ich keine finden und machte mich irgendwann frustriert auf den Rückweg. Auf dem Weg zurück zum Häuschen fiel mir allerdings ein schmaler Weg auf, der vom Feldweg in einen kleinen und lichten Wald führte. Ohne mir etwas zu erwarten, entschloss ich mich, diesem Weg zu folgen, um zu schauen, wohin er führte. Der Weg endete blind im Wald und erschien mir ziemlich langweilig, weshalb ich beschloss umzudrehen. Kurz vor Erreichen des vorherigen Feldweges blieb ich allerdings schlagartig stehen.

Direkt vor mir lag mitten auf dem Weg ausgestreckt eine erwachsene, männliche Aspisviper. Mein Puls schoss im Bruchteil einer Sekunde ins Unendliche. Die Augen und der stechende Blick – genau wie das Foto aus dem Buch. Im echten Leben war das alles noch mal deutlich intensiver. Es ist ein großer Unterschied, ob du ein wildes Tier auf einem Foto anschaust oder ihm in freier Wildbahn gegenüberstehst.

Mit meinen damaligen sechs Jahren war ich noch kein ausgewachsener Mann und so erschien mir diese Viper riesengroß, obwohl sie schätzungsweise nur etwa 80 cm maß. Ich konnte es nicht fassen, dass ich nach so langer Zeit endlich eine Giftschlange zu Gesicht bekam. Meinen Herzschlag spürte ich bis in meinen Kopf. Jedes einzelne Körperteil pulsierte regelrecht vor lauter Aufregung. Ich wollte diese Schlange einfangen. Doch zugleich hallten die Worte meiner Mutter durch meinen Kopf: „Wenn dich so eine beißt, kannst du sterben …"

Für Erwachsene ist der Biss einer Aspisviper kein Weltuntergang. Es ist extrem schmerzhaft; die gebissene Extremität schwillt an und verfärbt sich rot-bläulich. Übelkeit, Erbrechen und Schweißausbrüche können hinzukommen. Ein gesunder und erwachsener Mensch sollte sich im Normalfall nach ein paar Tagen von einem solchen Schlangenbiss erholen. Dennoch ist der Biss der Aspisviper auch für Erwachsene keineswegs zu unterschätzen. Durch die geringe Körpermasse ist der Biss dieser Schlange für ein Kind deutlich gefährlicher als für Erwachsene. Dessen war ich mir zum Zeitpunkt der Begegnung bewusst. Es war nicht nur die Angst vor dem giftigen Biss der Schlange, die mich am Anfang davon abhielt, die Schlange zu ergreifen. Ich wusste, dass ich im Falle eines Bisses keine andere Wahl hatte, als die Erwachsenen um Hilfe zu bitten. Dann würde ich aber eingestehen müssen, dass sie recht hatten und dass ich keine Schlangen anrühren sollte. Ich hätte es als eine Schande empfunden, einen solchen Fehler zugeben zu müssen. Außerdem hatte ich Angst, dass mir meine Eltern zukünftig verbieten würden, jemals wieder alleine raus in die Natur zu gehen. Trotzdem wollte ich diese Schlange nicht einfach nur dahinziehen lassen. Schließlich gelang es den Leuten aus den Dokumentationen auch, Giftschlangen zu fangen. Doch wann immer ich mich der Schlange nähern wollte, hielt mich meine Angst zurück. Ich fing an zu schwitzen und mein Herz-Kreislauf-System veranstaltete ein regelrechtes Heavy-Metal-Konzert. Die Viper blieb dabei völlig regungslos auf dem Boden liegen, während ich einen inneren Monolog führte: „Du musst deine Angst kontrollieren. Du bist zu aufgeregt. Du zitterst und schwitzt. Du musst dich beruhigen."

Ich atmete ein paar Mal tief ein. Mein Puls beruhigte sich ein wenig. Ich versuchte noch mal, einen Schritt auf die Schlange zuzugehen. Doch erneut hielt mich meine Angst zurück. Die Schlange blieb währenddessen seelenruhig auf dem Boden liegen und beobachtete mich, während ich mich über mich selbst in Grund und Boden ärgerte. Fast hatte es den Anschein, als würde sich die Viper denken: „Ich bleib' hier so lange liegen, wie ich will. Dieser Junge hat sowieso zu große Angst vor mir …"

Ich setzte mich kurz hin und sah der Viper in die Augen. Sie drehte den Kopf zur Seite und wollte sich davonschlängeln. Plötzlich erwachte in mir eine Art Jagdinstinkt, der die Angst betäubte. Ich hatte so lange gewartet, eine solche Schlange zu finden, und jetzt kroch sie einfach vor mir davon. *Nein!* Ich sprang auf, stürzte mich auf die Schlange und ergriff sie am hinteren Körperdrittel.

Sofort fing die Viper an bedrohlich zu zischen und versuchte, nach mir zu schnappen. Mein Puls war inzwischen so stark, dass ich das Gefühl hatte, jemand würde von innen gegen meine Brust schlagen. Dennoch blieb ich konzentriert. Während die Schlange zischte und versuchte, sich aus meinem Griff zu befreien, nahm ich mit der anderen Hand einen Stock und fixierte ihren Kopf. Dann ergriff ich sie mit der einen Hand direkt hinter ihrem Kopf. Während ich sie festhielt, zischte sie weiter und versuchte sich mit ihrem Körper aus meinem Griff zu befreien. Ich wollte ihre Giftzähne anschauen. Also ließ ich sie in ein Stück Stoff beißen. Die Schlange riss ihr Maul auf und schlug ihre Giftzähne hinein. Der Stoff wurde daraufhin feucht, weil die Viper Gift aus ihren Zähnen entlassen hatte.

Vipern beißen nicht einfach zu, indem sie das Maul auf- und zumachen wie ein Hund oder eine Echse. Diese Schlangen schlagen ihre Giftzähne regelrecht in ihr Opfer, indem sie das Maul weit aufreißen und dann blitzschnell mit Schwung zubeißen, sodass die Giftzähne die Haut des Opfers ohne Probleme durchdringen.

Diesen Schwung und die Art und Weise, wie die Schlange ihre Giftzähne in das Gewebe schlug, konnte man fühlen, wenn man sie hinter dem Kopf festhielt. Es war ein schauriges Gefühl, als ich mir vorstellte, wie es sich anfühlen musste, von einer Viper gebissen zu werden.

Als ich gesehen hatte, dass sich Gift im Stofffetzen befand, wusste ich, dass die Schlange nun ihre Giftdrüse entleert hatte. Allerdings wusste ich zu dem Zeitpunkt auch, dass Schlangen normalerweise ihre Giftdrüsen nicht mit nur einem einzigen Biss vollständig entleeren und dass sie mehrmals zubeißen können, wobei sie auch mehrmals Gift abgeben können. Also musste ich immer noch vorsichtig sein.

Ich hatte die Schlange sicher im Griff. Aber ich musste sie ja auch irgendwann wieder loslassen. Mein Puls schnellte wieder in die Höhe. Ich gab mir Mühe, dass die Schlange mich nicht erwischen konnte. Also hielt ich ihren Kopf etwa 30 cm oberhalb des Bodens und zählte langsam bis drei. Dann ließ ich den Kopf los und zog meine Hand schnell zurück. Die Viper

Adultes, weibliches Exemplar einer Aspisviper (*Vipera aspis*).

schlängelte sich schnaubend und zischend davon. Sie verschwand unter einem der Steine, die am Wegesrand lagen. Ich kniete mich auf den Boden und atmete tief durch.

Die Erwachsenen durften von dieser Begegnung natürlich nichts wissen. Als ich wieder zurückkam, setzte ich mein unschuldiges Gesicht auf und tat so, als wäre ich nur mal kurz irgendwo spielen gewesen, obwohl mir an diesem Tag die Natur eine der wichtigsten Lektionen meines Lebens beigebracht hatte: Kontrolliere deine Angst und lasse dich nicht von ihr bestimmen.

Die Natur: Dein Lehrer, dein Meister, dein Heiler

Vor Schlangen hatte ich nie so richtig Angst. Ich fühlte mich mit diesen Tieren immer schon auf besondere Art und Weise verbunden. Das klingt jetzt wie irgendein Esoterik-Quatsch, aber es ist nun mal so und ich kann es selbst nicht genau erklären. Als ich das erste Mal ein Foto von einer Schlange gesehen habe, wusste ich, dass ich irgendwann einmal mit solchen Tieren arbeiten möchte.

Bei anderen giftigen Tieren war es ein bisschen anders. Spinnen haben mich schon immer interessiert. Doch vor Spinnen hatte ich aus irgendeinem Grund Angst. So kann ich mich noch gut an eine gewisse Szene in meiner frühen Kindheit erinnern, in der ein harmloser Weberknecht (der noch nicht einmal eine richtige Spinne ist) über mein Bein geklettert ist. Ich habe sofort angefangen, krampfartig zu weinen, woraufhin meine Mutter den Weberknecht davongetragen hat.

In Bezug auf Spinnen stand ich vor einem kleinen Dilemma. Auf einer Seite wollte ich mehr über diese wundersamen achtbeinigen Kreaturen erfahren. Doch auf der anderen Seite hatten sie etwas an sich, das mir Angst machte.

Eine Schlange konnte ich auf die eine oder andere Art und Weise einschätzen. Wenn eine Schlange anfängt zu zischen und in eine S-Position geht, weißt du, dass sie kurz davor ist, nach vorne zu schnellen. In diesem Moment solltest du dich nicht direkt vor ihrem Kopf befinden. Der Kopf ist das einzige gefährliche Körperteil der Schlange, das man relativ leicht unter Kontrolle bringen kann, indem man die Schlange direkt hinter dem Kopf ergreift. Allerdings funktioniert das nicht bei jeder Schlange. Es gibt Schlangen, die dich immer noch erwischen können, selbst wenn du sie hinter dem Kopf ergreifst. Darauf gehen wir aber später noch genauer ein.

Jetzt belassen wir es erst mal der Einfachheit halber dabei, dass für mich damals die Schlange ein Tier war, das ich einfach lesen und kontrollieren konnte. Bei den Spinnen war es hingegen anders.

Es gibt Spinnen, die dir durchaus zu verstehen geben können, dass sie keinen Bock auf dich haben, indem sie eine Drohhaltung einnehmen. Manche können zischende und fauchende Laute von sich geben, sodass man die Warnung laut und deutlich versteht. Dennoch wirken viele Spinnen unberechenbar. Sie sitzen regungslos da und können von einem Moment auf den anderen losrennen und innerhalb kürzester Zeit in irgendeiner kleinen Spalte verschwinden. Manche Spinnen können extrem schnell laufen und sogar springen. Außerdem kannst du sie nicht ohne Weiteres unter Kontrolle bringen, indem du sie irgendwo festhältst. Der sogenannte Spinnengriff funktioniert in der Regel nur bei größeren Spinnen und ist oft ein wenig kompliziert.

Spinnen lösten in mir am Anfang sowohl Faszination als auch Unbehagen aus. Dennoch wollte ich mit diesen Tieren in Kontakt treten. Meine Lieblingsspinnen waren diese großen Hauswinkelspinnen aus der Gattung *Tegenaria* und *Eratigena*. Sie gehörten zu den größten Spinnen, die ich in meiner Gegend finden konnte. Ich bewunderte ihre interessanten Netze, die einen Trichter beinhalteten, in dem die Spinne auf Beute lauerte. Winkelspinnen sind relativ weit verbreitet und halten sich gerne in der Nähe des Menschen auf. Am häufigsten findet man sie in Kellergeschossen und auf Dachböden, aber auch unterhalb von Felsvorsprüngen in der freien Natur. Obwohl Winkelspinnen mehr oder weniger als harmlos gelten, machen sie aufgrund ihres Erscheinungsbildes einen sehr gefährlichen Eindruck, weshalb sich viele vor ihnen fürchten. Sehr oft habe ich Insekten eingefangen und sie in das Netz einer Winkelspinne gelegt, um die Spinne dabei zu beobachten, wie sie ihre Beute holt.

Als mein Großvater im Dachgeschoss ein paar Dinge wegräumen musste, stand ich als Kind daneben und beobachtete ihn bei der Arbeit. Während er eine Holzkiste zur Seite stellte, lief plötzlich eine große Winkelspinne die Wand hoch, die sich vorher unter der Holzkiste versteckt hatte.

„Schau, Opa! Eine große Spinne!", sagte ich zu meinem Großvater voller Aufregung.

Dieser antwortete mir: „Ach, die tun ja nichts …", nahm die Spinne mit seinen bloßen Händen einfach in die Hand und zeigte sie mir.

Ich schreckte zurück, wollte sie aber trotzdem beobachten.

Nachdem mein Großvater die Spinne wieder freiließ, lief sie die Wand entlang und verschwand irgendwo zwischen den Kisten.

Am nächsten Tag ging ich noch mal alleine in das Dachgeschoss. Dort oben wimmelte es nur so von diesen Spinnen. Es dauerte nicht lange, bis ich eine riesige Winkelspinne fand, die einfach so an der Wand hing, als ob sie jemand bestellt und nicht abgeholt hätte. Nun wollte auch ich die Spinne in die Hand nehmen. Doch ähnlich wie bei der Viper hielt mich meine Angst vor der Spinne zunächst davor zurück. Also fing ich erneut an, zu mir selbst zu sprechen: „Du musst deine Angst besser kontrollieren. Dein Opa hat das geschafft. Wenn sie deinem Opa nichts tut, wird sie dir auch nichts tun. Du musst sie einfach in die Hand nehmen. Du hast zwar Angst, aber mach es einfach trotzdem."

Ich nahm all meinen Mut zusammen und legte meine Hand langsam vor die Spinne. Zuerst blieb die Spinne vor meiner Hand stehen und machte keine Bewegung mehr. Erst als ich sie mit einem Zweig anstupste, lief sie langsam in meine Hand hinein und blieb in meiner Hand erneut stehen. Ich verspürte im ganzen Körper ein leichtes Kribbeln. Zugleich machte sich in mir aber auch ein Gefühl von Zufriedenheit und Stolz bemerkbar. Die Spinne saß einfach nur in meiner Hand und machte absolut gar nichts. Irgendwann kletterte sie weiter. Ich ließ sie auf meine andere Hand klettern. Die Beine der Spinne kitzelten, aber zugleich fühlte ich die Kraft, mit der sich die Spinne an mir festhielt.

Nach ein paar Minuten setzte ich die Spinne wieder ab und sie lief davon. Ich selbst fühlte mich großartig. Die Angst, die ich vor Spinnen hatte, löste sich innerhalb weniger Sekunden in Luft auf. Übrig blieb die Faszination.

Das zweite Mal in meinem Leben durfte ich die Erfahrung machen, dass es sich auszahlt, sich seinen Ängsten zu stellen und sich nicht von ihnen bestimmen zu lassen. Sehr oft machen uns im Leben verschiedene Dinge Angst. Solche Ängste sind oft unnötig, schränken uns in unserer Lebensführung ein oder halten uns davon ab, unsere Träume zu verwirklichen. Wir würden gerne viele Dinge unternehmen, die wir dann doch nicht machen, weil wir Angst haben, dass etwas schiefgehen könnte. Wenn du dir dessen bewusst wirst und zugleich lernst, mit deinen Ängsten umzugehen, werden diese nicht mehr über dein Leben bestimmen. Dann wirst du gewisse Dinge einfach trotzdem machen, auch wenn du zunächst Angst davor hattest. Wenn du diesen Schritt wagst, wirst du sehen, dass jenseits der Angst wunderbare Erfahrungen auf dich warten, die dein Leben bereichern werden.

Ich möchte mich hier nicht als den furchtlosen und krassen Typen darstellen, der seine Ängste in jedem Fall im Griff hat. Es gibt auch heute noch bestimmte Dinge, die mir Angst machen. Auch heute noch habe ich bestimmte Ängste, mit denen ich umgehen muss. Jeder hat in seinem Leben mal Angst vor irgendetwas. Wenn du niemals Angst hättest, wäre dies ein Zeichen, dass irgendetwas mit dir nicht stimmt. Es ist nicht nur wichtig, sich seiner Angst zu stellen und zu lernen, damit umzugehen, sondern die eigene Angst zu analysieren und zu hinterfragen. Es gibt nämlich einen großen Unterschied zwischen unnötiger Angst und jener Angst, die vollkommen logisch und berechtigt ist und uns vor einem schlimmen Schicksal bewahren soll.

So war ich beispielsweise einmal in einem Dschungel unterwegs, auf der Suche nach verschiedenen Tieren. Mein Weg führte zu einem langsam fließenden Fluss, an dessen anderem Ufer sich ein Hügel erhob, der sehr interessant aussah und auf dem ich ein Vorkommen von Palmenvipern vermutete. Um auf diesen Hügel wandern zu können, musste ich allerdings den Fluss überqueren. Ich wollte zunächst durch den Fluss einfach hindurchwaten. Allerdings verspürte ich eine Angst, die mich davon abhielt. Als ich eine Zeit lang vergebens nach einer alternativen Stelle gesucht hatte, an der ich den Fluss überqueren könnte, kam ich wieder zurück zu dem Ort, an dem ich ursprünglich ins Wasser steigen wollte. Sobald ich mich dem Wasser näherte, kickte sofort wieder die Angst rein und es fühlte sich an, als ob mich etwas oder jemand mit allen Mitteln davon abhalten wollte, diesen Fluss zu überqueren. Ich getraute mich noch nicht mal in die Nähe des Wassers. Zu dem Zeitpunkt war ich ein wenig genervt, weil ich das Gefühl hatte, dass meine Angst über mein Leben bestimmt. Doch in diesem Fall war die Angst mehr als berechtigt. Denn als ich mir ein paar Meter weiter das Ufer des Flusses genauer anschaute, entdeckte ich im Schlamm die Spuren von einem großen Krokodil, das sich irgendwo in diesem Fluss herumtreiben musste. Nachdem ich ein bisschen genauer schaute, sah ich, dass der ganze Ort voller Krokodilspuren war. Die Krokodile selbst sah ich zu diesem Zeitpunkt nicht. Doch die Spuren reichten mir, um zu verstehen, dass es eine sehr schlechte Idee gewesen wäre, in den Fluss hineinzusteigen. Meine Angst hat mich in dieser Situation also vor einem möglichen schlimmen Schicksal bewahrt.

Wenn du Angst verspürst, kehre in dich und überlege dir, ob diese Angst berechtigt oder unnötig ist, und handle dementsprechend. Aber versuch niemals, irgendwelche gefährlichen Dinge zu unternehmen, wenn dich deine Angst mit allen Mitteln davon abhält. Denn vielleicht ist die Angst berechtigt.

Der Umgang mit Angst und Gefahr war nur eines von vielen Dingen, die ich „in freier Wildbahn" lernen durfte. Ich finde, die Natur kann ein sehr großer und wichtiger Lehrmeister sein, wenn wir uns darauf einlassen. Meine wichtigsten Erkenntnisse sammelte ich immer dann, wenn ich irgendwo da draußen alleine unterwegs war und genug Zeit zum Nachdenken hatte.

Wenn du achtsam und interessiert durch die Welt läufst, wirst du immer mehr und mehr lernen. Mit der Zeit wirst du ein umfassendes Wissen über deine Umwelt erlangen. Du wirst immer mehr und mehr Tier- und Pflanzenarten kennenlernen und über ihre Eigenschaften Bescheid wissen. Zugleich wirst du dich selbst besser kennenlernen. Im Laufe meines Zoologiestudiums habe ich beispielsweise sehr viel über die Baupläne im Tierreich und die Anatomie verschiedener Tiere gelernt. Dadurch habe ich sehr viel über den menschlichen Körper gelernt, weil der Mensch auch nur eines von vielen Tieren ist, weshalb sein Grundbauplan dem Bauplan anderer Wirbeltiere ähnelt.

Menschen sind nichts anderes als ganz gewöhnliche Säugetiere, die sich aber aufgrund ihrer Fähigkeit, multidimensional zu denken, einbilden, etwas ganz Besonderes zu sein. Ein Haufen Säugetiere, die sich für Götter halten. Aber wenn man sich mal die unterschiedlichen anatomischen Baupläne anschaut, ist man teilweise extrem verblüfft, wie ähnlich wir uns alle sind. Selbst vollkommen andere Tiere, zum Beispiel irgendwelche Würmer, bestehen immer noch aus denselben Grundbestandteilen wie ein Mensch. Ihre Zellen sind genau gleich aufgebaut und größtenteils bestehen sie aus denselben Geweben. Das Leben folgt in seiner Gesamtheit immer einer gewissen Logik.

Ich erlangte mit der Zeit ein relativ gutes Wissen in Bezug auf die menschliche Anatomie und Physiologie. Dieses Wissen war mir in sehr vielen Situationen eine große Hilfe. Wenn man beispielsweise irgendwelche gesundheitlichen Probleme hat, kann man sich sehr gut selber weiterhelfen, wenn man weiß, wie der menschliche Körper funktioniert. Mysteriöse Schmerzen in Gelenken, die im Laufe des Lebens entstehen, kannst du in vielen Fällen wieder ausgleichen, wenn du die Mechanik des menschlichen Bewegungsapparates verstanden hast. Wenn du dich erkältest, wirst du schneller wieder gesund werden, weil du besser verstehst, was dein Körper gerade braucht und wie du dein Immunsystem im Kampf gegen den Krankheitserreger am besten unterstützen kannst. Außerdem kannst du verschiedene Pflanzenarten kennenlernen, von denen einige eine heilende Wirkung aufweisen. Viele Pflanzen beinhalten verschiedene Komponenten, die in verschiedene physiologische Vorgänge des Körpers eingreifen und diese beeinflussen können. Die Fähigkeit dieser Pflanzen kannst du dir zunutze machen. Wenn du in der Nacht Probleme mit dem Einschlafen hast, kannst du beispielsweise in die entsprechenden Signalwege durch den Gebrauch von Baldrian eingreifen. Baldrian beinhaltet Substanzen, die eine beruhigende Wirkung auf den Körper haben und beim Einschlafen helfen können. Für verschiedene Symptome gibt es verschiedene Pflanzen, die dich und deinen Körper unterstützen und damit deine Heilung beschleunigen können. Einige dieser Pflanzen werde ich dir in diesem Buch vorstellen.

Es gibt extrem viel, was wir von der Natur lernen können. Ich bin immer wieder erstaunt, wie wenig der moderne Mensch über seine belebte Umwelt weiß. Wenn du unwissend über eine Wiese läufst, wirst du nur irgendwelches Grünzeug sehen. Aber wenn du die einzelnen Pflanzenarten kennst, findest du plötzlich haufenweise Möglichkeiten für ein gesünderes und besseres Leben. Das Beste von allem: Es ist kostenlos und teilweise zumindest im Moment noch im Überfluss vorhanden. Manche Pflanzen wachsen wild durch die Gegend wie Unkräuter, während kaum jemand etwas über ihre wundersamen Wirkungen weiß.

Im Tierreich ist es nicht anders. Jedes einzelne Tier leistet seinen wichtigen Beitrag zur Aufrechterhaltung einer ökologischen Dynamik, die wiederum essenziell für unser Überleben ist. Wenn du in einen Wald hineinschaust, siehst du ein gewaltiges Uhrwerk mit ganz vielen Zahnrädern, die alle dafür sorgen, dass es dir gut geht. Du selbst bist übrigens auch ein Zahnrad in diesem Ökosystem.

Die Natur ist nicht nur voller wissenswerter Dinge, sie bietet uns haufenweise Gelegenheiten, uns auf per-

Die Aspisviper (*Vipera aspis*)

Die Aspisviper hat einen robusten Körperbau mit einem deutlich abgesetzten Kopf. Die durchschnittliche Länge beträgt etwa 60–80 cm, wobei einige Exemplare bis zu 90 cm erreichen können. Die Grundfärbung variiert von grau über braun bis zu gelblich, mit einem dunklen strichlierten Band auf dem Rücken und kleineren, dunklen Flecken an den Seiten. Die Aspisviper kommt in West- und Südeuropa vor, einschließlich Frankreich, der Schweiz, Italien und Nordspanien. Sie ist in einigen Gebieten Nordwestitaliens und im südlichen Teil der Alpen zu finden. In Deutschland gibt es im Süden ebenfalls ein sehr kleines Vorkommen. Bevorzugte Habitate sind lichte Wälder, buschige Hänge, felsige Gebiete und manchmal die Nähe von Gewässern. Sie ist oft in Höhenlagen bis zu 2000 Metern anzutreffen. Die *Vipera aspis* ist vorwiegend tagaktiv, kann bei sehr heißem Wetter jedoch in die Dämmerung oder Nacht ausweichen. Ihre Ernährung besteht hauptsächlich aus kleinen Säugetieren, Vögeln, Eidechsen und Insekten. Die Aspisviper besitzt ein potentes Gift, das vor allem hämotoxische (blutzersetzende) Wirkungen hat. In einigen Populationen wurden neurotoxische Bestandteile gefunden. Bisse können sehr schmerzhaft sein und zu schweren Symptomen führen, sind jedoch selten tödlich. Schnelle medizinische Behandlung ist erforderlich.

sönlicher Ebene weiterzuentwickeln. Schau dir beispielsweise einfach mal das Verhalten von verschiedenen Tierarten an. Jede Tierart verhält sich auf eine ganz bestimmte Art und Weise. Die Ameisen bilden Kolonien und bauen Ameisenhügel. Die Bienen sammeln Nektar und Blütenstaub. Spinnen bauen Spinnennetze, Vögel fliegen durch die Luft und der Maulwurf wühlt sich durch die Erde. Jeder einzelne Organismus da draußen macht genau das, was in seiner Natur liegt.

Wir Menschen könnten uns davon eine Scheibe abschneiden. Wir laufen teilweise unachtsam und mit Scheuklappen durch die Gegend, machen uns über alles Mögliche Sorgen, regen uns über alle anderen auf und zerbrechen uns den Kopf darüber, ob wir Dinge tun oder lassen sollten. Jeder da draußen möchte gerne erfolgreich und unabhängig werden. Aber kaum jemand möchte den dafür nötigen Aufwand auf sich nehmen. Stattdessen wollen sie lieber einfach nur dasitzen und warten, bis ihnen die gebratenen Hähnchen zum Fenster hereinfliegen und sich ihr Kontostand auf magische Art und Weise erhöht, ohne dass sie dafür etwas tun müssen. Sie machen nichts, warten stattdessen darauf, dass sie der Zufall reich macht, und wundern sich zum Schluss, weshalb nichts passiert. Kein anderes Tier ist so naiv wie der Mensch und lebt in der Illusion, man könnte aus dem Nichts heraus irgendetwas erschaffen. Jedes Tier macht stattdessen das, was in seiner Natur liegt. Genau deswegen überlebt es erst. Eine Spinne, die keinen Bock mehr hat, Netze zu bauen, wird irgendwann verhungern. Ein Vogel, der

Winkelspinnen (Tegenaria/Eratigena)

Winkelspinnen sind auffällig große Spinnen mit langen und schlanken Beinen. Die Farbgebung reicht von einem dunklen Braun bis hin zu einem blassen Grau oder Beige. Sie können eine Körperlänge von 10 bis 20 mm erreichen, wobei die Männchen in der Regel kleiner und schlanker als die Weibchen sind. Winkelspinnen sind in Europa weit verbreitet und kommen in Nordamerika und Teilen Asiens vor. Sie sind besonders häufig in Wohnungen und Kellern zu finden. Diese Spinnen bevorzugen dunkle, feuchte Ecken in Kellern, Garagen und Schuppen. Sie sind bekannt dafür, in den Winkeln von Räumen Netze zu bauen – was ihrem Namen entspricht. Winkelspinnen sind nachtaktiv und verbringen den Tag verborgen in ihren seidenen Schlupfwinkeln. Sie ernähren sich von Insekten, die in ihr Trichternetz geraten. Diese Spinnen sind flink und können bei Störungen schnell flüchten.

Winkelspinnen sind für den Menschen nicht gefährlich. Ihr Biss kann bei einigen Arten leicht schmerzhaft sein, ist aber nicht giftiger als ein Bienenstich und führt normalerweise zu keinen ernsthaften Symptomen. Winkelspinnen können in ihren Netzen über mehrere Jahre leben.

nicht fliegt, weil er der Meinung ist, dass fliegen zu riskant ist, wird früher oder später am Boden von irgendeinem Raubtier erbeutet. Dem Maulwurf geht es auch am besten, wenn er seine Vorderextremitäten, die wie eine Grabschaufel funktionieren, auch zum Graben verwendet und nicht versucht, damit zu fliegen wie der Vogel, weil er es ungerecht findet, dass nur der Vogel fliegen kann, oder weil er sich selbst lieber als Vogel identifiziert. Alle anderen Organismen sind erfolgreich, weil sie genau das machen, was in ihrer Natur liegt. Mach auch du als Mensch das, was in deiner Natur liegt. Sei neugierig. Erforsche deine Umwelt. Denke nach, hinterfrage, analysiere, lerne und gib dein Wissen an deine Artgenossen weiter. Es liegt in der Natur des Menschen, Dinge zu erforschen, zu entdecken, zu lernen, sich weiterzuentwickeln, zu erschaffen und sein Wissen und seine Errungenschaften weiterzugeben und zu teilen. Unser natürlich angeborenes Verhalten ist unser Erfolgsrezept. Wenn du das machst, was in deiner Natur liegt, wirst du erfolgreich sein, dich entfalten und das Leben auf eine ganz neue Art und Weise entdecken können.

In diesem Buch möchte ich dir nicht nur irgendwelche Tier- und Pflanzenarten vorstellen, sondern dir Inspiration für dein eigenes Leben mit auf den Weg geben. Was du in den Händen hältst, ist nicht nur ein Sachbuch. Es ist die Geschichte von einer großen Reise, auf der ich mich immer noch befinde und auf die ich dich ein Stück weit mitnehmen möchte. Zugleich ist es ein Leitfaden und vielleicht eine Motivation für dich, die Natur näher kennenzulernen.

Die Zornnatter (*Hierophis viridiflavus*)

Die Zornnatter erreicht eine Länge von bis zu 170 cm, wobei sie zu den längeren Schlangenarten in Europa gehört. Ihr Körper ist schlank und muskulös. Die Grundfärbung variiert stark, meist sind sie jedoch grünlich-gelb bis schwarz gestreift, was zu ihrem Namen *„viridiflavus“* (grün und gelb) beiträgt. Diese Art ist vor allem im südlichen Europa verbreitet, von Spanien über Frankreich und Italien bis in den Balkan und Teile Westasiens. Die Zornnatter bevorzugt offene und sonnige Habitate mit geringer Vegetation wie trockene Wiesen, Feldränder und lichte Wälder. Sie ist häufig in der Nähe von menschlichen Siedlungen zu finden. Die Zornnatter ist bekannt für ihre Schnelligkeit und Agilität sowie ihr aggressives Verhalten, wenn sie bedroht wird. Sie ist tagaktiv und ernährt sich hauptsächlich von kleinen Säugetieren, Vögeln, Eidechsen und von anderen Schlangen. Die Zornnatter ist nicht giftig. Trotz ihrer Bereitschaft, zu beißen, wenn sie sich bedroht fühlt, stellt sie keine Gefahr für den Menschen dar. In einigen Kulturen Südeuropas gibt es viele Mythen und Aberglauben, die sich um diese Schlange ranken.

Von Bären, Wölfen und anderen großen Tieren

Obwohl ich mich im Laufe meines Lebens vermehrt auf kleinere Tiere (Schlangen, Spinnen, Skorpione usw.) spezialisiert habe, durfte ich trotzdem einige Erfahrungen mit gewissen Tieren machen, die meine eigene Größe deutlich übertrafen. Jede einzelne dieser Erfahrungen ist heute als eine wunderbare und spannende, aber auch teilweise gruselige Erinnerung in meinem Kopf abgespeichert, worüber es das eine oder andere Video auf YouTube gibt.

Tiere, die größer waren als ich, haben mich immer etwas mehr beunruhigt als kleinere Tierarten. So hatte ich beispielsweise als Kind große Angst vor Kühen und Pferden, während ich zugleich keine Scheu gegenüber Giftschlangen zeigte. Eine Giftschlange konnte ich hinter dem Kopf ergreifen und sie dadurch mehr oder weniger unter Kontrolle bringen. Aber mit einer wütend gewordenen Kuh oder einem panischen Pferd brauchst du dich nicht anzulegen. Insbesondere die großen Nutztiere, die eigentlich einen friedlichen Eindruck hinterlassen, können in manchen Situationen sehr gefährlich werden. Auch heute noch habe ich vor großen Tieren einen ebenso großen Respekt. Dieser Respekt hängt unter anderem mit einem ganz besonderen Erlebnis in Kroatien zusammen, von dem ich dir in diesem Abschnitt erzählen möchte.

Giftschlange gesucht, Bär gefunden

Es war ein leicht bewölkter Morgen, an dem ich mich entschloss, in die Berge zu fahren, um dort nach Kreuzottern zu suchen. Ich brauchte noch ein paar Aufnahmen von den verschiedenen Farbvariationen der Kreuzotter für ein Video.

Nachdem ich kurz die Wetterlage vor Ort über eine Webcam gecheckt hatte, packte ich meine Sachen und fuhr los. Nach etwa 45 Minuten

Autofahrt befand ich mich auf einem Pass mitten in den Bergen Norditaliens. Links und rechts von mir zogen sich mehrere beeindruckende Gipfel in die Höhe. Dazwischen befand sich der Aufstieg zu einem ganz besonderen Plateau. Dieses Plateau war ein subalpiner bis alpiner Lebensraum. Ein kleiner Bach floss in der Mitte von einem kleinen Tal vom Plateau herunter. Direkt daneben wuchsen einige wunderschöne Exemplare der giftigsten Pflanze Europas, der ich weiter hinten im Buch ein ganzes Kapitel gewidmet habe.

Die Giftpflanzen interessierten mich an diesem Tag nicht. Ich hatte ein anderes Ziel. Ich wollte eine Kreuzotter in ihrem natürlichen Lebensraum filmen. Bevorzugt ein rotes Exemplar.

Der Aufstieg zum Plateau war ein wenig anstrengend und, oben angekommen, musste ich mich erst mal für ein paar Minuten ausruhen, bevor ich mich auf den Weg zu einem südlich ausgerichteten Gebirgshang machte, auf dem sich eine Geröllhalde befand. In diesen Geröllhalden leben die Kreuzottern. Jedes einzelne Mal, als ich dort hingegangen bin, konnte ich eine dieser wunderschönen Giftschlangen beobachten. Auch dieses Mal dauerte es nicht lange, bis ich die ersten Exemplare zu Gesicht bekam. Schwarze Kreuzottern und braune Kreuzottern lagen auf den Steinen und ließen sich von der warmen Morgensonne anscheinen. Kreuzottern, die gerade Wellness machten. Diese Beobachtungen haben mir bereits zahlreiche Glücksgefühle beschert. Doch die sehr viel seltenere rote Farbvariation der Kreuzotter, die sogenannte „Kupferotter", konnte ich an diesem Tag nicht finden.

Ich verließ die Geröllhalden und wanderte weiter zu einem See, der sich ebenfalls auf dem Plateau befand. Direkt neben dem See lagen weitere Felsen, neben denen ich an anderen Tagen des Öfteren Kreuzottern beobachten konnte. Aufmerksam schlich ich um den See herum und mein Blick scannte den Boden nach diesen Giftschlangen ab. Vertieft in die Schlangensuche, bemerkte ich nicht, wer sich auf der anderen Seite des Ufers, nur wenige Meter von mir entfernt, aufhielt.

Ein kurzes, aber lautes Rascheln erregte meine Aufmerksamkeit und ich schaute reflexartig in die Richtung, aus der das Rascheln hergekommen war. Dabei konnte ich meinen Augen nicht trauen. Auf der anderen Seite des Sees, der übrigens nur etwa 25 Meter breit war, stand ein riesiger Braunbär und schaute ins Wasser. Offensichtlich war auch er in irgendeine Sache vertieft und bekam meine Anwesenheit gar nicht mit. Ich war sehr leise unterwegs und der Wind ging gegen mich. Außerdem bewegte ich mich auf der Suche nach Schlangen immer sehr langsam fort und war grün angezogen. Der Bär schaute in das Wasser und schien meine Anwesenheit nicht zu bemerken.

Die Aufregung in mir stieg im Bruchteil einer Sekunde bis ins Unendliche. Vor mir befand sich das größte Raubtier Europas, das mich zu dem Zeitpunkt einfach auseinandernehmen hätte können, wenn ihm danach gewesen wäre. Ich war nicht bewaffnet und auf dem Plateau herrschte kein Empfang, sodass man jemanden hätte zu Hilfe rufen können. Also tat ich das, was man in so einer Situation tun sollte: Ich versuchte möglichst keinen Unsinn zu machen.

Zunächst blieb ich einfach ruhig stehen und beobachtete den Bären. Ich war zu dem Zeitpunkt so sehr darauf fixiert, bloß keinen Fehler zu machen, dass ich ganz vergessen hatte, dass ich eine Kamera im Rucksack hatte und dieses Tier auf Video festhalten hätte können.

Der Bär schnüffelte ein wenig auf dem Boden herum und ging ein paar Schritte weiter nach rechts. Alleine das Geräusch, das er während des Schnüffelns von sich gab, ließ erkennen, dass es sich hierbei um ein sehr mächtiges Tier handelte. Seine Atemzüge waren tief und laut und man merkte, dass diese von einer Lunge kamen, die deutlich mehr Volumen fassen konnte als meine eigene. Keinen Mucks habe ich gemacht. Mein Blick war nach wie vor auf den Bären gerichtet – der auf einmal den Kopf hob und in meine Richtung schaute …

„Ähm … Scheiße …“, war der erste Gedanke, der in mir aufkam. Das Tier hatte mich gesehen.

Nun musste ich auf mich aufmerksam machen, indem ich den Bären mit einem ruhigen, aber kräftigen „Hey, Bär!“ begrüßte.

Der Bär schien immer noch nicht klar zu erkennen, wer oder was ich war, ging zwei Schritte auf mich zu und stand mit seinen Vorderbeinen im Wasser. Er hob und senkte seinen Kopf immer wieder.

Ich sagte erneut: „Hey, Bär!“

Nun wollte der Bär offensichtlich genauer wissen, wer da am anderen Ufer stand, und stellte sich auf seine Hinterbeine. Dieser Anblick verdeutlichte mir noch mal, wie groß dieses Tier war.

Ich kann dir eines sagen: Egal, wie groß und stark du als Mensch bist, wenn dir so ein Tier gegenübersteht, wirst du dich klein und schwach fühlen. Insbesondere wenn du unbewaffnet bist.

Ein solches Tier kann mit einer Pfote mühelos einen über 100 Kilo schweren Fels umdrehen, wenn er denkt, dass sich darunter etwas Fressbares befindet. Ein Tier, das so groß wie eine Kuh ist, kann ein Braunbär mit einem einzigen Prankenhieb töten. Wenn du von so einem Raubtier angegriffen wirst, bleibt dir als Mensch nicht viel mehr übrig, als mit deinen Armen und Händen dein Gesicht und deinen Nacken zu schützen und möglichst wenig Gegenwehr zu leisten, in der Hoffnung, dass der Bär seinen Angriff abbricht. Jegliche Wehr gegen einen angreifenden Braunbären steigert die Wahrscheinlichkeit, dass du den nächsten Tag nicht mehr erleben wirst.

Obwohl ich zu diesem Zeitpunkt extrem aufgeregt war, blieb ich innerlich erstaunlich ruhig. Nachdem der Bär auf seinen Hinterbeinen stand und in meine Richtung schaute, bewegte ich meine Hände und versuchte dieses Mal ein paar weitere Worte von mir zu geben: „Hey, Bär, ja, ich bin hier. Ich bin keine Beute … Alles klar bei dir? Wir wollen beide keinen Ärger, oder?"

Nachdem ich meine Hände bewegt und meinen Körperschwerpunkt ein paarmal verlagert hatte, erkannte der Bär, dass ich ein Mensch bin. Langsam drehte er sich um und lief davon, als ob der Teufel hinter ihm her wäre. Ich stand wie eine Statue da und musste erst mal verarbeiten, was gerade passiert war.

Nachdem der Bär hinter einem Hügel verschwunden war, fand die erstaunliche Ruhe in mir ein abruptes Ende. Plötzlich spürte ich meinen Herzschlag überall und ich atmete gefühlt mit Schallgeschwindigkeit. Meine Beine waren zittrig, aber ich wollte erst mal einfach weg von hier. Mit schnellen Schritten verließ ich das Plateau, bis ich mein Auto erreichte.

Ich setzte mich ins Auto und musste ein paarmal tief durchatmen. Das Gefühl, das ich dabei hatte, lässt sich nur sehr schwer beschreiben. Einerseits war es immer noch die restliche Aufregung von der Begegnung, andererseits war es ein Glücksgefühl. Das Adrenalin schoss noch immer durch meine Adern. Zugleich war ich extrem glücklich, dass ich ein solches Tier in freier Wildbahn hatte beobachten dürfen. Aber vor allem war es eine Art „Holy Shit, das war knapp"-Gefühl, obwohl es eigentlich ja gar nicht knapp gewesen war. Der Bär war total friedlich gewesen. Er hatte mich beobachtet und sobald er gesehen hatte, zu welcher Tierart ich gehöre, hatte er das Weite gesucht. Ich muss heute ein wenig schmunzeln, wenn ich daran denke, dass wir an diesem Tag wohl beide ordentlich Schiss voreinander hatten.

Dieses Erlebnis hat mir gezeigt, dass diese Tiere mit uns Menschen nicht wirklich viel zu tun haben wollen. Ein Bär sieht uns in erster Linie nicht als Beute, sondern betrachtet uns als ein anderes Raubtier, weshalb er uns als potenziell gefährlich einstuft. Damit liegt der Bär goldrichtig. Wenn er ein einziges Individuum unserer Art töten würde, würden ihn die anderen mit Gewehren jagen und höchstwahrscheinlich ebenfalls töten. Aus der Perspektive des Bären sind also wir die Gefährlichen, mit denen man besser keinen Kontakt haben sollte.

Raubtiere sind in der Regel schnell und wehrhaft. Ein Raubtier zu erbeuten, bedeutet, dass man ein deutlich größeres Risiko eingeht, als wenn man ein Reh, einen Hasen oder etwas Vergleichbares erwischt. Wenn du in freier Wildbahn lebst, gehst du besser kein großes Risiko ein und achtest darauf, dich nicht zu verletzen. Aus diesem Grund gehen sich Raubtiere häufig gegenseitig aus dem Weg – so auch Bären und Menschen. Wir haben instinktiv Angst vor Bären. Bären haben instinktiv Angst vor uns. Zumindest meistens …

Europäischer Braunbär (*Ursus arctos*)

Der Europäische Braunbär hat einen massiven Körperbau und erreicht eine Körperlänge von etwa 1,5 bis 2,8 Meter, bei einem Gewicht von 100 bis 350 kg, je nach Geschlecht und Region. Sein Fell ist dicht und variiert von einem dunklen Braun bis zu einem helleren Blondton, manchmal mit helleren Haarspitzen.

Braunbären gibt es in verschiedenen Teilen Europas, vor allem in den Waldgebieten von Skandinavien, den Karpaten, Russland, und einen kleinen Bestand in den Pyrenäen. Inzwischen gibt es Bären auch in Italien und unter anderem gelegentlich in Österreich und in der Schweiz.

Braunbär, © Erik Mandre/Shutterstock.com

Es ist auf jeden Fall wichtig, sich in einem Gebiet, wo diese Tiere leben, richtig zu verhalten. Alleine dadurch kann man schon sehr viel ungewollte Zwischenfälle vermeiden.

Die Begegnung mit einem Bären erscheint einem immer als eine extrem gefährliche Situation. Bei kaum einer anderen Begegnung mit größeren Tieren war ich so aufgeregt wie dieses eine Mal. Obwohl ich schon Situationen erlebt hatte, die zumindest meiner Meinung nach deutlich gefährlicher waren als die Begegnung mit dem Braunbären in den Bergen.

Eine davon trug sich mitten in der Nacht in einem Wald irgendwo in Kroatien zu.

Bären bevorzugen ausgedehnte Wälder und Bergregionen, wo sie ausreichend Nahrung und Versteckmöglichkeiten finden. In einigen Gebieten bewegen sie sich auch in der Nähe von menschlichen Siedlungen.

Braunbären sind omnivor und ihre Diät variiert saisonal, besteht aber hauptsächlich aus Vegetation, Beeren, Wurzeln, kleineren Säugetieren und Fischen. Sie sind bekannt für ihre Fähigkeit, für Monate zu hibernieren (Winterschlaf), was sie in Höhlen oder dichter Vegetation tun. Braunbären haben eine hohe Lernfähigkeit und können sich gut an veränderte Umweltbedingungen anpassen. Sie sind Einzelgänger, außer in der Paarungszeit. Mutterbären sind besonders fürsorglich und beschützend gegenüber ihren Jungen.

In Regionen, wo Braunbären vorkommen, ist es wichtig, keine Nahrungsmittel offen zu lassen, die Bären anlocken könnten. Wanderer sollten Lärm machen, um Bären nicht zu überraschen, und stets auf markierten Wegen bleiben. Bei einer Begegnung mit einem Bären ist es ratsam, langsam zurückzuweichen und keinen direkten Augenkontakt zu suchen. Niemals auf einen Bären aktiv zugehen oder ihm hinterherlaufen. Im Bärengebiet nach Möglichkeit nicht alleine unterwegs sein. Bärengebiete vor allem in der Nacht meiden.

Unheimliche Begegnung nachts im Wald

Kroatien ist eines meiner Lieblingsreiseziele. Ich steige ins Auto und fahre etwa fünf Stunden, bis ich in Kroatien einen ganz bestimmten Ort erreicht habe, den ich regelmäßig besuche. Die Landschaft dort ist ganz anders als hier bei uns in Südtirol. Alles ist mediterran, trocken und felsig. Man findet dort teilweise ganz andere Tierarten. Wenn ich in Kroatien unterwegs bin, habe ich immer das Gefühl, in einem völlig anderen Land zu sein, obwohl ich nur ein paar Stunden mit dem Auto gefahren bin. Geschichten aus Kroatien wirst du in diesem Buch noch öfter lesen.

In solch warmen Ländern wird es vor allem nachts besonders interessant. Tagsüber ist es oft extrem heiß und du findest gar nichts. Die Tiere, für die ich mich am meisten interessiere, können im Gegensatz zum Menschen ihre eigene Körpertemperatur nicht selbstständig regulieren. Wenn dir als Mensch zu kalt wird, verbrennt dein Körper mehr Kalorien und heizt sich auf. Wenn dir zu warm wird, fängst du an zu schwitzen und dein Körper kühlt sich ab. Wir haben sozusagen einen eingebauten Thermostat, der uns immer schön auf Betriebstemperatur hält. Was für ein Luxus! Schlangen und andere Reptilien, aber auch Arthropoden (Gliederfüßer), Fische und viele andere Tierarten können ihre Körpertemperatur größtenteils nur indirekt kontrollieren, indem sie sich an Orten aufhalten, die die gewünschte Temperatur aufweisen. Eine Schlange würde in der Mittagshitze des Sommers in Kroatien an Überhitzung sterben – genauso wie die

Mediterrane Landschaft in Kroatien.

meisten anderen wechselwarmen Tierarten. In der Nacht sinkt die Temperatur allerdings auf ein erträgliches Maß, weshalb viele Reptilien und andere wechselwarme Tierarten in warmen Ländern bevorzugt dämmerungs- und nachtaktiv sind. Wenn du dich in der Nacht durch die Büsche Kroatiens schlägst, werden jede Menge interessante Kreaturen deinen Weg kreuzen. Du wirst Tierarten sehen, von denen du nicht wusstest, dass sie dort existieren.

Eines schönen Abends war ich nach einem vorzüglichen Abendessen in einem guten Restaurant in einem lichten Eichenwald in Kroatien unterwegs auf der Suche nach Schlangen und Spinnen. Nachts alleine im Wald ist es immer ein wenig unheimlich. Deine Sinne, vor allem dein Gehör, laufen auf Hochtouren. Du hörst jedes kleinste Geräusch. Eine Maus, die durch die Blätter huscht, hört sich an wie ein Bär (und ein Bär hört sich an wie der Weltuntergang).

Es war schon ziemlich spät, doch ich hatte an diesem Abend so viele interessante Tiere gefunden, dass ich einfach nicht nach Hause gehen wollte. Also spazierte ich noch tiefer in diesen Eichenwald hinein. Die Bäume waren teilweise schon uralt und deren Baumstämme hatten einen Umfang von über zwei Metern. Manche von ihnen waren bereits abgestorben. Die Silhouetten ihrer Äste waren im Mondlicht zu sehen und gaben dem Ganzen eine sehr mystische Stimmung. Ich hatte das Gefühl, ich sei in einem Film unterwegs. In einem Film, in dem jeden Moment gleich etwas passieren würde.

Immer wieder kreuzten eine Spinne oder eine Schlange meinen Weg und ich nahm ein paar Videos auf, bis ich plötzlich in einigen Metern Entfernung ein lautes Rascheln vernahm, das ganz klar und deutlich *nicht* nur von einer Maus kommen konnte. Reflexartig richtete ich meine Taschenlampe in Richtung des Geräusches, das allerdings verstummte. Als ich auf das eben noch dagewesene Geräusch fixiert war, ertönte plötzlich genau dasselbe Geräusch an einer anderen Stelle. Ich drehte mich um und merkte, dass irgendetwas Großes auf mich zukam.

Mir blieb nichts anderes übrig, als an Ort und Stelle stehen zu bleiben, weil ich nicht wusste, was da draußen unterwegs war und ob es mir hinterherlaufen würde, wenn ich mich jetzt auf und davon machte.

Die zahlreichen Sträucher, die dort wuchsen, machten die Gegend ziemlich unübersichtlich. Allmählich konnte ich allerdings erkennen, dass sich das Gebüsch bewegte und dieses Etwas immer näher auf mich zukam.

Als ich mit einem ruhigen, aber deutlich hörbaren „Hey!" auf mich aufmerksam gemacht hatte, ertönte ein tiefes Grunzen aus dem Gebüsch und plötzlich stand ein fetter Keiler vor mir.

Wildschweine greifen normalerweise keine Menschen an. Doch wenn sie es tun, wirst du nicht viel ausrichten können. Ein solches Tier kann über 150 kg schwer werden und dich einfach über den Haufen rennen. Selbst ein Rudel Wölfe wird einen erwachsenen und gesunden Keiler nicht einfach so überwältigen können.

Das Grunzen dieses mächtigen Tieres ließ mir einen kalten Schauer über den Rücken laufen. Dies konnte man in der Videoaufnahme sehr gut an der Tonlage von meinem Gefluche erkennen. Fluchen tue ich in stärkeren emotionalen Zuständen übrigens generell. Wenn ich sehr wütend werde, fluche ich. Wenn ich mich erschrecke, fluche ich ebenfalls. Und wenn ich ein höchst seltenes Tier finde oder an der Börse einen fetten Gewinn absahne … fluche ich in einer positiven Tonlage.

Es ist ein großer Unterschied, ob du Wildschweine am helllichten Tag mit dem Fernglas beobachtest oder ob sie dir plötzlich mitten in der Nacht gegenüberstehen und dich anstarren. Der Keiler stand einfach nur da und schaute mich an. Ich versuchte mich so ruhig wie möglich zu verhalten, um ihn nicht zu provozieren. Doch dann passierte etwas, das man normalerweise nur aus Horrorfilmen kennt: Aus irgendeinem Grund ging meine

Taschenlampe aus (obwohl noch genügend Batterie vorhanden war) und es war von einem Moment auf den anderen stockfinster. Ich versuchte ruhig zu bleiben und erneut mit ruhiger, aber deutlich hörbarer Stimme auf mich aufmerksam zu machen. Das Tier konnte offensichtlich nicht erkennen, wer oder was ich war, weil es nur das Licht meiner Taschenlampe gesehen hatte. Doch als das Licht ausging, schien der Keiler mein gesamtes Erscheinungsbild wahrzunehmen.

Meine Taschenlampe ging nach wenigen Sekunden, die sich aber wie eine Ewigkeit angefühlt hatten, wieder von alleine an. Ich leuchtete nicht mehr den Keiler an, sondern nahm meine Stirnlampe, hielt sie in die Höhe und leuchtete von oben auf mich herab. Der Keiler grunzte noch mal, drehte um und schlenderte durch das Gebüsch davon, während mir ein Schweißtropfen von der Stirn perlte.

Um mich herum ertönten weitere Geräusche und ich bemerkte, dass ich mitten in eine Gruppe von Wildschweinen hineingelaufen war. Weil ich mich aber selber auf leisen Sohlen bewegte, hatte es den Wildschweinen offensichtlich nicht viel ausgemacht, weshalb sie nicht die Flucht ergriffen hatten. Ich war damals noch ein ziemlicher Grünschnabel und hatte nur die Schlangen und die Spinnen im Kopf. Erst mit der Zeit wurde ich aufmerksamer und achtete gleichfalls auf andere Tiere, die sich an solchen Orten befinden könnten.

In der Nacht durch den Wald zu spazieren, ist übrigens ein exzellentes Training für die eigenen Sinne. Man wird extrem aufmerksam und beginnt Dinge wahrzunehmen, die anderen Menschen verwehrt bleiben. Man fängt an, sehr schnell auf plötzliche Veränderungen in seiner Umgebung zu reagieren. Ein Insekt, das davonspringt, eine Eidechse, die durch die Blätter läuft, eine plötzliche Windböe oder auch nur ein Blatt, das vom Baum fällt. Auf all das wirst du reagieren wie eine aufmerksame Katze, die sofort ihren Kopf in die Richtung eines plötzlich auftretenden Geräusches dreht, während sich ihre Pupillen weiten.

Diese erhöhte Aufmerksamkeit und Reaktionsfähigkeit gehen auf die restlichen Lebensbereiche über. Wenn ich durch eine Stadt laufe, bin ich sehr aufmerksam. Ich sehe mir die Leute, die mir entgegenkommen, sehr genau an. Ich sehe, was sie mit ihren Händen machen, in welcher gesundheitlichen Verfassung sie sind und ob sie aufmerksam oder verträumt sind.

Der Nachteil dieser ganzen Sache ist, dass manche Alltagssituationen aufgrund der erhöhten Aufmerksamkeit sehr stressig werden können. Wenn ich durch eine Stadt laufe, fühle ich mich nach kurzer Zeit von Reizen

Wildschwein (*Sus scrofa*)

Das Wildschwein hat einen robusten Körper mit kurzen, dicken Beinen und einem kräftigen Nacken und Kopf. Erwachsene Tiere können eine Körperlänge von 90 bis 180 cm erreichen, mit einem Gewicht von 50 bis 200 kg, abhängig von ihrem Lebensraum und Geschlecht. Ihr Fell ist dunkelbraun bis schwarz, rau und im Winter oft mit dichterer Unterwolle versehen.

Wildschweine sind in weiten Teilen Europas, Asiens und durch Einführung auch in Nordamerika verbreitet. Sie sind sehr anpassungsfähig und besiedeln eine Vielzahl von Habitaten. Sie bevorzugen dichte Wälder und Unterholz, sind aber ebenfalls in landwirtschaftlich genutzten Gebieten sowie in der Nähe menschlicher Siedlungen zu finden, wo sie leichter Nahrung finden können. Wildschweine sind omnivor und ihre Nahrung besteht aus Wurzeln, Knollen, Insekten, kleinen Säugetieren und Aas sowie landwirtschaftlichen Kulturpflanzen. Sie sind bekannt für ihre Intelligenz und soziale Struktur und leben in Gruppen. Wildschweine sind gute Schwimmer und können große Flüsse überqueren. Ihre Anwesenheit kann auf ein gesundes Ökosystem hinweisen, aber sie können auch erhebliche Schäden in landwirtschaftlichen Gebieten verursachen. Es ist ratsam, Abstand zu halten und Wildschweine nicht zu füttern oder zu provozieren. In Gebieten mit hoher Wildschweindichte sollten landwirtschaftliche Abfälle ordnungsgemäß entsorgt und Felder regelmäßig kontrolliert werden, um Schäden zu minimieren. Bei Begegnungen, besonders mit Muttertieren und Jungtieren, sollte man ruhig bleiben und langsam zurückweichen, um Konfrontationen zu vermeiden. Angriffe werden in der Regel selten durchgeführt und stellen vielmehr Scheinangriffe dar.

überflutet. Die verschiedenen Gerüche, die Geräusche und die vielen Menschen. Überall ist irgendetwas, das leuchtet, blinkt, laut ist oder irgendwelche Gerüche verströmt. Das wird nach kurzer Zeit ziemlich anstrengend und ich bin jedes Mal froh, wenn ich wieder aus der Stadt herauskomme. Hektische Bewegungen kann ich übrigens überhaupt nicht leiden. Wenn Menschen in meiner Gegenwart zu schnell und zu viel mit ihren Händen herumfuchteln, weiche ich immer reflexartig zurück. Fremde Menschen, die auf mich zukommen, sollten ihre Hände aus ihren Hosentaschen nehmen, weil ich keine versteckten Hände mag. Durch meine erhöhte Reaktivität werde ich außerdem manchmal von gewissen Leuten ein wenig belächelt, wenn ich mal wieder urplötzlich meinen Kopf in die Richtung eines unmittelbaren Geräusches drehe oder irgendwelche Kleinigkeiten fixiere, als wäre ich ein Chamäleon, das gerade einen Grashüpfer sieht. „Wolfgang, du benimmst dich schon wieder wie irgend so ein Tier … Chill mal."

Aber weißt du was? Diese Sachen sind mir egal. Denn erst durch diese Aufmerksamkeit gelingt es mir, so viele interessante Sachen in der freien Natur zu finden und Videos davon aufzunehmen. Wenn du mit gefährlichen

Tieren zu tun hast, brauchst du diese Aufmerksamkeit, um Unfälle zu vermeiden. Ich bin lieber einmal zu oft aufmerksam und bekomme dafür das meiste mit, als dass ich mit Scheuklappen durch die Welt laufe.

Heute bin ich so, weil unter anderem die damalige Begegnung mit dem Keiler mir gezeigt hat, dass ich damals immer noch zu wenig aufmerksam war. Sonst wäre ich nicht in diese Situation geraten. Glücklicherweise haben sowohl der Keiler als auch ich mich richtig verhalten und wir haben keinen Stress miteinander bekommen (wobei der Stress deutlich auf meiner Seite gewesen wäre).

Man sagt immer, dass man bei einem Angriff durch ein Tier nicht unbedingt davonlaufen sollte. Das stimmt in den meisten Fällen. Vor allem wenn es sich um ein Raubtier handelt, kann es passieren, dass man durch die Flucht den Jagdinstinkt des Tieres triggert, wodurch dieses einen verfolgt. Auch vor einem Wildschwein solltest du nicht davonrennen. Allerdings gab es eine bestimmte Tierart, bei der ich die Beine in die Hand genommen habe, als diese auf mich zu rannte. Das war eine regelrechte Verfolgungsjagd. Noch nie in meinem Leben zuvor bin ich so schnell gerannt.

Verfolgungsjagd in Kroatien

Ein paar Monate später nach der Geschichte mit dem Keiler war ich erneut in Kroatien unterwegs und habe die Hornotter gesucht. Diese Schlangen sind extrem interessant und schön. Sie haben ein kleines Horn auf der Nase und ein wunderschönes Zickzackband auf dem Rücken. Hornottern können stellenweise recht häufig vorkommen, während sie in ihrer Gesamtheit allerdings sehr selten zu finden sind. In diesem Buch wirst du noch einiges über die Hornotter lernen und es ist auch ein Steckbrief zu dieser Schlange enthalten, weshalb ich in diesem Kapitel nicht genauer auf sie eingehen werde.

An diesem Tag schlenderte ich durch eine mediterrane Gegend mit haufenweise Steinen und Sträuchern. Stellenweise standen mehrere Bäume nebeneinander und bildeten kleine Wälder, die sich wie ein Mosaik über die ganze Landschaft zogen. Allmählich wurde mein Weg von einer Legesteinmauer unterbrochen. Ich bin normalerweise nicht der Typ, der einfach in ein fremdes Grundstück hineinläuft. Aber in dieser Gegend befand sich einfach alle paar Hundert Meter eine verdammte Steinmauer, die genau gar nichts umschloss, sondern einfach nur in der Gegend herumstand. Diese Mauern waren teilweise bereits in sich zusammengebrochen oder von Pflanzen überwuchert, was den Eindruck verschaffte, dass sie vor sehr

Hornotter (*Vipera ammodytes*)

Die Hornotter erreicht eine durchschnittliche Länge von 70 bis 95 cm und zählt zu den größten Vipernarten Europas. Auffällig ist das hornartige Schuppengebilde auf ihrer Schnauze. Ihre Grundfärbung variiert von Grau bis Rotbraun, wobei das dunkle Zickzackband auf dem Rücken besonders hervorsticht. Sie ist in Südosteuropa verbreitet, inklusive der Balkanhalbinsel, Teilen Italiens, Österreich und bis in die Türkei. Die Hornotter bevorzugt trockene, felsige Hänge mit spärlicher Vegetation, ist jedoch auch in Wäldern, auf Wiesen und in landwirtschaftlich genutzten Gebieten anzutreffen. Tagsüber aktiv, passt sie ihre Aktivitätszeiten bei sehr heißem Wetter an und kann dann auch in den Abend- und Nachtstunden aktiv sein. Ihre Nahrung setzt sich hauptsächlich aus kleinen Säugetieren, Vögeln und gelegentlich Reptilien zusammen. Bei Bedrohung zeigt sie eine defensive Haltung, zischt und schnappt. Ihr Gift ist besonders potent und enthält hämotoxische sowie neurotoxische Komponenten, weshalb ihr Biss für Menschen gefährlich sein und dringend medizinische Behandlung erfordern kann. Um Unfälle zu vermeiden, sollten in Gebieten, in denen die Hornotter vorkommt, feste Schuhe und lange Hosen getragen werden. Es ist ratsam, auf ausgetretenen Pfaden zu bleiben und beim Übersteigen von Baumstämmen oder Sammeln von Brennholz besonders vorsichtig zu sein.

Männliche Hornotter (*Vipera ammodytes*).

langer Zeit gebaut wurden und nun keinen direkten Zweck mehr verfolgten. Also kletterte ich über die Steinmauern und lief oft entlang der Mauern, weil sich dort häufig Schlangen aufhielten. Als ich eine besonders hohe Mauer überquerte, wusste ich nicht, dass ich plötzlich fremdes Territorium betrat. So schlenderte ich weiter, immer auf der Suche nach dem nächsten interessanten Tier. Das interessante Tier ließ nicht lange auf sich warten.

Ich fand eine Hornotter, die sich aufgerollt im Schatten von einem Felsen aufhielt. Nachdem ich von der Schlange ein paar Fotos gemacht hatte, schlängelte sie sich gemütlich davon und ich setzte meinen Weg fort.

Der Weg führte in ein kleines Stück Wald. Vor mir befand sich eine Kurve. Als ich in der Kurve um die Ecke ging, stand da plötzlich eine Kuh vor mir. Kühe stehen normalerweise einfach nur da und glotzen einen an. Diese Kuh schien allerdings aufgeregt zu sein und drehte sich schnell in meine Richtung. Sofort beschlich mich ein überaus unangenehmes Gefühl und ich wollte nur mehr weg. Bevor ich mich entscheiden konnte, was ich nun tun sollte, rannte die Kuh auf mich zu.

In dieser Sekunde blieb ich nicht mehr standhaft und selbstbewusst, sondern nahm meine Beine in die Hand und rannte, was das Zeug hielt. Normalerweise bin ich kein besonders guter Läufer. Es ist unglaublich, was Adrenalin zustande bringt. Es verleiht nahezu übermenschliche Kräfte.

Ich rannte wie verrückt und sprang über mehrere Steine, bis ich die hohe Mauer erreichte. Als ich sie am Anfang überquerte, fühlte sie sich wie ein lästiges Hindernis an, bei dem man aufpassen muss, dass man sich nicht verletzt. Doch wenn eine wütende Kuh hinter einem herrennt, spürt man eine solche Mauer noch nicht einmal. Man ist plötzlich zwei Meter höher und springt einfach wieder runter, wie eine Katze.

Erst als ich mich hinter der Mauer befand, blieb ich stehen, drehte mich um und schaute durch die Lücken der Mauer auf die andere Seite, auf der sich die Kuh befand, die vor der Mauer Halt gemacht hatte. Die Kuh drehte um und lief wieder zurück in den Wald, aus dem sie mich gejagt hatte. Das alles war verdammt knapp! Ich sage es dir: Kühe haben es in sich!

Man glaubt es kaum, doch Kühe können in manchen Situationen sehr gefährlich werden. Die Gefahr, die von solchen Tieren ausgehen kann, wird vielfach unterschätzt, weil diese Tiere bei den meisten Menschen einen friedlichen Eindruck hinterlassen. Dabei wird oft vergessen, dass es immer noch sehr große und kräftige Tiere sind, die manchmal unberechenbar sein können. Kühe verursachen in Europa mehr Todesfälle als giftige Schlangen, Spinnen, Wölfe oder Bären. So gab es in den vergangenen Jahren bis 2020 alleine in Deutschland neun Todesfälle, die durch Kühe verursacht wurden. Kühe sind sehr sensible Tiere, die sehr schreckhaft werden können. Eine panische Kuh ist sehr gefährlich. Vor allem aber wenn die Kühe ihre Kälber haben, sollte man sich nicht in deren Nähe aufhalten. Eine Kuh wird ihr Kalb vehement gegen jeden Angreifer verteidigen. Auch gegen Menschen. Die Kuh, die mich in Kroatien verfolgt hatte, hatte wahrscheinlich irgendwo im Gebüsch ein Kalb, auf das sie aufpasste, und hielt mich für eine Bedrohung.

Eine weitere Sache, die mir in Bezug auf Kühe in Erinnerung blieb, waren die Worte meiner eigenen Mutter, die auf einem Bauernhof großgeworden ist und deshalb so einiges über Kühe weiß: „Wenn du auf einer Alm an einer Kuh vorbeigehst, musst du mit ihr sprechen, damit sie keine Angst bekommt." Offensichtlich ist ein Mensch, der keine Worte von sich gibt, einer Kuh suspekt. So etwas merkt man, wenn man im Gebirge unterwegs ist und an den Kühen vorbeimuss, die einen dann oftmals neugierig, aber auch sehr skeptisch beobachten. Als Kind hatte ich vor Kühen große Angst. Diese Angst hat sich inzwischen in einen gesunden Respekt verwandelt.

Wenn ich hier in den Bergen Menschen begegne, haben diese immer Angst vor Bären und natürlich vorm Wolf, während sie sehr verwundert wirken, wenn ich ihnen sage, dass sie sich lieber vor den Kühen in Acht nehmen sollten. Eine Kuh schaut allerdings nicht böse drein und hat ein gutes Image. Und so wird sie fälschlicherweise für harmlos gehalten, während der Wolf vielfach ein durchwegs schlechtes Image hat und leider immer noch viel zu häufig als bösartiges Raubtier angesehen wird. Doch ist der Wolf wirklich so böse, wie ihm der Mensch unterstellt?

Letztes Foto vor Ort, kurz vor der Verfolgungsjagd.

Der böse Wolf und des Menschen bester Freund: Die Wahrheit über Wolf und den Hund

Ich muss ehrlich sagen, dass mir das Thema „Wolf in Europa“ so langsam zum Hals heraushängt. Die einen sind radikal und wollen jeden Wolf eliminieren, während die anderen genauso radikal sind und eher noch die Menschen aus Europa vertreiben würden, bevor sie irgendetwas gegen Wölfe unternehmen. Ich finde beide Ansichten falsch. Sowohl der Mensch als auch der Wolf sind Teile unseres Ökosystems. Beide verdienen es zu leben. Dementsprechend müsste die Politik endlich mal effektive Maßnahmen ergreifen, sodass eine friedliche Koexistenz zwischen Menschen und Wölfen gewährleistet ist. Doch wie bei so vielen anderen Themen zeigt sich auch bei der Problematik des Wolfes, dass viele Politiker besonders gut darin sind, Lösungen für Probleme zu versprechen, aber nicht darin, Probleme zu lösen. Diese Diskussion möchte ich in diesem Buch allerdings gar nicht aufmachen. Vielmehr möchte ich gewisse Dinge relativieren.

Viele reden davon, wie gefährlich der Wolf doch sei. Man darf nicht abstreiten, dass ein Wolf ein potenziell gefährliches Tier ist, das man nicht unterschätzen sollte. Dennoch finde ich, dass Europa deutlich größere Probleme hat als den Wolf. In den Schlagzeilen (die ich normalerweise konsequent ignoriere, weil dort eh nur sinnloser Quatsch steht, der einen nicht weiterbringt) liest man viel häufiger von irgendwelchen Schlägereien und Messerstechereien als von Angriffen durch einen Wolf. Durch gewisse Orte in einer Stadt kommt man nicht, ohne dass man von irgendwelchen Lappen angepöbelt wird. Wer in Europa unterwegs ist, sollte sich größere Sorgen machen, von einem Menschen angegriffen zu werden als von einem Wolf.

Außerdem: Denkst du wirklich, der Wolf ist so ein großes Problem? Hast du dir mal angeschaut, wie viele Angriffe von domestizierten Hunden es auf Menschen gibt? Des Menschen bester Freund, der im Übrigen nichts anderes als ein hochgezüchteter Wolf ist, kann mindestens genauso gefährlich werden, wenn sein Besitzer nicht in der Lage ist, ihn richtig zu erziehen. Damit ist es aber noch nicht genug. Hier in Italien gibt es beispielsweise Orte, an denen sich häufig streunende Hunde herumtreiben, die den Menschen nicht fürchten, wodurch es ebenfalls gelegentlich zu durchaus bedenklichen Zwischenfällen kommt. Darüber spricht aber niemand, weil es für die Medien nicht so „cool“ ist, wenn jemand „nur“ von einem Hund gebissen wurde, verglichen mit dem Angriff eines Wolfes. In manchen Situationen wird sogar der Wolf fälschlicherweise beschuldigt, obwohl der Angriff eigentlich von streunenden Hunden ausging.

Ich möchte mich in diesem Kapitel kurzhalten. Mit Wölfen habe ich keine Erfahrung und möchte mir deswegen auch nicht anmaßen, hier irgendwelche großartigen Tipps rauszuhauen. Der Vollständigkeit halber sei der Wolf in diesem Buch aber trotzdem erwähnt. Im Folgenden findest du einen kleinen Steckbrief über den Wolf und weitere Infos zu den wichtigsten Verhaltensregeln und Maßnahmen, die du bei Anwesenheit eines Wolfes berücksichtigen solltest, um ungewollte Zwischenfälle zu vermeiden.

Europäischer Wolf (*Canis lupus*)

Der Europäische Wolf ist ein großes Raubtier mit einer durchschnittlichen Körperlänge von 105 bis 160 cm, zuzüglich eines 30 bis 50 cm langen Schwanzes. Erwachsene Wölfe wiegen in der Regel zwischen 30 und 50 kg. Das Fell ist meist grau, kann jedoch auch Variationen von Weiß, Rot und Schwarz aufweisen. Die dichte Unterwolle wird durch längeres Deckhaar geschützt, das sie vor kaltem Wetter schützt. Der Europäische Wolf kommt in zahlreichen Ländern Europas vor, darunter Skandinavien, Russland, das Baltikum, Polen, die Balkanhalbinsel, Italien und Spanien. Ihre Populationen sind in einigen Regionen aufgrund von Schutzmaßnahmen wieder am Wachsen. Wölfe bevorzugen große Wälder und unzugängliche Bergregionen, sind aber auch in offeneren Landschaften und gelegentlich in der Nähe von menschlichen Siedlungen zu finden, wenn es die Nahrungsverfügbarkeit erlaubt. Ihre Reviere erstrecken sich oftmals über mehrere Dutzende Quadratkilometer. Wölfe sind bekannt für ihr ausgeprägtes Sozialverhalten und leben in Rudeln, die von einem Alpha-Paar geführt werden. Sie kommunizieren durch Körpersprache und eine Vielzahl von Lauten und Düften. Ihre Nahrung besteht hauptsächlich aus Rehen, Hirschen, Hasen und anderen kleinen bis mittelgroßen Säugetiere. Wölfe sind lernfähig und gelten im Allgemeinen als sehr vorsichtige und teilweise ängstliche Tiere, die den Menschen aus dem Weg gehen. Im Ökosystem spielen sie als Spitzenprädatoren eine wichtige Rolle. Durch ihre Jagdaktivitäten helfen sie, die Populationen von Huftieren zu regulieren, und tragen so zur Erhaltung der Biodiversität bei.

Um Konflikte mit Wölfen zu vermeiden, sollten Haustiere besonders in Wolfsgebieten sicher gehalten und Überreste von Jagdbeute beseitigt werden, um Wölfe nicht anzulocken. Wanderer und Camper sollten sich bewusst sein, dass Wölfe Menschen normalerweise meiden, und bei einer zufälligen Begegnung ruhig bleiben und sich langsam zurückziehen. Wie bei Bären ist es auch in einem Wolfsgebiet wichtig, auf den Wanderwegen zu bleiben und eigene Haustiere an der Leine zu führen.

Leg dich nicht mit einem Hirsch an …

Wenn wir von den großen und gefährlichen Tieren sprechen, denken wir in der Regel an die Klassiker: Wölfe, Bären usw. Wusstest du aber, dass ein Hirsch oder ein Elch ebenfalls sehr gefährlich werden können? Mir selbst sind diese Tiere immer in friedlicher Absicht begegnet. Doch es gibt Berichte von Vorfällen, bei denen es anders gelaufen ist.

Ein Hirsch ist ein sehr scheues Tier, das das Weite suchen wird, sobald es von deiner Anwesenheit Wind bekommt. Doch darf man nicht vergessen, dass ein Hirsch ebenfalls wesentlich größer als ein Mensch ist und zu bestimmten Jahreszeiten auch noch ein Geweih auf seinem Kopf trägt, mit dem er einen sehr schwer verletzen könnte. Ein männlicher Rothirsch (*Cervus elaphus*) kann über 300 kg auf die Waage bringen und eine Kopf-Rumpf-Länge von über zwei Metern aufweisen, wobei es Unterschiede zwischen den verschiedenen Unterarten gibt.

Während der Paarungszeit, die auch als Brunft bezeichnet wird, tragen die männlichen Exemplare Duelle untereinander aus, bei denen sie sich gegenseitig mit ihrem Geweih bekämpfen. Der Schwächere wird in der Regel vom Feld geschoben und ergreift die Flucht, während er vom Stärkeren noch über eine gewisse Strecke verfolgt wird. Bei diesen Kämpfen kann es passieren, dass einer der beiden Kontrahenten durch das Geweih seines Gegners tödlich verwundet wird. Der Verlierer kann buchstäblich vom Geweih des anderen aufgespießt werden. So etwas ist nicht das Ziel eines Kampfes, sondern vielmehr etwas, das „halt einfach mal so passiert“, wenn man als paarungswütiges und testosterongetränktes Kraftpaket über 300 kg wiegt und sauer auf sein Gegenüber ist.

Rothirsch (*Cervus elaphus*)

Der Rothirsch ist eine der größten Hirscharten, mit einem kräftigen Körperbau und langen, schlanken Beinen. Männliche Tiere tragen beeindruckende Geweihe, die sie jährlich abwerfen und neu bilden. Die Fellfarbe variiert saisonal von einem tiefen Rostrot im Sommer bis zu einem graubraunen Ton im Winter. Die durchschnittliche Körperlänge kann 180 bis 250 cm betragen, wobei das Gewicht in der Regel zwischen 90 und 240 kg liegt. Rothirsche sind in Europa weit verbreitet und kommen auch in Teilen Asiens und Nordwestafrikas vor. Sie bevorzugen offene Wälder und Waldlichtungen, können aber auch in Bergregionen und gelegentlich in landwirtschaftlich genutzten Gebieten gefunden werden. Rothirsche sind vorwiegend dämmerungs- und nachtaktiv. Ihre Ernährung besteht hauptsächlich aus Gräsern, Kräutern, Blättern und jungen Trieben. In der Brunftzeit, die im Herbst stattfindet, rufen die Hirsche lautstark, um Weibchen anzulocken und Rivalen einzuschüchtern. In der Brunftzeit sollten Menschen besondere Vorsicht walten lassen, da Hirsche zu dieser Zeit aggressiver sein können. Es ist ratsam, Abstand zu halten und Hirsche nicht zu stören.

Hirsche, insbesondere männliche Hirsche während der Brunftzeit (Paarungszeit), reagieren sehr empfindlich auf Gerüche und Hormone. Wenn ein Hirsch während der Brunftzeit beispielsweise den Geruch eines rivalisierenden Männchens wahrnimmt, kann dies seine Aggressivität erheblich steigern. Männliche Hirsche sind während der Paarungszeit besonders territorial. Sie setzen Duftmarken ab, um ihr Territorium zu kennzeichnen und andere Männchen zu warnen. Wenn ein Hirsch den Geruch eines anderen Männchens in seinem Territorium wahrnimmt, interpretiert er dies oft als Eindringen und Herausforderung. Dabei können sie sich aggressiv gegenüber anderen Tierarten verhalten.

Wenn man sich in Gebieten aufhält, in denen Hirsche leben, insbesondere während der Brunftzeit, ist es wichtig, vorsichtig zu sein und sicherzustellen, dass man einen sicheren Abstand zu den Tieren hält, um mögliche aggressive Reaktionen zu vermeiden.

Große Tiere können sehr respekteinflößend sein und alleine durch ihre Anwesenheit für eine dementsprechende Nervosität beim Menschen sorgen. Zugleich wirkt ihre Größe einschüchternd, aber auch beeindruckend.

Dennoch empfand ich immer eine wesentlich größere Faszination für die kleineren Tiere, von denen einige ziemlich giftig werden können und an denen wir sehr häufig vorbeilaufen, ohne ihre Anwesenheit zu bemerken. Im folgenden Kapitel stelle ich dir einige der interessantesten und bemerkenswertesten Arten vor, denen du hier in Europa begegnen kannst.

Die Kleinen

Obwohl große Tiere beeindruckend sein können, waren es bevorzugt die kleinen Tiere, die mich ganz besonders in ihren Bann gezogen haben. Aus irgendeinem Grund erregten solche Tiere bereits sehr früh in meinem Leben meine Aufmerksamkeit. Irgendwie konnte ich nicht anders, als diese kleinen Geschöpfe vielfach stundenlang zu bestaunen.

Es ist faszinierend, was so kleine Tiere wie beispielsweise Ameisen, Bienen oder verschiedene Spinnenarten auf die Beine stellen können. Sie leben in einer ganz anderen Welt, die unserem Auge meist verborgen bleibt. Erst mit einer geeigneten Ausrüstung, etwa einem Makroobjektiv und einer entsprechenden Kamera, kannst du in diese Welt eintauchen und sie aus einem ganz anderen Blickwinkel erleben. Die Makrofotografie nahm deswegen immer einen relativ großen Teil meiner Arbeit ein.

Nachdem ich mich in die Makrofotografie eingearbeitet und mir entsprechende Ausrüstung besorgt hatte, machte ich mich auf eine Reihe von verschiedenen Reisen, auf denen ich Dinge erleben sollte, die mein ganzes darauffolgendes Leben grundlegend verändern sollten.

Auch Schmetterlinge können tödlich sein

Von allen Insekten gehören Schmetterlinge zu den Arten, die den besten Ruf genießen. Die meisten Menschen finden den Großteil der Insektenarten eklig. Niemand hat Bock auf Schaben, Fliegen, Stechmücken, Bremsen usw. Aus evolutiven Gründen empfinden wir gegenüber manchen Insekten einen gewissen Ekel. Der Grund dafür ist, dass viele Insekten Krankheiten übertragen können, die wir besser nicht bekommen sollten. Deshalb hat die Natur den Ekel erst erfunden. Er soll uns vor Infektionen schützen.

Andere Insekten machen uns nervös und unruhig, zum Beispiel Wespen. Wie oft hatte ich schon das Vergnügen, einen Menschen zu beobachten, der hysterisch wird, bloß weil ihm eine Wespe oder eine Biene um die Ohren fliegt.

Bei den Schmetterlingen ist es hingegen anders. Aus irgendeinem Grund empfinden wir gegenüber Schmetterlingen in der Regel weder Ekel noch Angst oder irgendeine Form von Unruhe. Der Grund dafür ist einfach: Schmetterlinge erfüllen nun mal nicht viele Kriterien, die bei einem Menschen Angst auslösen. Während sich andere Insekten schnell und unvorhersehbar bewegen können, schwebt ein Schmetterling gemächlich durch die Luft und macht keine hektischen Bewegungen, die uns erschrecken könnten. Außerdem sind fast alle Arten von Schmetterlingen für Menschen absolut harmlos. Bis auf einige wenige Ausnahmen gibt es keine parasitären Schmetterlinge und nur die wenigsten Arten können den Menschen auf irgendeine Art und Weise Schaden zufügen. Allerdings solltest du über Schmetterlinge eine ganz besonders wichtige Sache wissen: Ein Schmetterling ist nur das letzte Entwicklungsstadium des jeweiligen Insektes. Schmetterlinge, auch Lepidoptera genannt, gehören zu den holometabolen Insekten. Das bedeutet, sie haben vier verschiedene Entwicklungsstadien: das Ei, die Larve, die Puppe und das erwachsene Tier.

Dabei sind das Ei und die Puppe relativ unscheinbare Entwicklungsstadien. Interessant sind hingegen die Larvenstadien der holometabolen Insekten. Diese können sehr vielfältig sein, und manche von ihnen sind exzellente Killer. So sind beispielsweise auch die Käfer holometabole Insekten, die Eier legen, aus denen Larven schlüpfen, die sich in eine Puppe verwandeln, aus der dann wiederum ein Käfer schlüpft. Insbesondere die Larven von Laufkäfern verfolgen ausgefeilte Jagdstrategien und können auch giftig sein.

Bei den Schmetterlingen sind hingegen die Raupen die larvalen Entwicklungsstadien. Auch die Raupen können extrem vielfältig sein. Die meisten Arten ernähren sich von verschiedenen Pflanzen. Manche dieser Pflanzen können giftig sein, wobei die Toxine der Pflanze im Körper der Raupe angereichert werden, wodurch auch die Raupe giftig wird. Einfach gesagt klaut die Raupe der Pflanze ihre Toxine und benutzt sie zur Verteidigung. Dabei kann die Raupe passiv giftig werden oder aber auch bestimmte Toxine aktiv einsetzen, indem sie sie beispielsweise über spezielle Drüsen abgeben kann, sofern sie bedroht oder angegriffen wird. In manchen Fällen können die Toxine nicht nur über die Nahrung aufgenommen, sondern auch vom eigenen Körper der Raupe produziert werden. Solche Toxine können bis zum letzten Entwicklungsstadium behalten werden. Ein gutes Beispiel für solch giftige Schmetterlinge sind die Zygänen.

Die Zygänen gehören zu den giftigsten Schmetterlingen Europas, weil sie in ihrem Körper cyanogene Verbindungen anreichern, die Blausäure freisetzen können. Die Blausäure ist ein sehr wirksames Gift, das die Zellatmung blockiert, wodurch die Zelle abstirbt. Eine Vergiftung durch Blausäure führt dazu, dass der betroffene Organismus innerlich auf zellulärer Ebene erstickt. Die Zygänen sind allesamt ziemlich auffällig gefärbt, was eine Warnung an potenzielle Fressfeinde darstellen soll. In der Regel sind diese Schmetterlinge überhaupt nicht scheu, weil sie von niemandem gefressen werden. Eine Zygäne kannst du ohne Probleme in die Hand nehmen. Sie wird brav auf deiner Hand sitzen bleiben und möglicherweise sogar deinen Schweiß von deiner Haut lecken. Gefährlich sind Zygänen nur, wenn du sie in größeren Mengen verzehren würdest. Es gibt allerdings auch Schmetterlinge in Europa, die man nicht essen muss, um sich an ihnen zu vergiften. Diese Schmetterlinge können sehr gefährlich werden und sogar Todesfälle verursachen. Ich selbst durfte die Wirkung ihres Giftes durch die dümmlichen Aktionen von einem ehemaligen Mitschüler am eigenen Leib erfahren.

Ein Insekt, mit dem du dich nicht anlegen solltest

Ich war etwa neun Jahre alt und wir hatten in der Schule gerade „Sporttag". Der Sporttag war eine Veranstaltung, an dem die ganze Schule teilnahm. Es war eine Art „Schulolympiade mit Wettbewerben in verschiedenen Sportarten. Diesen Tag habe ich abgrundtief gehasst, weil dort nur irgendwelche Sportarten angeboten wurden, in denen ich nicht gut war. Zugleich wurden die ganzen siegreichen und sportlichen Kiddies gefeiert, als wären sie irgendwelche Kriegshelden. Sie bekamen Goldmedaillen, fühlten sich unfassbar cool und benahmen sich dementsprechend genauso überheblich gegenüber jenen, die an diesem Tag keine Medaille gewonnen hatten. Es war Pflicht, am Sporttag teilzunehmen. Und so machte ich mich lustlos auf den Weg zum Sportplatz, der sich mitten in einem kleinen Pinienwald befand. Dort nahm ich an mindestens drei verschiedenen Disziplinen teil, weil auch dies Pflicht war. Nachdem ich meine Pflicht erfüllt hatte, ging ich zusammen mit anderen Kindern auf den Spielplatz, der sich ebenfalls am Sportplatz befand.

Auf dem Spielplatz war die Atmosphäre relativ locker. Die Kinder spielten verschiedene Sachen und ich stand mit einer Gruppe von anderen Kindern am Waldrand und wir sprachen darüber, wie beschissen der Sporttag war. Dabei bemerkten wir, dass direkt neben uns ein ganzer Haufen haariger

Raupen einen Baum hochkletterte. Ein Mitschüler namens Patrick kam anschließend auf eine äußerst geniale Idee.

Patrick war ein regelrechtes Problemkind. Er hatte immer Talent dafür, sich in Schwierigkeiten zu bringen. Immer wieder hatte er irgendwelche absurden Ideen, die er ohne zu zögern und ohne darüber nachzudenken in die Tat umsetzte, nur um wenige Minuten später die Konsequenzen zu tragen. So waren wir beispielsweise ein anderes Mal an einem Spielplatz, auf dem sich eine Art Karussell befand. Man konnte sich in das Karussell hineinsetzen und es dann von innen zum Drehen bringen. Was wäre nun die logische Herangehensweise von einem Haufen Jungen? Richtig! Man setzt sich in das Karussell und versuchte es so schnell wie möglich zum Drehen zu bringen, bis man im Optimalfall ein Schleudertrauma bekommt. Wir setzten uns zu dritt in das Karussell und versuchten es so schnell zu drehen, wie wir konnten. Patrick war auch mit dabei. Er hatte allerdings die Aufgabe, das Karussell von außen zusätzlich anzuschubsen, damit wir noch schneller drehen konnten. Als wir mit dem Karussell am Drehen waren, fiel Patrick nichts Besseres ein, als seine Faust auf Gesichtshöhe in das Karussell zu halten, wodurch die Gesichter von uns dreien mit seiner Faust kollidierten. Er fand es offensichtlich unglaublich lustig, drei Leuten gleichzeitig eine in die Fresse zu schlagen. Nachdem wir dreimal gehört hatten, wie eine harte Faust auf ein weiches Gesicht trifft, hielten wir das Karussell an und liefen Patrick hinterher. Einer von uns stellte ihm ein Bein und Patrick stürzte. Anschließend verprügelten wir ihn, woraufhin er weinend nach Hause lief. Eben solche Aktionen gehörten bei Patrick zur Tagesordnung. Immer wieder legte er sich mit irgendwelchen Menschen oder auch Tieren an, nur um dann eine saftige Rechnung zu kassieren.

Und so hatte er auch an diesem Tag die geniale Idee, mit einem Stück Holz auf die haarigen Raupen einzuschlagen, während wir alle direkt danebenstanden. Keiner von uns wusste damals, was das für Raupen sind und was passiert, wenn man sich mit ihnen anlegt. Doch schon wenige Minuten später bekamen wir alle einen heftigen Juckreiz und einen Ausschlag am ganzen Körper. Meine Augen waren geschwollen und entzündet und ich hatte insbesondere am Hals und an den Handgelenken Rötungen und Entzündungen. Mein ganzer Rücken sah aus wie eine Hügellandschaft aus juckenden und brennenden Beulen. Alle Kinder, die sich an diesem Tag in der Nähe von Patrick befanden, erlitten dasselbe Schicksal. Ich blieb einen Tag von der Schule zu Hause, während Patrick ganze vier Tage nicht mehr erschien, weil bei ihm auch noch die Atemwege betroffen waren.

Wir alle hatten an diesem Tag Bekanntschaft mit einem der gefährlichsten Schmetterlinge der Welt gemacht: dem Prozessionsspinner.

Prozessionsspinner sind nicht eine einzige Tierart, sondern eine Gattung von Schmetterlingen, die den Namen Thaumetopoea tragen. Es gibt verschiedene Arten von Prozessionsspinnern, denen eine ganz bestimmte Sache gemeinsam ist: Die Raupen dieser Schmetterlinge besitzen toxische Brennhaare. Diese Haare besitzen mikroskopisch kleine Widerhaken und sind innen hohl, wobei sie mit einem Gift gefüllt sind, das mehrere Komponenten beinhaltet. Dieses Gift löst innerhalb kürzester Zeit Entzündungen aus. Die Haare schützen die Raupe vor Fressfeinden. Sie können leicht abbrechen und mehrere Meter durch die Luft fliegen – insbesondere wenn unachtsame Kinder mit einem Stück Holz auf eine ganze Gruppe von Prozessionsspinnern eindreschen. Diese Haare können auch Schuhe und Kleidung durchdringen und sich regelrecht in die Haut bohren. Dabei wird das Gift freigesetzt und es kommt zu mitunter sehr heftigen Entzündungen und allergischen Reaktionen. Diese Haare können in die Augen gelangen und dabei sogar das Sehvermögen vorübergehend beeinträchtigen. Besonders gefährlich sind sie, wenn sie eingeatmet werden. Dabei können sie bis in die Bronchien vordringen und asthmatische Zustände verursachen, die im schlimmsten Fall sogar tödlich sein können.

Insbesondere bei Massenauftreten sind Prozessionsspinner keineswegs zu verharmlosen. Sie bauen ihre Nester auf Bäumen, in denen sich nicht selten ebenfalls Brennhaare befinden. Diese können sich bei starkem Wind von den Nestern lösen und durch die Luft schweben. In manchen Fällen könntest du dir auf diese Weise sogar eine Vergiftung holen, wenn du lediglich durch einen Wald hindurchspazierst, in dem sich haufenweise Prozessionsspinner befinden.

In Deutschland ist vor allem der Eichenprozessionsspinner (*Thaumetopoea processionea*) vertreten, während du in südlich gelegeneren Ländern auch andere Arten, zum Beispiel *Thaumetopoea pityocampa* und *Thaumetopoea pinivora*, findest. Sie alle sind gleich gut bewaffnet und mit keinen von ihnen solltest du dich anlegen. Wenn du Prozessionsspinner siehst, dreh dich um und geh weg. Versuche auf keinen Fall, diese Tiere auf eigene Faust zu bekämpfen, sie einzufangen oder irgendwelche anderen Sachen mit ihnen zu machen. Mit Prozessionsspinnern kann man Dinge nur falsch machen. Das einzig Richtige ist, Abstand zu halten.

An diesem Tag hatte ich eine meiner ersten unangenehmen Begegnungen mit giftigen Tieren. Dieses Mal war ich derjenige, der schockiert war, weil jemand anderes mit Tieren zu tun hatte. Normalerweise war es umgekehrt – die Leute waren schockiert über das, was ich mit Tieren machte. Oft traf ich draußen auf Menschen, während ich ein giftiges Tier fotografierte, von dem sie gar nicht wussten, dass es dort lebt. Ich will gar nicht wissen, wie oft sich die Leute dachten: „Was ist das für ein Verrückter? Lass uns schnell weitergehen …“ So war es auch, als ich das erste Mal eine äußerst bemerkenswerte parasitoide Spezies vor die Linse bekam, als sie ihr Unwesen trieb. Als ich dieses unheimliche Wesen dabei beobachtete, wie es gerade eine andere Art parasitierte, kamen zufällig zwei Frauen vorbei, die mehr oder weniger unfreiwillig Teil meiner kleinen Mission wurden, auf der ich mich befand.

Überfall auf Touristen, wegen Parasiten

Es war ein warmer und sonniger Vormittag Ende Juni. Ich saß in meinem Büro und arbeitete an einem Video, das nach einigen Tagen auf YouTube erscheinen sollte. Während ich arbeite, bin ich in der Regel hochkonzentriert und effektiv. Dennoch benötige ich ungefähr alle sechzig Minuten eine kurze Pause, um den Kopf ein wenig abkühlen zu lassen, damit ich auch für den Rest des Tages konzentriert und effektiv bleiben kann. In diesen Pausen gehe ich in der Regel nach draußen und mache einen kleinen Spaziergang. Wenn die Sonne scheint, laufe ich gerne mit freiem Oberkörper durch die Welt, damit ich zusätzliches Vitamin D produzieren kann. Auch an diesem Tag ließ ich mein Shirt zu Hause und spazierte während meiner Pause auf einen nahegelegenen Hügel neben meinem Haus. Weil ich nicht wusste, was mich dort oben erwarten würde, ließ ich sämtliche Kameras im Büro. Schließlich sollte es ja nur ein etwa zehn Minuten langer Spaziergang werden.

Aber wie es im Leben so ist, passieren die unvergesslichen Momente oft genau dann, wenn man sie nicht auf Kamera oder Foto festhalten kann. So auch an diesem Tag. Vom Hügel führte ein Wanderweg wieder nach unten. Direkt auf diesem Wanderweg erblickte ich plötzlich ein ganz besonderes Insekt: eine Vertreterin aus der Familie der Sphaecidae. Es handelt sich um wespenartige Insekten, die um diese Zeit kleine Löcher im Sand graben. Diese Sandwespen, wie man sie auch nennt, sind parasitoid. Das bedeutet, dass ein bestimmtes Entwicklungsstadium ihres Lebens parasitär lebt, während das Adultstadium vegetarisch oder räuberisch lebt. Die Sandwespe erbeutet Grashüpfer, die sie mit einem giftigen Stich betäubt.

Das betäubte Opfer wird anschließend in die Höhle geschleppt. Danach legt die Wespe ein Ei auf das Opfer und verschließt die Höhle mit Steinen und Sand. Die Opfer der Sandwespe werden lebendig begraben. Alleine das hört sich schon fürchterlich an. Aber der Horror fängt für das Opfer nun erst richtig an. Aus dem Ei schlüpft nämlich eine Larve, die das Opfer ansticht und sich parasitär von seinen Körperflüssigkeiten ernährt. Dabei wird die Larve immer größer und dicker, bis sie allmählich ihren Wirt tötet, indem sie ihn vollständig auffrisst.

Ich hatte diese Wespen schon oft beobachten und filmen können, wie sie beispielsweise ihre Höhlen ausgraben. Noch nie war es mir allerdings gelungen, eine Wespe dabei zu filmen, wie sie ihre Opfer in eine Höhle hineinzieht. An diesem Tag sollte sich das allerdings ändern. Am Boden bemerkte ich mehrere Höhlen und sah, dass mehrere Sandwespen gerade dabei waren, eine betäubte Heuschrecke in ihre Höhle zu ziehen. Immer wieder kam eine Sandweste vorbei, die ein Opfer bei sich hatte. Ich wurde nahezu wahnsinnig, weil ich mal wieder meine Kamera nicht dabeihatte, während sich vor mir ein unfassbar geniales Naturschauspiel zutrug.

Doch dann kamen plötzlich zwei nichts ahnende Ladys aus Deutschland. Bereits aus der Ferne hatte es den Anschein, als wäre ich ihnen ein wenig suspekt gewesen. Da saß einfach ein Typ mit freiem Oberkörper mitten auf dem Weg und starrte auf den Boden. Nichtsdestotrotz nahmen die beiden Damen offensichtlich ihren Mut zusammen und hofften, unauffällig an mir vorbeizukommen. Dies gelang ihnen allerdings nicht, weil ich dummerweise in ihnen meine einzige Rettung sah.

„Sicherlich haben die beiden ein Smartphone dabei“, dachte ich mir.

Weil ich gerade sehr aufgeregt wegen meiner Beobachtung war, verzichtete ich unbewusst auf eine höfliche Vorstellung und kam direkt zur Sache: „Bleiben Sie stehen! Sie haben doch sicher ein Handy bei sich … Holen Sie es bitte raus. *Los, schnell, bitte!* Schauen Sie mal hier! Sehen Sie das? Das ist eine parasitoide Wespenart! Sehen Sie die Heuschrecken da? *Schnell! Geben Sie mir Ihr Handy!* Machen Sie bitte die Kamera an!“

Die beiden Frauen waren völlig irritiert und folgten mir wie ein Uhrwerk. Sie taten alles, was ich ihnen sagte, als hätten sie gar keinen eigenen Willen.

Während ich mit dem Handy die Wespe filmte, sagte ich zu den beiden Frauen voller Faszination: „Sehen Sie die Heuschrecke? Die sieht tot aus, oder? Tja, ich werde Ihnen etwas verraten: Sie ist nicht tot! Sie ist nur betäubt. Die Wespe hat sie betäubt. Und jetzt wird sie in diese Höhle gezerrt.

Und danach legt die Wespe ein Ei drauf, und dann wird das Ding bei lebendigem Leib aufgefressen."

Die beiden Damen schienen allerdings alles andere als fasziniert. Sie standen einfach nur da und sagten gar nichts. Ich gab der Dame ihr Handy zurück und sagte: „Öffnen Sie bitte WhatsApp. Hier haben Sie meine Nummer. Schicken Sie die Aufnahme bitte an diese Nummer."

Ohne jeglichen Widerspruch tat die Dame genau das, was ich ihr sagte. Es ist schon bemerkenswert, dass sie in keinster Weise protestierte, wenn irgendein fremder Typ, der offensichtlich keinen normalen Eindruck hinterlässt, auch noch ihre private Nummer verlangt.

Du glaubst nicht, wie gehorsam Menschen sein können, wenn man sie mental direkt überfällt und eine Verhaltensweise an den Tag legt, die ihre Gehirne ganz einfach nicht verarbeiten können, weil es so gut wie nie in ihrem Leben passiert. Genauso funktioniert im Übrigen auch ein Überfall. Ich weiß das, weil man uns dies im Kampfsport immer wieder gepredigt hatte: Wenn du angegriffen oder überfallen wirst, läuft in deinem Gehirn ein Notfallprogramm ab. Dann wirst du dich nicht mehr an die Theorie der Techniken erinnern, sondern nur noch instinktiv handeln. Deswegen ist es so wichtig, dass du die einzelnen Techniken mehrere Tausend Male übst, sodass sie automatisch ablaufen, wenn es mal zu einer ungewollten Situation kommen sollte. Die meisten Menschen sind auf eine solche Situation nicht vorbereitet und werden bei einem Überfall exakt jene Dinge tun, von denen sie vorher sagten, dass sie sie niemals tun würden.

Durch meine direkte Art und Weise habe ich wohl ungewollt im Gehirn der beiden Damen eine Überfall-Situation erzeugt. Vermutlich hätte ich auch noch ohne Probleme nach ihren Brieftaschen verlangen können und hätte sie auch bekommen. Leute zu überfallen, wäre wohl offensichtlich wesentlich einfacher, als man denkt. Allerdings bin ich ein korrekter Typ, weshalb ich keine Leute überfalle, sondern stattdessen Bücher schreibe und darauf hoffe, dass sie Bestseller werden. Übrigens ist es sehr hilfreich, um dieses Ziel zu erreichen, wenn du dieses Buch jetzt deinen Freunden zeigst oder es in den sozialen Medien teilst.

Nachdem ich alles aufgenommen und mir die Aufnahme geschickt hatte, gab ich der Dame ihr Handy zurück, bedankte mich und ging weiter. Noch immer sagte keine der beiden Damen auch nur ein Wort. Sie gingen einfach weiter, als ob nichts passiert wäre. Erst, als ich mich bei WhatsApp noch mal in schriftlicher Form bei ihr für ihre Kooperation bedankte und ihr noch einen schönen Aufenthalt in Südtirol wünschte, kam ein kurzes und knappes „Gerne und vielen Dank“ zurück.

Ich bin mir bewusst, dass dieses Verhalten nicht ganz angemessen war. Normalerweise lege ich viel Wert auf ein höfliches und respektvolles Verhalten gegenüber meinen Mitmenschen. Aber wenn verflucht noch mal eine leibhaftige Sandwespe direkt vor mir ihr Opfer in ihre Höhle zieht, liegen die Prioritäten nun mal auf etwas anderem. In einer solchen Situation habe ich für Höflichkeit nun mal keine Zeit. Die Höflichkeit kann nachgeholt werden. Aber wenn ich mich in diesem Moment erst mal vorstellen muss, kann es sein, dass das interessante Naturschauspiel plötzlich zu Ende ist und ich gar nichts davon habe.

Wie dem auch sei. Sollte eine dieser beiden Frauen gerade zufällig dieses Buch lesen und sich selbst wiedererkennen, gehen herzliche Grüße raus. Ihr beide habt mir den Tag gerettet und mir einen Grund zum Feiern beschert! Möge euer Leben glorreich verlaufen!

Europas schmerzhafteste Insektenstiche

Wer sich mit giftigen und stechenden Insekten befasst, wird unweigerlich früher oder später auch selber gestochen werden. Es ist erstaunlich, welch unterschiedliche Wirkungsweisen die Gifte von verschiedenen Tieren entfalten können. Genauso beeindruckend ist es zu beobachten, welche Effekte sie im Körper auslösen können.

In Europa gibt es eine Vielzahl von verschiedenen stechenden Insekten. Darunter hauptsächlich Hautflügler, zum Beispiel Bienen, Wespen oder bestimmte Arten von Ameisen. Allerdings gibt es auch andere stechende Insekten, die ziemlich unangenehm werden können. Und bei einigen dieser Insekten wird dir Hören und Sehen vergehen, wenn sie in freier Wildbahn auf dich treffen.

Der Spinnen-Killer

Als ich mit meiner Kamera durch einen Dschungel in Costa Rica schlenderte, tauchte plötzlich wie aus dem Nichts ein beeindruckendes Insekt auf. Eine etwa 5 cm große, tiefblaue Wespe. Sie landete an einem Baumstamm und schien dort nach etwas zu suchen. Mit ihren Flügeln machte sie immer wieder vibrierende Bewegungen. Alleine der Anblick dieses Insektes ließ schon vermuten, dass man besser einen gewissen Abstand davon halten sollte. Vor mir befand sich ein Insekt, das einen der schmerzhaftesten Stiche im Tierreich austeilt.

Wenn du dieses Buch liest, nehme ich mal an, dass du jemand bist, der sich für die Natur interessiert. Vielleicht hast du die eine oder andere Dokumentation gesehen, in der dieses Insekt zu sehen war. Wahrscheinlich hast du gesehen, was es anrichten kann: Spinnen, die so groß wie eine menschliche Handfläche sind, kann es ohne Probleme überwältigen. Die Rede ist vom sogenannten Tarantulafalken. Oder etwas wissenschaftlicher ausgedrückt: eine Wespe aus der Gattung *Pepsis*.

Pepsis ist ein Insekt, das zur Gruppe der Hautflügler oder Hymenoptera gehört. Diese Insektengruppe ist dir sicher nicht unbekannt. Bienen, Wespen, Ameisen und andere ähnliche Insekten gehören zu dieser Gruppe. Solche Insekten leben oft in Staaten bzw. Schwärmen und treten in großen Zahlen auf. Es gibt aber auch Einzelgänger unter ihnen, beispielsweise sämtliche *Pepsis*-Arten.

Pepsis ist eine meisterhafte Kämpferin. Diese Wespe spürt Spinnen auf, die sie mit einem giftigen Stich lähmt und in eine Höhle verschleppt. Anschließend legt sie ein Ei auf die Spinne, aus der eine Larve schlüpft, die die Spinne verzehrt. Die Wespe geht dabei mit einer erstaunlichen Präzision vor. Sie achtet darauf, nicht zwischen die Giftklauen der Spinne (auch Chelizeren genannt) zu geraten. Während des Kampfes umkreist sie die Spinne und wartet geduldig auf den richtigen Augenblick. In der Regel ist es nur eine Frage der Zeit, bis die Spinne irgendwann einmal ihre Deckung zu weit offen hat. Genau dann sticht die Wespe zu. Häufig reicht dieser erste Stich nicht, um die Spinne außer Gefecht zu setzen, sondern führt nur dazu, dass sie ein wenig benebelt wird. Aus diesem Grund beobachtet man während eines solchen Kampfes häufig, dass die Wespe mehrere Male zusticht. Übrigens ist der Körper einer solchen *Pepsis* extrem widerstandsfähig. Ihre Körperoberfläche ist von glatten und flexiblen Panzerplatten überzogen. Wenn die Spinne die Wespe zwischen die Giftklauen bekommt, ist sie oft nicht in der Lage, die Oberfläche der Wespe zu durchdringen. Dies erscheint auf den ersten Blick verwunderlich, weil eine Vogelspinne sehr kräftige Klauen hat, die teilweise sogar einen menschlichen Fingernagel durchstoßen können.

Die Oberfläche der Wespe ist viel dünner als ein Fingernagel. Warum wird die Wespe nicht verletzt? Die Antwort liefert uns die Physik: Reibung! Die Oberfläche der Wespe ist besonders glatt. Zugleich sind ihre Panzerplatten flexibel und geben an den richtigen Stellen nach. Dadurch können die Giftklauen der Spinne nicht greifen und rutschen ab. In extrem seltenen Fällen kann es passieren, dass die Spinne den Kampf gewinnt. Doch fast immer ist sie der Wespe hoffnungslos unterlegen und hat kaum eine Chance.

Pepsis gehört wie gesagt zur Gruppe der Hymenoptera. Innerhalb der Hymenoptera gibt es die Familie der Wegwespen (Pompilidae), zu der *Pepsis* gehört. Wegwespen verfolgen allesamt einen ähnlichen Lebensstil. Sie machen sich auf die Jagd nach Spinnen, die sie mit ihrem Giftstachel außer Gefecht setzen und ihrer Brut zum Fraß vorwerfen. Solche Wegwespen gibt es unter anderem hier in Europa, beispielsweise die Vertreter aus der Gattung *Anoplius*.

Anoplius sieht wie eine *Pepsis* im Miniformat aus. Sie wird etwa 2 cm groß und verhält sich genau gleich wie eine *Pepsis*. Diese europäische Wegwespe sucht am Waldboden nach Wolfsspinnen, die sie auf genau dieselbe Art und Weise zur Strecke bringt wie *Pepsis* die Vogelspinne. Bevorzugt erbeutet *Anoplius* Spinnen aus der Gattung *Trochosa*.

Einen erbitterten Kampf zwischen *Anoplius* und *Trochosa* konnte ich bereits mehrmals in freier Wildbahn miterleben. Als ich eines schönen Tages nach der Arbeit am frühen Nachmittag in den Wald spazieren ging, vernahm ich ein Rascheln und ein Summen auf dem Waldboden direkt vor mir. Als ich mich bückte, um zu sehen, was da abging, war ich extrem erstaunt, als ich zwei *Anoplius* sah, die gemeinsam auf eine *Trochosa* losgingen. Die *Trochosa* schien schon ziemlich mitgenommen zu sein, weshalb ich vermutete, dass sie bereits ein- oder mehrmals gestochen worden war. Die beiden Wespen hielten die Spinne jeweils an einem Bein und zogen in zwei verschiedene Richtungen, wie Wölfe, die sich um ihre Beute streiten. Jede Wespe wollte die Spinne für sich behalten. Irgendwann gingen die beiden Wespen aufeinander los und fingen an zu kämpfen.

Ich habe oft *Anoplius* beobachtet, die den Eindruck machten, als würde ihnen etwas fehlen. Manche hatten die Flügel verbogen und konnten nicht mehr fliegen. Anderen fehlten einzelne Beine und wieder andere waren schon kurz davor zu sterben. Ich war immer der Meinung, dass es sich hierbei um Individuen handelt, die im Kampf gegen die Spinne möglicherweise nicht ganz so gut abgeschnitten hatten. Die Beobachtung der beiden Wespen, die auf die *Trochosa* losgingen, sorgte allerdings für Aufklärung.

Diese Wespen kämpfen nicht nur gegen die Spinnen, sondern auch gegeneinander. Dabei verletzen sie sich häufig gegenseitig, was dafür sorgt, dass ab einer gewissen Jahreszeit besonders viele verletzte Exemplare von

Anoplius zu finden sind. Dieser ganze Kampf war zu dem Zeitpunkt, als ich ihn beobachtete, allerdings noch nicht zu Ende. Das Ende hätte nicht besser sein können.

Während die beiden Wespen damit beschäftigt waren, um das Recht auf die Spinne gegeneinander zu kämpfen, tauchte eine dritte Wespe auf, die die inzwischen bewusstlose Spinne in größter Eile davonschleppte. Ganz nach dem Motto: Wenn zwei sich streiten, freut sich der Dritte. Diese unglaubliche Beobachtung konnte ich sogar auf Video festhalten und anschließend ein paar Wochen später auf YouTube veröffentlichen.

Oben habe ich erwähnt, dass *Pepsis* über einen der schmerzhaftesten Insektenstiche der Welt verfügt. Ihre europäischen Verwandten aus der Gattung *Anoplius* können ebenfalls ziemlich schmerzhaft zustechen. Den Stich eines solchen Insektes musste ich aus reiner Neugier am eigenen Leib testen. Zu diesem Zweck fing ich mit einem Schmetterlingsnetz eine *Anoplius* ein, die darüber nicht sehr erfreut schien. Mit einer weichen Pinzette ergriff ich die Wespe und hielt sie auf meinen Arm. Dabei zitterte ich vor Aufregung am ganzen Leib, obwohl ich wusste, dass mir ein solches Insekt nicht sonderlich viel anhaben kann. Am Anfang wollte mich die Wespe nicht stechen. Irgendwann tat sie es aber doch. Ein sehr scharfer und stechender Schmerz setzte sofort nach dem Stich ein. Es fühlte sich an, als ob eine rostige Nadel in meinem Arm stecken würde. Diese Schmerzen fingen an, in den Arm auszustrahlen. Es ist nicht etwas, was man nicht aushalten kann. Aber ich war trotzdem erstaunt, dass so ein kleines Tier so schmerzhaft sein kann. Die Schmerzen hielten allerdings nicht besonders lange an und schon nach wenigen Stunden war der ganze Zauber vorbei.

Wespen, die aktiv nach Beute jagen und dann ihre Eier auf der Beute ablegen, sodass diese von einer Larve gefressen werden kann, bezeichnet man auch als Parasitoide. *Anoplius* ist nicht die einzige parasitoide Wespenart Europas. Es gibt noch haufenweise andere Arten. Einige erbeuten Raupen, andere haben sich auf Läuse spezialisiert. Wiederum andere verfügen über einen Holzbohrer am Stachel, mit dem sie in das Holz eines Baumes bohren können, um ihre Eier auf Käferlarven zu legen, die sich im Holz befinden. Nicht alle gehören zur Familie der Pompilidae. Andere parasitoide Hymenopteren wären beispielsweise die Vertreter aus der Gattung *Ammophila*, die zur Familie der Sphecidae gehören und die ich bereits weiter oben erwähnt habe.

Die Artenvielfalt dieser parasitoiden Insekten ist in Europa so gewaltig, dass man darüber ein eigenes Buch schreiben könnte.

Anoplius (Gattung *Anoplius*)

Anoplius-Wespen haben eine Körperlänge von etwa 6 bis 15 mm. Sie haben typischerweise eine schwarzblaue Färbung mit manchmal sichtbaren roten oder gelben Markierungen am Körper. Diese Wespen sind bekannt für ihr außergewöhnliches Jagdverhalten, bei dem sie speziell Wolfsspinnen als Wirt für ihre Brut verwenden. *Anoplius*-Wespen sind in verschiedenen Regionen der Welt verbreitet, insbesondere in gemäßigten Klimazonen. Diese Wespen bevorzugen offene Gebiete wie Wiesen, Feldränder und Sanddünen, wo ihre Beutetiere, die Wolfsspinnen, häufig vorkommen. *Anoplius*-Wespen sind Parasitoide, die ihre Eier auf oder in lebenden Spinnen legen. Die Wespe betäubt die Spinne mit ihrem Stachel und schleppt sie dann in eine Höhle, wo sie das Ei auf der Spinne ablegt. Nach dem Schlüpfen ernährt sich die Wespenlarve von der lebenden, aber gelähmten Spinne. Für den Menschen sind sie nicht gefährlich. Ihr Stich wird hauptsächlich zur Betäubung ihrer Beute verwendet, kann allerdings ziemlich schmerzhaft werden. Obwohl *Anoplius*-Wespen nicht aggressiv gegenüber Menschen sind, ist es ratsam, ihre Nester nicht zu stören. Bei der Beobachtung oder Erforschung dieser Wespen sollte man vorsichtig sein, um nicht versehentlich ihre Jagdaktivitäten zu beeinträchtigen.

Anoplius mit erbeuteter Spinne.

Wespen erfreuen sich bei den Menschen in der Regel keiner besonders großen Beliebtheit. Während sie die Honigbiene als Honiglieferant und nützliches Insekt feiern, verurteilen sie die Wespen und bezeichnen sie unter anderem als gelb-schwarze Arschlöcher.

Ich finde diese Betrachtungsweise sehr unfair gegenüber diesen überaus nützlichen und wichtigen Insekten. Diese Tiere sind alles andere als Arschlöcher. Sie können es einfach nicht leiden, wenn man ihrem Nest zu nahekommt und dadurch die Existenz ihres Volkes bedroht. Nenn mir einen Menschen auf dieser Erde, der nicht aggressiv reagieren würde und sich nicht verteidigen würde, wenn man ihn bedrohen würde. Diese Tiere machen nur das, was in ihrer Natur liegt. Die Wespen musst du nur verstehen, genauso wie alle anderen Tiere auch. Dann wird dir auch nicht viel passieren. Im nächsten Abschnitt werde ich dir erklären, warum Wespen keine Arschlöcher sind und weshalb sie für dein Überleben wichtiger sind, als du bisher gedacht hast.

Warum Wespen *keine* Arschlöcher sind

Wespen – diese penetranten gelbschwarzen Dinger, die im Sommer sofort kommen, wenn du dich entschließt, draußen zu essen. Wenn du ihnen klarmachen willst, dass es dein

Essen ist, schwirren sie erst mal ein paar Zentimeter vor deinem Gesicht herum, als ob sie dir sagen wollten: „Hey, du! Hast du ein Problem? Was willst du? Willst du etwa Stress? Soll ich mal ein bisschen ungemütlich werden?“

Kleines, aggressives gelb-schwarzes Mistding – so lautet die Definition der meisten Menschen für den Begriff „Wespe“. Tatsächlich sind diese kleinen, aggressiven gelb-schwarzen „Mistdinger“ allerdings nur wenige von zahlreichen Arten von Wespen. Meistens handelt es sich hierbei um *Vespula vulgaris* oder *Vespula germanica*. Beide Arten sind sozial und bilden Staaten. Dabei schwärmen die weiblichen Arbeiterinnen aus und machen sich auf die Suche nach Nahrung. Einige bleiben beim Nest, bewachen dieses, bauen es auf oder kümmern sich um die Brut und die Königin.

Man sagt immer, dass Wespen Fleischfresser sind. Das stimmt auch. Aber tatsächlich sind es nicht die Wespen, die wir sehen, die das Fleisch fressen. Diese Insekten ernähren sich hauptsächlich von Nektar und Pollen. Sie sind Vegetarier. Das Fleisch bringen sie zum Nest, für die Larven, die es für ihr Wachstum benötigen. Dass nun eine dieser Wespen versucht, dir ein bisschen was von deinem Picknick zu klauen, passiert relativ selten. Meistens erbeuten sie andere Insekten. Zu diesen anderen Insekten gehören hauptsächlich Fliegen, Heuschrecken, aber auch Moskitos, Bremsen und andere Nervensägen, die sich rasend schnell vermehren können.

Gemeine Wespe (*Vespula vulgaris*)

Die Gemeine Wespe erreicht eine Körperlänge von etwa 12 bis 17 mm. Sie hat eine schwarz-gelbe Färbung mit charakteristischen Mustern auf dem Abdomen, die zur Unterscheidung von anderen Wespenarten dienen. *Vespula vulgaris* ist in vielen Teilen Europas, Asiens und Nordafrikas verbreitet und wurde auch in Nordamerika und Neuseeland eingeführt. Diese Wespen bevorzugen eine Vielzahl von Habitaten, darunter Wälder, Wiesen und städtische Gebiete, wo sie ihre Nester oft in Bodenlöchern, hohlen Bäumen und unter Dachüberständen bauen. *Vespula vulgaris* bildet soziale Kolonien und ist besonders im Spätsommer aktiv, wenn sie oft bei Picknicks und Gartenpartys auf der Suche nach Süßem und Proteinreichem zu finden sind. Sie können in der Verteidigung ihres Nestes aggressiv werden. Ihr Stich kann schmerzhaft sein und bei Allergikern schwere allergische Reaktionen auslösen, führt im Normalfall aber lediglich zu lokalen Rötungen und Schwellungen, die innerhalb von ein paar Stunden und spätestens nach ein paar Tagen nachlassen.

Vespula vulgaris.

Es gibt Studien, deren Ergebnisse deutlich zeigen, dass der Gehalt an Stechmücken in einer Umgebung reduziert ist, wenn es dort ein Wespennest gibt, weil die Wespen die Moskitos erledigen. Andere Studien deuten darauf hin, dass in landwirtschaftlich genutzten Flächen weniger Schädlinge vorkommen, wenn sich dort Wespen aufhalten, und dass die Wespen in der Lage sind, die Schädlinge auf landwirtschaftlich genutzten Flächen um bis zu 80 % zu reduzieren.

Außerdem sind sehr viele Wespenarten mindestens ebenso wichtige Bestäuber wie unsere heiß geliebten Honigbienen. Ich möchte die Rolle der Honigbiene als Bestäuber nicht abstreiten. Aber dieser ganze Hype um die überdimensionale Wichtigkeit der Honigbiene ist vielfach einfach nur Marketing, damit die Imkereien ihren Honig besser verkaufen können und die Verbraucher das Gefühl haben, sie würden einen wichtigen Beitrag zum Umweltschutz leisten, wenn sie Honig essen. Neben der Honigbiene gibt es noch zahlreiche andere wichtige Bestäuber, zu denen unter anderem die Wespen gehören. Demnach ist es also auch Quatsch, dass der Mensch aussterben würde, wenn die Honigbiene verschwindet. Wohl aber würden wir möglicherweise aussterben oder zumindest massive Probleme bekommen, wenn alle bestäubenden Insekten von jetzt auf gleich von der Bildfläche verschwinden würden.

Was ich dir damit sagen will, ist, dass diese Wespen keineswegs nur irgendwelche unsympathischen Mistviecher sind. Sie erfüllen eine sehr wichtige ökologische Funktion und sind für den Menschen extrem nützlich, eben weil sie Pflanzen bestäuben und Moskitos, Bremsen und andere parasitäre Insekten erbeuten. Die von den Wespen erbeuteten Insekten sind oftmals Überträger von potenziell gefährlichen Krankheiten. Man kann also zusätzlich davon ausgehen, dass Wespen indirekt zur Aufrechterhaltung unserer Gesundheit beitragen.

Abgesehen davon beinhaltet das Gift dieser Tiere extrem viele hochinteressante Substanzen, die sich als Basis für die Herstellung von Medikamenten einsetzen lassen. Rheumatoide Arthritis beispielsweise ist eine Autoimmunkrankheit, die zu Entzündungen im Bereich der Gelenke, zu Deformationen, Bewegungsstörungen und im schlimmsten Fall sogar zum Tode führen kann. Bei dieser Erkrankung richtet sich das Immunsystem gegen den eigenen Körper und greift vorwiegend die Bestandteile der Gelenke an. Rheumatoide Arthritis wird häufig mit nichtsteroidalen antiinflammatorischen Medikamenten behandelt. Solche Medikamente können oft unerwünschte Nebenwirkungen auf den Rest des Immunsystems, das

Nervensystem und das Verdauungssystem haben. Aus diesem Grund ist es sinnvoll, nach Alternativen zu suchen.

Eine solche Alternative könnte Wespengift sein. Im Tierversuch konnte gezeigt werden, dass Wespengift die Symptome bei rheumatoider Arthritis lindern kann. Der Grad der synovialen Hyperplasie (Begriff wird gleich erklärt) und der Zerstörung des Knorpelgelenkes wird durch den Einsatz von Wespengift herabgesetzt. Der Grund dafür ist, dass Wespengift bis zu einer bestimmten Dosis eine entzündungshemmende Wirkung aufweist. Wespengift wird in der traditionellen chinesischen Volksmedizin bereits seit langer Zeit als Medikament gegen verschiedene schmerzhafte Erkrankungen eingesetzt. Die Ergebnisse verschiedener Studien deuten darauf hin, dass es sinnvoll ist, Wespengift zukünftig besser zu untersuchen, um daraus eventuell Medikamente gegen Rheuma herstellen zu können.

Falls du dich fragst, was zur Hölle eine synoviale Hyperplasie ist, hier eine kurze und einfache Erklärung: Von einer synovialen Hyperplasie spricht man, wenn eine schmierige Schicht in unseren Gelenken dicker wird. Diese schmierige Schicht ist wichtig, damit unsere Gelenke ordentlich funktionieren, ähnlich wie das Öl in einem Türscharnier, damit dieses nicht quietscht oder sich mit der Zeit abnutzt. Wenn nun aber diese schmierige Schicht dicker wird, kann dies zu Schmerzen und Steifheit führen. Es ist so, als ob das Öl in einem Scharnier zu dickflüssig wird und das Scharnier schwerer zu bewegen ist.

Rheumatoide Arthritis ist nur eine von vielen Krankheiten, die man mithilfe von Wespengift behandeln könnte. Das Wespengift beinhaltet Komponenten, die sich als hilfreich

Deutsche Wespe (*Vespula germanica*)

Die Deutsche Wespe misst ebenfalls etwa 12 bis 17 mm in der Länge und weist ein ähnliches schwarz-gelbes Farbmuster auf, allerdings mit etwas breiteren gelben Banden auf dem Abdomen und unterschiedlichen Gesichtsmarkierungen. Die Deutsche Wespe wird oft für ihre Fähigkeit, andere Insekten zu jagen und zu töten, wertgeschätzt. *Vespula germanica* ist weit verbreitet in Europa, Nord- und Südamerika und anderen Teilen der Welt. Ähnlich wie die Gemeine Wespe nistet sie in verschiedenen Umgebungen, einschließlich unterirdischen Höhlen und hohlen Räumen in Gebäuden.

Vespula germanica

Mutilla europaea

Mutilla europaea, oft auch als „Samtwespe" oder „Ameisenwespe" bezeichnet, ist bekannt für ihr auffälliges, samtiges und meist rot-schwarzes Integument. Integument sagt man übrigens zu den äußersten Schichten, die die Hülle eines Lebewesens bilden. Dein Integument ist deine Haut, mit all ihren Ausbildungen, wie zum Beispiel Haare oder Fingernägel. Das Integument der Insekten ist ihr Panzer bzw. ihr Exoskelett. Diese Wespen sind klein, typischerweise zwischen 8 und 12 mm lang. Weibchen dieser Art sind flügellos und ähneln Ameisen, während Männchen Flügel besitzen und eher typische Wespenmerkmale aufweisen.

Diese Art ist besonders dafür bekannt, ihre Eier in die Nester anderer Wespen und Bienen zu legen. *Mutilla europaea* ist in weiten Teilen Europas verbreitet, einschließlich Süd- und Zentraleuropa, und kommt auch in Teilen Nordafrikas und Westasiens vor. Die Wespen bevorzugen trockene, offene und sandige Habitate, wo sie leicht Zugang zu den Nestern ihrer Wirtsarten finden können. Weibchen von *Mutilla europaea* suchen aktiv die Nester von bodennistenden Bienen und Wespen auf, um ihre Eier in oder in der Nähe der Brut dieser Insekten zu platzieren. Die geschlüpften Larven ernähren sich dann von den Larven und Vorräten des Wirts.

Verschiedene Vertreter aus der Gruppe der Ameisenwespen (*Mutilidae*). Links oben: *Mutila europaea*. Rechts oben: *Myrmilla clava*. Links unten: *Tropidotilla litoralis*. Rechts unten: *Mutila marginalis*.

Die Weibchen können stechen und der Stich ist bekannt dafür, besonders schmerzhaft zu sein, obwohl er für den Menschen nicht gefährlich ist. Es ist ratsam, Abstand zu halten, insbesondere bei Begegnungen mit flügellosen Weibchen, die bereit sind zu stechen, wenn sie provoziert werden. Vermeide es, barfuß in sandigen, offenen Bereichen zu laufen, wo Mutilliden häufiger vorkommen.

bei einem Schlaganfall erweisen können. Andere können eine gute Alternative zu den herkömmlichen Antibiotika darstellen. Außerdem beinhaltet Wespengift Komponenten, die Krebszellen abtöten können. Im Tierversuch konnte man die Überlebensrate bei Mäusen, die an Krebs erkrankt sind, mit bestimmten Komponenten aus dem Wespengift erhöhen.

Wenn du also das nächste Mal eine Wespe an deinem Tisch sitzen siehst, hör auf mit den Händen herumzufuchteln wie eine wilde Stute, halt stattdessen still und bedanke dich bei der Wespe dafür, dass sie so eine wichtige Arbeit leistet, von der die Menschheit so sehr profitiert.

Übrigens gibt es auch ziemlich friedliche Wespen. Vertreter aus der Gattung *Polistes* beispielsweise bauen ihre Nester an offenen Stellen. Der Staat von *Polistes* beinhaltet normalerweise nur wenige Exemplare. Du kannst an das Nest sehr nahe herangehen, ohne dass sie dich angreifen. Nur anfassen solltest du es nicht. Das mögen sie gar nicht! Den Stich einer *Polistes* empfand ich übrigens als deutlich schmerzhafter als den Stich einer *Vespula*.

Weil mir das Thema Wespen so gut gefällt, hier noch eine kleine Ergänzung: Hornissen (*Vespa crabro*). Vor denen fürchten sich die Leute noch mehr als vor normalen Wespen. Wusstest du, dass Hornissen mit den Wespen sehr nahe verwandt sind? Im Prinzip ist eine Hornisse nur so etwas wie eine Wespe auf Steroiden. Allerdings sind Hornissen deutlich weniger aggressiv als die Vertreter aus der Gattung *Vespula*. Genau wie *Vespula* erfüllt auch *Vespa crabro* zahlreiche wichtige ökologische Funktionen, die dem Menschen zugutekommen. Bei der Hornisse darfst du dich also genauso bedanken wie bei *Vespula*. Wenn du mehr über Hornissen und andere stechende Hymenopteren Europas lernen willst, habe ich weiter unten noch einen kleinen Steckbrief über Hornissen angehängt.

Mit Hornissen hatte ich bisher das vielleicht lustigste Erlebnis in Bezug auf giftige Tiere überhaupt. Während einer nächtlichen Exkursion wurden ein Kumpel von

Hornisse (*Vespa crabro*)

Hornissen sind die größten in Europa vorkommenden Vertreter der Echten Wespen und erreichen eine Körperlänge von 25 bis 35 mm. Ihr Körper ist gelb-braun gefärbt mit charakteristischen dunklen und gelben Streifen. Sie bauen größere und robustere Nester, oft in hohlen Bäumen oder Dachböden. Die Hornisse ist weit verbreitet in Europa und Teilen Asiens und hat sich in Nordamerika etabliert. Sie bevorzugt Wälder und waldähnliche Umgebungen, kommt aber auch in ländlichen und Vorstadtgebieten vor, wo sie in hohlen Bäumen, Scheunen und anderen geschützten Orten nistet. Hornissen sind sozial und leben in Kolonien. Sie ernähren sich hauptsächlich von Insekten, darunter Fliegen und Aas, aber auch von Nektar und Pollen. Hornissen sind weniger aggressiv als viele andere Wespenarten, können aber bei Bedrohung ihres Nestes sehr verteidigungsstark sein. Ihr Stich ist schmerzhafter als der einer gewöhnlichen Wespe, da ihr Gift mehr Acetylcholin enthält. Für Menschen mit Insektengiftallergien kann der Stich gefährlich sein. Im Normalfall ist der Stich einer Hornisse allerdings nicht gefährlicher als ein Bienenstich. Das Bienengift ist sogar von höherer Toxizität als das Hornissengift. Hornissennester nicht stören, um Angriffe zu vermeiden. Schutzkleidung tragen, wenn in der Nähe von möglichen Neststandorten gearbeitet wird.

Hornisse *(Vespa crabro)*.

mir und ich im Dunkeln von Hornissen angegriffen. Während des Angriffes bekam ich einen Lachanfall. Mein Gelächter verstummte allerdings, als mich eine der Hornissen am Nacken erwischte.

Angriff der Hornissen

Hornissen sind eigentlich relativ gechillte Tiere. Sie fliegen durch die Gegend, erledigen ihre Aufgaben und machen ab und zu jemandem ein kleines bisschen Angst. Wenn du dich ihrem Nest näherst, beobachten sie dich erst mal aufmerksam. Wenn du dem Nest zu nahekommst, sind sie in der Regel so freundlich und sprechen dir erst mal eine eindeutige Warnung aus, indem sie dich im Flug mit ihrem Körper rammen. Wenn du dann nicht weggehst, kann es sein, dass dich einzelne Tiere angreifen. Um angegriffen zu werden, musst du dich aber schon ein wenig anstrengen! Du musst ihrem Nest viel zu nahekommen und dann idealerweise auch noch ein wenig darin herumstochern oder deine Kamera ganz nahe ranhalten. Letzteres mögen sie ganz und gar nicht.

Ich habe es in meinem Leben ein einziges Mal geschafft, von Hornissen angegriffen zu werden.

An dem Abend war ich mit meinem Kumpel Leo verabredet, der ebenfalls Biologe ist. Wir wollten in der Nacht in der Nähe des Gardasees nach der schwarzbauchigen Tarantel (*Hogna radiata*) suchen. Als wir uns in der Dunkelheit durch das Gebüsch schlichen, tauchte plötzlich eine Hornisse wie aus dem Nichts auf und flog direkt auf mein Gesicht zu. Ich wich aus. Die Hornisse drehte in der Luft um und rammte mich mit ihrem Körper am Kopf. Wenn ich das so erzähle, hört es sich an, als hätten wir uns geprügelt. Wenn dich eine Hornisse rammt, passiert gar nichts. Es ist einfach nur eine Kollision mit einem kleinen, aber sehr stabilen Insekt. Ein solcher Angriff ist eine deutliche Warnung, dass du dich verziehen solltest.

Nachdem ich von der Hornisse gerammt wurde, schaltete ich meine Stirnlampe aus, weil ich dachte, dass es sich hier nur um ein kleines Missverständnis handelte und die Hornisse nur auf das Licht meiner Lampe zugeflogen war. Als ich das Licht ausschaltete, flog sie plötzlich auf Leo zu, der erbitterte Gegenwehr leistete, dabei einen kleinen Tanz aufführte und sich mit seinen Händen zu schützen versuchte, während er zugleich ebenfalls die Taschenlampe ausschaltete. In diesem Moment konnte ich mich vor Lachen kaum halten, weil ich es unglaublich lustig fand, wie Leo gegen die Hornisse kämpfte. Du musst wissen, Leo ist ein sehr gemütlicher

Typ, der sich normalerweise nicht so leicht aus der Ruhe bringen lässt und keiner Fliege etwas zuleide tun würde. Umso lustiger war es, dass er dann mitten in der Dunkelheit einen solchen Affentanz aufgeführt hat und dabei rief: „Die fliegt mir um die Ohren!"

Für mein Lachen sollte ich allerdings schnell mein wohlverdientes Karma abbekommen. Als wir in der Dunkelheit standen, verstummte das summende Geräusch der fliegenden Hornisse.

„Ist sie weg?", fragte ich Leo, der mir entgegnete: „Ich weiß es nicht. Weit kann sie aber nicht sein!"

Wie in einem Film standen wir still da und ich schaltete wieder das Licht meiner Taschenlampe ein. Sofort sah ich die Hornisse wieder aus der Dunkelheit auf mein Gesicht zufliegen und ich versuchte, die Lampe wieder auszuschalten. Als ich zugleich damit beschäftigt war, der Hornisse auszuweichen, stürzte ich und verpasste mir selber eine Platzwunde an beiden Händen, woraufhin mich die Hornisse stach.

Lautstark fluchend nahm ich meine Taschenlampe und ergriff die Flucht. Leo war direkt hinter mir.

Als wir in Sicherheit waren, rätselten wir darüber, was mit dieser Hornisse wohl falsch lief, dass sie so aggressiv gewesen war.

Auf dem Rückweg sahen wir, dass wir nur wenige Zentimeter unterhalb von einem Hornissennest standen und sich die eine Hornisse wohl ein wenig provoziert gefühlt hatte. Während dieses ganzen Spektakels hatte ich übrigens die Kamera laufen. Aus diesem Grund gibt es dazu ein durchaus lustiges Video auf YouTube.

Die Frage ist allerdings, ob wir uns in dieser Situation überhaupt richtig verhalten haben. Die Antwort lautet: Nein. Das einzig Richtige, was wir gemacht haben, war, dass wir irgendwann einmal versucht haben, Distanz zu gewinnen. Was sollte man tun, wenn man von Hornissen oder anderen sozialen Insekten angegriffen wird? Lies weiter und ich werde es dir erklären.

Wie verhält man sich bei einem Angriff von sozialen Insekten?

Vielleicht fragst du dich, was zu tun ist, wenn dich soziale Insekten angreifen. Nun, das Wichtigste ist, Ruhe zu bewahren und die Insekten auf diplomatischem Weg zu beruhigen. Am besten, du schwenkst eine kleine weiße Fahne hin und her, um den Bienen oder Wespen zu signalisieren, dass du in friedlicher Absicht kommst. Danach unterschreibst du ein Friedensabkommen – und alles wird gut. Keine Sorge, Sarkasmus ist für mich immer noch ein Lernfeld, also verzeih mir, wenn ich gelegentlich übe.

Aber mal ernsthaft: Wenn dich soziale Insekten angreifen, dann nimm die Beine in die Hand und lauf! Entferne dich so schnell wie möglich von ihrem Nest, denn genau das verteidigen sie. Es ist nicht nötig, ins Wasser zu springen – die Insekten werden nicht am Ufer auf dich warten, bis du wieder auftauchst.

Naturwunder Honigbiene

Nun habe ich dir so einiges über stechende Insekten erzählt, die sich beim Menschen aufgrund dieser Eigenschaft nicht sonderlich beliebt machen. Ein bestimmtes Insekt genießt jedoch trotz der Anwesenheit eines Giftstachels die Freundschaft des Menschen: die Honigbiene (*Apis mellifera*).

Wir mögen Honigbienen, weil sie Honig und Bienenwachs produzieren. Die Freundschaft zwischen Mensch und Honigbiene ist allerdings relativ einseitig. Den Bienen ist nicht bewusst, dass wir für ihre Ausbreitung verantwortlich sind, und sie teilen auch nicht besonders gerne ihren Honig mit uns.

In diesem Abschnitt soll es aber nicht um Freundschaft zwischen Menschen und Bienen gehen, sondern um die unglaublichen Eigenschaften, die diese staatenbildenden Insekten aufweisen.

Erstens gelten Honigbienen als ziemlich intelligent. Sie sind lernfähig und können sich die Orte merken, an denen sie Nektar, Pollen oder andere wichtige Rohstoffe gefunden haben. Sie sind in der Lage, über eine große Fläche zu navigieren und haben einen exzellenten Orientierungssinn. Nun möchte man meinen, dass so etwas doch nicht so schwierig sein kann. Allerdings kann ich dir sagen, dass ich hierzulande des Öfteren Menschen aus dem Wald wieder herausführen durfte, die sich verirrt hatten. Noch nie aber musste ich einer verirrten Honigbiene den Weg zurück zu ihrem Bienenstock zeigen.

Bienen kommunizieren miteinander auf eine sehr komplexe Art und Weise. Am Eingang des Bienenstockes führen Arbeiterinnen einen speziellen Tanz auf, der unterschiedlich ist, je nachdem, welche Informationen die Biene ihren Genossinnen zu übermitteln hat. Beispielsweise kann eine Arbeiterin auf diese Weise anderen Bienen den Standort von Ressourcen weitergeben.

Bienen haben unterschiedliche Charaktere. Es gibt fleißige Bienen, die sehr viel arbeiten und viel Nektar und Pollen sammeln. Und dann gibt es noch diejenigen, die sich ein bisschen mehr Freizeit nehmen und einfach gemütlich durch die Gegend summen, während sie ein kleines bisschen Nektar und Pollen sammeln.

Umso erstaunlicher erscheinen uns solche komplexen Verhaltensweisen, wenn man bedenkt, wie winzig das Gehirn einer Biene ist. Genau genommen haben Bienen noch nicht einmal richtige Gehirne, sondern vielmehr nur Ansammlungen von Nervenzellen, die wir als Ganglien bezeichnen. Es ist unglaublich, was die kleinen Tierchen mit so wenig Nervengewebe bereits alles anstellen können. Stell dir mal vor, was die Menschen mit ihren Gehirnen alles schaffen könnten, wenn einige von ihnen endlich mal lernen würden, wie man sie benutzt.

Schauen wir uns mal das Gift der Bienen an. Bienengift ist eine unglaublich komplexe Mischung, die wir noch lange nicht zu 100 % verstanden haben. Eine sehr wichtige Komponente des Bienengiftes ist ein Protein mit dem Namen Melittin. Melittin entfaltet im Körper verschiedene Wirkungen. Beispielsweise kann es Schmerzsignale auslösen oder aber Körperzellen zerstören. Das Melittin und andere Komponenten aus dem Bienengift sind so konzipiert, dass sie in einem Wirbeltier möglichst viele Schmerzen auslösen und dass sie sich möglichst unangenehm anfühlen, wenn sie unter die Haut gelangen. Das Bienengift ist nicht dazu da, Beute auf schnellstem Wege zu überwältigen. Vielmehr ist es eine Waffe. Es soll dich nicht so schnell wie möglich umhauen. Es soll dir möglichst unangenehme Schmerzen bescheren, auf dass du dir als großes Wirbeltier beim nächsten Mal zweimal überlegst, ob du wirklich einen Bienenstock plündern willst, um an den Honig zu gelangen.

Honigbiene (*Apis mellifera*)

Honigbienen sind kleine Insekten mit einer Körperlänge von etwa 1,2 bis 1,6 cm. Sie haben ein charakteristisches gelb-schwarzes Streifenmuster am Körper und behaarte Körpersegmente, die ihnen helfen, Pollen zu sammeln. Ihre Flügel sind durchsichtig und liegen beim Ruhen auf dem Rücken. Honigbienen sind weltweit verbreitet und kommen in vielen verschiedenen Klimazonen vor, von tropischen Regionen bis hin zu gemäßigten Zonen. Honigbienen leben in strukturierten Kolonien, die in natürlichen oder künstlichen Behausungen wie Bienenstöcken untergebracht sind. Sie bevorzugen Gebiete, die reich an blühenden Pflanzen sind, einschließlich Gärten, Wiesen und landwirtschaftliche Gebiete. Honigbienen sind soziale Insekten und leben in gut organisierten Kolonien mit einer Königin, vielen Arbeiterinnen und einigen Drohnen. Sie kommunizieren durch Tanzen, um anderen den Standort von Nahrungsquellen mitzuteilen. Ihre Haupttätigkeiten umfassen das Sammeln von Nektar und Pollen, die Brutpflege und die Produktion von Honig und Wachs. Honigbienen sind für ihre Intelligenz und ihre Lernfähigkeit bekannt. Der Stich einer Honigbiene führt zu stechenden, brennenden Schmerzen, die von einer Rötung und einer Schwellung begleitet sind. Das Gift enthält unter anderem Melittin und verschiedene andere Proteine, die das Immunsystem des Körpers beeinflussen können.

Die Bienen wollen potenzielle Angreifer nicht töten, sondern vertreiben. Dies machen sie, indem sie zustechen und dabei ein möglichst schmerzhaftes Gift abgeben. Dabei greifen in der Regel nur wenige Individuen an, was normalerweise reicht, um einen Angreifer in die Flucht zu schlagen. Es gibt allerdings auch Bienen, die es mit der Verteidigung ihres Nestes ein wenig übertreiben. Diese Bienen nennen wir „Killerbienen".

Die Killerbiene hat sich durch ihre hohe Aggressivität einen Namen gemacht. Wer sind diese mysteriösen Killerbienen und was genau macht sie zu Killerbienen? Lass uns im nächsten Abschnitt dem Mythos der Killerbiene auf den Grund gehen.

Der Mythos der „Killerbiene"

Bienen müssen sich gegen große Wirbeltiere behaupten. Je größer die Wirbeltiere, die an ihren Honig wollen, desto aggressiver neigt ein Volk zu sein. Ein sehr gutes Beispiel dafür ist die Afrikanisierte Honigbiene, die wir in der Volkssprache gerne als „Killerbiene" bezeichnen. Killerbienen nennt man sie deswegen, weil diese Bienenart sehr viel aggressiver ist als ihre europäischen Schwestern.

Wenn du den Bienenstock von europäischen Honigbienen plündern willst, werden dich relativ viele Bienen stechen. Einen Bienenstock von europäischen Honigbienen zu plündern, ist eine schmerzhafte Erfahrung, bei der du mit einer dicken Lippe davonkommst, woraufhin du den Honig genießen kannst. Sich mit einem Volk von Killerbienen anzulegen, wäre dagegen glatter Wahnsinn. In Afrika gibt es wesentlich größere Wirbeltiere, gegen die sich die Bienen verteidigen müssen. Wenn du versuchst, einen Bienenstock von Killerbienen zu plündern, wird dich ein sehr großer Teil des ganzen Volkes angreifen. Auf diese Weise kannst du dir im schlimmsten Fall so viele Bienenstiche einfangen, dass du daran draufgehst.

Aufgrund ihrer Aggressivität haben Killerbienen den Ruf, ganz besonders tödlich zu sein. Doch wissen nur die wenigsten, dass die Killerbiene im Grunde genommen eine ganz normale Honigbiene der Art *Apis mellifera* ist, eben wie die europäische Honigbiene. Sie unterscheiden sich nur geringfügig voneinander in ihrem Aussehen. Der Stich einer Killerbiene ist nicht besonders gefährlich, sondern höchstens ebenso unangenehm wie der Stich einer europäischen Honigbiene.

Es gibt keine signifikanten Unterschiede in der Toxizität oder Potenz des Gifts zwischen Afrikanisierten Honigbienen und europäischen Honigbienen. Die Zusammensetzung des Giftes beider Bienenarten wurde analysiert und es wurde festgestellt, dass von den Proteinen im Bienengift die meisten sowohl bei Afrikanisierten Honigbienen als auch bei zwei europäischen Unterarten vorkommen. Eine Studie zeigte, dass Afrikanisierte Bienen eine geringere Menge an Gift freisetzen, wenn sie stechen, mit niedrigeren Mengen an Melittin und Hyaluronidase, aber erhöhten Mengen an PLA_2. PLA_2, ausgeschrieben Phospholipase A2, sind Enzyme, die mit den Phospholipiden von Zellmembranen interagieren und in den Giften von zahlreichen giftigen Tieren, wie zum Beispiel Schlangen, Spinnen, Waranen, Insekten usw. vorhanden sind. Die geringe Giftmenge der Killerbiene wird durch die Tatsache erklärt, dass diese Bienen kleinere Giftdrüsen haben als die europäischen Bienen.

Zusammenfassend bedeutet dies also, dass die gefürchtete Killerbiene gar nicht mal so ein krasser Killer ist, wie ihr unterstellt wird. Vielmehr ist sie eine schwer arbeitende Arbeitskraft, die einfach keinen Bock mehr darauf hat, dass ihr die Großen immer ihren Honig wegnehmen, und deswegen zusammen mit ihren Mitarbeitern einfach mal ein Zeichen gesetzt hat.

Gift und Medizin zugleich

Erstaunlich ist außerdem, dass das Bienengift (Apitoxin) nicht immer gleich wirkt. Es ist ein Unterschied, welche Dosis du vom Bienengift abbekommst. Das Melittin aus dem Bienengift kann im Körper Entzündungsreaktionen auslösen. Dies ist auch einer der Gründe für die unangenehmen Schmerzen, den Juckreiz und die Schwellungen, die nach einem Bienenstich auftreten.

In sehr geringen Mengen allerdings bewirkt Melittin in gewisser Hinsicht das genaue Gegenteil: Es kann Entzündungsreaktionen abschwächen und dadurch entzündungshemmend wirken. Damit hat es exzellente Voraussetzungen, um als Basis für die Herstellung von neuen wirksamen Medikamenten zu dienen. Bereits das reine Bienengift kann uns helfen, so manche Leiden erträglicher zu machen. So gibt es beispielsweise Salben, die Bienengift beinhalten und gegen Gelenkschmerzen, Muskelkater und bei Verletzungen aufgetragen werden können. Das Bienengift soll außerdem bei rheumatischer Arthritis schmerzlindernd und heilungsfördernd für die Gelenke wirken.

Entzündungen abzuschwächen, ist aber nur eine von vielen Möglichkeiten, die uns Bienengift liefert.

Bienengift wird auch in der Behandlung von neurologischen Erkrankungen wie Multipler Sklerose erforscht. Die im Gift enthaltenen Substanzen können neuroprotektive Effekte haben. Das bedeutet, sie können zur Regeneration von Nervengewebe beitragen.

Es gibt Hinweise darauf, dass Bienengift gegen bestimmte Krebsarten wirksam sein könnte. Forschungen haben gezeigt, dass Melittin das Potenzial hat, Krebszellen abzutöten, ohne gesunde Zellen zu schädigen. Es wird jedoch noch intensiv erforscht, wie Bienengift in der Krebstherapie eingesetzt werden kann.

Aufgrund der antibakteriellen Eigenschaften wird Bienengift in der Dermatologie zur Behandlung von Hauterkrankungen wie Akne und Ekzemen verwendet. Außerdem können auch bestimmte Apitoxin-Salben gegen Ekzeme helfen.

Wichtig zu erwähnen ist an dieser Stelle, dass du Bienengift niemals auf eigene Faust einsetzen solltest, weil die Gefahr einer allergischen Reaktion besteht. So etwas sollte eigentlich selbsterklärend sein, aber aus sozialen Gründen hat man mir dringend angeraten, dies zu erwähnen.

Wusstest du, dass es viele verschiedene Bienenarten gibt und dass nicht alle Bienen in einem Schwarm leben? Es gibt auch Einzelgänger-Bienen, die wir Solitärbienen nennen. Solche Bienenarten leben nicht in einem Staat, sondern alleine. Eine davon hat aufgrund ihrer Größe ein ziemlich respekteinflößendes Erscheinungsbild. Sie ist als größte Biene Europas größer als eine Hornisse und wenn sie dir entgegenfliegt, wirst du gerne ausweichen.

Ein großer Brummer

Als Kind war ich an keinem Ort lieber als irgendwo draußen in der freien Wildbahn. Es war immer wieder aufs Neue ein wunderbares und magisches Abenteuer. Als Kind kennst du die Welt, in die du da hineingeboren bist, noch nicht so richtig. In diesem Lebensabschnitt können alltägliche Begegnungen etwas Neues sein. So war auch meine erste Begegnung mit dem nächsten Tier, dem ich in diesem Buch einen Auftritt gewähren möchte, ein aufregendes Abenteuer.

Es war ein warmer Sommertag und ich saß auf einem Felsen oberhalb des Hauses meiner Großmutter. Dort genoss ich die Aussicht und den Umstand, in meiner eigenen Welt zu sein. Immer wieder flogen verschiedene Arten von Insekten dicht an mir vorbei. Viele von ihnen kannte ich schon. Doch dann tauchte plötzlich etwas ganz Besonderes auf. Ein tiefblaues, fast schwarzes Insekt, das sich wie ein kleiner Hubschrauber anhörte. Zu dem Zeitpunkt hatte ich schon Bekanntschaft mit Hornissen gemacht, die bis dahin die größten stechenden Insekten waren, die ich in freier Wildbahn beobachten hatte können. Doch dieses neue Geschöpf übertraf in seiner Größe selbst eine Hornisse.

Weil ich nicht wusste, was es war, saß ich wie eine Statue auf meinem Felsen und bewegte mich nicht, während mir der Schweiß von der Stirn lief, als mich dieses mächtig erscheinende Insekt umkreiste. Einzig und allein meine Augen folgten dieser besonderen Erscheinung, die sich nur kurz in meiner Gegenwart aufhielt und dann irgendwo zwischen den Bäumen wieder verschwand.

Dies war meine erste Begegnung mit *Xylocopa violacea* – der Großen Holzbiene. *Xylocopa* ist die wahrscheinlich größte Bienenart Europas. Dieses Insekt kann über 3 cm groß werden und sieht aus wie eine schwarze Hummel auf Steroiden. Und genauso hört sie sich an!

Manchmal kann eine Große Holzbiene neugierig werden und dich umkreisen, wobei sie immer einen gewissen Sicherheitsabstand einhält. Allerdings kann dies zur Vermutung verleiten, dass sie aggressiv sei. Doch *Xylocopa* ist alles andere als aggressiv. Vielmehr ist sie ein sanfter Riese, der es nur auf ein bisschen Nektar und Pollen abgesehen hat. Wenn du ihr zu

Xylocopa. Die größte Biene Europas.

Große Holzbiene (*Xylocopa*)

Die Große Holzbiene, oft als Holzbiene bezeichnet, ist mit einer Körperlänge von etwa 20 bis 25 mm eine der größten Bienenarten. Ihr Körper ist schwarz, oft mit metallisch glänzenden Reflexen, und ihre Flügel sind dunkel getönt. Diese Bienen sind weit verbreitet in wärmeren Klimazonen rund um den Globus und bevorzugen offene, sonnige Gebiete mit reichlich Holzvorkommen, das sie zur Nestanlage nutzen. Holzbienen sind bekannt dafür, ihre Nester durch das Aushöhlen von altem Holz zu schaffen, wobei sie runde Eingangslöcher hinterlassen, die typisch für ihren Nestbau sind. Sie sind solitär, wobei jedes Weibchen für die Anlage und Versorgung seines eigenen Nestes verantwortlich ist. Holzbienen ernähren sich hauptsächlich von Nektar und Pollen und spielen eine wichtige Rolle bei der Bestäubung. Ihre Stiche sind selten und dienen nur als Verteidigungsmaßnahme gegen direkte Störungen. Zum Schutz vor Stichen und zur Vermeidung von Schäden am Eigentum ist es ratsam, freiliegendes Holz zu behandeln oder zu entfernen, wo Holzbienen aktiv sein könnten. Außerdem sollten Begegnungen mit den Bienen ohne schnelle Bewegungen oder direktes Stören der Nester erfolgen.

nahekommst, fliegt sie davon. Während eine Große Holzbiene Nektar saugt, ist sie übrigens ziemlich abgelenkt. Du kannst in dieser Situation sehr nahe an sie herankommen, um tolle Aufnahmen von ihr zu machen.

Wenn sich eine *Xylocopa* bedroht fühlt, kann sie stechen, genauso wie eine Honigbiene. Trotz ihrer größeren körperlichen Ausmaße ist ihr Stich im Vergleich zur Honigbiene allerdings deutlich weniger schmerzhaft. Natürlich musste ich als interessierter Biologe so etwas auch am eigenen Leib testen. Dies war allerdings noch vor meinen YouTube-Zeiten, weshalb ich es nicht auf Video aufgenommen habe. Zu erwähnen ist hier allerdings, dass Menschen auf tierische Gifte manchmal sehr unterschiedlich reagieren können und dass meine Ergebnisse deswegen nur einen Hinweis geben, aber keineswegs als allgemeingültiger wissenschaftlicher Fakt angesehen werden können. Der Stich einer Großen Holzbiene war für mich nichts Gravierendes. Es brannte kurz ein bisschen und hörte nach ein paar Stunden wieder auf. Unterschiedliche Reaktionen sind allerdings möglich.

Wenn du eine Große Holzbiene beobachten möchtest, kannst du dich einfach im Sommer irgendwo hinsetzen, wo viele trockene Bäume herumstehen und ein paar Blütenpflanzen vorhanden sind. Mit etwas Geduld wird nach einiger Zeit eine *Xylocopa* auftauchen. All meine Aufnahmen von *Xylocopa* habe ich auf diese Art und Weise gemacht.

Unglaublich erstaunt war ich, als ich einmal eine Große Holzbiene an einer Blütenpflanze hängen sah, die sich nicht mehr zu bewegen schien. Ich dachte zuerst, dass sie sich nur ausruhte. Allerdings machte sie selbst keine Bewegung, als ich mich ihr nährte. Bei genauerer Betrachtung stellte ich fest, dass sie tot war. Bei noch genauerer Betrachtung konnte ich erkennen, dass auf der Blüte ein winzig kleiner Jäger saß, der dieses verhältnismäßig gigantische Insekt überwältigt hatte und es nun fest in seinen Klauen hielt. Bis zu diesem Zeitpunkt hatte ich es nie für möglich gehalten, dass so ein kleines Raubtier in der Lage ist, ein Tier zu überwältigen, von dem es um so viele Größendimensionen übertroffen wurde. Als ob ein einziger Löwe einen Elefanten umnieten und ihn dann kopfüber von einem Baum hängend fressen würde.

Der besagte Jäger, von dem wir hier sprechen, ist niemand Geringeres als die Veränderliche Krabbenspinne, die dafür bekannt ist, dass ihr die Größe ihrer Beute relativ egal ist. Weil diese Tiere so extrem drauf sind, werden wir sie uns im nächsten Abschnitt genauer anschauen.

Spinnen

Spinnen sind meine große Leidenschaft, genau wie Schlangen. Diese Tiere haben irgendetwas an sich, was mich fasziniert und regelrecht in seinen Bann zieht. Spinnen haben eine ganz besondere Ausstrahlung und halten sich sehr oft an besonderen Orten auf. Nicht umsonst werden ihnen in vielen Mythen und Legenden alter Kulturen magische Fähigkeiten oder der Kontakt zu übergeordneten Dimensionen nachgesagt. Obwohl Spinnen verhältnismäßig klein sind, haben sie in unserer Welt nicht nur auf die menschliche Psyche eine große Wirkung.

Spinnen sind außerordentlich wichtige ökologische Regulatoren. Sie ernähren sich von einer Vielzahl von unterschiedlichen Insekten und sorgen damit für die Aufrechterhaltung der ökologischen Dynamik, die für uns alle so unglaublich wichtig ist, dass ich in diesem Buch garantiert noch mehrere Male darauf herumreiten werde. Ob du willst oder nicht: Spinnen sorgen durch ihre ökologische Funktion dafür, dass du überlebst. Nun möchte ich dir mehr erzählen über die bemerkenswerten Fähigkeiten der Krabbenspinnen, die ich schon im vorherigen Kapitel angesprochen habe.

Winziger Räuber, riesige Beute: Die übertriebene Stärke der Krabbenspinne

Auf der Exkursion, die ich im vorherigen Abschnitt bereits angeteasert habe, konnte ich eine winzige Krabbenspinne beobachten, die ein verhältnismäßig riesiges Insekt festhielt, das sie vorher getötet hatte. Die Krabbenspinnen töten mit einer unfassbaren Präzision. Man könnte sagen, dass sie die Profi-Ninjas unter den Spinnen sind.

Ninjutsu ist eine Kampfkunstart, die ich während meines Studiums selbst eine Zeit lang praktiziert habe. Es handelt sich hierbei um jene Kampfkunst, die von den geheimnisvollen „Schattenkriegern“ aus Japan praktiziert wurde. Im Ninjutsu geht es nicht einzig und allein darum, den Gegner mit irgendwelchen Schlägen oder Griffen außer Gefecht zu setzen.

Vielmehr geht es darum, in seiner Gesamtheit schnell, effektiv und unauffällig zu sein. Trainiert werden nicht nur Techniken aus der Selbstverteidigung, sondern auch die menschliche Anatomie, Akrobatik, der Gebrauch von Waffen, aber auch die Wirkung von verschiedenen Heilkräutern, damit man sich im Falle einer Verletzung selbst helfen kann. Ein Ninja ist also nicht einfach nur ein Kämpfer. Vielmehr ist ein guter Ninja ein Multitalent, das sich in verschiedenen Situationen zu helfen weiß. Ein Ninja passt sich an seine Umgebung an, verhält sich unauffällig und schlägt im richtigen Moment zu, bevor er genauso schnell wieder verschwindet. Sein Opfer ist tot, bevor es seine Anwesenheit überhaupt bemerkt hat. Wenn jemand einen Ninja damit beauftragt hätte, dich außer Gefecht zu setzen, könnte er sich jetzt in diesem Moment direkt hinter dir befinden, ohne dass du etwas davon mitbekommst.

Genauso verhält sich die Veränderliche Krabbenspinne. Veränderlich heißt sie nämlich deswegen, weil sie in der Lage ist, ihre Farbe zu verändern, um sich ihrer Umgebung anzupassen. Wenn sie auf einer gelben Blüte sitzt, wird die Spinne gelb. Sitzt sie hingegen auf einer weißen Blüte, färbt sie sich weiß. Die Veränderliche Krabbenspinne verschmilzt praktisch mit ihrer Umgebung. Elegant klettert sie von Blüte zu Blüte und legt sich meist auf der Unterseite der Blüte auf die Lauer. Der verführerische Duft der Blüte lockt ahnungslose Insekten an, die gierig den Nektar schlürfen und nicht auf ihre Umgebung achten. Sobald ein Insekt auf der Blüte landet, macht es sich durch seine Vibrationen bemerkbar. Die Spinne schleicht sich meist von hinten oder von der Seite langsam an das Beutetier heran. Anschließend springt sie mit einem Satz darauf und setzt einen Giftbiss in der Regel direkt hinter dem Kopf an. Das Gift blockiert dadurch die wichtigen Nervenbahnen, die den Körper und vor allem die Brust bzw. den Thorax und damit auch die Beine und Flügel der Insekten versorgen. Das Insekt zappelt nur wenige Sekunden lang, bevor es durch das Gift gelähmt wird. Mit ihren kräftigen Vorderbeinen hält die Spinne ihre Beute fest, bis sie der Wirkung des Giftes erliegt. Anschließend wird die Beute in der Regel wieder unter die Blüte gezerrt und dort von der Spinne verspeist – der Spinnen-Ninja hat sein nächstes Opfer geholt.

Die Veränderliche Krabbenspinne ist nur eine von vielen Krabbenspinnenarten. Nicht alle sind in der Lage, ihre Farbe zu verändern. Doch ihnen allen ist gemein, dass sie normalerweise in ihrer Umgebung sehr gut getarnt und in der Lage sind, verhältnismäßig riesige Beutetiere zu überwältigen, weil sie über ein äußerst wirksames Gift verfügen.

Veränderliche Krabbenspinne (*Misumena vatia*)

Die Veränderliche Krabbenspinne ist bekannt für ihre Fähigkeit, die Farbe von Weiß über Gelb bis hin zu Grün zu ändern, um sich ihrer Umgebung anzupassen, was hauptsächlich von der Blütenfarbe ihrer Lauerpositionen abhängt. Diese kleine Spinne erreicht eine Körperlänge von etwa 5 bis 10 mm, wobei Weibchen deutlich größer als Männchen sind. *Misumena vatia* ist in Europa, Nordamerika und Teilen Asiens verbreitet und bevorzugt offene, sonnige Gebiete mit reichlich Blütenpflanzen, da sie sich auf diese zur Jagd stützt. Sie nutzt ihre ausgezeichneten Tarnfähigkeiten, um auf Blumen zu lauern, wo sie auf ahnungslose Insekten wie Bienen und Schmetterlinge wartet, die sie schnell ergreift und mit ihrem Gift überwältigt. Trotz ihrer beeindruckenden Jagdfähigkeiten ist die Veränderliche Krabbenspinne für den Menschen harmlos, da sie keine Gefahr darstellt und sehr selten beißt. Vorsichtsmaßnahmen sind nicht spezifisch erforderlich, es sei denn, man möchte die natürliche Diversität in Gärten fördern, indem man pestizidfreie Umgebungen schafft, die sichere Lebensräume für diese und andere nützliche Insekten bieten.

Veränderliche Krabbenspinne (*Misumena vatia*)

Nun höre ich meine Leser schon innerlich fragen: Was passiert, wenn eine Krabbenspinne einen Menschen beißt? Na ja … Wie soll ich sagen … Ich fasse mich kurz: Es passiert so gut wie gar nichts. Eine große Krabbenspinne kann die menschliche Haut an sehr zarten Stellen durchdringen. Der Biss dieser Spinne ist ein wenig schmerzhaft, kommt in seiner Intensität aber noch nicht einmal an einen Bienenstich heran. Das Gift der Spinne ist auf die Physiologie der Insekten spezialisiert und damit auch primär für Insekten wirksam, während es in einem Wirbeltier keine großartige Wirkung entfaltet, die irgendwelche Schäden hervorrufen könnte.

Ich werde häufig gefragt, ob es in Europa überhaupt gefährliche Spinnen gibt. Es gibt in Europa einige Spinnen, die für den Menschen potenziell gefährlich werden können. Das bedeutet, dass sie im Normalfall nicht gefährlich sind, aber unter gewissen Umständen durchaus nicht zu unterschätzen sind. Eine dieser potenziell gefährlichen Spinnen ist eine sehr bekannte und gefürchtete Art. Wenn ich dir ihren Namen verrate, wirst du ihn kennen. Diese Spinne wollte ich um jeden Preis in freier Wildbahn finden, beobachten, fotografieren und Videos davon aufnehmen. Dazu musste ich allerdings eine Reise in den Süden antreten.

Eine Reise in den Süden: Die Suche nach der giftigsten Spinne Europas

Als ich das erste Mal von dieser Spinne hörte, war ich noch ein kleiner Junge. Damals musste ich bei jeder Gelegenheit mit Erwachsenen über giftige Tiere sprechen. Entweder wussten diese Erwachsenen mehr als ich und ich konnte von ihnen lernen oder ich wusste mehr als sie und konnte mein Ego bauchpinseln, indem ich sie mit meinem Wissen zu beeindrucken versuchte oder ihnen unter die Nase rieb, dass ich mehr wusste als sie.

An diesem Tag war ich bei meiner Oma, weil irgendwer Geburtstag hatte oder so. Den Grund der familiären Zusammenkunft habe ich vergessen. Jedenfalls waren da verschiedene Leute anwesend. Meine Großmutter erklärte anderen älteren Damen, dass sie einen sehr seltsamen Enkel hat, der immer jedem Tier hinterher springen muss. Lachend sprachen sie darüber, wie ich irgendwelche Eidechsen und Spinnen gefangen hatte. Demonstrativ setzte ich mich zwischen die Damen und fing an über Spinnen zu philosophieren. Nun fingen auch die Erwachsenen an über Spinnen zu sprechen und dann fiel zum ersten Mal der Name der Spinne, bei dem die Leute aufhorchen, wann immer sie ihn hören: „Die Schwarze Witwe … Die soll doch supergiftig sein!"

Was für ein Frevel! Eine supergiftige Spinne, die ich noch nicht kenne? Es verging keine Sekunde und ich wollte unbedingt wissen, was das für eine Spinne ist. Die muss ja sicher riesengroß sein – und fürchterlich aussehen. Die Erwachsenen konnten mir an dem Tag leider keine genaue Beschreibung dieser Spinne liefern und sagten so etwas wie: „Na ja, sie ist halt schwarz und sehr giftig …"

Das war mir aber bei Weitem nicht genug. Sobald wir zu Hause waren, erhielt meine Mutter den Auftrag, Informationen zur Schwarzen Witwe zu besorgen. Glücklicherweise hatten wir ein Buch, in dem die Schwarze Witwe abgebildet war.

Wahrhaftig. Diese Spinne sieht tatsächlich aus, als wäre sie sehr giftig. Ihr ganzer Körper ist glänzend schwarz und auf dem Hinterleib hat sie rote Punkte. Liebe auf den ersten Blick. Von da an wusste ich: Irgendwann einmal möchte ich eine solche Spinne in echt sehen.

Einige Zeit später besuchten meine Eltern mit mir eine Ausstellung, bei der verschiedene Schlangen und andere giftige Tiere in Terrarien gezeigt wurden. In einem Terrarium befand sich tatsächlich eine Schwarze Witwe. Ich war etwas enttäuscht, als ich sah, wie winzig diese Spinne eigentlich ist.

Diese kleine Spinne soll einen Menschen umhauen können? Unglaublich! Irgendwann wollte ich eine in freier Wildbahn beobachten …

Mit der Zeit verblassten meine Erinnerungen an die Schwarze Witwe. Ich erreichte die Pubertät und konzentrierte mich in dieser Zeit auf die Dinge, für die sich ein Junge, der sich in einen Mann verwandelt, nun mal interessiert: Muskeln aufbauen, Kampfsport, Computerspiele und Mädels.

Mit achtzehn Jahren machte ich meinen Führerschein und nun stand mir die Welt offen. Das Auto erhöhte meine Reichweite ungemein. Endlich konnte ich größere Strecken zurücklegen und überall hinfahren, wohin es mich zog. Meine Leidenschaft für giftige Tiere ging auch in der Pubertät nicht flöten. Der Traum, verschiedene Gifttiere in ihrem natürlichen Lebensraum zu beobachten, wurde von meinem Gehirn brav in irgendeinem Hinterstübchen abgespeichert und dann schön herausgeholt, als die Möglichkeiten bestanden, endlich die Heimatländer dieser Tiere bereisen zu können.

Nachdem ich meine jugendliche Transformation zum Mann abgeschlossen hatte, widmete ich den Großteil meiner Zeit wieder dem Studium der giftigen Tiere. In der Zwischenzeit hatte ich mir eine gute Kamera besorgt und arbeitete an einem riesengroßen Projekt. Dieses Projekt war ein Buch mit dem Titel „Die Gifttiere Europas". Das Ziel war, ein umfassendes Werk zu schreiben, das dem Leser einen Überblick über die giftigen Tiere Europas gibt. Den Großteil der Tiere wollte ich natürlich selbst vor die Linse bekommen. Nun kam die Gelegenheit, die Schwarze Witwe in ihrem natürlichen Lebensraum bewundern zu können.

Ich studierte ein paar Verbreitungskarten, packte meine Sachen und begab mich auf eine Reise in den Balkan. Angekommen im Lebensraum, war ich bereits hin und weg von der Schönheit der Landschaft. Strahlend weiße Steine und farbenprächtige Kräuter und Sträucher, die einen wohlriechenden Duft von sich gaben, wenn man durch sie hindurch lief. Das Rauschen des Meeres war noch aus einiger Entfernung ganz leise hörbar und sorgte für eine tiefe Entspannung, wie man sie sonst nur selten erlebt. Es war sommerlich warm und im Hintergrund konnte man die Rufe von Zikaden und verschiedenen Vogelarten vernehmen. Genauso hatte ich mir diesen Ort vorgestellt.

Als ich durch diese mediterrane Gegend schlenderte, war ich unglaublich glücklich. „Jetzt, gerade in diesem Moment, machst du genau das, was du als Junge immer machen wolltest! Scheiße noch mal! Wir sind tatsächlich hier unterwegs und suchen giftige Tiere und machen eine Dokumentation darüber! *Wie geil ist das?!*"

Spinnen sah ich an dem Tag zur Genüge. Als ich einen Hügel hinaufspazierte, betrachtete ich plötzlich einen sehr stabilen Faden, der von einem Strauch zum anderen reichte. Zwischen den beiden Sträuchern befand sich ein wunderschönes Spinnennetz mit einem goldenen Schimmer. Direkt darin befand sich eine ausgewachsene weibliche *Argiope lobata* – die wahrscheinlich größte Radnetzspinne Europas.

Argiope lobata ist mit der in Europa weitverbreiteten Wespenspinne (*Argiope bruennichi*) nahe verwandt. Allerdings wird sie deutlich größer und ihre Fäden sind so stabil, dass sie kleine Wirbeltiere aufhalten können. Das wirklich Interessante ist allerdings, dass das Netz der *Argiope* bei Sonnenschein goldig schimmert. Das hat damit zu tun, dass sich dessen chemische Zusammensetzung bei Sonnenschein leicht verändert, wodurch es von gewissen Beutetieren nicht mehr so leicht wahrgenommen werden kann. Einem interessierten Biologen fällt es allerdings durch seine goldene Farbe wesentlich stärker auf als ein herkömmliches Spinnennetz. Irgendwie erinnerte mich *Argiope* an das Mädchen aus dem Märchen von Rumpelstilzchen, das an einem Spinnrad goldene Seide gesponnen hat.

Lange Zeit glaubte man, dass *Argiope lobata* sehr gefährlich sei. Zugegebenermaßen sieht sie ziem-

Argiope lobata – eine gefürchtete, jedoch harmlose Spinne Europas.

Argiope lobata

Die *Argiope lobata*, auch bekannt als Lappenkreuzspinne, fällt durch ihr markantes Erscheinungsbild und die beeindruckende Größe auf. Die Weibchen dieser Art können eine Körperlänge von bis zu 25 mm erreichen, während die Männchen deutlich kleiner bleiben. Ihre Farbgebung ist meist eine Mischung aus Schwarz, Gelb und Weiß mit einem auffälligen, stabilen Netz, das zusätzlich eine zentrale Zickzack-Verzierung, das Stabiliment, aufweist. Diese Spinne ist im Mittelmeerraum weit verbreitet und findet sich vor allem in warmen, trockenen Gebieten, wo sie ihre großen Netze bevorzugt zwischen Sträuchern oder hohen Gräsern spinnt. *Argiope lobata* nutzt ihr Netz, um eine Vielzahl von Insekten zu fangen, wobei sie oft kopfüber im Netz wartet, um Beute zu ergreifen. Trotz ihrer Größe und beeindruckenden Erscheinung ist *Argiope lobata* für Menschen ungefährlich. Ihr Biss kann zwar schmerzhaft sein, ist aber harmlos und medizinisch nicht bedenklich. In Gebieten, in denen diese Spinne vorkommt, ist keine spezielle Vorsichtsmaßnahme erforderlich, außer der allgemeinen Empfehlung, Spinnen und ihre Netze nicht zu stören, um die natürliche Ordnung nicht zu beeinträchtigen und die biologische Schädlingsbekämpfung, die sie bietet, zu unterstützen.

lich gefährlich aus. Tatsächlich ist *Argiope lobata* allerdings für Menschen vollkommen harmlos. Diese Spinne ist noch nicht einmal aggressiv. Du kannst sie ohne Probleme auf die Hand lassen, ohne dass sie dich beißt.

Obwohl ich die *Argiope* noch stundenlang hätte bewundern können, setzte ich meinen Weg fort, gleich nachdem ich ein paar Fotos und Videos von der Spinne gemacht hatte.

Ich wanderte weiter durch die Gegend und die Sonne knallte mir derart auf die Rübe, dass ich aufgrund von Kopfschmerzen meinen Spaziergang wieder abbrechen musste. Nachdem ich an meinen Lagerplatz zurückkam, musste ich erst mal Wasser trinken und mich für ein paar Stunden aufs Ohr hauen.

Der Nachmittag neigte sich dem Ende zu. Die Schatten wuchsen und vereinten sich zu einer Dunkelheit, die sich wie ein Schleier über das Land legte. Die Sonne verabschiedete sich in einem herrlichen und farbenfrohen Sonnenuntergang über dem Meer. Nun wurde es interessant. Die Laute der tagaktiven Tiere verstummten und die Kreaturen der Nacht kamen zum Vorschein. Entschlossen und voller Tatendrang packte ich mir die Stirnlampe auf den Kopf, nahm meine Kamera und machte mich auf den Weg.

Tagsüber war es den meisten Tieren viel zu heiß, weshalb sie sich im Verborgenen aufhielten. Doch in der Nacht sprudelte das Leben förmlich aus allen Nähten. Jeder machte sich auf den Weg, entweder auf die Suche nach Futter oder nach einem potenziellen Sexualpartner. Wenn man mit der Taschenlampe am Boden entlangleuchtete, schienen haufenweise kleine grüne Lichter zurück. Diese grünen Lichter waren die Reflexionen aus den Augen von zahlreichen Schwarzbäuchigen Taranteln, die in der Nacht nach allerlei Kleintieren jagten.

Schwarzbäuchige Tarantel (*Hogna radiata*) auf meiner Hand.

Die Schwarzbäuchige Tarantel ist eine der häufigsten Spinnen im Mittelmeerraum. Sie gehört zur Familie der Wolfsspinnen (Lycosidae) und ist eine durchaus imposante Erscheinung. Die Schwarzbäuchige Tarantel ist kräftig gebaut und kann sehr schnell laufen. Ähnlich wie die Krabbenspinnen sind auch Wolfsspinnen, wie die Schwarzbäuchige Tarantel, in der Lage, verhältnismäßig große Beutetiere zu überwältigen. Diese Spinnen sind für Menschen ungefährlich, aber ihre Bisse sind ziemlich schmerzhaft. Nichtsdestotrotz fühlte ich mich unter diesen Tieren pudelwohl. Ich hatte überhaupt nichts dagegen, an einem Ort zu übernachten, während immer wieder mal eine Schwarzbäuchige Tarantel über mich drüber kletterte. Das Einzige, was mir Sorgen bereitete, war, dass ich möglicherweise im Schlaf eine zerquetschen könnte, wenn ich mich zu viel bewegte.

Extrem erstaunt war ich, als ich eine dieser Schwarzbäuchigen Taranteln dabei beobachtete, wie sie eine riesige Langfühlerschrecke der Gattung *Ephippiger* überwältigte. Schnell holte ich meine Kamera heraus und nahm das ganze Geschehen auf. Einige Wochen später landete diese Aufnahme auf meinem YouTube-Kanal und generierte Zehntausende von Aufrufen.

Nachdem ich einen kleinen felsigen Hügel hinaufspazierte, vernahm ich plötzlich aus dem Augenwinkel eine Bewegung. Reflexartig drehte ich meinen Kopf in die Richtung, aus der die Bewegung kam. Irgendetwas Kleines huschte am Boden entlang schnurstracks unter einen Stein. Dieses kleine Etwas schien förmlich über den Boden zu schweben, fast wie ein Geist. Das kleine Wesen war verschwunden. Doch an dem Ort, wo es sich befand, sah ich ein Spinnennetz. Seine Fäden waren unfassbar stabil. Du hättest sie fast als Zahnseide benutzen können. Das ominöse und scheue Wesen war offensichtlich eine Spinne, die dieses Netz gebaut hatte und sich darin aufhielt, aber sofort die Flucht ergriff, nachdem sie das Licht meiner Taschenlampe vernommen hatte.

Ich wollte weder das Netz zerstören noch den Stein umdrehen, unter dem sich die Spinne versteckte, weil ich Angst hatte, dass ich sie zerquetschen könnte. Also begutachtete ich noch eine Weile das Netz mit seinen starken Fäden. Manche von ihnen waren klebrig, andere waren glatt wie ein Nylonfaden. Das Netz war so stabil, dass es locker eine kleine Eidechse aufhalten hätte können. So etwas kann nur von einer Spinne kommen, die mit ihrem Netz auch kleine Wirbeltiere erbeutet. Und das konnte nur eines bedeuten …

Ich markierte mir die Stelle mit einem Taschentuch, das ich an einem Zweig befestigte, und machte mich wieder auf den Rückweg zu meinem Lager. In dieser Nacht fand ich nur wenig Schlaf, weil die ganze Zeit Schafe um mein Lager wanderten. Schafe zählen hilft dir nicht zum Einschlafen. Die Viecher machen unglaublich viel Krach. Immer wieder mal gab es irgendetwas, wovor sie sich erschreckten, woraufhin die ganze Herde davonlief, nur um ein paar Minuten später wieder zur selben Stelle zurückzukommen.

Allmählich übermannte mich doch die Müdigkeit und ich schlief ein. Das rötliche Licht der Morgendämmerung holte mich sanft aus dem Schlaf. Trotz des Schlafmangels brauchte ich nicht lange, um wach zu werden. Denn dieser Tag war ein sehr wichtiger. Ich hatte ein Ziel. Ohne zu frühstücken, packte ich meine Kamera ein und lief schnurstracks zur Stelle, die ich in der Nacht vorher markiert hatte.

Langsam schlich ich mich an die Stelle heran, wo sich das Spinnennetz befand. Auf den ersten Blick war nichts zu erkennen. Doch bei genauerer Betrachtung sah ich eine kleine Höhle, die unter den Stein führte, den ich in der Nacht nicht umdrehen wollte. Mit einem Grashalm stocherte ich in die Höhle und plötzlich kam sie hervor: *Latrodectus tredecimguttatus* – die Mediterrane Schwarze Witwe. Ein prächtiges adultes Weibchen mit langen schwarzen Beinen und roten Strichen an ihrem Hinterleib. Die Gefühle, die plötzlich in mir hochkamen, waren unbeschreiblich. Euphorie, Faszination, Adrenalin und was weiß ich, was noch alles. Ich fühlte mich wie ein kleiner Junge, der einem Promi begegnete, den er schon seit Jahren verehrt. Wenn Spinnen schreiben könnten, hätte ich sie um ein Autogramm gebeten.

Die Witwe schien nun nicht mehr so scheu zu sein wie in der Nacht davor. Sie kletterte durch ihr Netz, fixierte ein paar Fäden und fing an, eine Art Tanz aufzuführen, bei dem sie sich mit ihren Beinen an den Fäden hochzog und sich wieder fallen ließ. Langsam und vorsichtig packte ich meine Kamera aus und nahm das Ganze auf Video auf. Die Spinne tänzelte durch ihr Netz und zeigte sich in ihrer ganzen Farbenpracht wie ein Model, bevor sie allmählich wieder in ihrem Versteck verschwand.

Ich konnte von der Spinne zahlreiche Fotos und Aufnahmen machen und hatte meine Mission erfüllt. Die giftigste Spinne Europas in freier Wildbahn mit eigenen Augen beobachten und mit der eigenen Kamera fotografisch und videografisch festhalten. Ein Kindheitstraum ging in Erfüllung.

Nun stellt sich die Frage: Wie giftig ist denn eine solche Schwarze Witwe tatsächlich? Menschen übertreiben schließlich ab und zu ganz gerne, wenn sie über die Größe und die Giftigkeit von Spinnen oder Schlangen sprechen. So unterstellt man der Schwarzen Witwe (von der es übrigens nicht nur eine, sondern über dreißig Arten gibt), dass sie so giftig ist, dass man innerhalb weniger Minuten stirbt, nachdem man gebissen wurde. Ist das wirklich so?

Ich kann alle Leser beruhigen: Nein, so ist es nicht. Das Gift der Schwarzen Witwe ist tatsächlich sehr wirksam. Weil die Spinne auch kleine Wirbeltiere, zum Beispiel kleine Eidechsen oder Schlangen, erbeutet, richtet es sich

Schwarze Witwe *(Latrodectus tredecimguttatus)*.

auch gegen Wirbeltiere. Diese Wirkung bekommst du ordentlich zu spüren, wenn du einen Biss der Schwarzen Witwe erhältst. Eine der wichtigsten Komponenten des Giftes einer Schwarzen Witwe ist das Alpha-Latrotoxin, das das Nervensystem angreift und eine Reizübertragung zunächst auslöst und diese danach blockiert. Die Folge sind Muskelkrämpfe und Schmerzen, die von der gebissenen Extremität in den ganzen Körper ausstrahlen können. Schweißausbrüche und Atemnot können in manchen Fällen hinzukommen. Manche berichten von Muskelzuckungen in den Beinen und von einem erhöhten Schmerzempfinden auf der Hautoberfläche. In seltenen Fällen kann der Biss einer Schwarzen Witwe durch Atemstillstand auch tödlich enden, was allerdings eine Ausnahme bleibt. Im Normalfall erholt sich ein gesunder Erwachsener vom Biss der Schwarzen Witwe innerhalb weniger Tage bis Wochen.

Wie du siehst, ist die Schwarze Witwe also bei Weitem nicht so gefährlich, wie man von ihr behauptet. Nichtsdestotrotz ist es eine Spinne, die ein äußerst wirksames Gift besitzt und von der man sich besser nicht beißen lassen sollte.

Die Schwarze Witwe war allerdings nicht das einzige Highlight auf dieser Reise. Nachdem ich mich voller Freude wieder auf den Weg zurück zu meinem Lager machte, fiel mir am Wegesrand ein Loch mit einem

Durchmesser von etwa fünf Zentimeter auf. Am Eingang des Loches befand sich ein kleiner Zaun, den jemand mit Seidenfäden verstärkt hatte. Dort drinnen hauste eine Spinne, die den Menschen zu gewissen Zeiten eine noch größere Angst einjagte als die Schwarze Witwe. Ich musste einen Weg finden, diesen Giganten unter den europäischen Spinnentieren aus seiner Reserve zu locken, damit er ans Tageslicht kam.

Stell dich deiner Angst: Eine massive Tarantel

Glücklicherweise gibt es eine sehr einfache Möglichkeit, diese Spinne aus ihrem Versteck zu locken. Man braucht dazu nur einen Grashalm, mit dem man ein wenig an den Zäunen herumstochert, die von der Spinne am Eingang der Höhle gebaut wurden. Diese Zäune verfolgen zwei wichtige Funktionen. Sie erfüllen eine Schutzfunktion und hindern potenzielle Feinde der Spinne daran, ihre Höhle zu betreten und sie in ihrer Höhle zu überraschen. Zugleich sind die Zäune von Signalfäden durchzogen, wodurch die Spinne sofort benachrichtigt wird, wenn sich irgendetwas an den Zäunen bewegt.

Wenn man mit einem Grashalm sanft über die Zäune der Höhle streicht, denkt die Spinne, dass möglicherweise ein Beutetier anwesend ist, und kommt heraus. Als ich mein Bestes gab, die Spinne in der Höhle davon zu überzeugen, dass ich vielleicht essbar sein könnte, kam sie allmählich sehr zögerlich aus ihrer Höhle heraus. Zuerst sah man nur ihre Beine, die für eine europäische Spinne verdammt kräftig gebaut waren. Nach kurzer Zeit kam die Spinne ganz heraus und präsentierte sich in ihrer vollen Pracht.

Vor mir befand sich eine ausgewachsene weibliche Apulische Tarantel (*Lycosa tarantula*). Am selben Tag hatte ich meine erste Begegnung mit einer Schwarzen Witwe und einer Apulischen Tarantel zugleich.Die Apulische Tarantel gehört, wie die Schwarzbäuchige Tarantel (*Hogna radiata*), zur Familie der Wolfsspinnen (Lycosidae) und ist eine der größten Spinnen Europas. Diese massive Spinne ist in Südeuropa verbreitet und gräbt Höhlen, die bis zu mehrere Zentimeter tief sein können. In der Nacht sitzen die Taranteln an den Eingängen ihrer Höhlen und lauern auf Beute. Wenn ein Beutetier der Höhle zu nahekommt, läuft die Spinne heraus und fängt es.

Nachdem ich mich zu viel bewegt hatte, konnte die Spinne offensichtlich die Ausmaße meiner Größe erkennen, woraufhin sie sofort wieder in ihre Höhle flüchtete. Der Versuch, ein zweites Mal mit einem Grashalm so zu tun, als ob ich ein Beutetier wäre, scheiterte. Also musste ich einen anderen Weg finden, die Spinne wieder dazu zu bringen, ihre Höhle zu verlassen.

Apulische Tarantel (*Lycosa tarantula*). Eine massive Spinne Europas.

Ich schnappte mir einen etwas stabileren Grashalm und führte ihn in die Höhle ein, um die Spinne zu provozieren.

Taranteln sind normalerweise nicht aggressiv. Aber sie können aggressiv werden, wenn sie sich in die Enge getrieben fühlen. Und diese Spinne fühlte sich wahrhaftig von mir in die Enge getrieben und biss in den Grashalm. Dabei konnte ich fühlen, wie kräftig dieses kleine Tier war. Die Spinne zog den Grashalm regelrecht in die Höhle und ich zog die Spinne heraus. Vor der Höhle ließ die Tarantel den Grashalm los und man konnte jeweils einen Gifttropfen an ihren beiden Giftklauen erkennen. Wenn du das so siehst, bekommst du Respekt vor der Spinne und kannst dir plötzlich sehr gut vorstellen, dass ein Biss nicht gerade angenehm wäre.

Wegen ihrer Größe ist die Apulische Tarantel bei vielen Menschen gefürchtet. Wie bei *Argiope lobata* dachte man auch bei der Apulischen Tarantel, dass sie sehr giftig sei und dass ihr Gift Menschen dazu bringen würde, wild durch die Gegend zu springen und zu tanzen oder zumindest zwanghaft ihre Beine zu schütteln. Deswegen sagt man bis heute noch „wie von der Tarantel gestochen".

Tatsächlich vermag das Gift der Apulischen Tarantel allerdings nicht, einen Menschen dazu zu bringen, wild herumzuspringen oder zu tanzen. Eine solche Reaktion erinnert viel eher an die Symptome, die auftreten können, wenn man von einer Schwarzen Witwe gebissen wird, deren Gift sehr wohl zu Muskelkrämpfen führen kann, wodurch Arme und Beine anfangen können zu zittern. Zugleich erhöht sich die Schmerzempfindlichkeit des Betroffenen und es kann zu einer starken körperlichen Unruhe kommen. Offensichtlich hat man zu früheren Zeiten die Tarantel wohl zu Unrecht beschuldigt.

Nichtsdestotrotz möchte man nicht von so einer großen Spinne gebissen werden. Ihre Giftklauen können über 7 mm lang werden und die menschliche Haut ohne Probleme durchdringen. Das Gift der Spinne ist für Menschen nicht besonders gefährlich. Es hinterlässt Reaktionen, die ungefähr mit einem Bienenstich zu vergleichen sind. Leichte Rötungen, Schwellungen und möglicherweise Schmerzen und Juckreiz, die nach wenigen Stunden bis Tagen wieder abklingen, gehören zu den häufigsten Symptomen.

Und nun stell dir mal vor, du bist ein verrückter Biologe, der irgendwo am Arsch der Welt eine riesige Spinne gefunden hat, von der er weiß, dass sie ihn mit ihrem Giftbiss nicht töten, sondern ihm nur ziemlich unangenehme Schmerzen zufügen kann. Was denkst du, würdest du machen? Richtig! Die Spinne in die Hand nehmen. Ich wollte diese Spinne unbedingt in die Hand nehmen und auf meinen Arm klettern lassen. Zugleich wollte ich nicht gebissen werden. Irgendwie fühlte es sich ähnlich an, wie als ich als Kind meine Angst vor Spinnen überwinden musste, um meiner Faszination freien Lauf zu lassen, indem ich eine Spinne auf meine Hand ließ.

Sämtliche Urinstinkte raten einem davon ab. Auf solche Instinkte sollte man normalerweise hören. Aber verdammt noch mal, was soll schon passieren? Im schlimmsten Fall blute ich ein bisschen und habe eine Schwellung, die in ein paar Tagen wieder weg ist, oder bekomme eine Infektion, die ich dann mit Antibiotika oder irgendwelchen Heilpflanzen behandle. Und so nahm ich all meinen Mut zusammen und legte die Hand direkt vor die Spinne. Diese hatte keinerlei Interesse, auf meine Hand zu klettern, und ist um meine Hand schnurstracks herum spaziert. Also habe ich noch ein paarmal meine Hand in den Weg der Spinne gelegt, bis es ihr irgendwann offensichtlich zu blöd wurde und sie auf meine Hand kletterte. Vorsichtig hob ich meine Hand und begutachtete die Spinne. Mit meinen menschlichen Augen sah ich in ihre kleinen schwarzen Spinnenaugen. Ein bemerkenswerter Anblick.

Dieses kleine Tier hat Jahrmillionen an Evolution hinter sich, um sich an diesen Lebensraum anzupassen. Auch wenn mein Puls zu Beginn ein wenig hoch war, beruhigte sich nun alles in mir und ein alles durchdringender

Frieden machte sich in mir breit. Ich spürte, dass mich diese Spinne nicht verletzen würde, solange ich ihre Grenzen respektieren würde. Die Spinne kletterte ganz langsam von meiner Hand auf meinen Arm. Damit sie mir nicht auf den Kopf kletterte, legte ich meine andere Hand in den Weg der Spinne, woraufhin sie auf diese drauf kletterte. Danach legte ich die Hand auf dem Boden ab und wartete, bis die Spinne von meiner Hand wieder runterkletterte. Ich machte noch ein paar Fotos und Videos und verabschiedete mich anschließend von der Spinne mit einem gepflegten „Tschüss, Spinne!". Dieses Ereignis wird mir ein Leben lang nostalgische Erinnerungen bereiten. Danke, Mutter Natur!

Apulische Tarantel (*Lycosa tarantula*) auf meiner Hand.

Wie du siehst, sind Spinnen in der Regel friedlich. Die Betonung liegt hierbei auf „in der Regel". Wenn du eine Spinne respektierst, wird sie sich dir gegenüber friedlich verhalten. Aber wenn du ihre Grenzen nicht einhältst, und sie in die Enge treibst, wird sie sich verteidigen und unter Umständen auch zubeißen. Ich selbst versuche mit Spinnen immer so behutsam wie möglich umzugehen und wurde fast nie gebissen. In meinem Freundeskreis befindet sich allerdings eine bestimmte Person, die ein Talent dafür hat, von Spinnen gebissen zu werden.

Auf einer Exkursion durch ein besonders schönes Feuchtgebiet wurde sie während meiner Anwesenheit von der giftigsten Spinne Deutschlands gebissen und ich konnte die Auswirkungen ihres Giftes direkt mitverfolgen.

Steck deinen Finger nicht in … Zu spät …

Ein Bekannter von mir, nennen wir ihn Jan, ist sehr talentiert, wenn es darum geht, von Spinnen gebissen zu werden. Jan hat mit mir zusammen Biologie studiert und ist inzwischen ein begnadeter Arachnologe. Er war einer von den Leuten, denen man keine Ratschläge zu geben brauchte, weil sie sich eh nicht daran halten. Ein extremer Draufgänger, der es liebt, wenn sein Körper von Adrenalin durchschossen wird. Fallschirmspringen, Freiklettern und sich anderen Gefahren aussetzen, gehörten zu seinen Lieblingsbeschäftigungen. Wenn man zu Jan gesagt hat: „Das sieht gefährlich aus … Ich weiß nicht, ob es schlau ist, wenn du das machst!", hat Jan verstanden: „Junge, du musst das unbedingt probieren! Ist sicher geil …" Um es auf den Punkt zu bringen: Jan war einer von den Leuten, die alles immer zuerst am eigenen Leib erfahren mussten, bevor sie etwas glauben konnten.

Als wir während unserer Exkursion durch ein Feuchtgebiet schlenderten, fielen uns zahlreiche weiße Gespinste auf, die jeweils mit einem Bündel Grashalmen verstärkt waren und einen Hohlraum bildeten, der auf der Unterseite eine Öffnung hatte. Diese glockenförmigen Gespinste sind die Häuser von Ammen-Dornfingerspinnen (*Cheiracanthium punctorium*).

Es gibt verschiedene Arten von Dornfingerspinnen. Der Ammen-Dornfinger ist eine der größten Vertreter aus der Gattung *Cheiracanthium* und verfügt über ein durchaus wirksames Gift. Wenn man mal gewisse durch den Menschen hervorgerufene Neuzugänge von Spinnen in Deutschland vernachlässigt, kann man sagen, dass der Dornfinger Deutschlands giftigste Spinne ist oder zumindest zu den giftigsten Spinnen Deutschlands gehört.

Es war August. Zu dieser Zeit findet die Paarungszeit bei den Dornfingerspinnen statt. Männliche Dornfingerspinnen suchen nach den Gespinsten der Weibchen und bauen direkt daneben ihr eigenes Gespinst. Das Männchen bleibt beim Weibchen, bis das Weibchen paarungsbereit ist. Zu dieser Zeit sind männliche Dornfingerspinnen überdurchschnittlich aggressiv. Wenn man in der Nähe des Gespinstes mit einem Grashalm herumstochert, kommt das Männchen an den Eingang des Gespinstes und präsentiert eindrucksvoll seine überdimensional großen Giftklauen, die im Übrigen gleich lang wie die Giftzähne einer Kreuzotter sind. Wenn man nun mit dem Grashalm noch ein wenig vor dem Gesicht des Männchens herumfuchtelt, kann es manchmal sein, dass an jeder Giftklaue jeweils ein kleiner Gifttropfen hervorkommt.

Jan und ich standen nun da, mitten in einem Sumpf, und bestaunten die respekteinflößenden Giftklauen einer männlichen Ammen-Dornfingerspinne.

„Ganz schön aggro …", gab Jan nachdenklich von sich, bevor ich mit einem monotonem „Ja … schon …" antwortete, während ich weiter mit dem Grashalm am Gespinst herumstocherte, um ein paar Fotos von den Giftklauen der Spinne zu machen.

Der wütende Dornfinger (*Cheiracanthium punctorium*). Man beachte die monströsen Giftklauen.

Jan ließ nicht locker und ergriff wieder das Wort: „Würdest du dich von dieser Spinne beißen lassen?“

„Nein, Jan, würde ich nicht …“, entgegnete ich in einem leicht genervten Ton, weil mich seine Fragerei in meiner Konzentration störte und ich schon ahnte, was in den nächsten Sekunden passieren würde.

Jan war nicht unerfahren. Er hatte zu Hause zahlreiche Spinnen und wusste, wie sich diese Tiere verhalten. Nun wollte er mir erklären, dass Spinnen sehr oft einen Rückzieher machen, wenn sie in Kontakt mit menschlicher Haut kommen. Und das stimmt auch. Diese Erfahrung habe ich selbst schon des Öfteren gemacht.

Nun kannst du dir ja vorstellen, wie es weitergegangen ist …

„Denkst du, er würde angreifen, wenn ich den Finger hinhalte? Ich bin mir relativ sicher, dass er das nicht macht. Selbst richtig aggressive Spinnen machen so was nur selten …“, versuchte er mir zu erklären.

Mit einem letzten Versuch wollte ich ihn davon abhalten, indem ich antwortete: „Ja, aber ich hab’ auch schon mal eine über die Ohren bekommen, weil ich mir genau das gedacht habe … Also, bitte steck jetzt nicht deinen Finger da rein …“

Noch bevor ich meinen Satz zu Ende sagen konnte, stupste Jan mit seinem Zeigefinger den schlecht gelaunten Dornfinger, welcher daraufhin

Ammen-Dornfinger (*Cheiracanthium punctorium*)

Cheiracanthium punctorium, auch als Dornfinger bekannt, ist eine Spinne mittlerer Größe, die für ihren Biss bekannt ist, der schmerzhafter als der typischer heimischer Spinnen sein kann. Diese Art erreicht eine Körperlänge von etwa 10 bis 15 mm, wobei Weibchen in der Regel etwas größer als Männchen sind. Sie haben einen blassgelben bis hellbraunen Körper, der in der Dunkelheit fast leuchtend wirkt, und längliche, dünne Beine, die sie besonders während der Nacht aktiv werden lassen. Dornfinger sind in Mittel- und Südeuropa verbreitet und bevorzugen warme, trockene Habitate wie Wiesen, Waldränder und Gärten. Sie sind bekannt dafür, dass sie keine Netze zum Fang ihrer Beute bauen, sondern als aktive Jäger in der Nacht auf Insektenjagd gehen. Der Biss von *Cheiracanthium punctorium* kann beim Menschen starke Schmerzen und Schwellungen sowie Fieber, Übelkeit und Schüttelfrost verursachen, ist jedoch medizinisch meist unbedenklich, außer bei allergischen Reaktionen. Vorsichtsmaßnahmen in Gebieten, in denen Dornfinger häufig vorkommen, umfassen das Meiden von hohem Gras und Unterholz nachts, um versehentliche Begegnungen und Bisse zu vermeiden.

sofort zubiss und an seinem Finger hängen blieb. Jan zog reflexartig seinen Finger zurück und Herr Dornfinger flog durch die Luft.

„Du Trottel …“, sagte ich, während ich mir das Lachen verkneifen musste und gleichzeitig nach der Spinne suchte, um sie wieder zurück zum Weibchen zu bringen. Nachdem ich wenige Minuten lang vergebens nach der Spinne gesucht hatte, drehte ich mich zu Jan um, der seinen leicht blutenden Finger in der Hand hielt.

Mit einem etwas schmerzverzerrten Lächeln sagte er: „… für die Wissenschaft.“

Für die Wissenschaft entschlossen wir uns, seine Symptome zu protokollieren, während wir uns zugleich auf den Rückweg machten. Immer wieder mal gab Jan ein erstauntes „Ach, das tut schon ein wenig weh …“ von sich. An seinem Finger konnte man eine klare Rötung sehen, die sich nach wenigen Minuten auf seine Hand ausbreitete.

Am nächsten Tag schrieb ich Jan und fragte ihn, ob er noch leben würde, woraufhin er antwortete: „LOL, nein … Aber hier im Jenseits haben wir WLAN und WhatsApp.“

Irgendwie hat mich dieser Typ immer wieder amüsiert. Er konnte ein richtiger Lauch sein, der einen manchmal wütend machte, weil er einfach immer genau das tat, was man nicht tun sollte. Zugleich war er aber jemand, der das Leben nie allzu ernst nahm und einem auch dann noch ein Lächeln ins Gesicht zaubern konnte, wenn man mal einen schlechten Tag hatte.

Jedenfalls ist mit Jan nach dem Spinnenbiss nicht großartig viel passiert. Seine Schwellung ging schon über Nacht zurück und am nächsten Tag verspürte er nur mehr einen ziemlich unangenehmen Juckreiz am betroffenen Finger, wobei er sagte, dass die Schmerzen während der Nacht bis in seine Schulter ausgestrahlt hatten.

Was wir hier sahen, waren die typischen Symptome eines Dornfingerbisses. Für erwachsene Menschen ist eine Dornfingerspinne nicht besonders gefährlich. Sie kann dennoch ziemlich unangenehm werden. Bei Kindern und schwachen Erwachsenen können die Symptome ein wenig stärker ausfallen. In manchen Fällen kann dir eine Dornfingerspinne auch Schweißausbrüche, Übelkeit und Muskelkrämpfe bescheren. Selten führt der Biss einer Dornfingerspinne zusätzlich zu kleinen lokalen Nekrosen.

Der Dornfinger wirkt mit seinen massiven Giftklauen durchaus respekteinflößend. Doch es gibt noch eine weitere Spinne Europas, von der du keineswegs gebissen werden willst. Diese besagte Spinne erreicht nicht nur eine beachtliche Körpergröße, sondern hat Giftklauen, die noch um einiges länger sind als die von einem Dornfinger. Zusätzlich ist diese Spinne sehr viel leichter reizbar und wesentlich öfter schlecht gelaunt. Diese Spinne konnte ich schon ein paarmal beobachten. Doch ein ganz bestimmtes Ereignis ist mir ganz besonders gut in Erinnerung geblieben, weshalb ich es hier festhalten möchte.

Macrothele calpeiana: Die europäische Version der Trichternetzspinne

Ich lag gemütlich auf meinem Sofa und war gerade dabei, mein Mittagessen zu verdauen, als unerwarteterweise mein Telefon klingelte: Eine Nachricht von einem alten Freund kam über WhatsApp herein: „Hey, wir haben da so eine fette Spinne im Olivenbaum … Was sollen wir jetzt machen?"

Im Anhang befand sich das Foto von einer massiven, dunkelbraun, fast schwarz gefärbten Spinne, die ungefähr doppelt so groß wie eine Zwei-Euro-Münze war. Sofort erwachte ich aus meinem „Verdauungsdämmerschlaf" und antwortete: „Junge, das ist eine Europäische Trichternetzspinne. Lass alles genau so, wie es ist. Ich bin in zehn Minuten bei euch", obwohl die Fahrt dorthin mindestens zwanzig Minuten dauert.

Dort angekommen, präsentierte man mir diese wunderbare und respekteinflößende Spinne in einem Karton. Es war bereits Anfang Winter, weshalb sich die Spinne aufgrund der Kälte nicht sonderlich gut bewegen konnte. Diese Spinne war in der Erde von einem Olivenbaum gewesen, den sie aus Spanien bestellt hatten.

Macrothele calpeiana gehört zu den seltensten Spinnen Europas und kommt unter anderem in Spanien vor. Weil sie ihre Netze gerne am Wurzelwerk von Bäumen errichten, passiert es ab und zu, dass eine *Macrothele* aus

Wie ich inzwischen mehrmals erläutert habe, sind die Giftklauen von *Macrothele calpeiana* ziemlich groß und kräftig. Vielleicht hat diese Spinne den kräftigsten Biss aller Spinnen im europäischen Raum. Es gibt aber eine weitere Spinne, deren Giftklauen im Verhältnis zum Körper noch größer sind als die von *Macrothele calpeiana*. Wegen ihrer Giftklauen bezeichne ich diese Spinne gerne als den „Säbelzahntiger" unter den Spinnen. Dieser kleine Säbelzahntiger lebt übrigens auch in Deutschland.

Macrothele calpeiana in Drohhaltung.

dem Süden Europas in nördliche Gebiete eingeschleppt wird. Wegen ihrer Lebensweise nennt man diese Spinne auch Europäische Trichternetzspinne.

Die eigentliche Trichternetzspinne (*Atrax robustus*) gehört zu den giftigsten Spinnen der Welt. Sie lebt in Australien und erreicht eine beachtliche Körpergröße. Nicht selten wird die Trichternetzspinne als die giftigste Spinne der Welt bezeichnet. Lediglich die Wanderspinnen aus der Gattung *Phoneutria* sind ebenfalls empfindlich giftig und teilen sich wahrscheinlich zusammen mit der Trichternetzspinne den Titel „Giftigste Spinne der Welt". Trichternetzspinnen gehören zu einer Spinnenfamilie, die wir Hexathelidae nennen. Nahe verwandt mit den Hexathelidae sind die Macrothelidae, die früher zu den Hexathelidae gezählt wurden.

Die Macrothelidae verfolgen eine ähnliche Lebensweise wie die Trichternetzspinnen und sehen ziemlich ähnlich aus. Eine Art aus dieser Familie ist in Europa heimisch: *Macrothele calpeiana.*

Macrothele calpeiana sieht auf den ersten Blick tatsächlich fast wie eine Australische Trichternetzspinne aus und benimmt sich ähnlich. Sie baut trichterförmige Netze und lauert in einem Trichter auf Beute. Tiere, die in das Netz stolpern, werden von der Spinne überwältigt und in den Trichter gezogen. Wenn Macrothele gestört wird, flüchtet sie sofort in ihren Trichter. Doch wenn man sie an der Flucht hindert, widersetzt sie sich ihrem Angreifer und präsentiert eindrucksvoll ihre massiven Giftklauen. Dabei hackt sie immer wieder mit ihren Giftklauen nach vorne, um eine Art Scheinangriff zu vollziehen. Exakt gleich verhält sich eine Australische Trichternetzspinne. Wegen dieser Ähnlichkeit nennt man *Macrothele calpeiana* auch Europäische Trichternetzspinne.

Macrothele calpeiana verfügt über ein relativ wirksames Gift, das sich auch im Menschen bemerkbar macht. Alleine der Biss ist aufgrund ihrer kräftigen

Klauen ziemlich schmerzhaft. Als Folgen einer Vergiftung entstehen lokale Schmerzen, Schwellungen, aber auch potenziell Fieber, Schüttelfrost und Übelkeit. In manchen Fällen können Muskelkrämpfe dazukommen.

Der Säbelzahntiger unter den Spinnen

Als kleiner Knirps war ich besonders gerne bei meinen Großeltern, weil sie an einem Ort lebten, der mitten in der Natur war. Direkt hinter dem Haus befand sich ein ausgedehntes Waldgebiet mit vielen Felsen, Sträuchern und Bachläufen. Für einen jungen Biologen, der ständig auf Entdeckungstour war, ein reines Paradies. Wann immer ich bei meinen Großeltern war, konnte ich es kaum erwarten, hinaus in die freie Wildbahn zu stürmen, um dort nach Schlangen, Spinnen, Skorpionen und allen möglichen interessanten Tieren zu suchen. Steine umdrehen gehörte zur Tagesordnung, obwohl es mir meine Großmutter verboten hatte, weil sie sich Sorgen machte, dass ich von einer Giftschlange gebissen werden könnte.

Jedes Mal, wenn ich dabei war, das Haus zu verlassen, rief mir meine Großmutter hinterher: „Aber keine Steine umdrehen! Hörst du?“

Brav und vorbildlich wie ich war, antwortete ich: „Auf keinen Fall, Oma! Tschüüühüüüss!“

„Was meine Oma nicht weiß, macht sie nicht heiß“, dachte ich mir im Anschluss. Ich war da draußen alleine unterwegs. Niemand wusste, was genau ich tat oder wo ich unterwegs war. Also drehte ich Steine um, bis ich Blasen an den Händen hatte. Nicht selten fand ich dabei Giftschlangen, vor denen man mich immer gewarnt hatte.

In diesem Alter hatte ich mir immer gewünscht, dass es die richtig coolen Tiere, zum Beispiel Kobras oder Vogelspinnen, auch bei uns in Südtirol gäbe. Bei den Vogelspinnen kannte ich damals ein ganz besonderes Merkmal, das die Spinnengruppe, zu denen die Vogelspinnen gehören, ausmacht: orthognathe Giftklauen bzw. eine orthognathe Chelizerenstellung. Was zum Teufel bedeutet das? Die Giftklauen (also die Chelizeren) der Spinnen können zwei verschiedene Stellungen einnehmen. Die eine Gruppe von Spinnen verfügt über eine labidognathe Chelizerenstellung. Dabei öffnen sich die Giftklauen wie eine Zange zur Seite nach oben. Zum besseren Verständnis ist weiter unten ein Bild enthalten. Bei einer orthognathen Chelizerenstellung öffnen sich die Giftklauen hingegen nicht wie eine Zange, sondern funktionieren eher wie eine Hacke, indem sie nach vorne zeigen und sich hoch und runter bewegen lassen. Labidognathe Spinnen kneifen mit ihren

Links: Labidognathe Chelizerenstellung. Rechts: Orthognathe Chelizerenstellung.

Giftklauen, während orthognathe Spinnen ihre Giftklauen von oben in die Beute schlagen. Vogelspinnen haben eine orthognathe Chelizerenstellung, während die meisten europäischen Arten labidognath sind.

Während einer meiner Ausflüge in die Wildnis hinter dem Haus meiner Großeltern drehte ich eines Tages einen Stein um und fand dort eine ganz besondere Spinne. Sie war klein, aber dennoch ziemlich kräftig gebaut. Als ich mit einem Grashalm vor ihr herumstocherte, nahm sie eine Drohhaltung ein und präsentierte mir ihre gewaltigen Giftklauen. Sofort fiel mir die orthognate Chelicerenstellung auf.

Unglaublich! Die sieht ja wie eine kleine Vogelspinne aus! Damals wusste ich nicht, dass es sich um die Tapezierspinne handelte, die allerdings mit den Vogelspinnen verwandt ist und deswegen eben auch eine orthognate Chelicerenstellung hat. Obwohl es eine einheimische Art war, fühlte ich mich plötzlich wie Mowgli im Dschungel.

Obwohl die Tapezierspinnen (*Atypus sp.*) nur etwa 1 bis 2 cm groß werden, können ihre Giftklauen trotzdem fast 5 mm lang werden. Damit hat die Tapezierspinne im Verhältnis zu ihrer Körpergröße die wahrscheinlich größten Giftklauen von allen europäischen Spinnen. Dementsprechend macht sich der Biss einer Tapezierspinne deutlich bemerkbar. Aufgrund der Größe ihrer Giftklauen ist ein Biss relativ schmerzhaft und kann zu kleinen Nekrosen führen, die ungefähr 1 bis 2 mm im Durchmesser betragen können.

Weibliches Exemplar einer Tapezierspinne. Man beachte die großen Chelizieren im Vergleich zum Körper.

In sehr seltenen Fällen können vor allem bei Kindern leichtes Fieber und leichte Übelkeit hinzukommen. Gefährlich ist eine Tapezierspinne nicht.

Die Frage, ob eine Spinne gefährlich ist, wird mir unzählige Male gestellt. Fast jedes Mal, wenn ich mal wieder eine E-Mail oder eine Nachricht auf Instagram mit dem Foto von irgendeiner Spinne bekomme, wollen die Leute wissen, ob die Spinne gefährlich ist, ob sie aggressiv ist oder ob sie irgendwelche besonderen Maßnahmen treffen müssen.

Meine lieben Freunde, wir sind hier in Europa. Die wirklich giftigen Spinnen leben in anderen Ländern. Abgesehen davon sind Spinnen generell nicht unbedingt aggressive Tiere. Sie können aggressiv werden, wenn man ihre Grenzen nicht respektiert. Wenn man sie in die Hand nimmt und festhält oder ihnen auf die eine oder andere Art und Weise Leid zufügt. Im Normalfall aber sind Spinnen sehr scheue Tiere, die mit Menschen so wenig wie möglich zu tun haben wollen. Man kann so etwas immer wieder testen und beobachten. Wenn eine Spinne zum Beispiel einen Spaziergang macht und man seine Hand direkt in den Weg der Spinne legt, wird sie maximal mit ihren Vorderbeinen die Hand kurz antasten und dann einen Bogen drumherum machen. Freiwillig wird sie höchstwahrscheinlich nicht auf die Hand klettern, weil ihr der Kontakt zu einem Menschen unangenehm ist.

In dieser Hinsicht möchte ich mit einem weitverbreiteten Irrglauben ein für alle Mal aufräumen: Menschen essen *keine* Spinnen im Schlaf! Spinnen hassen es, angehaucht zu werden. Sie hassen den menschlichen Atem und ergreifen im Normalfall die Flucht, wenn man sie anpustet oder anhaucht. Eine Spinne hat überhaupt keinen Grund, in den Mund eines Menschen zu klettern, nur um dann in seinem Speichel zu ertrinken und von ihm verschluckt zu werden. Wahrscheinlich hast du in deinem Leben noch keine Spinne im Schlaf gegessen. Du kannst also beruhigt sein.

Generell schieben die Leute meiner Meinung nach viel zu viel Panik, wenn es um Spinnen geht. Kaum ist irgendwo eine kleine Spinne im Haus, wird sofort der Staubsauger geholt oder die Feuerwehr gerufen. Menschen sollten endlich mal lernen, mit der Natur zu koexistieren und zu akzeptieren, dass es auch andere Lebewesen auf diesem Planeten gibt. Dass man vor Spinnen einen gewissen Respekt hat, ist völlig normal und gesund. Aber immer diese Massenpanik, die durch den Einfluss der Medien noch verstärkt wird, finde ich maßlos übertrieben.

Um den Leuten ihre Angst vor Spinnen zu nehmen, habe ich schon unzählige Demonstrationen vorgeführt, in der Hoffnung, dass meine Zuschauer verstehen, wie unglaublich harmlos und friedlich die meisten Spinnen tatsächlich sind.

Übernachtung in einem Spinnennest

Eine meiner Demonstrationen mit Spinnen ist die berühmte „Übernachtung mit Spinnen“, die ich in Form eines YouTube-Videos veröffentlicht habe, das insgesamt Millionen von Aufrufen generiert und zahlreiche Menschen für das Thema Spinnen sensibilisiert hat, während sich andere davon nur angeekelt gefühlt haben.

Es passiert mir sehr oft, dass mir Menschen eine E-Mail oder eine Nachricht auf Instagram mit dem Foto einer Spinne schicken und wissen wollen, worum es sich handelt. Nicht selten sind diese Menschen panisch und tun so, als würde gleich die Welt untergehen, bloß weil sich ein solch kleiner Achtbeiner in ihre Wohnung verirrt hat. In vielen Fällen wird dann schnellstmöglich die Fliegenklatsche, eine Zeitung oder eine andere Mordwaffe gezückt und die Spinne kurzerhand erschlagen. So etwas finde ich sehr schade, zumal Spinnen eigentlich relativ passive und scheue Tiere sind, die den Kontakt zu Menschen meiden. Insbesondere die großen Winkelspinnen sind bei vielen Menschen gefürchtet.

Winkelspinnen aus der Gattung *Tegenaria* bzw. *Eratigena* gehören zu den größten Spinnen Europas und wirken aufgrund ihres Erscheinungsbildes ziemlich gefährlich. Allerdings sind diese Spinnen harmlos. Ich selbst habe als Kind oft mit ihnen gespielt und wurde dabei des Öfteren gebissen.

Um den Leuten zu demonstrieren, wie sinnlos die Angst vor Spinnen im Haus ist, habe ich draußen einfach mal um die fünfzig Spinnen eingesammelt und allesamt in meinem Schlafzimmer freigelassen, woraufhin ich anschließend dort die Nacht verbracht habe.

Geschlafen habe ich dabei nicht besonders gut. Der Grund dafür war aber nicht, dass ich Angst vor den Spinnen hatte, sondern dass ich viel mehr Angst davor hatte, mich versehentlich auf eine Spinne zu legen und diese dadurch zu verletzen. Die Spinnen waren allerdings allesamt schlau genug, erst gar nicht zu mir in mein Bett zu kommen, sondern es sich in den Winkeln meines Schlafzimmers gemütlich zu machen. Nach wenigen Minuten hatte jede Spinne ein eigenes Versteck gefunden und sich dort verbarrikadiert. Innerhalb kürzester Zeit hätte man niemals vermutet, dass sich in diesem Zimmer über fünfzig fette Spinnen befanden. Genauso wenig habe ich von der Anwesenheit der Spinnen während der Nacht mitbekommen. Einige der Spinnen befanden sich an der Wand und saßen dort die ganze Nacht lang am selben Ort. Andere Spinnen machten es sich hinter den Vorhängen gemütlich.

In dieser Nacht wurde ich nicht ein einziges Mal von einer Spinne gebissen. Nicht ein einziges Mal ist eine Spinne über mein Gesicht gekrabbelt. Im Schlaf gegessen habe ich erst recht keine.

Ich habe das Experiment der Übernachtung mit Spinnen im Übrigen noch zwei weitere Male wiederholt.

So bin ich beispielsweise mal in den Sumpf gegangen und habe dort eine Nacht in einem „Spinnennest" verbracht. Genau genommen gibt es so etwas wie ein Spinnennest nicht einmal. Allerdings sind bestimmte Spinnen in ihrem Lebensraum mosaikförmig verbreitet. Das bedeutet, dass sie an bestimmten Stellen in größeren Zahlen vorkommen, während man sie an anderen Stellen überhaupt nicht findet, auch wenn man sich immer noch in ihrem Lebensraum befindet. Solche „Mikro-Verbreitungsschwerpunkte" innerhalb eines Lebensraumes nennt man auch Hotspots. An einem solchen Hotspot können sich gut und gerne mal mehrere Hundert Spinnen dicht nebeneinander befinden. Die genauen Gründe für solche Hotspots sind bis heute nicht ausreichend erforscht. Man nimmt aber an, dass an solchen Orten die mikroklimatischen Verhältnisse optimal sind oder dass ein Hotspot ein wichtiger Aufenthaltsort oder Durchgang für die Beutetiere der Spinnen ist. So bilden sich beispielsweise auch oft Hotspots in der Nähe von

Straßenbeleuchtung, weil sich dort in der Nacht haufenweise Insekten aufhalten, die von den Spinnen erbeutet werden. Um den Leuten zu demonstrieren, dass man wegen einer einzigen Spinne in der Wohnung nicht gleich das Haus anzünden muss, bin ich in den Sumpf gegangen und habe dort eine Nacht mitten in einem Hotspot von Wespenspinnen verbracht. Das Resultat war, dass während der Nacht jede einzelne Spinne sich um ihr eigenes Business gekümmert hat, wobei ich am Morgen einige Moskitostiche hatte. Für die Tatsache, dass ich mich in einem Feuchtgebiet befand, war die Zahl der Moskitostiche verhältnismäßig gering. Als ich am nächsten Tag die Netze der Spinnen untersuchte, konnte ich feststellen, dass sich in ihren Netzen haufenweise Moskitos befanden. Offensichtlich habe ich während der Nacht unbewusst den Köder für die Spinnen gespielt, während sie mich vor zusätzlichen Moskitostichen bewahrt hatten.

Ein anderes Mal bin ich auf einen Hügel vor unserem Haus gewandert, der voller Schwarzbäuchiger Taranteln war, um mich dort in der Nacht hinzulegen. Auch diese beiden Male wurde ich nicht ein einziges Mal von einer Spinne belästigt. Vielmehr hielten mir die Spinnen die wahren Plagegeister vom Leib: Stechmücken, Wanzen usw.

Mit diesen Demonstrationen wollte ich Menschen beweisen, dass die übertriebene und panische Angst vor Spinnen unbegründet ist. Allerdings kann ich es verstehen, wenn es Menschen nicht unbedingt begrüßen, wenn eine riesige Spinne es sich plötzlich in ihrer Wohnung gemütlich macht. Dann aber möchte ich die Leute doch wenigstens dazu anhalten, die Spinne auf eine sanfte Art und Weise nach draußen zu begleiten, anstatt mit irgendeinem Gegenstand draufzuhauen.

Du kannst eine Spinne in deiner Wohnung ganz einfach einfangen, indem du ein größeres, offenes Gefäß über sie stellst und anschließend ein Stück Papier oder Pappe darunter schiebst. Dann drehst du das Ganze um und klopfst zweimal drauf, wodurch die Spinne in das Gefäß fällt. Anschließend kannst du sie ganz einfach und leicht nach draußen bringen.

Eine Spinne, die sich inzwischen in nördlichere Gebiete Europas ausbreitet und immer wieder mal in menschliche Behausungen vordringt, ist die Nosferatu-Spinne (*Zoropsis spinimana*). Die Nosferatu-Spinne ist eine relativ kräftig gebaute Spinne, die keine Netze baut, sondern sich aktiv auf die Jagd begibt. Nosferatus sind übrigens ganz besondere Spinnen. Sie eignen sich hervorragend fürs Terrarium zur Beobachtung und für Anfänger, weil sie extrem pflegeleicht sind. Eine Nosferatu ist sehr gefräßig und wird alles fressen, was sie überwältigen kann. Selbst Beutetiere, die größer sind als sie, haben keine großen Überlebenschancen, wenn sie den Weg einer hungrigen Nosferatu kreuzen. Nosferatu-Spinnen sind außerdem noch ausgezeichnete Spinnenjäger. Sie erbeuten andere Spinnen und sind dabei höchst effektiv. Selbst die eigenen Artgenossen verschmähen sie nicht. Das ist aber noch nicht alles. Offensichtlich scheinen diese Spinnen ziemlich intelligent zu sein. So ist es mir mal gelungen, einer Nosferatu-Spinne etwas beizubringen.

Was ich einer Nosferatu-Spinne beigebracht habe

Weil Nosferatus so häufig sind, nutze ich sie immer wieder mal für Demonstrationen und Videoaufnahmen. Sie sind hervorragend dafür geeignet, weil sie sich ziemlich schnell an den Umgang mit Menschen gewöhnen und unter Beobachtung ihre natürliche Verhaltensweise zeigen.

Ein Nachteil der meisten Spinnen ist, dass sie ziemlich scheu sind und manchmal bei geringen Störungen einfach losrennen, während sie in anderen Fällen einfach nur regungslos dasitzen und überhaupt nichts machen. Kurz gesagt, ist es bei vielen Spinnen so, dass sie entweder keinen Mucks machen oder aber davonlaufen. In manchen Fällen kann dies eine angemessene Aufnahme mit einem Makroobjektiv ziemlich schwierig machen.

Wenn man ein Video aufnimmt, wäre es also ganz cool, wenn die Spinne ganz gemütlich mit ihren acht Beinen über verschiedene Hindernisse klettert und dabei ein bisschen wie ein Model auf dem Laufsteg posiert. Dies erreiche ich, indem ich eine große Schale mit Wasser fülle und in der Mitte eine künstliche Insel erschaffe, auf die ich die Spinne setze. Nach kurzer Zeit wird die Spinne versuchen davonzulaufen. Aber weil Spinnen in der Regel wasserscheu sind, wird sie nicht weit kommen. Sobald sie das Wasser erreicht, bleibt sie sofort stehen und checkt erst mal die Lage. Wenn man sich ruhig verhält, wird die Spinne anfangen, in aller Ruhe einen Ausweg aus ihrer Situation zu suchen, indem sie die kleine Insel, auf der sie sich befindet, erkundet. Weil sie aber nur einen kleinen Raum zur Verfügung hat, auf dem sie sich bewegen kann, bin ich in der Lage, ihre Bewegungen mit dem Makroobjektiv festzuhalten. Wenn man noch ein paar Äste und kleinere Steine auf der Miniinsel befestigt, wird die Spinne immer wieder hoch und runter klettern, hin und her laufen, sich putzen und dann das Ganze wieder von vorne anfangen. Auf diese Weise bekomme ich meine coole Aufnahme von einer Spinne, die sich bewegt, anstatt von einer Spinne, die nur langweilig dasitzt oder aber so schnell rennt, dass ich mit der Aufnahme gar nicht

Zoropsis spinimana, die Nosferatu-Spinne.

hinterherkomme. Mit dieser Technik konnte ich schon zahlreiche Videos von verschiedenen Spinnen aufnehmen. Doch an einem ganz bestimmten Tag hat mich eine Nosferatu-Spinne ins Staunen versetzt.

Ich bin dabei wie oben erwähnt vorgegangen: Schale mit Wasser füllen, kleine künstliche Insel aufbauen, die Spinne auf der Insel absetzen und dann einfach aufnehmen, was passiert.

Zunächst hat sich die Nosferatu genauso wie alle anderen Spinnen verhalten. Sie ist die ganze Zeit über die Insel spaziert und hat nach einem Ausweg gesucht. Nachdem sie allerdings festgestellt hat, dass kein Weg von der Insel führt, hat sie mit ihren Vorderbeinen das Wasser berührt und sich immer weiter auf die Wasseroberfläche gewagt. Aufgrund ihrer wasserabweisenden Oberfläche und ihres geringen spezifischen Gewichtes sowie der Oberflächenspannung des Wassers ging die Spinne nicht unter und war in der Lage, über das Wasser zu rudern.

Ich habe diese Spinne großgezogen und kann deswegen bestätigen, dass sie noch nie in ihrem Leben Wasser in größeren Ansammlungen gesehen hatte. Außerdem habe ich mit Nosferatu-Spinnen des Öfteren Verhaltensexperimente gemacht, bei denen man deutlich erkennen konnte, dass diese Spinnen den Kontakt zu Wasser meiden. In dieser Situation war die Nosferatu allerdings gezwungen, sich mit dem Wasser auseinanderzusetzen. Zunächst zögerte sie. Doch dann lief sie schnurstracks in das Wasser und ruderte mit ihren acht Beinchen über das Wasser, bis sie den Rand der Schale erreichte und anschließend auf dem Trockenen war. Das war es dann mit meiner raffinierten Technik, die Spinne auf einer Insel festsitzen zu lassen.

Als ich sie ein zweites Mal auf die Insel setzte, zögerte sie nicht lange, sprang sofort in das Wasser und ruderte wieder an den Rand der Schale. Ich konnte dieses Experiment mit dieser einen Spinne mehrmals wiederholen. Die Spinne hatte offensichtlich gelernt, dass stilles Wasser kein großes Hindernis für sie darstellt und dass sie über eine kurze Strecke über die Wasseroberfläche rudern kann, ohne dabei zu ertrinken. Damit habe ich sozusagen einer Spinne schwimmen beigebracht.

Als ich eine andere Nosferatu auf die künstliche Insel gelegt habe, blieb diese allerdings auf der Insel und hat nicht versucht, über das Wasser zu laufen. Offensichtlich haben diese kleinen Achtbeiner auch noch ihren eigenen individuellen Charakter und IQ.

Erstaunlich ist dabei, dass Nosferatus noch lange nicht zu den intelligentesten Spinnen gehören. Springspinnen sind die wahren Genies in der Spinnenwelt. Eine ganz bestimmte Springspinne mit dem Namen *Portia fimbriata* gilt als die intelligenteste Spinne der Welt. Diese Spinne ist wirklich faszinierend! *Portia* ist, wie die Nosferatu-Spinne, ein Spinnenjäger. Zugleich ist sie eine kleine Spinnenexpertin. Sie ist in der Lage, verschiedene Spinnen zu verschiedenen Arten zuzuordnen und diesen Arten verschiedene Eigenschaften zuzuschreiben. So wird sich eine *Portia* beispielsweise gegenüber einer kleinen Krabbenspinne vollkommen anders verhalten als gegenüber einer Radnetzspinne. *Portia* ist nicht wie andere Spinnen. Sie überfällt ihre Opfer nicht einfach so, sondern studiert sie zunächst. Sie beobachtet sie aus einer sicheren Entfernung und schmiedet dabei einen Plan, wie sie am besten vorgeht, um die andere Spinne zu überlisten. Nicht selten erlegt *Portia* Spinnen, die wesentlich größer sind als sie selbst und bei denen sie selbst als Beute enden könnte, wenn ihr Plan nicht aufgeht. Im Laufe ihres Lebens lernt *Portia* dazu. Ihre Jagdstrategie wird Schritt für Schritt angepasst und verbessert, weshalb erwachsene *Portia* wesentlich geschicktere Jäger sind als Jungtiere.

Wenn man einer Nosferatu-Spinne Schwimmen beibringen kann, frage ich mich, was man wohl einer *Portia* alles beibringen könnte. Sollte ich mal

Nosferatu-Spinne (*Zoropsis spinimana*)

Zoropsis spinimana, auch als Nosferatu-Spinne bekannt, fällt durch ihren relativ großen und robusten Körper auf, mit einer Körperlänge von bis zu 15 mm bei Männchen und bis zu 22 mm bei Weibchen. Ihr Erscheinungsbild ist durch ein dunkles, marmoriertes Muster auf dem Hinterleib und die allgemein bräunliche Farbgebung gekennzeichnet, die ihr eine gute Tarnung auf Rinden und in der Laubstreu bietet. Ursprünglich im Mittelmeerraum beheimatet, hat sich die Art in den letzten Jahren zunehmend in gemäßigtere Regionen Europas und darüber hinaus ausgebreitet. *Zoropsis spinimana* bevorzugt trockene und warme Habitate und ist häufig in und um Häuser zu finden, wo sie in Ecken, unter Möbeln oder in Kellern Schutz sucht. Diese Spinne baut kein Fangnetz, sondern jagt nachts aktiv nach Insekten und anderen kleinen Wirbeltieren. Ihr Biss kann zwar schmerzhaft sein und lokale Reaktionen hervorrufen, stellt jedoch keine ernsthafte Gefahr für den Menschen dar. Vorsichtsmaßnahmen umfassen das regelmäßige Reinigen von Ecken und Spalten in Wohnbereichen, um unerwünschte Gäste fernzuhalten, und das Tragen von Handschuhen beim Umgang mit Holzstapeln oder Gerümpel, wo sich diese Spinnen gerne verstecken.

die Gelegenheit bekommen, so möchte ich unbedingt die Intelligenz von *Portia* auf die Probe stellen und dies in Form eines Videos dokumentieren.

Nicht nur Spinnen können von uns lernen. Auch wir können von Spinnen lernen. Einige der wichtigsten Lebenserfahrungen habe ich mir tatsächlich schon in frühen Jahren von Spinnen abgeguckt.

Was mir eine Wespenspinne beigebracht hat

Während meiner Kindheit versuchte ich möglichst viel Zeit in der Natur zu verbringen. Die Natur war für mich immer ein guter Rückzugsort. Ein Ort des Friedens, an dem ich meine Ruhe hatte. Zugleich ein Ort, an dem lauter Abenteuer auf mich warteten. Nicht selten habe ich für solche Erlebnisse die Schule geschwänzt, ohne dass meine Eltern etwas davon wussten. Insbesondere zu den warmen Jahreszeiten bevorzugte ich die freie Wildbahn gegenüber der Schulbank. So packte ich an diesem Tag statt der Schulbücher Reservekleidung und Schuhe ein, tat vor meinen Eltern so, als würde ich in die Schule gehen, und machte mich schnurstracks auf den Weg in ein nahe gelegenes Feuchtgebiet, sobald ich außerhalb der Sichtweite war.

Diese kleinen illegalen Ausflüge waren immer sehr abenteuerlich. Schließlich musste ich auch darauf achten, dass ich nicht von irgendwelchen Bekannten meiner Eltern gesehen wurde. Wann immer ich die Schule geschwänzt hatte, fühlte ich mich wie ein kleiner Geheimagent oder aber wie ein gesuchter Verbrecher. Immer schön abseits der Wege laufen. Keine große Aufmerksamkeit auf sich ziehen. Wenn ein Auto vorbeikommt, schnell ins Gebüsch springen und sich nicht bewegen. Offene Stellen möglichst schnell überqueren, damit man nicht gesehen wird, wie ein scheues Reh oder ein Raubtier auf der Jagd. Niemand darf einen sehen.

Als ich den Rand unseres Dorfes erreicht hatte, musste ich noch die Weinberge durchqueren, um in das besagte Gebiet zu gelangen. In den Weinbergen musste ich mich noch an dem einen oder anderen Landwirt vorbeischleichen, bis ich allmählich den Rand der Weinberge erreichte und sich vor mir ein großer Sumpf eröffnete. Jetzt nur noch schnell über einen Zaun klettern, ein paar Meter in das Dickicht laufen und schon war ich wieder in meinem Element. Ein Ort voller Versteckmöglichkeiten. Hier würde mich niemand finden. Dichtes Gestrüpp, weicher, schlammiger Boden und hohe Silberweiden, zwischen denen sich mit Wasser gefüllte Gräben hindurchzogen, zierten die Landschaft. Überall hörte man das Quaken von Fröschen und verschiedene Geräusche von Insekten. Diese wunderbare Sinfonie der Natur wurde zusätzlich vom Gesang verschiedener Vögel begleitet.

Ich wechselte schnell meine Kleidung, damit meine Eltern keinen Verdacht schöpften, wenn sie sahen, dass meine Schulkleidung Spuren des Sumpfes aufwies. Bei meiner „Werktagskleidung" würden sie keinen Verdacht schöpfen, weil diese immer schmutzig war, sobald ich nach draußen ging. Meine guten Kleider stopfte ich in die Schultasche, die ich an einem Baum aufhing, damit ich sie nicht durch den Sumpf schleppen musste. Danach konnte es losgehen.

Ein schmaler Weg führte tief in den Sumpf hinein. Das Schilf war über zwei Meter hoch und man konnte nicht besonders weit sehen. Ich fühlte mich wie ein abenteuerlicher Wissenschaftler, der eine vergessene Welt erforscht. Immer wieder flogen eine Ente oder ein anderer Vogel vor mir auf oder es sprang ein Frosch fluchtartig ins Wasser. Der schmale Weg führte schließlich zu einer kleinen Lichtung, in dessen Mitte sich ein Tümpel befand. Der Tümpel war mein Ziel. Dort gab es immer irgendetwas zu sehen. Manchmal konnte ich dort riesige Kolbenwasserkäfer beobachten. Andere Male begegnete ich einer Schildkröte oder verschiedenen anderen Tieren. Dieses Mal sah ich eine Schlange, die sich am Rand des Gewässers sonnte. Als ich mich der Schlange näherte, glitt sie ins Wasser und verschwand zwischen den Seerosen und dem Schilf. Direkt daneben erregte plötzlich etwas meine Aufmerksamkeit.

Eine Wespenspinne hatte ihr Netz zwischen dem Schilf errichtet und lauerte in dessen Mitte auf Beute. Die Spinne hatte aufgrund der Jahreszeit noch nicht ihre volle Größe erreicht. Dennoch war sie bereits groß genug, um mich ins Staunen zu versetzen. Wespenspinnen sind ganz besondere Spinnen. Sie gehören zu den größten Radnetzspinnen Europas und sind sehr auffällig gefärbt. Wegen ihrer schwarz-weiß-gelben Färbung sehen sie sehr giftig aus. Tatsächlich ist eine Wespenspinne allerdings alles andere als gefährlich. Mit ihren Giftklauen kann sie die menschliche Haut nur an zarten Stellen durchdringen. Ihr Gift ist relativ schwach und für Menschen harmlos.

Die Wespenspinne baut ihr radförmiges Netz häufig in der Nähe von Gewässern und erbeutet alles, was ihr Netz halten kann. Die Beute wird dabei mit Spinnenseide eingesponnen und entweder gleich gefressen oder für später als Vorrat in das Netz gehängt. In manchen Fällen wird die Beute mit einem giftigen Biss gelähmt. Oft wird sie allerdings lediglich eingesponnen und nicht gelähmt. Weil die Spinnen mit ihrer Seide bereits die Beute relativ

Die Wespenspinne, eine imposante und Respekt einflößende Erscheinung, die für Menschen jedoch vollkommen harmlos ist.

gut immobilisieren können, ist ihre Giftigkeit im Laufe der Evolution anscheinend zurückgegangen. Sie sind nicht so sehr auf ihr Gift angewiesen, wie es beispielsweise eine Schwarze Witwe oder eine Wolfsspinne wäre.

Die Spinne zog mich alleine durch ihr äußeres Erscheinungsbild in ihren Bann. Ich verfiel regelrecht in einen meditativen oder sogar tranceartigen Zustand, während ich sie mir anschaute. Mein Blick verlor sich in den Farben der Spinne und ich hatte das Gefühl, in die Spinne hinein zu fallen und dabei in einem ganz anderen Universum zu landen. Die Spinne saß einfach nur regungslos in ihrem Netz. Minute für Minute. Stunde für Stunde.

An dieser Stelle fragte ich mich, ob der Spinne nicht so langsam langweilig werden würde, wenn nichts passierte. Den ganzen Tag kann sie nur da in ihrem Netz sitzen und warten, bis ihr irgendetwas in die Falle tappt. Mir war bewusst, dass es sich hier um eine Spinne handelte und eine Spinne nun mal nicht wie ein Mensch denken kann. Daher wird es ihr wohl egal sein, wenn nichts Spannendes passiert. Dennoch faszinierte mich ihre Fähigkeit, mehrere Stunden regungslos dazusitzen, um auf ihre Beute zu warten. Kaum ein Tier ist so geduldig wie eine Spinne, die auf Beute wartet. Sie kann mehrere Tage, ja sogar mehrere Wochen lang ohne Nahrung auskommen und in dieser Zeit einfach nur in ihrem Netz hängen und warten. Früher oder später wird irgendwer in ihre Falle tappen. Es ist nur eine Frage der Zeit. Alles, was sie tun muss, ist, einfach nur dazusitzen und zu warten. Außerdem baut sie alle ein bis drei Tage ihr Netz neu. Das alte Netz wird abgerissen und gefressen. Die Spinne baut ihr Netz neu, ungeachtet dessen, ob sie an diesem Tag Beute macht oder nicht. Sie ist darauf angewiesen, dieses Netz immer wieder neu zu bauen, damit die Beute an den klebrigen Fäden hängenbleibt. Würde sie das nicht machen, blieben Beutetiere nicht kleben und könnten ganz einfach aus dem Netz entkommen. Das Überleben der Spinne hängt folglich von zwei Faktoren ab: von ihrer Geduld, auf Beute zu warten, und ihrer Bereitschaft, das Netz immer wieder neu zu machen, damit die Beute hängenbleibt.

Während ich über diesen natürlichen Vorgang nachdachte, fielen mir viele Parallelitäten zum Leben eines Menschen auf. Wir Menschen mögen zwar komplexer funktionieren als eine Wespenspinne, doch auch unser Leben und unser Erfolg wird maßgebend von jenen zwei Dingen beeinflusst, die das Überleben der Wespenspinne sichern: Geduld und die Bereitschaft, immer wieder und wieder aufs Neue die wichtigen Maßnahmen zu ergreifen, damit die Wahrscheinlichkeit auf Erfolg gegeben ist. Du wirst im Leben nicht weiterkommen, wenn du nicht die Geduld hast, dich intensiv mit bestimmten Dingen auseinanderzusetzen, auch wenn es manchmal langweilig erscheinen mag. Außerdem wirst du nicht weit kommen, wenn du immer nach dem ersten Mal Scheitern aufgibst oder nicht bereit bist, Tag für Tag immer wieder und wieder aufs Neue deine Aufgaben zu erledigen, damit du Tag für Tag deinem Ziel Schritt für Schritt näherkommst.

Die Wespenspinne ist in dieser Hinsicht also ein gutes Vorbild. Sie interessiert sich nicht dafür, ob es gerade langweilig ist oder nicht. Sie denkt nicht darüber nach, ob es sich wohl auszahlen wird, das Netz neu zu bauen oder ob sie es vielleicht umsonst machen wird, weil an diesem Tag kein Beutetier auftaucht. Die Wespenspinne hat noch nicht einmal die Fähigkeit, so abstrakt zu denken und „Was wäre, wenn" zu spielen. Aus diesem Grund hat sie nicht die Probleme, die wir als Menschen haben. Wenn wir die Fähigkeit hätten, unsere „Was wäre, wenn"-Gedanken einfach mal abzuschalten oder wenigstens besser zu kontrollieren, würden wir ähnlich effektiv wie eine Wespenspinne handeln. Wir würden geduldig auf unsere Ziele hinarbeiten und Tag für Tag unsere notwendigen Aufgaben immer wieder aufs Neue erledigen, ohne uns zu langweilen und ohne uns Gedanken zu machen, ob es sich wohl auszahlen wird. Wir würden es einfach machen und würden dann sehen, ob es funktioniert oder nicht. Wenn es nicht funktioniert, könnten wir auf unsere von der Natur gegebene Intelligenz zurückgreifen und unseren Weg anpassen, was die Wespenspinne wiederum nicht kann.

„Wenn du einfach so geduldig sein könntest wie eine Wespenspinne, würde dir die Schule nicht so auf den Wecker gehen und du würdest deine Hausaufgaben einfach machen", murmelte ich in Form eines Selbstgespräches vor mich hin. „Und dann wären sie gemacht und du könntest dich wieder deiner Freizeitbeschäftigung widmen", fuhr ich fort. „Ganz genau! So werde ich weiter verfahren. Wenn ich morgen wieder in die Schule muss, werde ich mich nicht mehr darüber aufregen, wie langweilig das Gefasel von den Lehrern ist, sondern werde mich einfach an diese Spinne erinnern. Ich werde einfach ganz geduldig warten, bis die Klingel läutet und ich in die Freiheit entlassen werde. Die Zeit wird vorbeigehen. Egal, wie langweilig es ist. Es ist nur eine Frage der Zeit, bis diese verfluchte Klingel läutet und ich endlich dieses Gefängnis eines Klassenzimmers verlassen kann. Meine Aufgaben werde ich ab sofort einfach machen, weil sie zu den Zielen gehören. Auch wenn es unangenehm ist." An der praktischen Umsetzung dieser Gedanken musste ich zwar im Nachhinein noch ein wenig arbeiten, aber wenigstens war ein wichtiges Fundament für das Leben gelegt: Du hast ein Ziel. Also überlege dir, wie dein Weg aussehen soll, und erledige dann die Aufgaben, die zu erledigen sind. Bleib geduldig und denke nicht daran, was alles passieren könnte, wenn es nicht funktionieren wird. Mach es stattdessen einfach!

An diese Spinne muss ich heute noch oft denken, wenn ich mir Ziele setze und mich anschließend auf den Weg mache. Meist passieren irgendwelche Dinge, die dazu führen, dass sich der Weg zum Ziel als deutlich schwieriger entpuppt, als er am Anfang erschien. Auf einmal gibt es Schwierigkeiten. Ich komme nicht weiter und scheitere. Dann suche ich nach einem neuen Weg zum Ziel und scheitere noch mal. Irgendwann verliere ich die Geduld, es entsteht ein gewisser Frust und ich frage mich, ob es die ganze Sache wert ist. Genau in dieser Situation kommt mir wieder diese Wespenspinne in den Sinn. Die Spinne will Fliegen fangen. Also muss sie ihr Netz Tag für Tag neu errichten und geduldig auf Beute warten. Du hast ein Ziel. Also erledige deine Aufgaben. Wenn es nicht klappt, hat es nicht funktioniert. Dann versuche es noch mal auf eine andere Art und Weise. Aber denke nicht einmal daran, alles über den Haufen zu werfen, bloß weil es mal ein bisschen schwierig wird. Wenn du ans Ziel gelangen willst, wirst du es immer wieder und wieder versuchen müssen. Erfolg ergibt sich nicht aus kurzfristigem Glück, sondern aus langfristiger Disziplin und Durchhaltevermögen. Mach es wie die Spinne. Mach es einfach.

Nachdem ich die Spinne lange genug beobachtet hatte, wartete ich, bis die Schulzeit zu Ende war, und ging dann nach Hause. Am nächsten Tag hatte ich kein bisschen Motivation, in die Schule zu gehen, habe es aber trotzdem gemacht. Mein Motivationsmangel war dieses Mal allerdings nicht nur dadurch begründet, dass ich die Schule als langweilig und nervig empfand, sondern auch deshalb, weil ich aus dem Sumpf ein unangenehmes Mitbringsel mitbekommen hatte. Irgendetwas hatte mich am Tag vorher am unteren Rücken gestochen. Ich hatte eine große rote Schwellung, die sehr stark juckte und ein wenig schmerzte. Ich konnte mich nicht kratzen, weil es dann noch schmerzhafter und unangenehmer wurde. Unter diesen Umständen einen Vormittag lang still und brav zu sitzen, war nicht ohne Weiteres möglich.

Vom Übeltäter war keine Spur. Allerdings gehe ich davon aus, dass mich höchstwahrscheinlich eine Kriebelmücke oder ein Wadenstecher erwischt hat. Diese Tiere können ziemlich große und unangenehme Schwellungen verursachen. Ein winzig kleiner Stich, mit verhältnismäßig großen Folgen.

Eine Kriebelmücke kann bereits ziemlich unangenehm werden, ist allerdings der reinste Wellnessurlaub, wenn man sie mit dem Stich von jenem Insekt vergleicht, von dem ich dir im nächsten Kapitel erzählen werde.

Kleine Stiche mit großen Folgen

Insekten haben mich immer schon unglaublich fasziniert. Ganz besonders angetan haben es mir die giftigen Insekten, die mit ihrem Stich Großes bewirken können, obwohl sie selbst nur sehr klein sind. Manche Insekten können sehr giftig werden und andere können dir durch ihren Stich Krankheiten übertragen, die dein ganzes Leben verändern werden.

Mein heftigster Insektenstich *ever*!

Der Name des Insektes, von dem ich dir jetzt gleich erzählen werde, sagt bereits alles über seine Eigenschaften aus: die Attentäterwanze. Ihr wissenschaftlicher Name klingt mindestens genauso beeindruckend: *Psytalla horrida*. „*Horrida*" bedeutet so viel wie „schrecklich". Der Name könnte treffender nicht formuliert sein. Diese Wanzen sind regelrechte Kampfmaschinen.

Psytalla horrida gehört zur Familie der Raubwanzen (Reduviidae), die für ihr wirksames Gift und für ihre Fähigkeit bekannt sind, Beutetiere zu erledigen, die wesentlich größer sind als sie selbst. *Psytalla horrida* ist die größte Art innerhalb der Familie der Raubwanzen. Diese Insekten können über 5 cm lang werden und ihr Erscheinungsbild vermittelt eine ganz klare Botschaft: Wenn du mich anrührst, wirst du Schmerzen haben.

Die Wanze ist schwarz-rot gefärbt. Diese Farben sollen einen potenziellen Angreifer vor ihrer Giftigkeit warnen. Auf der Oberseite von ihrem Thorax, dem mittleren Körperteil der Insekten, an dem die Beine und die Flügel befestigt sind, besitzt die Wanze stachelartige Erweiterungen. In diesen Dornen befindet sich kein Gift. Es sind einfach nur Ausprägungen des Exoskelettes der Wanze, die einen zusätzlichen Schutz gegen Angreifer bieten. Auch das restliche Exoskelett ist extrem stabil. Die Wanzen sind regelrecht gepanzert. Ein Skorpion oder eine Biene würden ihren Panzer mit dem Stachel nicht durchdringen können. Wenn du eine tote *Psytalla horrida* mit einem Skalpell aufzuschneiden versuchst, wird es dir schwer fallen, weil der Panzer nicht nur extrem dick, sondern auch flexibel ist. Wenn man draufdrückt, bildet sich eine Delle, weil der Panzer nachgibt. Sobald der Druck auf den Körper des Insektes nachlässt, stülpt sich die Delle selbstständig wieder nach außen.

Trotz ihrer außergewöhnlichen Panzerung ist *Psytalla horrida* dennoch extrem schnell und agil. Sie kann ohne Probleme senkrechte Oberflächen hochklettern und auch an der Decke laufen, sofern diese über genug Haltemöglichkeiten verfügt.

Der Giftapparat dieser Wanzen besteht aus einem Rüssel am Kopf, der zwei Kanäle beinhaltet. Ein Kanal funktioniert wie eine Injektionsnadel. Mit diesem Kanal injiziert die Wanze ihren toxischen Speichel in die Beute oder in den Angreifer. Beutetiere der Wanze werden innerhalb von ein bis drei Sekunden durch das Gift gelähmt. Anschließend injiziert die Wanze zusätzlich Verdauungsenzyme in die Beute, wodurch sich alle weichen Gewebebestandteile der Beute verflüssigen. Danach wird das Beutetier von der Wanze ausgesaugt. Der so entstandene Nahrungsbrei gelangt durch den zweiten Kanal im Rüssel der Wanze in den Magen.

Vielleicht fragst du dich: Warum zum Teufel entwickelt sich überhaupt so eine bizarre Art und Weise, sich von etwas zu ernähren? Warum kann die Wanze nicht einfach ähnlich wie ein Käfer Mundwerkzeuge ausbilden und die Beute zerstückeln? Das wäre immerhin noch ein bisschen menschlicher. Die Antwort ist einfach: Die Evolution nimmt verschiedene Wege.

Nahaufnahme einer Attentäterwanze (*Psytalla horrida*). Man beachte die imposanten Stacheln auf der Oberseite ihres Thorax, die möglicherweise der Abwehr von Feinden dienen.

Je vielfältiger das Leben wird, desto größer ist die Wahrscheinlichkeit, dass es seinen Fortbestand sichert. Dabei ist Effektivität von großer Bedeutung. Sich auf eine solche Art und Weise zu ernähren, ist höchst effektiv, weil die Wanze dadurch lediglich die verdaulichen Bestandteile ihrer Beute aufnimmt. Auf diese Weise spart sich der Körper der Wanze die Arbeit, unverdauliche Nahrungsreste auszuscheiden.

Die Attentäterwanze ist ein hervorragender und höchst effektiver Jäger. Sie schleicht sich an ihre Beute an, überfällt sie und injiziert sofort ihr wirksames Gift. Dieses Gift nutzt sie allerdings nicht nur zum Jagen, sondern auch zur Verteidigung.

Als ich das erste Mal von diesem Insekt gehört habe, habe ich das einzig Vernünftige gemacht, was man in so einer Situation machen kann: Man kauft sich ein Terrarium, sucht nach dem nächstgelegenen Züchter und besorgt sich einen Haufen Attentäterwanzen als Haustiere.

Diese Tiere sind unglaublich interessant zu beobachten. Sobald ich das Terrarium eingerichtet und die Wanzen einquartiert hatte, erkundeten sie das Terrarium. Jede Wanze suchte sich ihr eigenes Plätzchen. Manche fingen direkt an sich zu paaren und nach ein paar Wochen hatte ich die ersten Jungtiere. Ein Terrarium voller Attentäterwanzen ist ein ganz besonderes Erlebnis. Du kannst diese Tiere die ganze Zeit dabei beobachten, wie sie interessante Sachen machen. Manche von ihnen putzen sich. Andere häuten sich. Wieder andere legen ihre Eier in die feuchte Erde des Terrariums. Das größte Spektakel ist allerdings, die Wanzen zu füttern. Als Beutetiere dienten hierbei Heimchen (*Acheta domestica*), die man an so gut wie alle räuberische Terrarientiere verfüttern kann, die Insekten als Nahrung akzeptieren. Dabei kaufte ich mir immer eine Dose voller Heimchen, die ich im Terrarium der Wanzen freiließ.

Heimchen haben nicht besonders viel Hirnschmalz. Diese Tiere erkennen offensichtlich keine Gefahr und haben auch keine Angst vor den Wanzen. Dementsprechend begann jedes Mal ein regelrechtes Massaker, wann immer ich die Wanzen fütterte. Die Attentäter stürzten sich auf die ahnungslosen Beutetiere und schon nach wenigen Minuten war alles wieder vorbei. Manchmal blieben einige wenige Heimchen übrig, die dann versuchten, den Wanzen ihre toten Artgenossen zu entreißen, um sich selbst von ihnen zu ernähren. Weil die Wanzen größer und stärker waren, gaben sie ihre Beute jedoch nicht her. Erst nachdem die Wanze ihr Beutetier ausgesogen hatte, ließ sie es los und erbeutete sofort jenes Heimchen, das versuchte, ihr ihre Beute streitig zu machen.

Auch wenn der Name *Psytalla horrida* oder Attentäterwanze ganz besonders furchteinflößend klingt, sind die Tiere selbst relativ friedlich. Eine *Psytalla horrida* ist ein ziemlich scheues Insekt, das den Kontakt zu Menschen vermeidet. Wann immer ich das Terrarium öffnete, kletterten sämtliche Wanzen schnell in ein Versteck und kamen erst wieder hervor, nachdem ich die Tür für einige Minuten geschlossen hatte. Selbst auf Provokation reagierten die Wanzen ziemlich schüchtern und zogen sich jedes Mal zurück. Niemals aber solltest du eine *Psytalla horrida* mit deinen bloßen Händen festhalten. Wenn du sie hingegen einfach auf deine Hand klettern lässt, wird sie dich höchstwahrscheinlich verschonen. An diese Regel hielt ich mich. Aber nur, solange die Wanzen am Leben waren. Tote Wanzen stechen nicht mehr. Deswegen konnte man diese ohne Probleme in die Hand nehmen und unter dem Mikroskop untersuchen oder sezieren. Wann immer eine Wanze das Zeitliche gesegnet hatte, entnahm ich sie aus dem Terrarium und konservierte sie entweder in Alkohol oder ich untersuchte sie mit dem Makroobjektiv. Dabei verwendete ich jedes Mal eine Pinzette. Ein einziges Mal unterlief mir allerdings ein schmerzhafter Fehler.

Eine vermeintlich tote Wanze lag auf dem Rücken am Boden des Terrariums. Nachdem ich ein bisschen an ihr herumgestochert hatte, machte sie immer noch keine Bewegung, was bei mir zur Annahme führte, dass sie tatsächlich tot war. Ich holte die Wanze aus dem Terrarium und hielt sie mit meinen bloßen Händen fest. Genau in diesem Moment stellte sich heraus, dass die Wanze gar nicht so tot war, wie ich gedacht hatte. Sie war nur ein bisschen tot. Halb tot. Ihre letzte Bewegung, bevor sie endgültig den Löffel abgab, war ein Stich, den sie mir verpasste.

Ich ließ die Wanze geschockt fallen und stellte dann direkt danach sicherheitshalber ein Glas über sie, damit sie mir nicht entkommen konnte. Sofort fing der Stich an zu schmerzen und fühlte sich an, als würde eine glühend heiße Nadel in meiner Hand stecken. Meine Hand schwoll an und wurde rot. Die Schmerzen breiteten

Attentäterwanze (*Psytalla horrida*)

Die Attentäterwanze, *Psytalla horrida*, zeichnet sich durch ihr besonders einschüchterndes Aussehen aus. Diese Wanze kann bis zu 5 cm lang werden und besitzt eine dunkle, oft fast schwarze Färbung mit robusten, stacheligen Strukturen auf ihrem Körper, die ihr ein furchteinflößendes Aussehen verleihen. Ursprünglich aus Afrika stammend, findet man diese Wanzenart hauptsächlich in tropischen Klimazonen, wo sie in dichten Wäldern und Buschgebieten lebt. *Psytalla horrida* ist ein effektiver Räuber, der sich vorwiegend von anderen Insekten ernährt, die sie mit ihren starken, stechend-saugenden Mundwerkzeugen erlegt. Trotz ihrer bedrohlichen Erscheinung ist die Attentäterwanze für den Menschen nicht gefährlich, jedoch kann ihr Stich sehr schmerzhaft sein und sollte vermieden werden.

Mordwanze (*Rynocoris iracundus*)

Die Mordwanze, *Rynocoris iracundus*, zeichnet sich durch ihre robuste Körperform und die auffälligen Rot- und Schwarztöne ihres Körperpanzers aus. Mit einer Körperlänge von etwa 12 bis 15 mm ist sie in weiten Teilen Europas, einschließlich Mittel- und Südeuropa, anzutreffen. Ihr bevorzugter Lebensraum sind sonnige, trockene Gebiete mit ausreichender Vegetation wie Wiesen, Waldränder und Gärten. Dort lauert sie auf Pflanzen und jagt andere Insekten, die sie mit ihren kräftigen, stechend-saugenden Mundwerkzeugen erfasst und aussaugt. Die Mordwanze ist für den Menschen ungefährlich, jedoch kann ein Biss, wenn sie provoziert wird, durchaus schmerzhaft sein.

Die weit verbreitete Mordwanze (*Rhynochoris iracundus*).

sich über die Nervenbahnen aus und strahlten bis in meine Brust. Dieses Gefühl ist nur sehr schwer zu beschreiben. Man kann es noch aushalten. Aber es ist schon ziemlich an der Grenze. Es ist ein richtig ekelhafter Schmerz. Zugleich fing ich ein wenig zu schwitzen an. Der Zustand besserte sich glücklicherweise innerhalb von wenigen Minuten. Doch die Schmerzen und die Schwellung an der Einstichstelle hielten noch einige Tage lang an. Der Stich der Attentäterwanze ist der heftigste Insektenstich, den ich jemals abbekommen habe.

Im Übrigen gibt es Raubwanzen hier bei uns in Europa. Eine von ihnen ähnelt in ihrer äußeren Erscheinung tatsächlich der Attentäterwanze und wirkt wie eine Miniaturausgabe davon. Die Rede ist von der Mordwanze – ein auffälliges, rot-schwarz gefärbtes Insekt, das im Sommer häufig auf Blütenpflanzen auf Beute lauert. Auch die Mordwanze ist in der Lage, ziemlich wehrhafte Beutetiere zu erlegen. Wespen und Bienen stehen auf ihrem Speiseplan, genauso wie Fliegen, Raupen und alles andere, was sie überwältigen können. Die Mordwanze kann Stiche austeilen, die ungefähr mit einem Bienenstich oder einem Wespenstich zu vergleichen sind.

Eine andere ziemlich beeindruckende Wanzenart Europas sind Wasserwanzen aus der Gattung *Lethocerus*. Diese gehören allerdings nicht zur Familie der Raubwanzen, sondern zur Familie der Riesenwanzen (Belostimatidae). In Kroatien und den südlich benachbarten Ländern treibt sich ein Vertreter aus dieser Familie herum. Sein Name: *Lethocerus patruelis*.

Wanzen aus der Gattung *Lethocerus* sind wahre Giganten aus der Insektenwelt. Hierbei handelt es sich um die größten Wanzen der Welt. Eine Attentäterwanze wirkt neben einer *Lethocerus* niedlich und zierlich. Eine solche *Lethocerus* kann eine Körperlänge von über 7 cm erreichen. Dieses Insekt ist ein regelrechter Alleskönner. *Lethocerus* kann an Land laufen und im Wasser schwimmen und tauchen. Genauso wie die meisten anderen Wanzen kann *Lethocerus* fliegen. Eine fliegende *Lethocerus* hört sich an wie ein kleiner Hubschrauber. Im Vergleich zu einer Hornisse erscheint eine *Lethocerus* wie ein Kampfflugzeug. Diese Tiere erbeuten kleine Wirbeltiere, zum Beispiel Schlangen, Fische und Frösche. Ihre Stiche sind ziemlich schmerzhaft und die Wanze fliegt einem ins Gesicht, wenn man sie in der Nacht mit einer Stirnlampe anleuchtet und provoziert.

Die Wanzen, die ich dir in diesem Abschnitt vorgestellt habe, können allesamt schmerzhafte Stiche verteilen. Schmerzhaft ist allerdings nicht dasselbe wie gefährlich. Obwohl *Psytalla horrida*, *Lethocerus* und die Mordwanze eine durchaus imposante und respekteinflößende Erscheinung darstellen, sind sie für Menschen nicht wirklich gefährlich. In der Welt der Wanzen gibt es andere, kleinere Vertreter, die deutlich unscheinbarer aussehen, dafür aber in manchen Fällen für Menschen sehr gefährlich

Lethocerus – die größte Wanze der Welt, die einen der schmerzhafteren Insektenstiche austeilt, © Vinicius R. Souza/Shutterstock.com.

werden können. Mit einigen dieser besorgniserregenden Kreaturen durfte ich ebenfalls schon Bekanntschaft machen. Der Stich von *Psytalla horrida* mag vielleicht der schmerzhafteste Insektenstich gewesen sein, den ich jemals erhalten habe. Doch der Insektenstich, der mir die größten Sorgen bereitete, war ein anderer.

Der Stich der gefürchteten Vinchuca

Meine erste Nacht in San José in Costa Rica war nicht gerade traumhaft. Nach meiner Ankunft war ich vom langen Flug erst mal ziemlich fertig. Die Unterkunft, in der ich mich vorübergehend einnistete, war deutlich unterhalb des Standards, den man als Europäer gewohnt ist. Einschlafen fiel mir in dieser Nacht dennoch leicht. Am nächsten Morgen erwartete mich allerdings eine kleine, aber höchst unangenehme Überraschung.

An meinen Beinen und an den Armen hatte ich einige juckende Beulen von ungefähr 1 bis 2 cm Durchmesser. Nachdem ich das Zimmer durchsucht hatte, fand ich die Übeltäter: Kusswanzen aus der Unterfamilie der Triatominae.

Diese Tiere sind der Inbegriff eines Albtraums. Sie sind etwa 15 mm groß und in der Regel relativ unscheinbar gefärbt. Kusswanzen ernähren sich parasitär vom Blut verschiedener Wirbeltiere, hauptsächlich vom Blut warmblütiger Säugetiere, zum Beispiel von Menschenblut. In ihrem Speichel verfügen die Wanzen über toxische Bestandteile, die die Blutgerinnung hemmen, die lokalen Blutgefäße erweitern und das Immunsystem rund um die Einstichstelle schwächen. Zugleich initiieren dir diese Tiere ein Nervengift, das lähmend wirkt, sodass weder du noch dein Immunsystem vom Stich etwas mitbekommen. Anschließend saugen sie sich mit deinem Blut voll, wobei sie in manchen Fällen ein Vielfaches ihres eigenen Körpergewichtes aufnehmen können.

Die Beulen, die oftmals stark jucken, sind allerdings das geringste Problem, das dir diese Insekten bescheren können. Wesentlich gefährlicher sind die Krankheiten, die sie übertragen können. Eine der wichtigsten Krankheiten, die durch solche Kusswanzen übertragen wird, ist die Chagas-Krankheit.

Die Chagas-Krankheit, auch Amerikanische Trypanosomiasis genannt, ist eine tropische Infektionskrankheit, die durch den Parasiten *Trypanosoma cruzi* verursacht wird. Der Hauptübertragungsweg dieses Parasiten auf den Menschen erfolgt durch den Kot blutsaugender Wanzen der Unterfamilie Triatominae. Nach der Infektion kann die Krankheit in zwei Phasen verlaufen:

die akute Phase und die chronische Phase. Die akute Phase tritt kurz nach der Infektion auf und ist oft asymptomatisch oder manifestiert sich mit milden Symptomen wie Fieber, Müdigkeit, Gliederschmerzen, Kopfschmerzen, Hautausschlag, Appetitlosigkeit, Durchfall und Erbrechen. Diese Symptome können leicht mit denen anderer Krankheiten verwechselt werden. Wenn die Krankheit nicht behandelt wird, kann sie in die chronische Phase übergehen, die Jahre oder sogar Jahrzehnte nach der Infektion auftreten kann. In der chronischen Phase kann die Chagas-Krankheit zu schwerwiegenden gesundheitlichen Problemen führen, einschließlich Herzrhythmusstörungen und Herzinsuffizienz, die potenziell lebensbedrohlich sein können.

Aus diesem Grund sind Kusswanzen gefürchtet. Eine der bekanntesten Kusswanzenarten ist *Triatoma infestans*, auch Vinchuca genannt. Sie kommt in Südamerika vor und treibt ihr Unwesen häufig in der Nähe von Menschen, wodurch es zu Infektionen mit der Chagas-Krankheit kommt. Doch auch die nördlich gelegenen Kusswanzen Mittelamerikas, etwa *Rhodnius prolixus*, sind in der Lage, diese Krankheit zu übertragen. Aus diesem Grund sollte man sich vor diesen Tieren in Acht nehmen, wenn man beabsichtigt, solche Länder

Rhodnius prolixus

Rhodnius prolixus, häufig bekannt als eine der Überträgerarten der Chagas-Krankheit, spielt eine wichtige Rolle in der medizinischen Entomologie. Diese Wanze ist Teil der Familie der Raubwanzen und charakterisiert durch ihren langgestreckten Körper, der bis zu 2 cm lang werden kann. Ihre Farbgebung variiert von hellbraun bis zu einem dunkleren Braunton, und sie besitzt markante Streifen auf dem Abdomen. *Rhodnius prolixus* ist primär in Zentral- und Südamerika verbreitet, wo sie in ländlichen und suburbanen Gebieten vorkommt. Die Wanze bevorzugt das Leben in Rissen und Spalten der Wände von Häusern oder in Tierställen, wo sie sich von Blut ernährt. Ihr nächtlicher Lebensstil und ihre Blut saugenden Gewohnheiten machen sie zu einem effektiven Vektor für den Erreger von Chagas, *Trypanosoma cruzi*, den sie während des Blutsaugens überträgt. Für den Menschen stellt *Rhodnius prolixus* ein erhebliches Gesundheitsrisiko dar, nicht durch Stiche, sondern durch die Übertragung des Parasiten. Zur Vermeidung von Krankheitsübertragungen ist es entscheidend, die Lebensräume zu sanieren, indem man Schlafbereiche von Tieren trennt, Wohnräume insektensicher macht und regelmäßig Insektizide einsetzt. Moskitonetze beim Schlafen sowie ätherische Öle zur Vertreibung des Parasiten verwenden.

Rhodnius prolixus, eines der gefürchtetsten Insekten der Welt.

zu bereisen. Eine einfache, aber effektive Methode, sich vor diesen kleinen Vampiren zu schützen, sind Moskitonetze, die man am eigenen Bett so befestigt, dass von außen keine Insekten in das Bett eindringen können.

Natürlich musste ich mir solche Kusswanzen für zu Hause besorgen. Diese habe ich von einem Züchter in Europa erhalten, die unter „sterilen“ Bedingungen großgezogen wurden. Dadurch sind sie nicht mit der Chagas-Krankheit infiziert und man kann sie beobachten. Allerdings sollte man sehr strenge Vorsichtsmaßnahmen walten lassen, damit die Tiere nicht in die Freiheit gelangen. Ich brauchte diese Tiere für ein Videoprojekt. Gefüttert habe ich meine Kusswanzen übrigens nicht mit meinem eigenen Blut, sondern mit Schweineblut, das ich vorher beim Metzger gekauft und danach kurz erwärmt habe. Meine Kusswanzen sind inzwischen alle wieder gestorben und ich habe auch nicht vor, mir weitere zu holen.

Die Vertreter aus der Unterfamilie der Triatominae sind hauptsächlich in subtropischen und tropischen Gebieten verbreitet. Doch auch in Europa gibt es blutsaugende Wanzenarten, die ähnlich wie die Kusswanzen in der Nacht erscheinen und sich von deinem Blut ernähren, während du schläfst. Die bekannteste von ihnen ist die Bettwanze. Diese kleine Wanze sieht unscheinbar aus, zeichnet sich allerdings durch einige außerordentliche Eigenschaften aus. So ist beispielsweise die Art und Weise ihrer Fortpflanzung ziemlich extraordinär.

Brutaler Sex bei den Bettwanzen

Während ich an einem gemütlichen Feierabend durch meine Nachrichten auf Instagram scrollte, meldete sich bei mir eine Dame aus Deutschland. Sie hätte da etwas Interessantes für mich.

Als wir ins Gespräch kamen, berichtete sie mir, dass sie Hunde darauf trainiert, Bettwanzen in Wohnungen zu finden. Diese Tiere geben offensichtlich einen charakteristischen Geruch ab, den ein Hund wahrnehmen und erkennen kann. Mithilfe der Hunde kann sie Bettwanzen in verschiedenen Haushalten nachweisen.

Die Frage ist nun: Wie bekommt man einen Hund dazu, nach Bettwanzen zu suchen? Ganz einfach: Genau auf dieselbe Art und Weise, wie man ihn dazu bekommt, nach Drogen oder anderen Dingen zu suchen, die er mit seinem Geruchssinn wahrnehmen kann. Der Hund benötigt dafür Trainingsmaterial. Er muss lernen, dass er nach einem spezifischen Geruch suchen soll. Das Trainingsmaterial für einen „Bettwanzen-Suchhund“ sind

Bettwanzen. Das bedeutet, dass diese Dame jederzeit Bettwanzen zur Verfügung hat, um damit ihre Hunde zu trainieren. Solche Bettwanzen bekommen qualifizierte Leute von speziellen Einrichtungen, von denen sie für wissenschaftliche Zwecke gezüchtet werden.

Die Bettwanze (*Cimex lectularis*), einer der am weitesten verbreiteten Parasiten unter den Wanzen.

Weil diese Dame in den darauffolgenden Tagen einen Urlaub in meiner Gegend machte, fragte ich sie kurzerhand, ob sie nicht einen kleinen Abstecher zu mir unternehmen möchte, um mir ein paar Bettwanzen zu bringen. Sie willigte freundlicherweise ein und brachte mir ein Glas voller Bettwanzen. Auf dieses Glas freute ich mich wie ein kleines Kind. Biologen sind seltsam (aber ehrlich).

An dieser Stelle möchte ich noch kurz einwerfen, dass eine ehemalige Studienkollegin von mir sich immer unglaublich gefreut hat, wenn sie den Kothaufen von den Tieren gefunden hat, die sie erforscht. Das fand ich immer überaus sympathisch.

Zurück zu den Bettwanzen: Ich habe mir die Bettwanzen ebenfalls als Haustiere zugelegt. Auch diese Insekten könnte man theoretisch mit dem eigenen Blut füttern, was ich allerdings nicht gemacht habe. Stattdessen habe ich warmes Schweineblut verwendet.

Auch Bettwanzen sind sehr interessant zu beobachten. Diese kleinen Vampire trachten regelrecht nach deinem Blut. Sie strecken ihre Fühler nach dir aus und zögern nicht eine Sekunde lang, dich zu stechen, wenn du ihnen die Möglichkeit dazu gibst.

Obwohl Bettwanzen so unglaublich faszinierend sind, muss ich zugeben, dass ich heilfroh bin, keine in meiner Behausung zu haben (bis auf jene, die ich als Haustiere gehalten habe). Als ich das erste Mal meinen Freunden von meinen neuen Haustieren erzählte, wurde ich direkt gefragt, wie ich mir sicher sein könne, dass mir die Tiere nicht abhauen und ich irgendwann eine Bettwanzenplage in meiner Wohnung habe. Die Antwort ist, dass ich natürlich vorsichtig bin. Vorsichtig zu sein, ist ein Ehrenkodex, den man als Biologe einzuhalten hat. Man will nicht dafür verantwortlich sein, dass irgendwo eine Plage ausbricht oder irgendwo eine exotische Tierart eingeschleppt wird. Deshalb halte ich meine Bettwanzen in mehrfach abgesicherten Gefäßen, sodass sie nicht entkommen können. Außerdem halte ich ausschließlich männliche Tiere. Das bedeutet, dass selbst wenn sie mir abhauen würden, es nur eine Frage der Zeit wäre, bis ich wieder meine Ruhe hätte. Wenn es darum geht, Nachkommen zu zeugen, bringt eine männliche Bettwanze allein nichts auf die Reihe.

Die Paarung der Bettwanzen funktioniert im Übrigen auf eine sehr verrückte Art und Weise. Normalerweise findet im Tierreich zwischen Männchen und Weibchen eine Form der Kopulation statt, bei der es zu einer Befruchtung kommt. Bei den Bettwanzen läuft die ganze Sache allerdings anders. Bettwanzen verzichten auf jegliche Form des romantischen Vorspiels und kommen stattdessen gleich zur Sache. Das Männchen geht zum Weibchen hin und überfällt es regelrecht. Aber es kommt zu keiner Vereinigung der Geschlechtsorgane. Das Weibchen verfügt im Inneren seines Körpers über ein spezielles Organ, das wir als Ribagasches Organ bezeichnen. Das Geschlechtsorgan der männlichen Bettwanze besitzt einen stachelartigen Fortsatz, mit dem das Männchen die Körperoberfläche des Weibchens durchstechen kann. Während des Stiches werden Spermien in die Leibeshöhle des Weibchens transferiert. Diese werden vom Ribagaschen Organ aufgenommen und befruchten anschließend die Eizellen. Für diese Form der Paarung gibt es eine sehr dramatisch klingende Bezeichnung: Traumatische Insemination.

Wenn wir das Prinzip der Traumatischen Insemination auf menschliche Verhältnisse ausweiten, so würde der Penis der Männer hart und spitz und scharf wie ein Säbel sein. Die Männer würden dann nicht mit den Frauen „schlafen" und erst recht nicht mit ihnen erst mal auf ein gemütliches Kennenlern-Date gehen, sondern ihnen ganz einfach ihren Penis in den Bauch rammen und ihnen auf diese Weise die Spermien verabreichen. Für die Frauen wäre dies wahrscheinlich kein so großer Spaß. Für die Bettwanzen-Frauen ist es übrigens auch kein Spaß. Diese Form der Paarung kann zu inneren Verletzungen und zu Infektionen führen. Dennoch hat sie sich aus dem einen oder anderen Grund im Laufe der Evolution als effektiv erwiesen. Die Wege der Natur sind manchmal unergründlich.

Bettwanzen können in manchen Fällen richtig hartnäckig werden. Wenn sich diese Tiere in deiner Wohnung ausbreiten, kann es in manchen Fällen schwierig sein, sie effektiv zu bekämpfen. Sie verbergen sich tagsüber in feinsten Ritzen und Spalten, sodass man sie nicht einfach erreichen kann. Erst wenn die Lichter ausgehen und wir schlafen, verlassen sie ihr Versteck, um sich von uns zu ernähren. Wenn du eine Bettwanzenplage in deiner Wohnung hast, wirst du höchstwahrscheinlich auf fremde Hilfe angewiesen sein. Hierzu gibt es einige Möglichkeiten:

Es gibt einige zugelassene Insektizide, speziell gegen Bettwanzen, mit denen ein Kammerjäger die Plagegeister in deiner Wohnung bekämpfen kann. Nachteil dieser ganzen Geschichte ist, dass Insektizide giftig und deshalb nicht sonderlich gesund für dich sind. Glücklicherweise gibt es nicht chemische Alternativen, die wir als physikalische Bekämpfung bezeichnen. Bettwanzen mögen keine Hitze. Mit einem speziellen Gerät kann der Kammerjäger die Wohnung für mehrere Stunden lang so stark aufheizen, dass die Bettwanzen an der Hitze sterben. Auf diese Weise sollten Eier, die von den Tieren abgelegt wurden, überbrütet werden, wodurch aus den Eiern nichts mehr schlüpfen kann. Eine solche Behandlung sollte mehrere Male hintereinander stattfinden, um überlebende Bettwanzen abzutöten.

Vorbeugend solltest du auf den Kauf von gebrauchten Möbelstücken verzichten und deine Bettwäsche sowie deine Kleidung regelmäßig waschen, vor allem wenn du viel auf Reisen bist. Während einer Reise solltest du dich nicht unbedingt in Einrichtungen niederlassen, in denen man es mit der Hygiene nicht allzu genau nimmt. Dort können sich Bettwanzen herumtreiben.

Den Stich einer Bettwanze bemerkst du oft erst Tage nach dem Stich. Daher passiert es häufig, dass Menschen im Urlaub mehrfach gestochen werden und erst Symptome entwickeln, nachdem sie wieder zu Hause sind. Auf diese Weise kann es zur fälschlichen Annahme kommen, dass sich bei dir zu Hause Bettwanzen befinden, obwohl du im Urlaub gestochen wurdest.

Obwohl Bettwanzen ziemlich hartnäckig und lästig werden können, gelten sie bei Weitem nicht als die gefährlichsten Blutsauger, die unser wunderschöner Planet zu bieten hat. Im nächsten Kapitel möchte ich dir den gefährlichsten Blutsauger vorstellen. Ich glaube, dass du dir schon denken kannst, wer das sein könnte.

Die gefährlichsten Insekten der Welt

Jene Tiere, die weltweit die meisten Todesfälle verursachen und damit höchstwahrscheinlich die gefährlichsten Tiere der Welt sind, findest du rund um den Globus. Sie sind extrem mobil. Sie sind hartnäckig und haben ein hohes Dispersionspotenzial. Letzteres bedeutet, dass sie sich aufgrund verschiedener Eigenschaften besonders gut geografisch ausbreiten können. Die Rede ist von Stechmücken.

Stechmücken sind nicht etwa eine einzige Tierart. Vielmehr sind sie eine Tiergruppe bzw. eine Insektenfamilie mit über 3700 Arten. Ihnen allen ist gemein, dass sie relativ klein und zärtlich gebaut sind. Wenn man auf sie draufhaut, gehen sie leicht kaputt. Aber was klimatische Bedingungen angeht, sind viele von ihnen extrem anpassungsfähig und robust. Ein in Europa bekanntes Beispiel wäre die Asiatische Tigermücke (*Aedes albopictus*), die ursprünglich in weiten Teilen von Südostasien verbreitet war. Durch den Einfluss des Menschen breitet sie sich allerdings immer weiter aus und hat in den letzten Jahren auch Europa erreicht. In Italien bildet sie bereits gut etablierte Populationen und ist an vielen Orten die vorherrschende Mückenart geworden. Auch in Österreich und Deutschland treten Tigermücken immer häufiger auf.

Ich kann mich noch gut erinnern, dass ich mich ziemlich gefreut habe, als ich das erste Mal eine Tigermücke in freier Wildbahn beobachten konnte. Zu der Zeit arbeitete ich an meinem Buch „Die Gifttiere Europas" und suchte vehement nach so vielen giftigen Tieren im europäischen Raum, wie ich nur finden konnte. Alles, was irgendwie giftig war, musste ich vor die Linse bekommen. Je mehr Bilder, desto besser. Und Stechmücken kann man durchaus als giftige Tiere bezeichnen. Sie injizieren dir einen toxischen Speichel, der ein leichtes Nervengift beinhaltet und außerdem bis zum Rand voll mit Komponenten ist, die mit deiner Blutgerinnung und deinem Immunsystem interagieren. Ähnlich wie bei den Bettwanzen oder den Kusswanzen finden wir in den Enzymen der Stechmücken gerinnungshemmende Bestandteile, die im Übrigen ähnlich arbeiten wie andere gerinnungshemmende Komponenten aus verschiedenen Schlangengiften. Weil Mücken ebenfalls giftige Tiere sind, wollte ich so viele Mückenarten wie möglich fotografieren.

Giftige Tiere findest du im Hochsommer häufig in der Nacht, wenn es nicht mehr brütend heiß, sondern angenehm warm ist. Während einer solch angenehm warmen Sommernacht durchstreifte ich ein feuchtes Waldgebiet auf der Suche nach verschiedenen Gifttieren. Skorpione, Wolfsspinnen und Scolopender kreuzten meinen Weg. Außerdem durfte ich in regelmäßigen Abständen Zecken von mir absammeln. Weil sich in diesem Waldgebiet mehrere Tümpel befanden, hatten es auch die Mücken nicht besonders schwer, sich zu etablieren. Immer wieder setzte sich eine Mücke auf mich drauf. Normalerweise werde ich in so einem Fall aggressiv und wende Selbstverteidigungsmaßnahmen an, die in fast allen Fällen mit dem Tod der Mücke enden. In dieser Nacht wollte ich allerdings Mücken fotografieren. Und so begrüßte ich es, wenn sich mal eines dieser Tiere bereitwillig in meine Nähe wagte. Ein Exemplar positionierte sich perfekt auf der Oberseite meines Unterarmes, sodass ich einige interessante Fotos von ihr schießen konnte, während sie sich an meinem Blut labte. Ich spielte in dieser Nacht sozusagen den lebenden Köder für meine eigenen Fotos.

Stechmücke sticht mich, während ich sie fotografiere.

Die Mücke, von der ich gestochen wurde, war eine ganz normale einheimische Stechmückenart. Das langweilte mich ein wenig. An dem Foto, das ich in dieser Nacht hinbekommen hatte, erfreue ich mich hingegen heute noch.

Am nächsten Tag ging ich am späten Nachmittag noch mal in das Gebiet, weil ich ein weiteres Exemplar dieser Mückenart einfangen wollte, um ein paar Videos davon aufzunehmen. Allerdings waren dieses Mal keine Mücken unterwegs. Ich war wohl zu früh vor Ort.

Als ich mich kurz am Rande eines Tümpels niederließ, um eine kleine Pause zu machen, flog mir plötzlich eine weitere Mücke um die Ohren und setzte sich schnurstracks auf meinen Oberarm. Diese Mücke war allerdings anders. Sie trug eine sehr auffällige schwarz-weiße Färbung. Hierbei handelte es sich um eine Asiatische Tigermücke. Ich war außer mir vor Freude, eine solche Mücke fotografieren zu können. Zu dieser Zeit waren diese Tiere hierzulande sehr selten. Damals konnte ich noch nicht ahnen, dass sich diese Tiere zu einer regelrechten Plage entwickeln und ich sie irgendwann einmal auf meine Liste der meistgehassten Organismen setzen würde.

Der Grund, weshalb Stechmücken so gefährlich sein können, sind allerdings nicht die Stechmücken selbst, sondern vielmehr die Krankheitserreger, die sie dir mit ihrem Stich übertragen können. Häufige Krankheiten wären Malaria, Denguefieber, Chikungunyafieber und das West-Nil-Virus, nur um einige zu nennen. All diese Krankheiten sind als potenziell gefährlich einzustufen und können im schlimmsten Fall sogar tödlich enden, wobei die meisten von ihnen eine relativ milde Symptomatik auslösen. Zu erwähnen ist hierbei noch, dass nicht alle Mücken alle Krankheiten übertragen können. Es gibt bestimmte Arten von Stechmücken, die gewisse Arten von Krankheiten wesentlich leichter übertragen können als andere. Die Tigermücke ist leider eine von diesen Arten, die verschiedene Krankheiten leicht übertragen können, während es bei europäischen Mückenarten offensichtlich nicht so einfach geht. Dies schließt allerdings nicht aus, dass europäische Mücken möglicherweise Krankheiten übertragen können. Die wissenschaftlichen Ergebnisse, die wir bisher zur Verfügung haben, sind immer noch verhältnismäßig rar und es kann sich jederzeit etwas Neues ergeben, von dem wir vorher nicht wussten, dass es möglich ist.

Als Biologe werde ich sehr häufig gefragt, was man gegen Stechmücken unternehmen kann. Die Leute denken immer, dass ein Biologe den heiligen Gral der Natur mit sich herumträgt und auf sämtliche Fragen immer eine Antwort parat hat. Leider muss ich meine Leser enttäuschen: Ich weiß nicht, was der beste Weg ist, sich gegen Stechmücken zu verteidigen. Ich selbst verwende Moskitonetze, mit denen ich meine Fenster absichere. Außerdem lasse ich kein Wasser herumstehen und vermeide es dadurch, den Tieren eine potenzielle Brutstätte zur Verfügung zu stellen. Oder ich bin sehr hinterhältig und stelle absichtlich eine Brutstätte zur Verfügung, warte, bis Tigermücken ihre Eier hineingelegt haben und daraus Mückenlarven

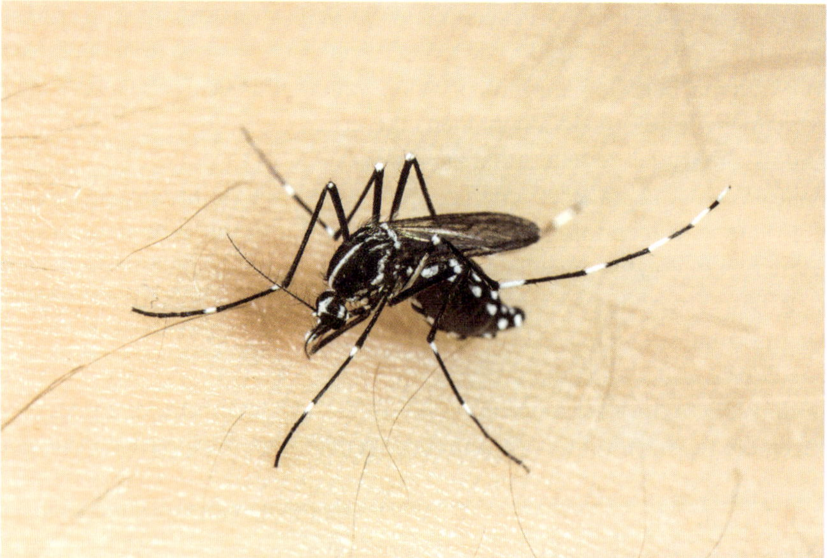

Asiatische Tigermücke sticht.

schlüpfen, woraufhin ich anschließend die Brut vernichte. Auf chemische Bekämpfungsmaßnahmen möchte ich hingegen verzichten, weil Chemikalien auch andere Insekten schädigen und auch für unsere eigene Gesundheit nicht besonders gut sind.

Speziell gegen die Tigermücke kann ich dir einige wertvolle Empfehlungen aussprechen: Vermeide es, deine Wohnung am frühen Morgen oder am späten Nachmittag zu lüften. Dies ist nämlich die Hauptaktivitätszeit der Tigermücke. In der Nacht sind hingegen keine Tigermücken mehr aktiv. Ungefähr zwei Stunden nach Einbruch der Dunkelheit kannst du deine Wohnung lüften und wirst höchstens einheimische Mückenarten in der Wohnung haben. Alternativ kannst du auch in der Mitte des Tages während der Mittagshitze lüften. Dann nur an besonders heißen Sommertagen und nicht, wenn es bewölkt ist. Denn wenn es bewölkt ist, sind Tigermücken oftmals ganztägig aktiv. Außerdem kannst du dich mit speziellen Gerüchen behandeln, die für die Mücken abstoßend wirken. Als besonders nützlich haben sich hierbei die Gerüche von Zitrusfrüchten und von Teebaumöl erwiesen.

Asiatische Tigermücke (*Aedes albopictus*)

Die Asiatische Tigermücke, *Aedes albopictus*, ist eine kleine, markant schwarz-weiß gestreifte Mücke, die ursprünglich aus Südostasien stammt. Diese Art hat sich in den letzten Jahrzehnten weltweit verbreitet und ist mittlerweile in vielen gemäßigten und tropischen Regionen zu finden, was sie zu einem globalen Gesundheitsproblem macht. Mit einer Körperlänge von etwa 2 bis 10 mm ist sie leicht an ihren charakteristischen silberweißen Streifen auf dem Rücken und den Beinen zu erkennen. *Aedes albopictus* bevorzugt stehende Gewässerquellen zur Eiablage, einschließlich natürlicher und künstlicher Sammelstellen wie Blumentöpfe, Altreifen und andere kleine Wasseransammlungen in städtischen und ländlichen Gebieten. Sie ist vor allem tagsüber aktiv und bekannt für ihre aggressive Stechneigung. Diese Mücke ist ein effektiver Überträger mehrerer gefährlicher Krankheitserreger, darunter Viren, die Denguefieber, Chikungunya, Zika und das West-Nil-Fieber verursachen. Aufgrund ihrer Rolle bei der Übertragung dieser Krankheiten sind umfassende Kontrollmaßnahmen erforderlich, darunter die Reduzierung von stehendem Wasser und das Tragen von langärmeliger Kleidung, um Stiche zu minimieren.

Außerdem werde ich häufig gefragt, ob man diese Tiere nicht irgendwie ausrotten könnte. In dieser Hinsicht möchte ich eine sehr wichtige Sache klarstellen: Ich finde es ziemlich uncool, dass Menschen immer alles gleich ausrotten wollen, was nicht zu 100 % in ihr Bild passt. Ich kann es verstehen, dass man gegen Mücken einen Hass schiebt. Ich selbst kann sie ebenfalls nicht leiden. Eine ganze Tierart auszurotten, ist jedoch ein schwerwiegender Eingriff in ein Ökosystem. Stechmücken erfüllen zahlreiche wichtige ökologische Funktionen, beispielsweise als Nahrungsgrundlage für andere Tiere. Dadurch halten sie das Uhrwerk der ökologischen Dynamik am Laufen. Dieses Uhrwerk sollte stets am Laufen gehalten werden, weil auch wir als Menschheit eng damit in Verbindung stehen. Auch wir sind ein Zahnrad in diesem ganzen Uhrwerk. Wenn wir Tierarten ausrotten, werden wir dieses Uhrwerk schädigen, was wiederum negative Auswirkungen auf uns selbst hat. Würden wir von heute auf morgen alle Mückenarten ausrotten, so würden wir uns selbst deutlich mehr Schaden zufügen, als wenn wir die Tiere in Ruhe lassen und es akzeptieren würden, dass sie uns gelegentlich ein bisschen Saft abziehen.

Das bedeutet nun nicht, dass du keine Mücken mehr erschlagen darfst. Im Moment gibt es von diesen Tieren noch mehr als genug. Außerdem hast du als Mensch ein Recht auf Selbstverteidigung.

Mücken kann ich nicht leiden. Ich finde sie lästig und manchmal machen sie mich unglaublich wütend. Es gibt auch blutsaugende Arthropoden, die mir Angst machen. In einem Fall hatte ich während einer Expedition in Kroatien eine regelrechte Horrorszene, von der ich heute manchmal noch schlechte Träume bekomme.

Sie machen Jagd nach dir

Diese Reise ist zum jetzigen Zeitpunkt gar nicht mal so lange her. Mein Ziel war es, eine ganz bestimmte Insel in Kroatien zu erforschen, die für ihre hohe Dichte an Schlangen bekannt war. Diese Insel erreichst du nur mit einer Fähre, kannst dich aber direkt darauf mit dem Auto ganz gut bewegen. Die ersten Schlangen ließen nicht lange auf sich warten und schon am nächsten Tag fand ich, wonach ich gesucht hatte. Auf dieser Insel kam es allerdings zu einem weiteren wichtigen Ereignis mit einer giftigen Schlange. Mehr dazu werde ich dir in einem der späteren Kapitel erzählen. Jetzt möchte ich dir erst mal von einer anderen Sache erzählen, die es auf dieser Insel gibt und die dazu führt, dass diese Insel bei den Touristen nicht sonderlich beliebt ist, wie ich im Nachhinein festgestellt habe.

Sobald ich mit meinem Auto die Fähre verließ, machte ich mich direkt auf in das Innere der Insel, um dort an einem Feldweg entlang nach Schlangen zu suchen. Es ist unglaublich, wie viele Schlangen du dort finden kannst. Alle paar Meter siehst du eines dieser wunderbaren Reptilien. Das Beste von dem Ganzen ist, dass es noch nicht mal Schlangen sind, die zu einer einzigen Art gehören. Verschiedene Arten von Schlangen liegen gesellig entlang der Legesteinmauern in der Sonne und lassen sich wunderbar beobachten. Am häufigsten waren es jedoch die Balkanzornnattern, die auf dieser Insel meine Wege kreuzten. Weil ich in meinem Archiv zu wenig Aufnahmen von dieser Art hatte, wollte ich eine dieser Schlangen einfangen, um ein kurzes Video aufnehmen zu können. Balkanzornnattern sind ungiftig, aber sie sind sehr scheu und unfassbar schnell. Wenn die Tiere erst mal im Laufe des Tages ihre Betriebstemperatur erreicht haben, ist es sehr schwierig, eine von ihnen zu beobachten oder sogar zu fangen. Immer wieder versuchte ich vergebens, mich an eines dieser flinken Reptilien heranzuschleichen, um es zu ergreifen. Diese Schlangen bemerken in der Regel deine Anwesenheit, bevor du sie zu Gesicht bekommst. Sie beobachten dich ganz genau und bleiben seelenruhig in ihrem Versteck liegen, solange du eine gewisse Distanz zu ihnen pflegst. Wenn du ihnen aber zu nahekommst, gleiten sie blitzschnell durch das Gestrüpp davon und du hast kaum eine Chance, sie zu erwischen.

Wenn du dich durch die Wildnis bewegst wie ein Elefant im Porzellanladen, wissen alle Schlangen, dass du da bist. In diesem Fall sind alle Schlangen bereits gefasst und beobachten dich aufmerksam. Sobald du die Fluchtdistanz überwindest, nehmen sie Reißaus. Wenn du Schlangen in freier Wildbahn beobachten oder fangen willst, musst du dich selbst wie eine Schlange bewegen. Damit meine ich nicht, dass du deine Arme und Beine nicht mehr benutzen und dich nurmehr mithilfe deiner Wirbelsäule fortbewegen sollst. Vielmehr sollst du dich sehr langsam und geschmeidig über das Gelände bewegen, sodass man das Gefühl hat, du würdest über die Felsen hinweg schweben. Wann immer du deinen Fuß auf dem Boden absetzt, solltest du dies so langsam wie möglich machen, damit du so wenig Vibrationen wie möglich erzeugst. Schlangen haben keine Ohren und sind deswegen schwerhörig. Die Bestandteile ihres Hörapparates befinden sich im Schädel und sind mit den Unterkiefern verbunden. Der Unterkiefer liegt am Boden auf und leitet feinste Vibrationen über eine Reihe von Knochen an das Hörorgan im Inneren des Kopfes. Schlangen hören also folglich keine Schallwellen, sondern vielmehr die Vibrationen am Boden. Solange du deinen Fuß ganz sachte absetzt, wirst du Vibrationen erzeugen, die nicht stark genug sind, um von einer Schlange als unmittelbare Bedrohung wahrgenommen zu werden. Wenn du dich sehr langsam bewegst, nehmen dich die Schlangen zwar immer noch wahr, aber sie interpretieren dich nicht so schnell als Bedrohung. Außerdem hilft es, sich möglichst nahe am Boden zu bewegen und immer wieder eine erhöhte Position einzunehmen, um ein paar Meter nach vorne blicken zu können. Die meisten Feinde der Schlangen greifen von oben an. Deswegen ist die Fluchtdistanz bei Schlangen deutlich größer, wenn man sich ihnen von oben nähert. Wenn du dich in Bodennähe bewegst und dich seitlich an eine Schlange heranschleichst, wird sie dich näher an sich heranlassen.

Auf diese Weise schlich ich durch die mediterrane Landschaft dieser Schlangen-Insel und erblickte plötzlich eine prächtige Balkanzornnatter direkt neben einer Legesteinmauer. Langsam schlich ich mich an sie heran wie eine Katze und stürzte mich regelrecht auf sie – alles allerdings viel zu langsam, denn die Schlange sprang auf und davon, bevor ich sie erwischen konnte. Wenn sie Hände gehabt hätte, so hätte sie mir noch während ihrer Flucht den Mittelfinger gezeigt.

Während dieser Aktion schnitt ich mir außerdem noch die Hand an einem scharfen Stein auf. „Verdammte Scheiße noch mal!“, tobte ich und setzte meinen Weg fort. Die Wunde an der Hand blutete nur ein bisschen und war nicht besonders tief.

Nur wenige Meter weiter befand sich eine weitere, etwas kleinere Balkanzornnatter. Erneut versuchte ich mich an sie heranzuschleichen, um sie einzufangen. Dieses Mal gelang es mir. Wunderbar! Nun hatte ich meine Zornnatter und konnte ein paar Videos aufnehmen. Doch dann bemerkte ich an der Schlange etwas Besorgniserregendes. Sie war voller Zecken. Wenn ich schon der Schlange den Stress bereitete, sie einzufangen, wollte ich sie wenigstens von ihren Zecken befreien. Also nahm ich mir die Zeit und entfernte jede einzelne Zecke mit einer Pinzette, bevor ich die Schlange wieder in die Freiheit entließ. Ende gut, alles gut, möchte man meinen … Aber so war das nicht! Denn die Schlange war nicht die Einzige, die voller Zecken war!

Hyalomma – mein persönlicher kleiner Albtraum.

Ich bemerkte plötzlich, dass an meinem Arm etwa ein Dutzend Zecken entlang kletterten. Am anderen Arm war es noch ein weiteres Dutzend und an meinen Beinen kletterten ebenfalls Zecken hoch. Das waren aber keine normalen Zecken, wie wir sie aus Mitteleuropa kennen.

Der Gemeine Holzbock ist die häufigste Zecke Mitteleuropas. Diese Zecken erreichen einen ungefähren

Durchmesser von etwa 2 bis 3 mm. Mitteleuropäische Holzböcke sind schon ziemlich ekelhaft. Aber das, was da an mir hochkletterte, waren keine Holzböcke, sondern *Hyalomma*-Zecken. Eine *Hyalomma* erreicht einen Durchmesser von ungefähr 5 bis 7 mm. Im Vergleich zum Gemeinen Holzbock erscheint sie wie ein Monstrum. Ich hatte mehrere von diesen Riesenzecken auf mir. Während ich diese Zeilen schreibe, bekomme ich direkt wieder Gänsehaut. Zecken gehören zu jenen Tieren, die mir extremes Unwohlsein bereiten.

Ich sprang auf und schüttelte die Zecken ab. Danach rannte ich erst mal ein paar Meter weiter und suchte erneut meinen Körper ab. Dabei fand ich zwei weitere *Hyalomma*-Zecken, die sich an meinen Socken festhielten. Eine davon steckte ich in ein Plastikgefäß, weil ich sie für ein Video mit nach Hause nehmen wollte. Die andere tötete ich.

Nachdem ich kurz aufatmete, fiel mir das wahre Ausmaß dieses Horrorszenarios auf, in dem ich mich befand. Denn schon wieder waren zwei *Hyalomma*-Zecken dabei, meine Beine hochzuklettern. Schnell sammelte ich sie ab und warf sie hastig ins Gebüsch, bevor mir auffiel, dass der Boden mit *Hyalomma*-Zecken übersät war. An dieser Stelle möchte ich dir noch eine weitere richtig „tolle" Eigenschaft dieser Tiere verraten: Im Gegensatz zum Gemeinen Holzbock, der blind ist, können *Hyalomma*-Zecken sehen.

Ein Gemeiner Holzbock sitzt einfach nur im Gras, streckt seine Beine aus und wartet, bis du an diesem Grashalm vorbeikommst, damit er sich an dir festhalten kann. *Hyalomma* macht so etwas nicht. Mit ihren Augen kann sie dich sehen und läuft deswegen auf dich zu. Eine *Hyalomma* wartet nicht, bist du zu ihr kommst. Sie kommt zu dir. Sie jagt dich.

Und weil sich an diesem Ort Unzählige von diesen Mistviechern befanden, liefen sie alle auf mich zu! Ich schaute auf den Boden und sah gefühlt eine ganze Armee von *Hyalomma*-Zecken, die alle zielstrebig auf mich zuliefen. Schon wieder waren weitere Zecken dabei, meine Beine hochzuklettern, während sich noch ein paar weitere an meinen Schuhen festhielten. Hastig schüttelte ich sie ab und fing an zu laufen. Ich lief durch die Gegend, bis ich einen Felsen erreichte, der mir relativ übersichtlich erschien. Oben angekommen, sammelte ich die restlichen Zecken von meinem Körper ab.

Auf dem Felsen war ich vorerst in Sicherheit. Aber es ließ mir keine Ruhe, dass ich versehentlich in ein solches Zeckenparadies gelaufen war. Genauso wie andere Zecken kann auch eine *Hyalomma* verschiedene Krankheiten übertragen, die dir in schlimmen Fällen große Probleme bereiten können. Zum Beispiel können sie Bakterien aus der Gattung *Rickettsia* übertragen.

Rickettsia ist ein intrazelluläres Bakterium, das einem eine ganze Palette von gesundheitlichen Problemen bereiten kann. So gibt es beispielsweise Arten aus dieser Bakterien-Gattung, die Fleckenfieber oder das Mittelmeer-Zecken-Fieber auslösen können. Auf so etwas habe ich ganz einfach keinen Bock!

Die darauffolgende Nacht verbrachte ich in meinem Autodachzelt. Andauernd plagten mich meine Gedanken. Was, wenn ich eine Zecke übersehen hatte und diese irgendwo am Körper hing, wo ich nicht hinkam? Und was, wenn diese Zecke irgend so eine Krankheit in sich trug? Vielleicht hatte ich eine Zecke irgendwo zwischen meinen Haaren auf meinem Kopf. Oder vielleicht hatte ich eine irgendwo auf meinem Rücken, wo ich sie nicht sehen konnte. Vielleicht wache ich morgen auf und habe eine riesige Zecke direkt an meinem Hintern oder an meinem Penis! Eine sehr unangenehme Vorstellung.

Du musst wissen, ich möchte in diesem Buch nicht einen auf furchtlosen Abenteurer machen, der vor nichts zurückschreckt. Manchmal behaupten die Menschen, ich sei ein solcher unerschrockener Abenteurer. „Der hat nur Angst vor Gott“, schreiben manche in die Kommentare auf YouTube. Aber dem ist nicht so! Auch ich habe meine Ängste. Eine Sache, die mir Angst macht, sind Krankheiten. Wenn ich irgendwo eine Zecke hängen habe, entsteht sofort eine Angst, dass mir diese Zecke irgendeine Scheiße übertragen hat. Im besten Fall irgendeinen Krankheitserreger, den die Welt noch nicht mal kennt.

Ich suchte mich selbst immer wieder und wieder ab, aber fand keine Zecke mehr. Also versuchte ich meine Gedanken in den Griff zu bekommen, indem ich mir eine sehr wichtige Sache wiederholt vor Augen führte: „Dein Körper ist ein hochkomplexes System und verfügt über ein gutes Immunsystem. In deinem Körper wohnt eine Intelligenz, die weiß, wie dein Körper funktionieren muss, um gesund zu bleiben. Vertraue deinem Körper. Bisher ist auch immer alles irgendwie gut gegangen. Dann wird es auch diesmal wieder gut gehen. Abgesehen davon ändert deine momentane Unruhe nichts an der Situation. Die Angst und die Sorgen, die du jetzt empfindest, ändern nichts an der Tatsache, dass du heute von Zecken verfolgt wurdest. Wenn du nun hier die ganze Nacht wachliegst und darüber nachgrübelst, was wohl alles hätte schiefgehen können, wirst du dir nur selbst Schaden zufügen. Vertraue deinem Körper. Lass diese negativen Gefühle los und genieße das Hier und Jetzt.“

Das Hier und Jetzt war wahrhaftig wundervoll! Eine sanfte Brise zog über die Insel und sorgte dafür, dass die Temperaturen weder zu kalt noch zu warm waren. Ich lag in meinem Autodachzelt und blickte durch eine Öffnung des Zeltes hinaus in das Universum, um diese unendliche Tiefe des Weltalls zu bestaunen. Im Hintergrund ertönte der Ruf des Waldkauzes und verschaffte dem Ganzen eine sehr abenteuerliche Atmosphäre. Allmählich entspannte ich mich und schlief ein.

Am nächsten Morgen packte ich meine Sachen und setzte meinen Weg fort. Es dauerte nicht lange, bis ich die nächsten Schlangen zu Gesicht bekam und feststellte, dass die gesamte Insel voller Zecken war, wobei die Zecken an manchen Stellen in sehr großen Zahlen und an anderen Stellen in geringeren Zahlen vorkamen. Ich wollte so schnell wie möglich von dieser Insel runter. Aber ich hatte noch ein Ziel. Und dieses Ziel wollte ich erreichen. Mit oder ohne Zecken.

Zecken bereiteten mir schon als Kind extremes Unwohlsein. Ich kann diese Tiere ganz einfach nicht leiden, will sie aber trotzdem als einen Bestandteil dieser Welt akzeptieren. Zwar hätte ich es nie für möglich gehalten, aber tatsächlich waren es eben genau die Zecken, die mir im Laufe meines Lebens zeigten, was unser Körper wirklich alles draufhat. Dies war für mich eine wundervolle und grandiose Erfahrung. Für die betroffenen Zecken war es hingegen keine sonderlich gute Erfahrung, sondern vielmehr der Tod, nachdem sie mich gestochen hatten.

Tote Zecken plötzlich an meinem Körper! Was ist hier los?!

Weil ich eine solche Abneigung gegenüber Zecken empfinde, bin ich immer ganz besonders vorsichtig, wann immer ich draußen in der Natur unterwegs bin. Um Zeckenstiche zu vermeiden, trage ich lange und helle Hosen, sodass ich Zecken leicht erkennen kann, wenn sie an meinem Bein hochklettern. Um zu vermeiden, dass die Zecken unter meiner Hose hochklettern, stopfe ich die Hose in die Socken hinein. Auf diese Weise verringerst du die Wahrscheinlichkeit, dass du nach deinem Aufenthalt in der freien Wildbahn Zecken irgendwo im Intimbereich hängen hast. Dort gehen sie übrigens besonders gerne hin, weil dort die Haut stellenweise relativ dünn ist, sodass sie von den Mundwerkzeugen der Zecke leicht durchdrungen werden kann. Außerdem kann man die Zecken aus dem Intimbereich nicht so einfach selbst entfernen und benötigt oftmals die Hilfe von einem anderen Menschen. Zusätzlich vermeide ich es, mich in das hohe Gras zu setzen oder auch nur durch hohes Gras hindurchzulaufen, weil sich dort mit höherer Wahrscheinlichkeit Zecken befinden. Wenn du dich dann immer wieder mal während deines Spaziergangs absuchst, kannst du relativ viele Zecken von dir absammeln, bevor sie dich stechen. Das wirkt besser als all die Mittelchen, die auf dem Markt verfügbar sind und Zecken vertreiben sollten, es aber in den meisten Fällen nicht tun. Nach einem Aufenthalt im Wald lege ich meine Kleidung immer vollständig ab, wenn ich wieder nach Hause komme. Diese Kleidung schmeiß ich erst mal für eine Nacht lang in die Gefriertruhe, damit Zecken, die sich auf der Kleidung befinden, sterben.

Im Adamskostüm suche ich noch mal meinen gesamten Körper ab, um Zecken zu entfernen, die ich möglicherweise übersehen habe. Für die Stellen, wo ich selber nicht hinsehen kann, benutze ich einen Spiegel. Hierzu empfehle ich dir einen Hohlspiegel, der das Spiegelbild vergrößert darstellt. Auf diese Weise kannst du die meisten Zeckenstiche relativ gut verhindern und vorhandene Zecken früh genug entfernen.

Dass man Zecken so früh wie möglich entfernt, ist im Übrigen äußerst wichtig. Wenn eine Zecke mit irgendeiner Krankheit infiziert ist, steigt die Wahrscheinlichkeit, dass auch du dich mit der Krankheit infizierst, je länger die Zecke an dir dranhängt. Wenn du eine infizierte Zecke früh genug entfernst, kann es gut möglich sein, dass du dir trotzdem keine Krankheit holst.

Der Vollständigkeit halber möchte ich dir hier noch die beiden wichtigsten Krankheiten kurz erläutern, die du dir in Mitteleuropa von Zecken einfangen kannst. Diese sind Borreliose und FSME. Letzteres ist ein Virus, das dir allgemeines körperliches Unwohlsein und Fieber bereiten kann. In schlimmen Fällen kann FSME zu einer Hirnhautentzündung führen, die im schlimmsten Fall sogar tödlich enden kann. Allerdings wird um dieses Virus herum auch jede Menge Panik geschoben. In vielen Fällen verläuft eine solche Infektion asymptomatisch. Das bedeutet, du spürst nichts von der Infektion und bekommst es gar nicht mit. Dein Körper bildet anschließend eine erhöhte Resistenz gegen das Virus, was eine erneute Infektion unwahrscheinlich macht. Es kann also gut sein, dass du schon mal FSME hattest, ohne es zu wissen, und nun eine erhöhte Widerstandsfähigkeit aufweist. Nichtsdestotrotz darf man das Virus nicht unterschätzen.

Borreliose ist hingegen eine Krankheit, die durch Bakterien, durch sogenannte Borrelien, ausgelöst wird. Diese Borrelien können kleine Drecksäcke sein, um es mal gepflegt auszudrücken. Wenn du dir Borrelien eingefangen hast und es zu einer Infektion kommt, wird sich höchstwahrscheinlich rund um die Einstichstelle der Zecke ein roter Fleck bilden, der sich immer weiter vergrößert, bis er allmählich wieder verschwindet (auch Wanderröte genannt). Danach kannst du allgemeines körperliches Unwohlsein entwickeln und Fieber bekommen. Außerdem können sich die Borrelien in verschiedenen Gelenken und an anderen Orten im Körper einnisten und dort Entzündungen verursachen. Neuroborreliose kann dein Nervensystem angreifen und zu Problemen in der Reizübertragung und damit zu Lähmungserscheinungen führen. In einem späten Stadium der Infektion sind Borrelien nicht mehr so leicht mit Antibiotika zu bekämpfen. Diese kleinen Organismen schaffen es, sich irgendwie irgendwo im Körper einzurichten, wo sie vor Antibiotika relativ gut geschützt bleiben. Aus diesem Grund ist es wichtig, dass du einen Zeckenstich immer im Auge behältst, bei Auftreten der sogenannten Wanderröte einen Arzt aufsuchst und gegebenenfalls eine Behandlung mit Antibiotika durchführst. Auch bei den Borrelien gilt: Es muss nicht immer zu den oben genannten Reaktionen des Körpers kommen. Es kann sein, dass du dich mit Borrelien infizierst, wobei die Infektion asymptomatisch verläuft und schlicht und einfach gar nichts passiert. Dies war im Übrigen offensichtlich bei mir der Fall. Ich selber konnte in meiner Blutprobe Antikörper gegen Borrelien nachweisen, wobei ich mich nicht an irgendwelche sonderbaren Symptome erinnern kann, die nach einem Zeckenstich aufgetreten sind. Das bedeutet, mein Körper hat diese Bakterien schon mal kennengelernt, aber es ist entweder erst gar nicht zu einer Infektion gekommen oder aber die Infektion war asymptomatisch. Wie du siehst, verfugt unser Körper durchaus über geeignete Mechanismen, sich gegen verschiedenste Krankheiten zu behaupten.

Was mich wirklich ins Staunen versetzt hat, war allerdings die Tatsache, dass ich ab einem gewissen Zeitpunkt nicht mehr so häufig von Zecken gestochen wurde. Ich dachte, dass ich nur gerade eine Glückssträhne und mir rein zufällig keine Zecken mehr eingefangen hätte. Doch irgendwann passierte es trotzdem wieder: Nach einem Aufenthalt im Wald hing eines dieser Viecher an meinem Körper. Dieses Mal war es allerdings anders. Die Zecke ließ sich ohne Probleme entfernen, weil sie tot war. Zunächst dachte ich mir nicht viel dabei. Doch dann passierten solche Sachen immer wieder und wieder. Einige Tage später fing ich mir noch mal eine Zecke im Wald ein, die ebenfalls bereits tot war, nachdem ich sie an meinem Körper entdeckt hatte. Dieses Ereignis wiederholte sich noch ein paar weitere Male. Jedes Mal war die Zecke bereits tot, als ich sie entdeckte. Weil ich Zecken immer ziemlich früh entdecke, kann man sagen, dass diese Zecken offensichtlich ziemlich schnell den Löffel abgegeben haben müssen, nachdem sie mich gestochen hatten. Irgendetwas schien anders zu sein als vorher. Irgendetwas in meinem Blut vertrugen die Zecken nicht mehr.

Nun kann man von mir nicht behaupten, dass ich so viel ungesunden Mist fresse, dass selbst mein Blut toxisch wird. Es ist nämlich das genaue Gegenteil der Fall. Ich halte mich an einen sehr strengen Ernährungsplan, nehme bevorzugt pflanzliche Kost zu mir, esse viel Obst und Gemüse im rohen Zustand und achte peinlichst genau darauf, dass meine Nahrung aus nachhaltigem und biologischem Anbau kommt. Außerdem unterstütze ich durch meine Ernährung das Immunsystem und das Entgiftungssystem meines Körpers. Ich wohne nicht irgendwo in einer Stadt, in der ich ganz besonders viele Abgase oder sonstige Toxine einatme oder irgendwie aufnehme. Es ist also extrem unwahrscheinlich, dass sich in meinem Körper giftige Substanzen anreichern, die die Zecken töten. Irgendetwas anderes schien hier zu passieren.

Bei einer Recherche stieß nach kurzer Zeit auf ein überaus interessantes Thema: ein Phänomen, das man als „Naturally Aquired Tick Resistance" bezeichnet. Offensichtlich ist es möglich, dass bestimmte Arten von Säugetieren eine Art Immunität gegen Zecken entwickeln, was dazu führt, dass die Zecken sterben, wenn sie ein solches Säugetier stechen. Die genauen Mechanismen sind im Moment noch nicht vollständig geklärt. Doch können wir trotzdem mit den verfügbaren Informationen gewisse Vermutungen anstellen. Dazu müssen wir verstehen, was in deinem Körper passiert, wenn du von einer Zecke gestochen wirst.

Wenn dich eine Zecke sticht, verletzt sie winzige Blutgefäße unter deiner Haut. Das Blut würde nun normalerweise gerinnen und die Wunde verschließen. Eine Zecke kann aber kein geronnenes Blut zu sich nehmen. Also injiziert sie dir ihren Speichel. Der Speichel führt dazu, dass sich die Blutgefäße weiten und das Blut nicht mehr gerinnen kann. So kann die Zecke das Blut in sich aufnehmen. Außerdem produziert die Zecke noch eine Art Zement, den sie in die Wunde presst. Mithilfe dieses Zements kann sie sich noch fester in deiner Haut verankern, sodass sie tagelang an dir hängen bleiben kann. In diesem Zeckenzement sind verschiedene Substanzen enthalten. Unter anderem zum Beispiel spezielle Proteine, die dem Zement seine Eigenschaften verleihen. Unser Immunsystem identifiziert viele der Substanzen aus dem Speichel und aus dem Zeckenzement als Bedrohung und beginnt dagegen anzukämpfen. Einerseits versucht das Immunsystem, diese Substanzen zu deaktivieren, damit sie nicht mehr wirksam sind. Zugleich versucht es eventuelle Krankheitserreger zu bekämpfen, die von der Zecke übertragen werden können.

Die Zecke selbst kann als Eindringling erkannt und bekämpft werden. Nachdem eine Zecke zugestochen hat, kommen spezielle Abwehrzellen zum Einsatz und sammeln sich an der Einstichstelle. Diese speziellen Abwehrzellen nennt man basophile Granulozyten. Du kannst sie dir wie kleine Soldaten deines Immunsystems vorstellen, die in deinem Körper aktiv werden, sobald Parasiten versuchen sich von dir zu ernähren. Die basophilen Granulozyten beginnen dann verschiedene Substanzen auszuschütten. Unter anderem schütten sie Histamin aus. In den ersten Stunden nach dem Stich ist die Zecke sehr empfindlich gegen Histamin. Was genau in der Zecke passiert, wissen wir im Moment noch nicht. Aber das Histamin führt offensichtlich dazu, dass die Zecke entweder loslässt oder sogar stirbt. Der genaue Prozess muss noch besser erforscht werden. Anscheinend kann unser Körper eine Immunität gegen die Zecken entwickeln und dann Substanzen ausschütten, die eine Zecke töten.

Das Phänomen der Immunität gegen Zecken tritt nicht bei allen Säugetieren auf, sondern nur bei einigen von ihnen. Es gibt verschiedene Studien, die gezeigt haben, dass zum Beispiel Meerschweinchen und Mäuse relativ einfach eine Immunität gegen Zecken entwickeln können. Offensichtlich ist der Mensch eines dieser Tiere, die in manchen Fällen immun gegen Zecken werden können. Ich kann im Moment nicht sagen, wie stark die Immunität gegen Zecken bei mir ausgeprägt ist. Ich weiß nicht, ob ich wirklich eine solche Immunität entwickelt habe oder ob die Zecken aus irgendeinem anderen Grund gestorben sind. Ich möchte auch nicht behaupten, dass zukünftig jede Zecke sterben wird, die mich sticht, oder dass ich ab sofort komplett unempfindlich gegen Zecken bin. Aber auf jeden Fall scheint es so, als ob die Zecken an einer gewissen „Wolfgang-Unverträglichkeit" leiden würden, was ich sehr begrüße.

Interessant ist auch, dass Wissenschaftler herausgefunden haben, dass es auch möglich ist, enn man gegen eine Zeckenart immun wird, dass man automatisch gegen andere Zeckenarten immun ist, auch wenn man mit ihnen noch nie in Berührung gekommen ist. In der Fachsprache verwenden wir hierfür den Begriff Kreuzreaktivität. Möglicherweise hat sich so etwas auch bei mir im Laufe der Jahre zugetragen. Denn ich habe bereits vor Jahren eine Immunität gegen die Herbstgrasmilben entwickelt. Die Herbstgrasmilbe ist zwar keine Zecke, aber immerhin gehört sie wie die Zecken zur Gruppe der Milben und ist ebenfalls ein solch kleiner, lästiger Parasit, der dir höchst unangenehme Hautausschläge bescheren kann. Auch die Herbstgrasmilben scheinen sich auf meinem Körper nicht mehr wohlzufühlen. Ich kann mich in das Gras setzen und bekomme keine Ausschläge, während Menschen, die sich mit mir in das Gras setzen, am nächsten Tag lauter kleine juckende Beulen bekommen.

In Studien konnte außerdem gezeigt werden, dass man Komponenten aus dem Speichel beziehungsweise aus dem Zement der Zecken dazu verwenden kann, Säugetiere zu immunisieren. Wenn man ihnen diese Substanzen verabreicht, entwickeln sie eine Resistenz gegen Zecken. Diese Resistenz schützt die Tiere außerdem gegen Borrelien und andere Krankheitserreger, die von einer Zecke übertragen werden können. Das bedeutet, dass mich meine eventuelle Immunität möglicherweise auch gegen Infektionen mit Borrelien schützen kann.

Nun stellt sich der eine oder andere Leser vermutlich die Frage: Wenn man gegen Zecken immun werden kann, warum ist das nicht bei mehreren Leuten der Fall? Warum wird nicht jeder immun, der sich schon ein paarmal eine Zecke eingefangen hat? Achtung, jetzt kommt die unglaublich ausführliche Erklärung: Ich habe keine Ahnung! Aber ich habe eine Vermutung.

Meine Lebensweise unterscheidet sich deutlich von der Lebensweise der meisten anderen Menschen. Ich achte, so gut ich kann, auf meine Gesundheit, weil mir meine Gesundheit hoch und heilig ist. Die Gesundheit ist die treibende Kraft, die uns am Leben erhält. Sie ist der Umstand, der zu einem beachtlichen Teil bestimmen kann, wie unser Leben läuft und was wir in unserem Leben erreichen können. Ich möchte damit nicht sagen, dass du immer kerngesund sein musst, um erfolgreich zu werden. Aber auf deinem Weg, deine Träume zu verwirklichen, ist Gesundheit nun mal ein sehr wichtiger und nützlicher Begleiter. Ich bin der Meinung, dass Menschen ihre Gesundheit viel zu wenig schätzen und pflegen. Wir laufen einfach so durch den Tag, beschweren uns über das eine und das andere und nehmen Gesundheit als eine Selbstverständlichkeit hin. Viele von uns gehen sogar so weit, dass sie der Meinung sind, sie hätten einen von der Natur gegebenen Anspruch auf Gesundheit, was überhaupt nicht der Fall ist. Erst wenn es mit der Gesundheit mal nicht mehr so gut läuft, wird uns bewusst, was für ein Privileg es ist, gesund zu sein, und dass ein gesunder Mensch eigentlich mehr als genug Gründe hat, glücklich zu sein. Wann immer ich irgendein Problem habe, das mir ordentlich auf den Wecker geht, denke ich mir: Schau mal, wenigstens leidest du nicht an irgendwelchen schlimmen Krankheiten, die dich davon abhalten, deine Träume zu verwirklichen. Du kannst die Treppe hochlaufen und brauchst dabei niemanden, der dir hilft. Du kannst aufs Klo gehen, du kannst vorzügliches Essen genießen, auch wenn du einige Lebensmittel nicht gut verträgst. Du kannst Sport machen. Du kannst hinaus in die Natur spazieren und hast auch finanziell die Möglichkeit, dir alle notwendigen Dinge leisten zu können, um deine Gesundheit aufrechtzuerhalten.

Ich will mein Bestes geben, um dieses wundervolle Geschenk der Natur so gut wie möglich zu pflegen und so lange wie möglich aufrechtzuerhalten. Ich möchte jedem, der dieses Buch gerade in den Händen hält und diese Zeilen liest, nahelegen, dasselbe zu machen. Kümmere dich um deine Gesundheit! Denn sie ist keine Selbstverständlichkeit. Schmeiß sie nicht einfach so in den Müll, indem du den ganzen Tag nur auf dem Sofa herumgammelst und dir Fertiggerichte reinschiebst. Wenn du rauchst, packe all deine Zigaretten in eine Tüte und schmeiß sie weg. Der Mehrwert, den dir Zigaretten liefern, ist in keinster Weise mit dem Wert deiner Gesundheit zu vergleichen. Wenn du Alkohol trinkst, nimm deinen gesamten Vorrat an Alkohol, schütte ihn in die Toilette und lass zukünftig die Flasche im Regal stehen. Wenn du einkaufen gehst, entscheide dich für die gesunden Optionen und lass die Fertiggerichte und die Süßigkeiten und all den restlichen Quatsch im Regal stehen. All das ist es nicht wert. Dein Körper wird es dir danken. Eine solche Veränderung mag sehr schwierig sein. Das bedeutet aber nicht, dass du es nicht schaffen kannst. Nutze diese Gelegenheit und ändere dein Leben. Kümmere dich um deine Gesundheit. Bedanken kannst du dich bei mir in ein paar Monaten oder in ein paar Jahren.

Möglicherweise führt eine sehr gesunde Lebensweise auch zu einer natürlich erworbenen Zeckenresistenz. Alleine deswegen würde es sich schon auszahlen, sein Leben zu verändern.

Nun wird den einen oder anderen Leser vielleicht interessieren, was genau ich mache, um meine Gesundheit so gut wie möglich zu erhalten. Das alles ist ein großes Thema, über das ich mehrere eigene Bücher schreiben könnte. Hier möchte ich dir nur eine kurze Zusammenfassung geben.

Unsere Gesundheit basiert im Grunde genommen auf vier Grundsäulen: Ernährung, Bewegung, Schlaf und Psyche. Wenn du so gesund wie möglich sein möchtest, musst du dich um alle vier Grundsäulen gleichermaßen kümmern. Es wird dir nicht viel bringen, wenn du zwar ausreichend schläfst, aber dafür keinen Sport machst und dir immer nur ungesunden

Kram in den Mund stopfst. Eine gesunde Ernährung wird keine großartigen Veränderungen herbeiführen, wenn es dir psychisch nicht gut geht und du jede Nacht nur vier Stunden schläfst.

Du bist, was du isst. Wenn du nur Scheiße zu dir nimmst, kannst du dir den Rest denken. In Bezug auf die Ernährung halte ich mich an einige wichtige Regeln. Ich achte darauf, täglich ausreichend Obst und Gemüse zu mir zu nehmen. Dieses Obst und Gemüse stammt im Idealfall aus regionalem und biologischem Anbau. Ich verzichte auf Schweinefleisch, auf Milchprodukte und auf Produkte, die industriellen Zucker beinhalten. Den Konsum von Zucker halte ich so gering wie möglich. Zucker nehme ich vorwiegend nur in seiner natürlichen Form zu mir, etwa wenn ich Obst esse. Es ist auch wichtig, dass du weißt, welche Lebensmittel du gut verträgst und welche nicht. Es bringt dir nämlich nicht viel, wenn du ganz viele Äpfel isst, aber keine Äpfel verträgst.

In Bezug auf Bewegung achte ich darauf, dass ich täglich mindestens ein bis zwei Kilometer zu Fuß laufe und jeden Tag mindestens einmal außer Atem bin. Dies erreiche ich zum Beispiel, indem ich einfach mal kurz in den Fitnessraum gehe und dem Sandsack ein paar aufs Maul haue oder die Treppe hoch und runter laufe. Dreimal pro Woche mache ich Krafttraining. Dabei achte ich darauf, verschiedene Muskelgruppen gleichmäßig zu trainieren und mich nicht ausschließlich auf die beliebten Muskelgruppen zu fokussieren, zum Beispiel die Brustmuskulatur oder den Bizeps. In Bezug auf das Krafttraining halte ich mich ebenfalls an einen einfachen Plan. Ich absolviere jede Übung nur einmal pro Woche, bis zum natürlichen Muskelversagen, und versuche zugleich, jede Woche wenigstens eine Wiederholung zusätzlich zu schaffen (was mir zugegebenermaßen nicht jede Woche gelingt) und allmählich den Widerstand zu steigern. Auf diese Weise wirst du zu keinem Mister Universum. Aber dein Körper wird mit relativ wenig Aufwand Monat für Monat stärker.

Mein Schlaf ist noch so eine kleine Problemzone. In manchen Fällen komme ich nicht früh genug ins Bett, weil ich am Abend noch zu lange arbeite und noch nicht müde genug bin. Dennoch achte ich auch in Bezug auf meinen Schlaf darauf, dass ich neun Stunden Zeit zur Verfügung habe, in der ich schlafen kann. Von diesen neun Stunden schlafe ich für gewöhnlich siebeneinhalb bis acht Stunden, was für die meisten Menschen ausreicht. Ich stehe jeden Tag zur selben Zeit auf und benutze keinen Wecker, sondern lasse mich von der Sonne wecken. Ich verzichte darauf, einen akustischen Wecker zu nutzen, weil diese Dinger extrem nervig sind. Wenn ich am Morgen im Bett liege und plötzlich so ein bescheuertes Ding klingelt, kriege ich direkt Aggressionen und will es an die Wand pfeffern. Auf diese Weise möchte ich nicht meinen Tag beginnen. Alternativ kann man einen Lichtwecker verwenden. Während dich der akustische Wecker wie ein nerviger Mitbewohner aus deinem Schlaf reißt, holt dich das Licht sanft und liebevoll aus der Welt der Träume.

Die letzte Grundsäule unserer Gesundheit ist unsere Psyche. Es ist auch sehr wichtig, dass wir auf unsere psychische Gesundheit achten. Lass dich nicht zu sehr stressen und versuche, deine Emotionen in den Griff zu bekommen. Lass nicht zu, dass deine Ängste und deine negativen Emotionen über dein Leben entscheiden. Befasse dich mit der stoischen Philosophie, erkundige deine Gedankenwelt und trainiere deine geistige Widerstandsfähigkeit. Achte darauf, dass du dich ausreichend entspannst und dass du ab und zu am Tag auch mal über etwas lachen kannst.

Ich kann gar nicht stark genug betonen, wie extrem wichtig eine solche Lebensweise für uns wäre. Es ist ganz einfach ein anderes Leben. Es ist ein anderes Level. Deine Gedanken sind klar, du bist motiviert und ausdauernd. Du siehst besser aus und es ist leichter, einfach glücklich zu sein. Wenn mal etwas wirklich Schlimmes passiert, wird es weitaus weniger dramatisch sein, als wenn du deine Gesundheit ein Leben lang vernachlässigst. Es zahlt sich wirklich aus, sein Leben umzukrempeln und auf diese Weise zu leben. Eine solche Veränderung herbeizuführen, ist schwierig und benötigt oft viel Disziplin und Durchhaltevermögen. In manchen Fällen wissen wir nicht, wie und wo wir anfangen sollen. Dabei ist es gar nicht mal so wichtig, wie oder wo du anfängst. Wichtig ist nur, *dass* du anfängst! Wenn du Hilfe brauchst, melde dich bei mir und wir machen zusammen ein Mentoring, bei dem ich dir helfe, Schritt für Schritt deine gewünschte Veränderung zu realisieren.

Das Studium der Biologie hat mir in Bezug auf die Optimierung meiner Lebensqualität übrigens unfassbar gute Dienste geleistet. Wenn du die Natur gut verstehst, wirst du auch begreifen, wie du von der Natur profitieren kannst. In der freien Wildbahn lauern nämlich nicht nur Gefahren auf dich. Sie ist ein riesiges Meer von Möglichkeiten. Da draußen warten haufenweise Geschenke auf dich, die dein Leben verbessern können. Das Beste daran: Sie kosten nichts. Das Einzige, was du investieren musst, ist Zeit, um diese Geschenke zu finden und ihren Sinn bzw. ihre Natur zu verstehen.

Du glaubst nicht, wie viele Heilpflanzen es beispielsweise bei uns gibt, an denen wir tagtäglich vorbeilaufen, weil sie so häufig und unscheinbar sind, dass wir sie gar nicht mehr wahrnehmen. Manche dieser Pflanzen können in unserem Körper unfassbar geniale Wirkungen entfalten. Viele dieser Pflanzen sind sehr verbreitet und werden von unserer verblödeten Bevölkerung vielfach auch noch entfernt, weil man sie als Unkraut betrachtet, anstatt dass man sie nutzt. Solche Pflanzen kannst du teilweise einfach sammeln und direkt verzehren und sie werden ihre wundervollen Wirkungen in deinem Körper entfalten. Es ist allerdings wichtig, dass du erst mal lernst, solche Pflanzen korrekt zu identifizieren. Ansonsten könnte der Schuss auch nach hinten losgehen und du erwischt einen bösen Zwillingsbruder von einem guten Heilkraut.

Weil die Welt der Pflanzen so extrem spannend ist und so viel Potenzial bietet, möchte ich den Pflanzen in diesem Buch ein eigenes Kapitel widmen. Wir werden im nächsten Kapitel in die Welt der Pflanzen eintauchen und ich werde dir einige der interessantesten Heilpflanzen, aber auch einige der giftigsten Pflanzen vorstellen.

Pflanzen: Heilbringend, lebenserhaltend, tödlich

Zu Beginn waren es hauptsächlich fleischfressende Pflanzen, die mich interessierten, weil sie etwas Animalisches an sich hatten. Als Kind züchtete ich Venusfliegenfallen, Sonnentau und Sarracenien (Schlauchpflanzen). Es ist ziemlich cool zu beobachten, wie sich eine Venusfliegenfalle eine Fliege nach der anderen wegschnappt. Die restliche Pflanzenwelt interessierte mich hingegen relativ wenig. Früher waren Pflanzen für mich einfach nur grünes Zeug, das irgendwo in der Gegend rumsteht und langweilig ist. Das liegt allerdings nicht daran, dass Pflanzen wirklich langweilig sind, sondern nur daran, dass ich damals nicht wusste, was verschiedene Pflanzen alles draufhaben. Die Faszination an der Natur wächst mit dem Wissen, das du dir im Laufe der Zeit aneignest. Je mehr du über die Natur lernst, desto interessanter wird sie. Erst als ich mir mal die Zeit nahm, mich mit verschiedenen Pflanzen zu beschäftigen, erkannte ich, was für krasse Fähigkeiten diese Lebewesen besitzen.

Zuerst waren es die giftigen Pflanzen, die mein Interesse geweckt hatten. Ähnlich wie bei den giftigen Tieren faszinierte mich auch an den Pflanzen die Tatsache, dass man sterben kann, wenn man ein paar Blätter von bestimmten Pflanzen isst oder sich an der Pflanze verletzt. Ein wichtiger Auslöser von diesem Interesse war eine kurze Dokumentation, die ich damals im Fernsehen gesehen hatte. In dieser Dokumentation wurde ein Naturvolk in irgendeinem Dschungel gezeigt, das mit Giftpfeilen jagte. Die Giftpfeile verschossen sie mit einem Blasrohr. Tiere, die von einem solchen Pfeil getroffen wurden, starben innerhalb von wenigen Minuten. Das Gift für die Pfeile entnahmen diese Leute verschiedenen Pflanzen. Dabei wurde der Saft der Pflanze extrahiert. Anschließend hielten sie das Ganze über ein Feuer, sodass Wasser verdunsten konnte und der Saft eine dickflüssige und hochkonzentrierte Masse bildete. Diese Masse wurde wie eine Farbe mit einem Pinsel auf die Pfeile aufgetragen. Nach dem Trocknen wurden zusätzliche Schichten aufgetragen. Im Grunde genommen holt sich dadurch der Mensch eben dieselben Waffen, die verschiedene Gifttiere von Natur aus mitbekommen haben. Man könnte also sagen, dass der Mensch durch die Fähigkeit, Werkzeug herzustellen und Pflanzen zu benutzen, selber zu einem giftigen Tier wird. Weil ich immer giftig sein wollte, entschloss ich mich, giftige Pflanzen in mein Interessensgebiet aufzunehmen und während meiner Kindheit auch mal Giftpfeile herzustellen. Auch mit europäischen Giftpflanzen kannst du Giftpfeile herstellen, die so effektiv sind, dass du damit sogar einen wilden Bären innerhalb von Minuten töten kannst. Die Prozedur bleibt dabei dieselbe: Die Pflanze wird gesammelt, zerkleinert und gekocht. Der gekochte Saft wird anschließend eingekocht, damit das Wasser verdunstet, sodass eine dickflüssige Masse zurückbleibt. Diese Masse kann man auf seine Pfeile auftragen. Man kann damit aber auch Klingen und andere scharfe Gegenstände mit dem Gift benetzen. Zu erwähnen ist hierbei, dass diese Prozedur sehr gefährlich ist. Es können giftige Dämpfe entstehen, die man besser nicht einatmet. Außerdem reicht mit einer solch hochkonzentrierte Masse eine winzige Verletzung, um potenziell tödliche Vergiftungen auszulösen. Daher möchte ich in diesem Buch dringend davon abraten, eine solche Aktion nachzumachen. Ich hatte als Kind übrigens so großen Respekt vor diesen vergifteten Pfeilen, dass ich sie direkt nach der Herstellung unschädlich gemacht habe. Diese ganze Aktion war also vielmehr eine Art „Mal schauen, ob ich das auch kann"-Versuch.

Es erstaunte mich, wie viele giftige Pflanzen in meinem Umfeld wuchsen und wie wirksam deren Toxine waren. Was mich aber noch viel mehr erstaunte: Giftig ist nicht immer gleich giftig! Auf die Dosis kommt es an. Verschiedene Toxine können in einer sehr geringen Dosis eine völlig andere Wirkung an den Tag legen, als wenn man sie in einer höheren Dosis verabreicht bekommt. Viele der giftigen Pflanzen, die auf unserem Planeten wachsen, sind nicht einfach nur Giftpflanzen, sondern auch sehr wichtige Heilpflanzen, wenn man weiß, wie man sie zu benutzen hat. Gift kann Medizin sein. Medizin kann Gift sein. Auf die Art der Verwendung kommt es an.

Nachdem meine Faszination für Giftpflanzen und Heilpflanzen geweckt war, machte ich mich zu einer Reihe von Exkursionen auf, um die interessantesten Pflanzen Europas zu finden.

Tödliche Schönheit (fast) hautnah: Der Eisenhut

Auf einer meiner Gift-Exkursionen schlenderte ich über eine Bergwiese, an dessen Rändern sich Legesteinmauern befanden. Mit etwas Glück konnte man dort zur richtigen Tageszeit Kreuzottern beobachten. Insbesondere im Frühling sind die Ottern relativ aktiv, wobei sich die Männchen duellieren und um die Gunst der Weibchen und um das Revier kämpfen.

Ich befand mich in den südlichen Alpen auf einer Höhe von ungefähr 2000 m über dem Meeresspiegel. Die Flora und Fauna zeigen in diesem Gebiet ein sehr charakteristisches Bild. Das raue Gebirgsklima sorgt dafür, dass sich hier eine überaus bemerkenswerte Lebensgemeinschaft bildet. An den Grashalmen befanden sich die Netze von verschiedenen Spinnen. Zu den interessantesten gehörten Kreuzspinnen der Art *Araneus quadratus*, Erdbeerspinnen und die wunderschöne Eichblatt-Radnetzspinne (*Aculepeira aculeata*). Alle drei Arten sind giftig, für Menschen ungefährlich und nebenbei hoch fotogen. An diesem Tag wollte ich so viele giftige Organismen wie möglich fotografieren.

Das vielleicht giftigste von allen Lebewesen, die diesen Lebensraum besiedeln, ist eine wunderschöne Pflanze, die in einem kleinen Tal wuchs, wo die Erde feucht war. Diese Pflanze ist kein Geringerer als der Blaue Eisenhut (*Aconitum napellus*). Diese wundervolle Schönheit

Blauer Eisenhut (*Aconitum napellus*)

Der Blaue Eisenhut, auch als *Aconitum napellus* bekannt, ist eine der giftigsten Pflanzen Europas und zeichnet sich durch seine tiefblauen, helmförmigen Blüten aus, die ihm den Namen geben. Diese Staude erreicht typischerweise eine Höhe von 60 bis 120 cm und blüht von Juni bis August. Ursprünglich in den Bergregionen Europas beheimatet, bevorzugt der Blaue Eisenhut feuchte, schattige Standorte und ist häufig in Laubwäldern oder entlang von Bachläufen zu finden. Die gesamte Pflanze, insbesondere die Wurzeln und Samen, enthält Alkaloide, die hochgiftig sind und bei Kontakt oder Verzehr schwere Vergiftungen verursachen können. Verwechslungen sind unter anderem mit Petersilie und Beifuß möglich.

Eisenhut. Die giftigste Pflanze Europas und eine der giftigsten Pflanzen weltweit, © Intrepix/Shutterstock.com.

erreicht eine Wuchshöhe von ungefähr 1 m und bildet blau bis lila gefärbte Blüten aus. In der Erscheinungsform der Blätter erinnert der Blaue Eisenhut ein bisschen an Petersilie. Doch mit der Petersilie hat dieser rein gar nichts gemein, außer dass beide Pflanzen sind.

Der Blaue Eisenhut verfügt über eine Mischung hochwirksamer Toxine, die vor allem das Nervensystem angreifen. Nur wenige Gramm dieser Pflanze töten einen Menschen innerhalb von Minuten. Den Blauen Eisenhut verwendete man früher, um Giftpfeile herzustellen, mit denen man sogar große Raubtiere, zum Beispiel Bären oder Wölfe, außer Gefecht setzen konnte. Selbst wenn du einen Eisenhut nur zu stark und zu lange berührst, kannst du bereits leichte Vergiftungserscheinungen erleiden, die sich in Form von einem leichten Kribbeln an der Haut äußern. Eine schwere Vergiftung führt zu massiven Problemen mit dem Nervensystem. Lähmungserscheinungen und Atemnot werden vom Tod begleitet.

Der Blaue Eisenhut ist nicht nur die giftigste Pflanze Europas, sondern eine der giftigsten Pflanzen weltweit. Zugleich kann der Eisenhut allerdings auch als Heilpflanze benutzt werden. Das Nervengift der Pflanze kann in sehr geringen Dosen auch zur Behandlung von Schmerzzuständen eingesetzt werden. Dies sollte man allerdings nicht auf eigene Faust unternehmen. Die Extrakte der Pflanzen werden auf ein Vielfaches verdünnt, sodass man nur mehr eine sehr geringe Dosis bekommt, die aber durchaus reicht, um eine therapeutische Wirkung zu entfalten.

Wie du siehst, kann selbst eine der giftigsten Pflanzen der Welt dein Leben nehmen oder es aber verbessern. Je nachdem, wie du mit ihr umgehst. Dies ist eine der wichtigen Botschaften, die ich in Bezug auf die Natur immer wieder und wieder in verschiedenster Form erhalte. Die Natur kann unser bester Freund oder unser schlimmster Albtraum werden, je nachdem, wie wir uns ihr gegenüber verhalten.

Wenn wir wild durch die Gegend rasen und alles wegrasieren, was uns in die Quere kommt, wird dies früher oder später auf uns zurückkommen. Wer gegen die Natur geht, der geht gegen sich selbst, weil wir alle ein Teil der Natur sind. Wenn wir hingegen lernen, mit der Natur zu arbeiten und die Ökosysteme zu verstehen, anstatt sie zu zerstören, wird uns die Natur wunderbare Dienste leisten. Sie wird uns helfen, unser Leben zu verbessern, unsere Gesundheit über einen langen Zeitraum aufrechtzuerhalten und sie wiederherzustellen, sollte sie uns im Laufe des Lebens abhandengekommen sein.

Verführerische Schönheit: Iss mich (nicht!)

Eine weitere Schönheit aus der Pflanzenwelt ist die Tollkirsche. Schon als Kind haben mich die Erwachsenen vor der Tollkirsche gewarnt. „Siehst du diese schwarzen Kugeln an der Pflanze? Niemals darfst du sie essen!“, hat es geheißen.

Ich habe nach dieser Pflanze lange gesucht und bin durch die halbe Weltgeschichte gefahren, bis ich irgendwann einmal herausgefunden habe, dass sie direkt hinter meinem Haus in großen Zahlen wächst. Manchmal kann dein Ziel näher sein, als du denkst. Alles, was du tun musst, um es zu sehen, ist, dein Gedankenmuster zu ändern und nicht immer davon auszugehen, dass es in weiter Ferne liegt.

Tollkirschen sind ganz besonders spannend. Diese Pflanze hat regelrecht magische Kräfte und wurde zu alten Zeiten während bestimmter religiöser Rituale verwendet.

Die Tollkirsche ist eine schöne Erscheinung mit lila Blüten. Ihre tiefblauen, fast schwarzen Früchte laden förmlich dazu ein, gegessen zu werden. Sie sehen richtig saftig und prall aus und man würde liebend gerne wissen, wie sie schmecken. Doch von dieser Schönheit sollte man sich nicht verführen lassen.

Der wissenschaftliche Name der Pflanze lautet *Atropa belladonna*. Der Gattungsname *Atropa* ist an die griechische Schicksalsgöttin Atropos angelehnt, die mit einer Schere den Faden des Lebens durchtrennt. Der Artname *belladonna* bedeutet hingegen so etwas wie „schöne Frau“ und hat nicht nur mit der Schönheit der Pflanze zu tun. Im alten Rom benutzten so manche Frauen diese Pflanze, um ihre Pupillen zu weiten, weil dies als ein Attraktivitätsmerkmal angesehen wurde. Die Erweiterung der Pupillen findet durch verschiedene neurotoxische Bestandteile der Pflanze statt, hauptsächlich aber durch das Atropin. Atropin wirkt lähmend auf verschiedene Nervenzellen, wodurch die Muskulatur der Iris gelähmt wird. Dadurch werden die Pupillen geweitet. Augenärzte benutzen teilweise auch heute noch Atropin oder dessen Derivate, um die Pupillen ihrer Patienten zu erweitern, damit sie die Netzhaut untersuchen können.

Das Atropin der Pflanze kann aber noch weitere Sachen. Atropin lähmt außerdem noch die Nervenbahnen des parasympathischen Systems, das wiederum unsere Herzaktivität direkt und indirekt beeinflussen kann. Das sympathische System kann durch seine Aktivität die Herzfrequenz steigern, während das parasympathische System die Herzfrequenz herabsetzen

Tollkirsche, gerne auch „Pflanze des Teufels“ genannt.

kann. Welches von beiden Systemen das Herz wie beeinflusst, habe ich mir immer mit der folgenden Eselsbrücke gemerkt: Wenn mir jemand sympathisch ist, schlägt mein Herz höher. Wenn mir diese Person aber „parasympathisch“ ist, würde ich mich oftmals lieber eingraben, als auch nur ein Wort mit ihr zu wechseln. Wenn du das aber machen würdest, würde es nicht lange dauern, bis dein Herz nicht mehr so schnell schlägt.

Wenn Atropin das parasympathische System herabreguliert, wird das Verhältnis der Aktivität in Richtung Sympathikus verschoben, wodurch die Herzfrequenz steigt. Atropin wird in der Medizin zur Regulation der Herzaktivität eingesetzt und kann auf diese Weise das Leben eines Menschen retten.

Eine weitere überaus interessante Komponente dieser Pflanze ist Scopolamin. Auch das Scopolamin entfaltet unterschiedliche Wirkungen, je nachdem, wie viel du davon abbekommst. In geringen Mengen wirkt es ein bisschen beruhigend und kann das Brechzentrum im Gehirn herab regulieren. Deshalb kann man es auch in der Medizin gegen Brechreiz einsetzen. Es wirkt außerdem entkrampfend auf die glatte Muskulatur im Darm. In einer höheren Dosis bewirkt es aber ein regelrechtes Durcheinander in deinem Kopf. Es vermindert deine Reaktionszeit und macht dich teilnahmslos und willenlos. Wenn du in diesem Zustand etwas gefragt wirst, ist die Wahrscheinlichkeit hoch, dass du die Wahrheit sagst, obwohl du eigentlich lügen willst. Aus diesem Grund wurde dieser Stoff zu so manch dunkler Zeit der Menschheit als Wahrheitsserum eingesetzt.

Die „schöne Frau des Waldes“, die „Pflanze des Teufels“, die Zauberpflanze, die Tollkirsche. Je nachdem, wie du sie verwendest, kann sie eine Heilpflanze sein oder dich aus dem Leben katapultieren.

Ich möchte ganz klar und deutlich erwähnen: Verwende auch diese Pflanze bitte nicht, um dich selbst auf irgendeine Art und Weise zu therapieren. Die freie Wildbahn bietet dir zahlreiche alternative Möglichkeiten, die deutlich weniger gefährlich sind. Aber es schadet auf jeden Fall trotzdem nicht, über die Tollkirsche Bescheid zu wissen.

Im Übrigen habe ich selber eine einzelne Beere der Tollkirsche tatsächlich mal probiert. Eine einzelne Beere wird dich weder umbringen noch schwerwiegend schädigen. Ich habe sie allerdings trotzdem nicht gegessen, sondern nur kurz im Mund behalten, um ihren Geschmack zu erfahren, bevor ich sie wieder ausgespuckt habe. Der Geschmack ist leicht süßlich und man würde durchaus gerne einige davon essen, wenn die Pflanze nicht so giftig wäre. Achtung: Nicht zur Nachahmung empfohlen. Wenn du draufgehst, bist du selbst schuld.

Zwischen Ersticken und Verbrennen: Der Schierling und der Riesen-Bärenklau

Zwei ähnlich aussehende Pflanzen, die aber eine vollkommen unterschiedliche Wirkung entfalten: der Schierling und der Riesen-Bärenklau.

Der Schierling ist eine Pflanze, die in Europa wächst, allerdings nicht ohne Weiteres anzutreffen ist. In der Antike wurde die Pflanze dazu verwendet,

Schierling, eine Pflanze, die für Hinrichtungen gut geeignet ist, © olko1975/Shutterstock.com & © Pidoux/Shutterstock.com.

Der Riesen-Bärenklau (*Heracleum mantegazzianum*) – eine Pflanze, die mit großer Vorsicht zu behandeln ist, © Photodigitaal.nl/Shutterstock.com.

Verbrecher hinzurichten. Dabei wurde in einem uns unbekannten Prozess der Saft der Pflanze extrahiert, aufkonzentriert und dann in Form von einem tödlichen Trank dem zu Tode Verurteilten verabreicht. Diesen Becher des Todes nennt man den Schierlingsbecher. Hauptbestandteil des Schierlings ist ein sehr wirksames Nervengift mit dem Namen Coniin. Dieses Gift lähmt das Nervensystem und führt zu einer Atemlähmung. Die Pflanze lässt dich im Grunde genommen bei vollem Bewusstsein ersticken. Im Schierlingsbecher war allerdings nicht nur der Schierling enthalten, sondern auch noch eine Reihe von anderen Pflanzen, die den Verurteilten in einen schläfrigen und fast schon betäubten Zustand versetzten, sodass er vom Prozess des Erstickens offensichtlich nicht mehr viel mitbekam. Der Schierlingsbecher war eine ehrenvolle Art und Weise, hingerichtet zu werden, die nur bestimmten Leuten vorbehalten blieb. Eines der berühmtesten Opfer dieser Hinrichtungsmethode war Sokrates.

Die andere Pflanze ist der Riesen-Bärenklau. Diese Pflanze ähnelt hinsichtlich des Aufbaus der Blütenstände dem Schierling. Die Blätter sehen hingegen vollkommen anders aus und erinnern aufgrund ihrer Morphologie der Pranke eines Bären – daher ihr Name. Der Riesen-Bärenklau war ursprünglich südöstlich verbreitet, wurde aber durch die Aktivität des

Menschen in verschiedene Teile der Welt eingeschleppt. Dieser großen und imposanten Pflanze sollte man nicht unbedingt zu nahekommen. Die Toxine dieser Pflanze wirken phototoxisch. Das bedeutet, dass sie erst in Kombination mit Sonnenlicht ihr volles Potenzial entfalten. Wenn du mit dem Saft dieser Pflanze in Verbindung kommst und anschließend von der Sonne angeschienen wirst, fängt deine Haut an zu brennen und färbt sich rötlich. Nach einiger Zeit entwickelst du regelrechte Brandblasen, die große Narben hinterlassen können. Die Vergiftungserscheinungen ähneln einer Verbrennung und fühlen sich auch so ähnlich an. Nach Kontakt mit einem Riesen-Bärenklau sollte man sich so schnell wie möglich ausgiebig waschen und dabei darauf achten, dass das Wasser, mit dem man die betroffene Körperstelle wäscht, nicht an andere Stellen fließt.

Der „Todesbaum" Europas: *Taxus baccata*

„Das ist kein Olivenbaum und das sind keine Oliven …", war einer der ersten Sätze, die mir irgendein Erwachsener in einem botanischen Garten entgegengeworfen hat, als ich noch ein Kind war und wissen wollte, was das für rote Dinger am Baum sind, die irgendwie so ähnlich wie Oliven aussehen. Vor mir befand sich der vielleicht giftigste Baum Europas: die Eibe (*Taxus baccata*).

Die Eibe ist ein immergrüner Baum, der in vielen Teilen Europas, Nordafrikas und Asiens beheimatet ist. Sie kann beeindruckende Altersspannen von mehreren Jahrhunderten erreichen und zeichnet sich durch ihre Fähigkeit aus, in verschiedenen Klimazonen und Bodentypen zu wachsen. Die Eibe hat eine dunkelgrüne, nadelähnliche Belaubung, die das ganze Jahr über bestehen bleibt, und bildet rote Beerenfrüchte, die jedoch nur auf weiblichen Exemplaren zu finden sind. Diese Beeren sind für Menschen verlockend, aber nur der fleischige Teil ist ungiftig; alle anderen Teile der Pflanze, einschließlich Samen, Rinde und Nadeln, sind hochgiftig.

Die Eibe wird seit Jahrhunderten sowohl für praktische als auch für symbolische Zwecke genutzt. Ihr hartes, elastisches Holz war besonders bei der Herstellung von Langbögen im mittelalterlichen Europa geschätzt. Darüber hinaus wurde der Baum in vielen Kulturen mit Langlebigkeit, Unsterblichkeit und dem Übergang zwischen Leben und Tod assoziiert, was ihn zu einem häufigen Bestandteil alter Friedhöfe und sakraler Orte machte.

Die Vergiftung durch die Eibe kann schwerwiegende, sogar tödliche Folgen haben. Die ersten Anzeichen einer Eibenvergiftung können Übelkeit,

Teil einer Eibe. Zu beachten ist der auffällig gefärbte Samenmantel (auch *Arillus* genannt), der die Verbreitung der Pflanze unterstützt, indem er Vögel anlockt, von denen er gefressen wird, wodurch die Samen verteilt werden.

Erbrechen, Bauchschmerzen und Durchfall sein. Diese gastrointestinalen Symptome können von schwerwiegenderen kardiovaskulären Problemen begleitet werden, zum Beispiel einem unregelmäßigen Herzschlag, was zu einem potenziell lebensbedrohlichen Zustand führen kann. Des Weiteren können auch neurologische Symptome wie Schwindel, Kopfschmerzen, Zittern und in schweren Fällen Krämpfe oder Koma auftreten. Die Giftigkeit der Eibe wirkt sich besonders stark auf das Herz-Kreislauf-System aus, was ohne sofortige medizinische Behandlung zum Tod führen kann.

Trotz ihrer Giftigkeit hat die Eibe auch einen medizinischen Wert. Der Wirkstoff Paclitaxel, der aus der Rinde einiger Eibenarten gewonnen wird, ist ein wichtiges Medikament in der Krebstherapie. Aufgrund ihrer ökologischen und historischen Bedeutung sowie ihrer Schönheit und Vielseitigkeit ist die Eibe eine bemerkenswerte Pflanze, die Respekt und Bewunderung verdient.

Dieser Pilz beginnt dich zu töten, bevor du es merkst

Ich war vielleicht acht Jahre alt und mit meinen Eltern im Wald unterwegs, als sie mir einen ganz besonderen Pilz zeigten. „Schau mal, das ist der giftigste Pilz, der hier wächst. Den darfst du unter keinen Umständen anrühren", sagte mir meine Mutter in einem lockeren Ton, während mein Vater mich mit einem ernsten Blick anschaute, um sich zu vergewissern, dass ich auch zugehört hatte. Solche Sachen musste man mir nicht mehrfach erklären. Wenn es geheißen hat, dass ich mit etwas aufzupassen habe, weil es gefährlich ist, habe ich aufgepasst.

Voller Erstaunen kniete ich mich neben dem Pilz hin und betrachtete ihn. Seine olivgrüne Farbe erschien unscheinbar. Doch hatte ich das Gefühl, dass der Pilz von einer regelrechten Atmosphäre des Todes umgeben war – vermutlich, weil mir meine Mutter gesagt hatte, dass nur wenige Stücke dieses Pilzes reichen würden, um einen Menschen zu töten.

Der Knollenblätterpilz ist der wahrscheinlich giftigste Pilz der Welt und wächst auch in weiten Teilen Europas. Dieser Pilz hat es in sich! Sein Gift ist besonders hinterlistig.

Ein Knollenblätterpilz soll relativ gut schmecken, weshalb es in manchen Fällen zu Verwechslungen kommen kann. Wenn du dich mit einem Knollenblätterpilz vergiftest, wirst du zunächst Übelkeit, Bauchschmerzen, Durchfall und Erbrechen bekommen. In dieser Phase wirst du erfahren, was es heißt, sich an einem Pilz zu vergiften. Du wirst nur mehr an der Kloschüssel hängen und dich permanent übergeben. Nach ein paar Stunden hören diese Symptome auf und du denkst, dass du die ganze Sache gut überstanden hast. Doch die wirklich gefährliche Sache fängt jetzt erst an.

Stoffe, die wir mit unserer Nahrung aufnehmen, werden vom Darm in das Blut übergeben. Dort sammelt sich die ganze Sache erst mal und geht durch eine Art Schleuse, ähnlich wie bei einem Flughafen, wo den Leuten potenziell gefährliche Gegenstände erst mal abgenommen werden, bevor man sie ins Flugzeug lässt. Diese Sammelstelle für das nährstoffreiche Blut ist die Leberpfortader (*Vena portae*). Diese führt das Blut der Leber zu, die toxische Bestandteile, die dem Körper Schaden zufügen könnten, aus dem Blut herausfiltert. Das gefilterte Blut gelangt weiter in den Körper und versorgt anschließend die ganzen Organe. Die herausgefilterten Toxine, die wir mit unserer Nahrung aufnehmen, werden wieder zurück in den Darm geleitet, wo sie ausgeschieden werden können. Dieses ausgeklügelte System hat allerdings auch eine Schwachstelle: den sogenannten enterohepatischen Kreislauf.

Der enterohepatische Kreislauf ist nicht etwa eine anatomische Struktur, sondern beschreibt lediglich das Verhalten von bestimmten Stoffen in unserem Körper, das sich aus ihren physikalischen bzw. chemischen Eigenschaften ergibt. Bestimmte Stoffe, die von der Leber herausgefiltert und in den Darm abgegeben werden, können wiederum vom Darm aufgenommen und in das Blut abgegeben werden. Von dort gelangen sie über die Leberpforte aber wieder in die Leber und der Kreislauf beginnt von vorne.

Ein Vorteil dieser Sache ist, dass bestimmte Stoffe, die der Körper benötigt, nicht immer wieder erneut produziert werden müssen, sondern mehrfach genutzt werden können. Ein Nachteil ist, dass auch bestimmte toxische Bestandteile auf diese Weise länger im Körper verweilen können und dadurch einen größeren Schaden anrichten können. Letzteres ist bei den Toxinen des Knollenblätterpilzes der Fall. Vor allem das im Pilz enthaltene Amanitin wirkt hepatotoxisch. Das bedeutet, es greift die Leber an und zerstört diese.

Nachdem du deinen ersten Brechanfall überstanden hast und dich besser fühlst, zirkulieren die Toxine des Pilzes immer noch im enterohepatischen Kreislauf in deinem Körper und zerstören Schritt für Schritt deine Leber, ohne dass du etwas davon mitbekommst. Nach wenigen Tagen kann die Leber derart geschädigt sein, dass sie ihre Funktion nicht mehr aufrechterhalten kann. Es kommt zum Leberversagen und damit zum Tod, sofern nicht rechtzeitig eine Lebertransplantation stattfindet.

Man kann also sagen, dass dich der Grüne Knollenblätterpilz zu töten beginnt, bevor du etwas davon mitbekommst. Der wissenschaftliche Name des Knollenblätterpilzes lautet *Amanita phalloides*. Die Gattung *Amanita* beinhaltet auch andere toxische Gesellen aus dem Reich der Pilze. Manche von ihnen dienten in verschiedenen Ritualen als Hilfe, Kontakt zur „Geisterwelt“ herzustellen.

Der Grüne Knollenblätterpilz, © el_cigarrito/Shutterstock.com.

Die Verwandlung in ein Tier

Eine *Amanita phalloides*, also ein Grüner Knollenblätterpilz, tötet dich, wenn du ihn isst. Anders ist es hingegen bei *Amanita muscaria* – dem Fliegenpilz. Der Fliegenpilz gehört zur selben Gattung wie der Knollenblätterpilz, ist aber bei Weitem nicht so giftig. Seine toxischen Bestandteile unterscheiden sich deutlich von denen des Knollenblätterpilzes und wirken unter anderem auf die Psyche.

Der Fliegenpilz hat eine ganze Palette von toxischen Bestandteilen zu bieten, von denen die Ibotensäure zu den wichtigsten gehört. Ibotensäure ist ein Neurotoxin, das im Körper zu Muscimol umgewandelt wird.

Muscimol wirkt als Agonist an GABA-Rezeptoren, was bedeutet, dass es die Wirkung von GABA imitiert und verstärkt. Falls du dich jetzt fragst, was ein GABA-Rezeptor ist, möchte ich es dir kurz und einfach erklären: GABA, auch Gamma-Aminobuttersäure genannt, ist ein wichtiger Neurotransmitter, also ein Botenstoff in unserem Körper, der an der Regulation der Aktivität von unserem Nervensystem beteiligt ist. Im Gehirn sorgt GABA dafür, dass die Erregbarkeit der Nervenzellen herabgesetzt wird. Das bedeutet, die Nervenzellen sind nicht mehr so empfindlich. Auf die Gesamtaktivität im Gehirn wirkt GABA einfach gesagt beruhigend und entspannend. Damit GABA seine Wirkung entfalten kann, benötigt es allerdings auch Rezeptoren, die wir GABA-Rezeptoren nennen. An diese Rezeptoren bindet es und entfaltet anschließend seine Wirkung.

Muscimol imitiert in seiner Wirkung GABA und wirkt ebenfalls stark beruhigend auf das Nervensystem. Allerdings ist es deutlich wirksamer und führt deshalb zu einer Art Ungleichgewicht in unserem zentralen Nervensystem, was die halluzinogenen und psychoaktiven Effekte auslöst.

Die Wirkung des Fliegenpilzes kann je nach Dosis, individueller Empfindlichkeit und Vorbereitung des Pilzes variieren. Zu den häufig berichteten Effekten gehören Veränderungen in der Wahrnehmung, wie visuelle und auditive Halluzinationen. Das bedeutet, du hörst und siehst Dinge, die nicht wirklich so sind, wie sie dir im Moment erscheinen. Manche Leute berichten von einem Gefühl des Schwebens oder Fliegens, Veränderungen im Zeitgefühl und in der Wahrnehmung des eigenen Körpers. Einige Nutzer berichten auch von spirituellen oder mystischen Erfahrungen. Deine Haut kann sich so anfühlen, als ob dir ein Pelz wachsen würde, und die Schamanen von alten Naturvölkern im eurasischen Raum setzten dies mit der Verwandlung in ein Tier gleich. Zugleich kann man das Gefühl haben, dass man über die Landschaft fliegt und Kontakt zu geisterhaften Gestalten aufnimmt. Aus diesem Grund war der Fliegenpilz ein wichtiger Bestandteil in verschiedenen Ritualen der alten Völker.

Sich in ein Tier zu verwandeln und zu fliegen, klingt erst mal ziemlich interessant. Ich hätte einen solchen Pilz gerne selber schon des Öfteren getestet. Allerdings sollte man bei einem solchen Vorhaben auch immer das Kleingedruckte lesen. Das Kleingedruckte beim Fliegenpilz sind potenzielle unerwünschte Nebenwirkungen.

Obwohl manche Leute Fliegenpilz konsumieren, um sich von dessen Wirkung berauschen zu lassen, möchte ich sehr dringend von einem Selbstversuch abraten. Der Fliegenpilz ist immerhin ein Verwandter des Knollenblätterpilzes. Wie der Knollenblätterpilz beinhaltet auch der Fliegenpilz bestimmte Komponenten, die hepatotoxisch, also leberschädigend wirken können. Tue deiner Leber einen Gefallen und verzichte auf die berauschende Wirkung des Fliegenpilzes.

Wenn ich solche Sachen öffentlich sage, werde ich häufig von bestimmten Leuten stark kritisiert, die solche Pilze immer wieder mal konsumieren. Bei Marihuana habe ich ähnliche Erfahrungen gemacht. Diese Pflanze bringt ein gutes therapeutisches Potenzial mit sich. Aber man sollte sie nicht permanent als Genussmittel verwenden. Wenn ich vom Konsum solcher Substanzen abrate, fühlen sich bestimmte Leute wohl offensichtlich angegriffen und kommen mir dann mit Aussagen wie: „Wenn du das selber noch nie probiert hast, hast du auch keine Ahnung. Dann hast du kein Recht, irgendwelche Aussagen darüber zu treffen."

Soso, ich muss also erst mal alles am eigenen Leib testen, um mir anmaßen zu können, eine Aussage darüber zu treffen? Muss dann ein Arzt auch erst mal alle Krankheiten selber gehabt haben, damit er sich erlauben darf, seine Patienten zu beraten? Muss ein Mechaniker einen Ferrari besitzen, damit er einen Ferrari reparieren darf? Muss ein Schlangenforscher, der eine bestimmte Giftschlange erforscht, erst mal selber von dieser Giftschlange gebissen worden sein, bis er konkrete Aussagen über die Wirkung ihres Giftes formulieren darf? Unsinn! Wenn mir ein Mensch sagt: „Ich habe den Fliegenpilz mehrfach probiert und meine Leber funktioniert noch gut, also laber nicht …", entgegne ich: „Das ist schön für dich! Dann hattest du bisher einfach Glück oder dein Körper hat ein ganz gutes Entgiftungssystem. Aber du bist nach wie vor nur eine einzige Person. Das bedeutet, du bist statistisch gesehen nicht relevant. Relevant ist in der Statistik eine Studie, die mehrere Fallbeispiele miteinander vereint. Um eine konkrete Aussage über

Der magische Fliegenpilz, © intothelight/Shutterstock.com.

die Wirkung von bestimmten Substanzen im menschlichen Körper treffen zu können, reicht ein einzelner Erfahrungsbericht nicht. Vielmehr sammelt man so viele Erfahrungsberichte wie möglich und sucht nach Gemeinsamkeiten und Unterschieden, die man dann am Ende interpretieren kann. Auf diese Weise kann man präzise Aussagen formulieren und anschließend sagen, welche Wirkung eine gewisse Substanz in einem gewissen Körper höchstwahrscheinlich entfalten wird. Weil ich genügend Fallbeispiele und Studien zum Fliegenpilz gelesen habe, wage ich zu behaupten, dass ich sogar sehr viel mehr dazu befugt bin, Aussagen Bezug auf seine Wirkung zu treffen, als jemand, der nichts davon gelesen hat und nur ein paarmal die Wirkung des Pilzes am eigenen Leib erfahren hat."

Sehr wohl am eigenen Leib getestet habe ich hingegen die Wirkung der Schafgarbe, einer Pflanze, die in Mittel- und Südeuropa sehr häufig anzutreffen ist, wobei kaum jemand über ihre besonderen Eigenschaften Bescheid weiß.

Die einzige Heilpflanze, die du brauchst: die Schafgarbe

Wie ich im vorherigen Abschnitt schon angedeutet habe, möchte ich dir hier eine Pflanze vorstellen, von der du auf viele verschiedene Arten und Weisen profitieren kannst. Wenn ich mir nur eine einzige Heilpflanze aussuchen

Die Schafgarbe – meine Lieblingsheilpflanze.

dürfte, die ich zukünftig benutzen könnte, würde ich die Schafgarbe (*Achillea millefolium*) verwenden. Die Schafgarbe ist eine sehr häufige Pflanze, die du auf Wiesen und an Waldrändern finden wirst. Du erkennst sie an ihren charakteristischen Blättern und an ihren weißen Blütenständen. Ihre Erkennungsmerkmale, wie die fein geteilten Blätter und die weißen bis leicht rosafarbenen Blütenstände in Form von Doldenblütenschirmen, machen sie relativ leicht identifizierbar. Dennoch solltest du dich nicht ausschließlich auf die Beschreibungen in diesem Buch verlassen. Dieses Buch hier ist nämlich kein Pflanzenbestimmungsbuch, weshalb du dich mit dieser Pflanze auch außerhalb dieses Buches beschäftigen solltest. Schau sie dir ganz genau an. Schau dir Fotos an, sprich mit pflanzenkundigen Leuten, lies dir genau ihre morphologische Beschreibung durch und suche sie in freier Wildbahn. Wenn du denkst, die Pflanze, die du suchst, gefunden zu haben, nimm sie mit und lasse dir deine Vermutung von einem Experten bestätigen. Pflanzen bestimmen muss man üben. Dies ist sehr wichtig, damit man nicht versehentlich an einen bösen Zwillingsbruder von einer Heilpflanze gerät. Sobald du in der Lage bist, eine Schafgarbe mit hundertprozentiger Sicherheit zu identifizieren, kannst du von ihr profitieren.

Schafgarben enthalten zahlreiche Bitterstoffe und andere wertvolle Inhaltsstoffe, die deinem Körper guttun werden. Vor allem ist sie sehr gut für die Verdauung. Dabei ist interessant, dass sie regulierend auf die Verdauung wirkt. Bei Verstopfungen kann sie helfen, diese zu lösen, indem sie die Verdauung unterstützt und verbessert. Bei Durchfall kann sie durch ihre entzündungshemmende Eigenschaft ebenfalls helfen. Sie unterstützt die Verdauung im Magen durch die Bitterstoffe und filtert Nährstoffe aus deiner Nahrung effektiv heraus.

Wenn du eine Frau bist und an Menstruationsbeschwerden leidest, kann dir die Schafgarbe ebenfalls gut helfen, weil sie krampflösend wirkt. Dies kann sowohl bei Menstruationsbeschwerden als auch bei Verdauungsbeschwerden hilfreich sein. Ich war des Öfteren mit Frauen zusammen, die solche Beschwerden hatten und von der Wirkung der Schafgarbe regelrecht fasziniert waren, nachdem ich sie ihnen gebracht habe, um ihre Beschwerden zu lindern.

Im Sommer kannst du die Schafgarbe durchgehend sammeln und bei Bedarf direkt verzehren. Achte dabei aber darauf, dass du nicht zu viel von der Pflanze isst, weil eine zu hohe Menge die Magenschleimhaut reizen kann. Genieße immer alles in Maßen. Für die kalte Jahreszeit kannst du die Blütenstände der Pflanzen trocknen oder daraus eine Tinktur herstellen. Für die Tinktur nimmst du einfach ein leeres gereinigtes Glas und füllst es bis zu zwei Drittel mit Pflanzenmaterial auf. Danach gibst du achtzigprozentigen Alkohol hinzu und lässt das Ganze an einem dunklen Ort für etwa sechs bis acht Wochen stehen. Anschließend kannst du das Pflanzenmaterial mit einem Sieb herausfiltern und die Tinktur in dunkle Gläsern abfüllen. Eine Tinktur bleibt mindestens zwei Jahre lang haltbar. Solche Tinkturen kannst du auch aus anderen Heilpflanzen herstellen, damit du von ihren Heilkräften auch in den kalten Jahreszeiten profitieren kannst.

Außerdem kannst du mit der Schafgarbe einen Ölauszug machen. Hierzu schnipselst du die Blüten zusammen und gibst alles in ein Metallgefäß mit Öl. Olivenöl oder Maisöl eignen sich hierbei besonders gut. Danach gibst du das Ganze in ein warmes Wasserbad, wobei das Wasser etwa siebzig bis achtzig Grad Celsius erreichen sollte. Lasse diesen Vorgang etwa drei bis sechs Stunden lang laufen. Mit der Zeit siehst du während des Prozesses, dass das Öl eine andere Farbe annimmt. Danach nimmst du das Ganze heraus und lässt es über Nacht stehen. Am nächsten Tag holst du das Pflanzenmaterial aus dem Öl heraus. Schafgarbenöl kannst du auf die Haut auftragen. Es wirkt wohltuend und entzündungshemmend. Ganz besonders gut hilft es bei verschiedenen Hautirritationen und Ekzemen. Auch bei Insektenstichen kannst du es verwenden. Du kannst es außerdem bei juckender Kopfhaut oder Schuppen einsetzen.

Ist das nicht großartig? Schau mal, wir leben in einer riesigen Apotheke. Heilpflanzen kosten nichts außer Zeit und ein wenig Einsatz. Ich werde dir in diesem Kapitel über Pflanzen noch ein paar weitere grandiose Gewächse zeigen.

Diese Pflanze wird dich glücklich machen

Ich strebe in meinem Leben nach Unabhängigkeit. Unabhängigkeit von unserem sozialen System und von unserer Gesellschaft, Unabhängigkeit von Geld und Unabhängigkeit von anderen Menschen. Unabhängigkeit setze ich mit Freiheit gleich.

In unserem Leben werden wir immer irgendwelche Dinge haben, die uns in unserer Freiheit einschränken. Mal ist es das Geld, mal ist es die Zeit und mal ist es die Gesundheit. Irgendwo gibt es immer wieder mal eine Baustelle. Unabhängig davon bleibt es eine Tatsache, dass wir nicht trotzdem unser Bestes geben können, um uns in unserem Leben das höchstmögliche Maß an Freiheit zu erarbeiten. Je mehr du lernst, desto du mehr wirst du irgendwann mal draufhaben. Je mehr du draufhast, desto mehr Möglichkeiten hast du. Je mehr Möglichkeiten du hast, desto mehr Freiheit und Unabhängigkeit wirst du dir in deinem Leben schaffen. Der Grund, weshalb ich mich mit Heilpflanzen beschäftige, ist, weil mich dieses Wissen unabhängiger macht. Unabhängiger von unserem Gesundheitssystem, unabhängiger von Geld, unabhängiger von Ärzten und unabhängiger von Medikamenten. Je besser du die Natur kennenlernst, desto mehr Freiheit wird sie dir in deinem Leben schenken. Wenn du nur zu Hause herumsitzt und dir alles zu anstrengend und zu langweilig ist, wirst du von unserer Gesellschaft so abhängig werden wie ein Parasit von seinem Wirt.

Als ich angefangen habe, mich mit Heilpflanzen zu beschäftigen, war es mein Ziel, gegen die häufigsten und wichtigsten körperlichen Leiden jeweils mindestens ein Kraut oder ein Präparat davon zu besitzen. Auf diese Weise wollte ich meine eigene kleine private Hausapotheke aufbauen, sodass ich mir helfen kann, wenn es mir mal nicht so gut geht. Die häufigsten körperlichen Leiden sind Kopfschmerzen, Gelenkschmerzen oder Muskelschmerzen, Rückenschmerzen, Hautprobleme, Schlaflosigkeit, infektiöse Erkrankungen (beispielsweise grippale Infekte, Erkältungen oder andere Infektionen), Probleme im Urogenitalbereich (zum Beispiel Blasenentzündung), Probleme mit dem Verdauungstrakt (Verstopfung, Durchfall, Bauchkrämpfe, allgemeine Magen-Darm-Beschwerden, Blähungen oder Übelkeit), allgemeine Müdigkeit und Abgeschlagenheit und psychische Leiden (zum Beispiel schlechte Laune, leichte Reizbarkeit, Unzufriedenheit, Stress, innere Unruhe usw.). Wenn man mal so ein bisschen aufmerksam quer durch die Leute schaut, wird man feststellen, dass die meisten Menschen immer wieder mal eines oder mehrere dieser Symptome haben. Gegen all diese Symptome habe ich inzwischen ein Kraut oder ein Präparat in meiner Hausapotheke, sodass ich mir bei diesen Wehwehchen selber helfen kann. Gegen die Probleme mit dem Verdauungstrakt habe ich beispielsweise die Schafgarbe. Diese hilft in den meisten Fällen.

Manchmal geht es mir auf psychischer Ebene nicht besonders gut. Damit meine ich nicht, dass ich an Depressionen oder an irgendwelchen schlimmen psychischen Erkrankungen leide, sondern dass ich, wie jeder andere normale Mensch auch, von psychischen Höhen und Tiefen betroffen bin. Manchmal haben wir aus unerklärlichen Gründen besonders gute Laune. Der Tag läuft gut, wir sind umgänglich und weltoffen. Aber manchmal läuft es mit der Psyche auch nicht ganz so gut. Manchmal haben wir auch schlechte Tage, an denen wir nicht so gut gelaunt sind. Ab und zu geht uns einfach alles auf den Sack und wir warten nur darauf, bis dieser Tag endlich vorbei ist. Wenn du mehr Zufriedenheit erreichen willst, ist es wichtig, dass du diese psychischen Oszillationen (nennen wir es einfach mal so …) anerkennst und als einen ganz normalen Teil des Lebens betrachtest. Wenn du mal einen schlechten Tag hast, ist das in Ordnung. Versuch nicht gezwungenermaßen deine Laune oder deine Emotionen zu ändern. Lass es zu und akzeptiere es. Genauso wie unser Körper manchmal aus unerklärlichen Gründen irgendwelche Faxen macht, passiert es auch mit unserer Psyche. Glücklicher wird man nicht, indem man versucht, die ganze Zeit vehement glücklich zu sein, sondern indem man lernt, jene Dinge zu akzeptieren, die einen unglücklich machen. Nichtsdestotrotz möchte ich mir nicht die Möglichkeit verbieten, mir ab und zu ein wenig Hilfe aus der Pflanzenwelt zu holen, wenn ich mal einen schlechten Tag habe. Das Johanniskraut (*Hypericum perforatum*) eignet sich hierfür sehr gut.

Johanniskraut ist eine Pflanze, die für ihre heilenden Eigenschaften, insbesondere für ihre positive Wirkung auf die Psyche, bekannt ist. Seit Jahrhunderten wird Johanniskraut in der Volksmedizin zur Behandlung von Nervosität, Angstzuständen und depressiven Verstimmungen eingesetzt.

Johanniskraut, © Nat YS/Shutterstock.com.

Die antidepressive Wirkung von Johanniskraut wird hauptsächlich seinen Inhaltsstoffen Hypericin, Hyperforin und Flavonoiden zugeschrieben. Diese Substanzen interagieren mit verschiedenen Neurotransmittersystemen im Gehirn, einschließlich Serotonin, Dopamin und Noradrenalin. Diese Neurotransmitter spielen eine Schlüsselrolle bei der Regulation der Stimmung und emotionalen Balance. Johanniskraut scheint die Verfügbarkeit dieser Neurotransmitter im Gehirn zu erhöhen, was zu einer verbesserten Stimmung und zu einem Gefühl des Wohlbefindens führen kann. Kurz gesagt: Der Konsum von Johanniskraut macht gute Laune.

Studien haben gezeigt, dass Johanniskraut bei leichten bis mittelschweren Depressionen ebenso wirksam sein kann wie einige konventionelle Antidepressiva, allerdings mit weniger Nebenwirkungen. Dies macht es zu einer attraktiven Option für Menschen, die nach natürlichen Behandlungsmöglichkeiten suchen.

Wichtig zu erwähnen ist allerdings, dass sowohl Johanniskraut als auch andere Heilpflanzen mit verschiedenen Medikamenten interagieren können. Du solltest niemals Heilpflanzen einfach mal so benutzen, wenn du zugleich Medikamente zu dir nimmst. Kläre diese Sachen bitte immer zunächst mit deinem Arzt ab.

Aus dem Johanniskraut kannst du eine Tinktur oder einen Ölauszug herstellen. Für die Tinktur gehst du genau gleich vor wie bei der Schafgarbe. Für den Ölauszug nimmst du die gelben Blüten des Johanniskrautes und gibst sie in ein Glas, das du mit Olivenöl füllst. Achte darauf, dass alle Blüten im Öl gut untergetaucht sind. Sonst kann sich Schimmel entwickeln. Das Ganze stellst du dann für insgesamt etwa sechs bis acht Wochen in die Sonne. Das Öl wird sich nach einiger Zeit rot verfärben. Die Farbe des Öls zeigt dir, wie weit dein Präparat fortgeschritten ist. Wenn das Öl schön rot ist, kannst du die Blüten aus dem Öl entfernen und das Öl an einem dunklen und kühlen (nur kühl, nicht kalt!) Ort aufbewahren.

Das Johanniskrautöl hilft exzellent bei Verbrennungen, bei bestimmten Hautirritationen und bei Muskelschmerzen sowie bei Nervenschmerzen. Du kannst dich damit einreiben und wirst merken, dass es sehr wirksam ist. Jedoch solltest du beachten, dass Johanniskraut auch phototoxische Inhaltsstoffe besitzt, die eine toxische Wirkung entfalten können, sobald sie von der Sonne angeleuchtet werden, ähnlich wie beim Riesen-Bärenklau. Das Johanniskraut wird dich nicht so übel zurichten wie der Riesen-Bärenklau, jedoch kann es zu Hautirritationen kommen, wenn du dich mit Johanniskrautöl einreibst und dich dann in die Sonne legst. Aus diesem Grund solltest du das Öl bevorzugt in der Dämmerung bzw. in der Nacht anwenden und es über Nacht wirken lassen, bevor du die behandelte Stelle am nächsten Tag mit Wasser reinigst.

Kopfschmerzen? Versuch's mal damit!

Kopfschmerzen sind ein weitverbreitetes Problem. Nicht selten greifen die Leute dabei zu teilweise starken Medikamenten, die bestimmte Nebenwirkungen aufweisen. Vor allem sind gewisse Schmerzmittel für die Magenschleimhaut nicht sonderlich gut. Eine Alternative hierzu könnte die Silberweide (*Salix alba*) bieten. Die Silberweide ist ein Baum, den du vorwiegend in Feuchtgebieten findest. Du erkennst den Baum an den länglichen Blättern, die auf der Oberseite grün und auf der Unterseite weißlich, fast silbrig gefärbt sind. Die schmerzlindernde Wirkung der Silberweide ist hauptsächlich auf den Inhaltsstoff Salicin zurückzuführen, der in der Rinde des Baumes vorkommt. Salicin ist ein Vorläufer der Acetylsalicylsäure, die als Wirkstoff in Aspirin bekannt ist. Das Salicin wird im Körper zur Salicylsäure umgewandelt, die eine entzündungshemmende und schmerzlindernde Wirkung hat. Diese Wirkung kann bei der Behandlung

Die Silberweide – natürliches Aspirin,
© Tibesty/Shutterstock.com.

verschiedener Beschwerden hilfreich sein, wie Kopfschmerzen, Rückenschmerzen, Gelenkschmerzen und anderen entzündlichen Zuständen wie Arthritis. Im Vergleich zu synthetischen Schmerzmitteln bietet die Silberweide den Vorteil, dass sie in der Regel gut verträglich ist und weniger Nebenwirkungen aufweist. Neben Salicin enthält die Rinde der Silberweide auch andere entzündungshemmende und antioxidative Verbindungen, die zur gesamtheitlichen Wirkung der Pflanze beitragen können.

Wichtig ist hierbei, dass du vor der Verwendung der Silberweide abklären lassen solltest, ob du eine Überempfindlichkeit gegenüber Salicylaten hast. In diesem Fall solltest du auf den Gebrauch der Silberweide verzichten. Wenn du Probleme mit der Blutgerinnung hast, solltest du auf die Verwendung der Silberweide ebenfalls verzichten.

Die Silberweide benutzt man, indem man die jungen Triebe des Baumes abschneidet und die Rinde entfernt. Vor allem in Frühling geht dies besonders leicht. Die Rinde kannst du anschließend entweder trocknen lassen, wodurch sie dir länger haltbar bleibt, oder aber direkt in heißes Wasser legen und dir damit einen Tee machen. Wenn du in freier Wildbahn unterwegs bist, kannst du die Rinde der Silberweide einfach kauen.

Ein Bad in einem Haufen voller Brennnesseln

Meine erste Erfahrung mit Brennnesseln hat mir meine Großmutter beschert. Ich erinnere mich nurmehr vage daran, weil ich damals noch ein sehr kleiner Knirps war. Aus diesem Grund kann ich auch nicht wirklich sagen, wie alt ich zu dieser Zeit war. Sehr wohl erinnern kann ich mich allerdings an den gesamten Vorgang und an die Schmerzen.

Wenn meine Eltern mal keine Zeit für mich hatten, brachten sie mich zu meinen Großeltern. Meine Großeltern von mütterlicher Seite aus waren Bauern und deshalb immer viel draußen in den Feldern unterwegs.

Ich ging mit ihnen mit und beschäftigte mich in der Regel mit irgendwelchen Insekten, Eidechsen oder anderen Tieren, während meine Großeltern an den Weinreben arbeiteten.

An diesem einen Tag stand ich neben meiner Großmutter und beobachtete sie beim Arbeiten. Direkt neben mir wuchs ein ganzer Busch voller Brennnesseln, der ungefähr gleich hoch war wie ich. Als sich meine Großmutter umdrehte, bemerkte sie nicht, dass ich neben ihr stand, und schubste mich versehentlich in die Brennnesseln. Mit den Händen und dem Gesicht voraus landete ich in den Brennnesseln und es begann sofort zu brennen. Im Schock fing ich an zu heulen und zu schreien, als ob ich in eine Badewanne voller Rasiermesser gefallen wäre. Meine Großmutter holte mich schnell aus den Brennnesseln heraus und bedauerte mich, was mich in keinster Weise beruhigte, sondern nur dazu führte, dass ich noch lauter heulte. An den Rest kann ich mich nicht mehr wirklich erinnern. Doch habe ich an diesem Tag gelernt, dass diese Pflanze ein Teufelszeug ist, mit dem man sich nicht anlegen sollte. Zukünftig machte ich einen großen Bogen um die Brennnesseln.

Ein anderes Mal lieferten mich meine Eltern zu meinen Großeltern väterlicher Seite, die auf mich aufpassen sollten. Meine Großeltern väterlicherseits wohnten ebenfalls direkt neben einem Wald. Der ideale Lebensraum für einen jungen Biologen. Immer wieder fing ich irgendwelche kleinen Tiere ein und demonstrierte sie voller Stolz meinen Großeltern. Mein Großvater sagte mir, ich möge doch mal hinter dem Haus schauen. Dort wären immer viele Spinnen, Bienen und viele andere interessante Tierarten. Hinter das Haus wollte ich aber aus einem bestimmten Grund nicht gehen. Dort wuchsen nämlich haufenweise Brennnesseln. Als ich meinem Großvater sagte, dass ich dort nicht hingehen wollte, weil es dort Brennnesseln gab, entgegnete er mir: „Ach, Brennnesseln … Die sind ja nur gesund für deinen Körper.“

Gesund für meinen Körper? Das Zeug brennt wie Sau! Warum sollte das gesund sein? Diese Frage beantwortete mir mein Großvater damals nicht. Ich kann mich auch nicht daran erinnern, ob ich ihm diese Frage gestellt habe oder nicht. Doch die Information, dass Brennnesseln offensichtlich gesund sein können, blieb mir im Gedächtnis.

Einige Jahre später sollte ich mehr über diese wundersame Heilpflanze erfahren und dann feststellen, dass die Pflanze gar nicht mal so ein Teufelszeug ist, wie ich zu Beginn dachte.

Weißt du, warum die Brennnessel brennt? Diese Pflanzen haben winzige Stacheln, die sich in deine Haut bohren und anschließend eine Mixtur aus verschiedenen Substanzen abgeben, die binnen Sekunden die Reizübertragung an den empfindlichen Nervenenden in der Haut auslösen. In der Brennnessel enthalten sind beispielsweise folgende wichtige Substanzen: Serotonin, Histamin und Acetylcholin. Serotonin und Acetylcholin können mit dem Nervensystem interagieren. Insbesondere Acetylcholin kann die Reizübertragung auslösen. Zugleich befindet sich in dieser Mixtur Ameisensäure, die einen brennenden Schmerz auslösen kann. An diesen brennenden Schmerz kann man sich gewöhnen. Auch wenn ich bei meinem ersten Kontakt mit Brennnesseln als Kind so getan habe, als würde man mich bei lebendigem Leib sezieren, entwickelte ich mit der Zeit eine recht gute Toleranz für diese Form von Schmerz. Inzwischen kann ich Brennnesseln ohne Probleme anfassen. Es brennt natürlich immer noch und noch immer bekomme ich die typischen Schwellungen, die der Kontakt mit einer Brennnessel auslöst. Aber es macht mir nicht mehr so viel aus. Im Gegenteil sogar. Mit der Zeit passt sich der Körper an diesen Schmerz an und empfindet ihn als entspannend. Der Kontakt zur Brennnessel kann Linderung bei rheumatischen Schmerzen und bei Muskelschmerzen verschaffen.

Brennnessel, © anmbph/Shutterstock.com.

Einmal in meinem Leben wollte ich Brennnesselbaden testen. Das ist etwas für die richtig harten Kerle. Ich gehöre offensichtlich nicht zu denen, weshalb ich diese Sache nur einmal gemacht habe, was mir mehr als gereicht hat. Hierbei zieht man sich aus und schmeißt sich ganz einfach in einen ganzen Haufen voller Brennnesseln, sodass es am ganzen Körper zu Kontakt mit den Brennnesseln kommt. Ein kleiner Tipp am Rande: Deine Hose solltest du anbehalten. Ansonsten wird es überaus unangenehm. Es reicht, wenn du dich mit freiem Oberkörper in die Brennnesseln schmeißt.

Als ich mich in die Brennnesseln gesetzt und diese freudig umarmt hatte, als wären sie meine besten Freunde, kickte die Wirkung sofort rein. Erst einmal fängt dein ganzer Oberkörper an zu brennen. Du wirst den Haufen aus Brennnesseln ziemlich schnell und gerne wieder verlassen. Daraufhin folgen erst mal einige Sekunden von intensiven brennenden Schmerzen, die man ganz einfach aushalten muss. Für ein paar Sekunden lang wirst du das Gefühl haben, dass du mit dem Schmerz überfordert bist. Nach etwa fünf Minuten lassen diese Schmerzen nach und es kommt zu einer ganz besonderen Wirkung. Es fühlt sich an, als ob lauter winzig kleine Akupunkturnadeln überall in deinem Körper stecken würden. Dies hört sich fürchterlich an, fühlt sich aber erstaunlicherweise ziemlich entspannend an. Zugleich setzt ein Gefühl der Euphorie ein. Du bekommst schlagartig gute Laune, wirst hellwach und sehr gesprächig. Körperliche Schmerzen, zum Beispiel Rückenschmerzen oder Gelenkschmerzen, spürst du in diesem Moment keine mehr.

Urplötzlich bekam ich einen starken Motivationsschub. Ich wollte den nachstgelegenen Hügel rauflaufen, jeden einzelnen Stein umdrehen und die beste Dokumentation meines Lebens aufnehmen. Das alles protokollierte ich und hielt es auf Video fest. Im Moment ist dieses Video noch nicht online. Ich bin noch nicht dazu gekommen, es zusammenzuschneiden. Ich bin mir nicht ganz sicher, ob ich es jemals hochladen werde. Wie dem auch sei, an diesem Tag war ich überaus gut gelaunt und euphorisch. Der Körper gerät in einen sehr seltsamen Zustand, der sich allerdings gut anfühlt. Ich setzte meine Exkursion fort und fand noch ein paar interessante Tierarten, die ich fotografierte.

Die darauffolgende Nacht war allerdings weniger euphorisch und spannend. Mein ganzer Oberkörper juckte wie verrückt und ich konnte nicht wirklich einschlafen. Der Juckreiz wurde allmählich so stark, dass ich dem Drang, mich zu kratzen, nicht mehr widerstehen konnte. Ich kratzte mich nicht so sehr, dass ich verletzt war, sondern nur so fest, dass der Juckreiz besser wurde. Du kannst dir gar nicht vorstellen, welch befreiendes Gefühl es ist, sich *endlich verdammt noch mal* kratzen zu können, nachdem man stundenlang diesem Drang widerstanden hat und einen der Juckreiz förmlich verrückt gemacht hat. Dieser Juckreiz ist der Grund dafür, dass ich zukünftig wohl nicht mehr so schnell ein Bad in Brennnesseln einnehmen werde. Würde nicht die darauffolgende Nacht mein ganzer Oberkörper wie verrückt jucken, würde ich es allerdings sofort wieder machen. Die Minuten und Stunden direkt nach dem Brennnesselbad kann ich nur empfehlen.

Die Brennnessel hat aber noch weitere geniale Eigenschaften. Diese Pflanze ist ein regelrechter Alleskönner. Brennnesseln wachsen gerne auf stark eisenhaltigen Böden. Auch die Pflanze selbst beinhaltet viel Eisen und zahlreiche andere wichtige Nährstoffe, zum Beispiel Vitamin A, C und K, Magnesium, Calcium und einige Aminosäuren. Du kannst die Brennnessel zubereiten wie Spinat. Brennnesselspinat schmeckt hervorragend. Im Gegensatz zu normalem Spinat verursacht die Brennnessel nicht dieses nervige pelzige Gefühl auf den Zähnen, das du bekommst, nachdem du Spinat verzehrt hast. Brennnesseln wirken harntreibend und reinigend auf den Körper, auf die Organe und auf den urogenitalen Trakt. Wenn du viele Schuppen in den Haaren hast, deine Kopfhaut häufig juckt und gereizt ist, kannst du mit der Brennnessel einen Tee machen und dir diesen nach dem Haarewaschen über den Kopf schütten. Die Brennnesseln einfach in heißem Wasser ziehen lassen, bis alles abgekühlt ist. Dann das Pflanzenmaterial vom Wasser durch Filtration trennen. Wenn du dir das Zeug nach dem Haarewaschen über den Kopf schüttest, wasch es nicht herunter, sondern lass es kurz einwirken und trockne dir danach die Haare ab. Verzichte auf den Gebrauch von einem Föhn und du wirst staunen, wie wirksam die Brennnessel gegen Kopfhautjucken und gegen Kopfschuppen ist.

Das Tollste an der Brennnessel ist, dass sie relativ weit verbreitet ist, dass sie häufig vorkommt und dass sie sehr schnell wächst. Du kannst Brennnesseln mehrmals pro Jahr ernten. Das Zweittollste an der Brennnessel ist, dass sie kein Schwein anrührt, weil sie brennt, und deswegen noch mehr für dich übrig bleibt.

Die Brennnessel kann dir in vielen Fällen sehr gute Dienste leisten und ist außerdem noch eine sehr schmackhafte essbare Pflanze. Doch bei einem der häufigsten unangenehmen Zustände der modernen Menschheit ist sie leider nicht immer hilfreich. Glücklicherweise bietet uns die Natur hierfür zahlreiche Alternativen, von denen ich dir eine vorstellen möchte.

Die „Anti-Stress-Pflanze"

Jeder von uns hatte schon mal in seinem Leben eine gewisse Zeit, in der er sich wie ein nasser Waschlappen fühlte. Alles wird einem zu viel. Zu viel Arbeit, zu viele Pflichten, zu viel Papierkram, zu viel Stress. Insbesondere wenn du Unternehmer bist, wirst du solche Zeiten immer wieder mal durchleben und bist gezwungen, früher oder später zu lernen, damit umzugehen und eine gute Work-Life-Balance zu organisieren, damit du langfristig leistungsfähig bleiben kannst. Wenn du dies nicht tust, wirst du als Unternehmer früher oder später wieder von der Bildfläche verschwinden. Dann bist du kein UnterNEHMER mehr, sondern ein UnterGEHER.

Ich selbst hatte solche Zeiten des Öfteren im Leben. Je ambitionierter deine Pläne sind, desto größer kann der Aufwand werden, deine Ziele zu erreichen. Manchmal hast du das Gefühl, dass sich deine To-do-Listen bis in die Unendlichkeit erstrecken. Du schaffst nicht alles an einem Tag und musst es deswegen auf den nächsten Tag verschieben. Am nächsten Tag schaffst du wieder nicht alles und verschiebst es auf den übernächsten Tag. Auf diese Weise sammelt sich eine ganze Reihe von Aufgaben an, die du heute unbedingt erledigen solltest, weil du sie eigentlich schon letzte Woche erledigen hättest sollen.

Nicht selten habe ich mich in einem solchen Fall hingesetzt und die gesamte Liste an einem Tag abgearbeitet. Manchmal bin ich um 6:00 Uhr morgens aufgestanden und bis 0:30 Uhr oder noch länger im Büro gesessen, um endlich meine Liste fertig zu bekommen. Oft waren hierfür mehrere solcher intensiver Arbeitstage hintereinander notwendig, wobei auch am Wochenende durchgearbeitet wurde. Wenn ich es dann geschafft hatte, die Liste endlich abzuarbeiten, fühlte ich mich wie nasses Klopapier, das einen Baum hochzuklettern versucht. Man hat einfach keine Lust mehr und ist komplett überarbeitet. Nicht selten meldet sich in solchen Fällen der eigene Körper und die eine oder andere Problemzone beginnt sich zu beschweren.

Stress ist in der heutigen Zeit ein Zustand, der erschreckend weit verbreitet ist und in vielen Fällen bereits früh in der Schule beginnt. Unsere Kinder müssen in die Schule, dort erstmals mehrere Stunden lang hintereinander sitzen und dann noch dem langweiligen Gequatsche von irgendeiner unqualifizierten Lehrperson zuhören, die nicht in der Lage ist, den Stoff, der eigentlich interessant wäre, interessant zu präsentieren. Damit aber nicht genug. Die Schüler bekommen noch Hausaufgaben auf, die sie zu Hause zu erledigen haben. Oft kommen Eltern hinzu, die meinen, ihr Kind müsste zusätzlich noch irgendwelche besonderen Freizeitaktivitäten machen und ein Instrument lernen und was weiß ich was noch alles machen. Während meiner Zeit als Nachhilfelehrer hatte ich immer wieder Schüler, die nicht gut in der Schule waren, weil sie einfach von all den Dingen, die sie zu erledigen hatten, überfordert waren. Einerseits verlangten ihre Eltern, dass sie in der Schule Bestnoten schreiben, während sie sie zugleich noch in den Musikunterricht schickten und sie zwei oder drei weitere Sportarten lernen mussten. Ich hatte oft den Eindruck, dass manche Eltern versuchten, ihre eigenen Lebensträume, die sie sich nicht erfüllen konnten, durch das Leben ihrer Kinder auszuleben.

Der Stress geht in der Regel im Laufe des Lebens weiter und verschlimmert sich zunehmend. Kaum bist du ein ausgebildeter Frischling, solltest du schon eine Erfahrung haben, als ob du mehrere Jahrzehnte lang berufstätig gewesen wärst. Zugleich sollst du aber die Energie und die Motivation eines Achtzehnjährigen haben, und am besten möglichst wenig Geld für deine Arbeit verlangen.

Wäre die Berufswelt nicht schon stressig genug, kommt inzwischen noch dieser ganze bürokratische Scheiß auf einen zu, den wir alle zu erledigen haben, egal, ob wir irgendwo angestellt sind oder nicht. Für jeden Blödsinn brauchst du heutzutage irgendeine Genehmigung und irgendein Formular, das du ausfüllen musst. Dieses Formular bekommst du nur, wenn du dir auf irgendeiner Seite im Internet irgendeinen Account machst, den du aber nur bekommst, wenn du auf drei verschiedenen Ämtern persönlich erscheinst und dort eine oftmals beachtliche Summe an Geld bezahlst, das du dir auch erst verdienen musstest.

Das Beste ist, dass dieser ganze digitale Online-Bürokratie-Quatsch dann oftmals noch nicht mal richtig funktioniert. Dann kannst du irgendeinen Support kontaktieren, den du aber nicht erreichst, weil alle Leitungen verdammt noch mal besetzt sind, weil alle anderen das gleiche Problem haben wie du und deswegen dort anrufen!

So ... Ich musste mich einfach mal richtig auslassen über diese Sache. Mich nervt so etwas ganz einfach inzwischen ... Kurz gesagt: Ich finde, dass alleine unser System schon so organisiert ist, dass Stress vorprogrammiert ist. Jeder ist gestresst. Stress ist zu einem normalen Zustand geworden. Das sollte auf keinen Fall so sein.

Normalerweise ist Stress eine ziemlich gute Erfindung der Natur. Wenn du beispielsweise von einem Raubtier bedroht wirst oder auf der Jagd schnell handeln musst, wird dein Körper Adrenalin und andere Substanzen ausschütten, die dich für eine kurze Zeit leistungsfähiger machen. Zugleich werden andere Prozesse im Körper herab reguliert, weil die Energie in diesem Moment eben für die jeweilige Leistung benötigt wird. Beispiele für solche Prozesse, die durch Stress herab reguliert werden, sind die Aktivität des Immunsystems und die Fähigkeit, kreativ zu denken und zu reflektieren. Wenn du mit Überleben beschäftigt bist, hast du keine Zeit, kreativ zu denken und zu reflektieren. Das Immunsystem ist in einer solchen Situation vorerst ebenfalls nicht sonderlich wichtig. Es kann wieder aktiv werden, sobald sich die Lage beruhigt hat. Normalerweise sollte der Mensch relativ entspannt sein und nur für kurze Zeitabschnitte gestresst sein, bevor er sich dann wieder zurückzieht und sich beruhigt. In der heutigen Zeit wird Stress allerdings zu einem Dauerzustand. Vielfach hast du andauernd das Gefühl, dass du mit einem Kanu auf einem Fluss ruderst und sich hinter dir ein Wasserfall befindet, wodurch du gezwungen bist, permanent zu rudern, anstatt dich mal auszuruhen. Weil Stress eben die Aktivität des Immunsystems und die Fähigkeit zum kreativen Denken blockiert, werden wir anfälliger gegen verschiedene Krankheiten, während wir zugleich viel zu wenig Zeit haben, um über unser Leben nachzudenken. Dadurch können wir uns nicht mehr so leicht und schnell weiterentwickeln. Es ist also ein großer Vorteil, wenn du Methoden findest, Stress zu reduzieren.

Eine dieser Methoden ist die Nutzung der Anti-Stress-Pflanze, die ich dir in diesem Abschnitt vorstelle. Die Pflanze, von der ich spreche, trägt den Name *Valeriana officinalis*, oder kurz einfach nur „Baldrian“. Der Baldrian ist eine Pflanze, die vor allem in gemäßigten Klimazonen Europas und Asiens heimisch ist. Er wächst bevorzugt in feuchten, gut drainierten Böden in Wäldern, auf Wiesen und an Flussufern. Baldrian kann auch in Nordamerika gefunden werden, wo er eingeführt wurde. Diese Pflanze ist recht anspruchslos und kann in Gärten kultiviert werden, solange sie genug Feuchtigkeit und einen halbschattigen bis sonnigen Standort erhält. Diese Pflanze ist in der heutigen Zeit ein wahres Geschenk von Mutter Natur, das dein Leben verändern kann.

Der Baldrian ist essbar. Du kannst die jungen Blätter der Pflanze ab einer gewissen Mindesthöhe von etwa fünfzig Zentimeter einfach ernten und direkt verzehren. Vor allem aber ist die Wurzel dieser Pflanze sehr wertvoll. Die Wurzel ist ebenfalls essbar. Diese solltest du allerdings vorher sehr gründlich reinigen und zumindest kurz mit heißem Wasser behandeln. Denn alles, was sich direkt auf oder im Boden befindet, kann bestimmte Parasiten beinhalten, die du dir nicht einfangen willst.

Baldrian ist eine ausdauernde (mehrjährige) Pflanze, die typischerweise zwischen 1 und 1,5 Meter hoch wächst. Die Blätter sind gegenständig angeordnet und haben eine gefiederte Struktur. Die einzelnen Blattsegmente sind schmal und haben eine leicht gezähnte oder glatte Kante. Baldrianblüten sind klein, zart und meistens weiß. Sie bilden dichte, schirmartige Blütenstände, die im Frühsommer erscheinen. Die Blütenstände sind oft hoch und stehen über dem Blattwerk. Baldrian ist häufig in Wiesen, lichten Wäldern und entlang von Wasserläufen zu finden. Am einfachsten erkennst du den Baldrian an seinem charakteristischen Geruch der Wurzeln. Dieser Geruch ist schwer zu beschreiben. Er erinnert ein wenig an Erde und wirkt scharf und frisch. Nicht alle Leute mögen den Geruch dieser Pflanze. Manche finden ihn eklig. Wenn du dir einmal eine Baldriantinktur in der Apotheke gekauft und verwendet hast, wirst du den Baldrian an seinem Geruch erkennen. Die oben genannte Beschreibung soll dir helfen, den Baldrian zu erkennen. Ich empfehle dir allerdings, dass du dich mit dieser Pflanze ausgiebig befasst und dir Bilder im Internet anschaust. Am besten ist es, wenn man die Pflanzen selber in der Natur sucht und identifiziert. Falls notwendig, sollte man sich hierbei von einer pflanzenkundigen Person helfen lassen. Auch ich habe nicht alles selbstständig gelernt, sondern den einen oder anderen Botaniker oft nach Auskunft gefragt.

Der Baldrian ist für seine beruhigende Wirkung bekannt. Wenn du abends Probleme mit dem Einschlafen hast, kannst du ein Präparat aus Baldrian verwenden. Du kannst mit der Pflanze einen Tee oder eine Tinktur machen. In manchen Fällen kann man Baldrian in der Apotheke als Kapseln kaufen. Ich selber habe die Erfahrung gemacht, dass die Wirkung am besten ist, wenn man die Pflanze selber in der Natur gesammelt hat. Warum das so ist, erkläre ich dir am Ende dieses Kapitels noch genauer.

Die beruhigende Wirkung des Baldrians ist auf die Gesamtheit seiner Inhaltsstoffe zurückzuführen, von denen unter anderem die Lignane und Sesquiterpene zu den wichtigsten zählen. Einige der Bestandteile dieser Pflanze modulieren unter anderem die Aktivität der GABA-Rezeptoren auf eine sanfte Art und Weise, was zur beruhigenden Wirkung beiträgt. Falls du nicht weißt, was GABA-Rezeptoren sind und welche Funktion sie in unserem Körper haben, empfehle ich dir, den Abschnitt „Verwandlung in ein Tier" zu lesen.

Der Baldrian hilft dir nicht nur, besser einzuschlafen. Wenn du aus irgendeinem Grund gestresst bist, kann dir Baldrian helfen runterzukommen. Es ist erstaunlich, wie schnell sich der Zustand verbessert, wenn man Baldrian benutzt. Auch wenn dich etwas extrem aufregt und du wütend bist, kannst du Baldrian verwenden. Wenn dir der Baldrian alleine nicht reicht, kombiniere ihn mit dem Johanniskraut. Dabei solltest du natürlich jederzeit auf die richtige Dosierung achten und nicht einen ganzen Heulader voller Baldrian in dich hineinstopfen, bloß weil du gestresst bist.

Dadurch, dass dir der Baldrian zu einem besseren Schlaf verhilft und außerdem den Stress reduziert, wirkt er sich auf eine vielfältige Art und Weise positiv auf deinen ganzen Körper aus. Durch die Reduktion des Stresslevels kann das Immunsystem wieder vernünftig arbeiten und die kreativen Gedanken kommen zu einem zurück. Durch die verbesserte Schlafqualität wird dein Immunsystem zusätzlich gestärkt und deine Leistungsfähigkeit wird gesteigert.

Baldrian, © Ole Schoener/Shutterstock.com.

Du kannst Baldrian einfach so verzehren und ab und zu, wenn du gestresst bist oder nicht schlafen kannst, die Pflanze entweder in Form von einem Tee oder von einer Tinktur nutzen. Allerdings solltest du Heilpflanzen nicht durchgehend verwenden. Nutze sie, wenn du sie brauchst.

Viele Heilpflanzen kann man auch dann nutzen, wenn einem nichts fehlt. Wichtig ist nur, dass du nicht eine einzelne Pflanze permanent in großen Mengen konsumierst. Dadurch bewegst du dich nämlich von deinem natürlichen Zustand weg. Unser natürlicher Zustand sieht es vor, dass wir verschiedene Pflanzen auf unserem Weg durch die Natur konsumieren, uns also nicht auf eine einzige Art fixieren und diese in einer überdurchschnittlich hohen Menge zu uns nehmen. Dies gilt nicht nur für Heilpflanzen, sondern für alles Essbare. Wenn du dich ausschließlich von Fleisch ernährst und davon auch noch überdurchschnittlich viel isst, wird dies nicht gesund sein. Wenn du nur mehr Äpfel und Bananen isst, wird sich auch dies negativ auf deinen Körper auswirken, selbst dann, wenn Äpfel und Bananen eigentlich gesund sind.

Desinfektionsmittel selber herstellen

Kaum eine Pflanze hat mir schon so viele gute Dienste erwiesen wie der Spitzwegerich (*Plantago lanceolata*). Der Spitzwegerich ist eine weitere Pflanze, an der die Menschen vorbeilaufen, ohne ihren Wert zu kennen. Noch dazu ist er sehr häufig und auch noch relativ leicht zu bestimmen. Die meisten Leute verstehen nicht, welch großartigen Mehrwert diese Pflanze zu bieten hat. Stattdessen wird sie, falls sie überhaupt Beachtung findet, als Unkraut bezeichnet und von vielen Gärtnern entfernt, damit ihre schönen, hochgezüchteten, jedoch vielfach nutzlosen Zierpflanzen genügend Freiraum haben.

Das Wichtigste vorab: Die Pflanze ist essbar. Du kannst die jungen Blätter des Spitzwegerichs mit einem Messer ernten, klein schneiden und mit etwas Olivenöl, Zitrone, Salz und Pfeffer wie einen Salat essen. Alleine das wäre eigentlich schon mehr als genug Grund, diese Pflanze zu würdigen. Doch ist dies bei Weitem noch nicht alles. Der Spitzwegerich ist nämlich auch noch eine exzellente Heilpflanze. Er beinhaltet verschiedene Substanzen, die antimikrobiell wirken. Auf diese Weise kann er sich als hilfreich bei der Behandlung von Infektionen erweisen. Außerdem scheint die Pflanze eine antivirale und eine entzündungshemmende Wirkung zu besitzen. Zudem beinhaltet der Spitzwegerich weitere bioaktive Komponenten, von denen einige sogar eine Wirkung gegen Tumoren aufweisen.

Ich selbst habe den Spitzwegerich schon mehrere Male erfolgreich gegen potenzielle bakterielle Infektionen eingesetzt. So war ich beispielsweise mal in einem sehr interessanten Tal unterwegs, an dessen Seiten sich hohe Felswände emporzogen. Zwischen den Felswänden führte ein Bach hindurch und ich wollte unbedingt wissen, wie die Gegend aussieht, aus der dieser Bach kommt. Hierzu musste ich eine schmale Schlucht durchqueren. Weil sich am Ende der Schlucht ein kleiner Wasserfall befand, waren sämtliche Felsen innerhalb der Schlucht nass und mit Moos überwachsen. Alles war extrem rutschig und es dauerte nicht lange, bis ich ausrutschte und stolperte. Dabei flog ich mit meinen Händen voraus in einen Dornenbusch. Es steckten mehrere schmutzige Dornen in meiner Hand. Schon nach wenigen Minuten fingen die Stiche an ziemlich stark zu schmerzen. Alles fühlte sich irgendwie nicht wie ein normaler Stich von einem Dornenbusch an. Noch am selben Tag vor Einbruch der Dunkelheit entzündeten sich die betroffenen Stellen und meine Hand färbte sich rot, was ein Zeichen dafür war, dass es zu einer Infektion gekommen war und dass sich die Stelle entzündet hatte. Ich hätte nun zum Arzt gehen können, um mir ein Antibiotikum verschreiben

Der Spitzwegerich ist ein kleiner Alleskönner aus der Pflanzenwelt, © LFRabanedo/Shutterstock.com & © Orest lyzhechka/Shutterstock.com.

zu lassen. Allerdings bevorzuge ich es, mich selbst zu therapieren, wann immer es möglich ist. Also ging ich kurz nach draußen und sammelte ein paar Blätter des Spitzwegerichs, die ich mit einem Mörser zerrieb und anschließend auf die betroffenen Stellen legte. Zugleich wickelte ich einen Verband um die ganze Sache herum und ließ alles eine Nacht lang einwirken.

Schon am nächsten Tag schien sich die Entzündung deutlich gebessert zu haben. Die Stellen waren nicht mehr ganz so rot und auch die Schmerzen waren innerhalb einer Nacht deutlich zurückgegangen. Eine zweite Behandlung war nicht notwendig. Sicherlich hatte auch mein Körper bzw. mein Immunsystem seinen Beitrag dazu geleistet. Doch der Spitzwegerich könnte den Unterschied machen, ob es zu einer Infektion kommt oder ob alles spurlos wieder abheilt.

Den Spitzwegerich kannst du noch auf verschiedene andere Arten und Weisen benutzen. Sehr hilfreich ist er bei Insektenstichen. Wenn du beispielsweise von einer Mücke, einer Biene oder einer Wespe gestochen wurdest, kannst du die Blätter des Spitzwegerichs zerreiben und anschließend auf die betroffene Stelle auflegen. Das Ganze für ein paar Stunden einwirken lassen. Innerhalb kurzer Zeit wirst du merken, dass der Spitzwegerich bei Insektenstichen sehr wohltuend wirken kann.

Wenn du erkältet bist, kannst du mit dem Spitzwegerich einen Tee machen, den du zum Gurgeln oder ganz normal zum Trinken verwenden kannst. Wenn du etwas Salz in die gesamte Mischung gibst, sodass du ungefähr eine isotonische Kochsalzlösung erhältst, kannst du dir mit dem Spitzwegerichtee die Augen und die Nase ausspülen und dir dadurch Linderung bei Schnupfen oder Bindehautentzündung verschaffen.

Für den Fall, dass du Spitzwegerich nicht immer zur Verfügung hast, kannst du eine Tinktur herstellen. Hierzu nimmst du einfach die Blätter des Spitzwegerichs, die du anschließend fein aufschneiden und in ungefähr achtzig- bis neunzigprozentigen Alkohol für etwa sechs Wochen an einem dunklen Ort liegen lässt. Danach filterst du das Pflanzenmaterial heraus und hast deine Tinktur, in der die wichtigsten Inhaltsstoffe der Pflanze konserviert sind. Eine solche Tinktur kannst du ebenfalls bei Erkältung einsetzen. Wenn du Ohrenschmerzen hast, gibst du ein paar Tropfen der Tinktur auf ein wenig Watte und platzierst sie in deinem Ohr, um Ohrenschmerzen auf Dauer zu lindern. Außerdem kannst du die Spitzwegerichtinktur als Desinfektionsmittel verwenden. Auch wenn der Alkohol selbst bereits desinfizierend wirkt, können die Inhaltsstoffe des Spitzwegerichs die antiseptische Wirkung des Gemisches deutlich verstärken.

Noch ein kleiner Tipp am Rande: Wenn du keinen Spitzwegerich zur Verfügung hast, kannst du Zwiebeln verwenden, um Infektionen vorzubeugen. Wenn du dich an einem Dornenbusch verletzt hast oder eine andere Form der Entzündung hast, kannst du klein gehackte Zwiebeln auf die betroffene Stelle auflegen und über Nacht einwirken lassen. Am nächsten Morgen wirst du möglicherweise selber wie eine Zwiebel riechen. Dafür wirst du allerdings von einer möglichen Infektion mit größerer Wahrscheinlichkeit bewahrt werden.

Heilpflanzen: Eine neue Lebensweise

Pflanzen sind eine wunderbare Sache. Sie sind ein Geschenk der Natur, das wir auf unglaublich viele verschiedene Arten und Weisen nutzen könnten, wenn wir nur wüssten, wie es geht. Die meisten von uns haben vergessen, welch unglaubliches Potenzial in verschiedenen Pflanzen steckt. Stattdessen laufen wir wie ein Pferd mit Scheuklappen an den verschiedensten Pflanzen vorbei und nehmen sie nicht einmal wahr. Ich bin immer wieder schockiert, dass manche Leute Pflanzen noch nicht einmal so richtig als Lebewesen betrachten, sondern sie viel eher als ein Teil des Landschaftsbildes sehen.

Wenn du als Unwissender hinaus in die Natur gehst, wirst du nur ein paar Steine, Hügel und vielleicht einen Haufen Grünzeug sehen. Wenn du dich aber mit dieser ganzen Sache auseinandersetzt und die verschiedenen Pflanzen kennenlernst, wirst du schnell sehen, auf wie viele verschiedene Arten du von der Natur profitieren kannst. Dann wirst du nicht mehr nur eine Landschaft mit ein wenig Grünzeug vor dir haben, sondern einen reichlich gedeckten Tisch, eine Werkzeughalle und eine Apotheke zugleich.

Ich kann es gar nicht oft genug betonen, wie wichtig es ist, dass wir wieder unseren Weg zurück zur Natur finden. Tagtäglich verbringen wir Zeit vor dem Smartphone oder vor dem Computer, gehen viel zu spät ins Bett und bewegen uns zu wenig. Unsere mangelhafte Ernährungsweise gibt uns dann noch den Rest. Alles muss immer auf Hochglanz poliert und gekocht sein. Wenn wir aber immer nur diese sterilisierten Lebensmittel zu uns nehmen, verwehren wir unserem Körper den wichtigen Kontakt zu verschiedenen Mikroorganismen, die für unser Immunsystem sehr wichtig wären. Solche Mikroorganismen müssen uns nicht immer gezwungenermaßen krank machen. Viele von ihnen sind für unser Immunsystem ein wichtiges Training, das notwendig ist, damit es richtig funktioniert. Wenn wir unserem Immunsystem den engen Kontakt zur Natur verweh ren, arbeitet es nicht mehr richtig. Es wird zu einer Art Diva, die wegen jeder Kleinigkeit gleich losheult und in Panik gerät. Dann kommt es beispielsweise zu bestimmten Autoimmunerkrankungen oder Allergien. Unser Körper hat Millionen Jahre an Evolution hinter sich, in denen er sich an den Kontakt mit seiner Umwelt angepasst hat. Im Laufe der Evolution hat sich ein komplexes Band aus verschiedenen Interaktionen gebildet, die unser Körper mit unserer Umwelt eingeht. Durch unsere moderne Lebensweise wird dieses Band nun teilweise oder oft sogar gänzlich durchtrennt. Viele der notwendigen Interaktionen finden nicht mehr statt und unsere Körper werden gebrechlich.

Aus diesem Grund ist es wichtig, dass wir wieder mehr Kontakt zur Natur suchen. Ein Weg, diesen Kontakt zu verstärken, ist, verschiedene Lebensmittel in einer möglichst naturbelassenen Form zu konsumieren. Nun laufen viele von uns in den Supermarkt und kaufen sich irgendwelches Obst oder Gemüse und denken dann, dass sie jetzt naturnah leben würden, weil sie Obst und Gemüse statt Fischstäbchen essen. Tatsächlich ist aber vieles von dem Pflanzenmaterial, was wir im Supermarkt zu kaufen bekommen, bereits eine ganze Ecke weit entfernt von der Natur. Die meisten Obst- und Gemüsesorten, die wir heute kaufen können, wurden im Laufe von Jahren hochgezüchtet. Die Pflanzen werden auf maximale Leistung gezüchtet. Die Früchte müssen schön groß und prall sein. Sie müssen möglichst viel Farbe haben und möglichst makellos sein. Die meisten dieser Pflanzen würden in freier Wildbahn noch nicht einmal mehr überleben, weil sie genetisch dazu nicht mehr in der Lage wären. Solche Pflanzen werden in der Regel innerhalb kurzer Zeit zugrunde gehen, weil sie mit dem Nährstoffangebot nicht zurechtkommen oder von Schädlingen befallen werden, gegen die sich wildlebende Pflanzen ohne Probleme behaupten können. So etwas ist weit entfernt von dem, was ich als natürlich bezeichnen würde.

Anstatt Früchte von hochgezüchteten Pflanzen aus pestizidverseuchten Monokulturen zu konsumieren, sollten wir mehr von dem konsumieren, was uns die Natur liefert. In der freien Wildbahn wachsen jede Menge verschiedene essbare Wildkräuter. Im Laufe der Zeit haben die meisten von uns allerdings vergessen, dass man diese Pflanzen ebenso gut nutzen kann wie das, was man im Supermarkt kaufen kann. Es ist vielleicht nicht so auf Hochglanz poliert und erscheint dadurch auf den ersten Blick minderwertig. Manchmal hat es Flecken und manchmal schmeckt es ein wenig anders als das, was wir aus unserer künstlichen Nahrungszufuhr gewohnt sind.

Viele Wildkräuter schmecken beispielsweise ein wenig scharf oder bitter, weshalb wir sie nicht mehr essen wollen. Aus vielen Nutzpflanzen, die auf unserem Salatteller landen, wurden diese Bitterstoffe herausgezüchtet. Dabei sind es oft genau solche Bitterstoffe, die unser Körper im wahrsten Sinne des Wortes „bitter" nötig hätte. Unsere Vorfahren waren Allesfresser. Ihre Körper waren bestens auf das Nahrungsangebot ihres natürlichen Umfeldes kalibriert. Die in vielen Wildkräutern enthaltenen Bitterstoffe mögen zwar nicht unbedingt grandios schmecken, dafür setzen sie allerdings im Körper eine ganze Reihe von sehr wichtigen Signalwegen in Gang. Besonders wichtig sind Bitterstoffe beispielsweise für eine gute Verdauung. Sobald wir etwas Pflanzliches zu uns nehmen, das Bitterstoffe beinhaltet, wird der Speichelfluss gesteigert und unser Verdauungstrakt produziert alle wichtigen Enzyme und Komponenten, damit die Verdauung so gut wie möglich stattfindet. Auf diese Weise kann unser Körper der aufgenommenen Nahrung die Nährstoffe sehr viel besser entziehen. Dies führt zu einer verbesserten Versorgung des Körpers und damit zu einer verbesserten Funktionalität. Interessant ist, dass du nach einiger Zeit eine Art Instinkt entwickelst, wodurch sich ein natürliches Bedürfnis entfaltet, hin und wieder mal Bitterstoffe zu dir zu nehmen. Wildlebenden Tieren ist dieses Verhalten angeboren, weshalb viele von ihnen von Zeit zu Zeit instinktiv bittere Kräuter verzehren.

Die auf den Pflanzen befindlichen Mikroorganismen werden ebenfalls von unserem Körper aufgenommen und erkannt, sofern wir die Pflanze nicht vorher durch Kochen sterilisieren. Diese Mikroorganismen sind ein ideales Training für unser Immunsystem, damit unser Körper widerstandsfähig wird. Außerdem sind die Nährstoffe in vielen essbaren Wildkräutern im richtigen Verhältnis vorhanden, weil Wildkräuter für gewöhnlich genau dort wachsen, wo die Bedingungen am besten sind. Die Wildkräuter mögen dadurch nicht so prall gefüllt und nährstoffreich erscheinen. Doch in dieser Hinsicht zählen die inneren Werte wesentlich mehr. Von den Wildkräutern wirst du wesentlich weniger essen müssen, um die wichtigen Nährstoffe in einer angemessenen Menge zu erhalten, als wenn du dich von künstlich hochgezüchtetem Pflanzenmaterial ernähren müsstest.

Wenn du dich eine Zeit lang mit Wildkräutern beschäftigst, wirst du sehen, dass so ziemlich jedes Kraut gegen irgendwelche Symptome helfen kann. Das eine ist gut für die Verdauung, das andere ist gut für die Konzentration, das nächste unterstützt die Aktivität des Nervensystems und das übernächste sorgt dafür, dass du in der Nacht besser schlafen kannst. Die meisten essbaren Wildkräuter kann man deswegen zusätzlich als Heilpflanzen bezeichnen.

Du musst nicht erst warten, bis dir irgendetwas fehlt, damit du von essbaren Wildkräutern bzw. von Heilpflanzen profitieren kannst. Viele dieser Pflanzen kannst du im rohen Zustand direkt verzehren und wirst schon nach kurzer Zeit von ihrer Wirkung erstaunt sein.

Als ich angefangen habe, vermehrt Pflanzen zu essen, die ich in der freien Natur gefunden habe, war ich überwältigt, welch positive Veränderung dies in meinem Leben bewirkte. Plötzlich schien alles irgendwie besser zu funktionieren. In der Nacht konnte ich besser schlafen. Meine Verdauung lief besser. Chronische Entzündungen haben sich entweder extrem gebessert oder sind teilweise sogar gänzlich verschwunden. Ich konnte mich besser konzentrieren und hatte nicht mehr das Gefühl, am Ende des Tages ausgelaugt zu sein. Ich war bedeutend besser gelaunt und sehr viel lebhafter.

Dies wirkte sich positiv auf mein soziales Umfeld aus. Der Konsum von essbaren Wildkräutern hat mein Leben verändert und markiert in meinem Leben einen „Vorher/Nachher-Punkt".

Die Erfahrung, dass plötzlich alles besser läuft, wenn ich nur ein bisschen mehr von dem konsumiere, was mir die Natur zur Verfügung stellt, führte zu einem regelrechten Lebenswandel. Ich fühlte mich viel verbundener mit meiner Umwelt und war einfach glücklicher.

Lieber Leser, wenn du nur eine einzige Sache aus diesem Buch mitnehmen kannst, so möchte ich, dass du Folgendes in seiner Tiefe begreifst: Es gibt keine Grenze zwischen Mensch und Natur. Wir sind ein Teil der Natur. Wir sind die Natur. Versuche dich den Regeln der Natur anzupassen und danach zu leben und du wirst bedeutend besser leben, als wenn du das Gegenteil von alledem machst. Gegen die Natur zu leben heißt, gegen sich selbst zu leben.

Das tiefe Verständnis rund um verschiedene Heilkräuter und andere Wildkräuter hat dazu geführt, dass ich ein wesentliches Maß an Unabhängigkeit in mein Leben bringen konnte. Im Sommer versuche ich so viele Kräuter wie möglich zu konsumieren. Im Winter benutze ich Tinkturen oder getrocknete Kräuter.

Wenn ich Schmerzen habe, verwende ich Johanniskraut oder Silberweide. Wenn ich Verdauungsprobleme habe, benutze ich die Schafgarbe. Wenn mich mal wieder irgendein Tier erwischt hat oder ich mich auf irgendeine Art und Weise verletzt habe, benutze ich den Spitzwegerich, um Entzündungen vorzubeugen. Es gibt da draußen gegen extrem viele Symptome ein geeignetes Kraut. Das alles ist kostenlos. Es kostet dich nur deine Zeit, die du aufwenden musst, um die einzelnen Pflanzen zu lernen und sie zu suchen. Mehr musst du nicht machen. Zu Ärzten gehe ich inzwischen nur mehr, wenn ich irgendein Problem habe, das ich nicht mit meinen Kräutern lösen kann. So musste ich beispielsweise vor ein paar Monaten einen Leistenbruch operieren lassen. So etwas kann natürlich keine Heilpflanze regeln. Aber trotzdem wird einem das Wissen über verschiedene Heilpflanzen so manchen Arztbesuch ersparen können.

An dieser Stelle bin ich natürlich dazu verpflichtet, dir zu sagen, dass die Empfehlungen in diesem Buch keine medizinischen Ratschläge darstellen und auch kein Ersatz für eine ärztliche Behandlung, Betreuung oder Therapie sind. Ich bin dazu nicht befugt, weil ich kein Arzt bin und weil unsere Gesellschaft der Meinung ist, dass jemand, der nicht ein abgeschlossenes Medizinstudium hat, automatisch in Bezug auf Medizin nichts zu sagen hat.

Ich bin allerdings sehr wohl dazu befugt, hier in diesem Buch meine Meinung zu sagen. Und meine Meinung ist, dass manche Ärzte besser in einer Metzgerei aufgehoben wären, weil dort schon alles tot ist, wodurch sie weniger Schaden anrichten können, als wenn man sie in einem Krankenhaus auf lebendige Menschen loslässt. Außerdem bin ich dazu befugt, meine Erfahrungen in diesem Buch mit dem Leser zu teilen. Ich habe schon des Öfteren die Erfahrung gemacht, dass Ärzte oftmals selber keinen Plan haben. In manchen Fällen verdankt ein Patient seine Genesung nicht dem Arzt, sondern einzig und allein der Fähigkeit seines Körpers, von alleine wieder gesund zu werden. Ganz besonders lächerlich wird es, wenn du als Patient dem Arzt erst mal erklären musst, wie er gewisse Signale des Körpers zu interpretieren hat. Dabei kommt so manche Eitelkeit durch ein gekränktes Ärzte-Ego zum Vorschein. Dass ich als Biologe in manchen Fällen möglicherweise sogar ein wenig mehr zu sagen hätte als ein Mediziner, weil die Biologie die Mutter der Medizin ist, lassen wir jetzt mal außen vor.

Ich will aber nicht alle Ärzte über einen Kamm scheren. Ich kenne sehr gute und kompetente Ärzte. Der Grund, weshalb ein „Nicht-Mediziner“ nicht befugt ist, medizinische Aussagen zu treffen, ist, dass wir in dieser Welt leider sehr viele Dummschwätzer haben, die sich für wesentlich klüger halten, als sie wirklich sind und weil ein medizinischer Ratschlag in bestimmten Fällen über Leben und Tod entscheiden kann. Durch eine solche Gesetzgebung verhindert man, dass zumindest einige dieser Scharlatane ihr Unwesen treiben und Menschen durch ihre Unfähigkeit schädigen. Allerdings verbietet man dadurch auch jenen Menschen das Wort, die sich ernsthaft mit einer Thematik intensiv beschäftigen und zu gewissen Themen möglicherweise deutlich mehr Wissen akkumuliert haben als so mancher Arzt.

Die Kraft von bestimmten Heilpflanzen wird leider vielfach immer noch extrem unterschätzt. Wir denken immer, dass wir von irgendeinem Arzt irgendwelche Pillen verschrieben bekommen müssen, um wieder gesund zu werden. Doch sehr oft wächst das Heilmittel direkt hinter unserem Haus und wir müssen uns nur die Mühe machen, es kennenzulernen, es zu ernten und zu lernen, wie man es richtig benutzt.

Hättest du dir beispielsweise gedacht, dass es Pflanzen gibt, die bei einer Vergiftung durch einen Schlangenbiss eingesetzt werden und sich hierbei als durchaus hilfreich erweisen können? Sicherlich ist die Behandlung mit einem Antivenin bei einem Unfall mit einer hochgiftigen Schlange einer Heilpflanze vorzuziehen. Aber mal angenommen, du hast keinen Zugang zu Antivenin. In einem solchen Fall kann dir die richtige Heilpflanze wenigstens Linderung verschaffen und vielleicht sogar die Situation gerade mal so weit verbessern, dass du knapp am Tod vorbei driftest und am Leben bleibst. Die richtige Heilpflanze kann dir in einer solchen Situation gerade mal so viel zusätzliche Lebenszeit verschaffen, die du benötigst, um in ein Krankenhaus zu gelangen. Im nächsten Kapitel werde ich dir von einer eigenen Erfahrung mit Schlangen erzählen, in der mich die richtige Pflanze möglicherweise vor sehr viel Ärger bewahrt hat. Zugleich gehen wir jetzt zu meinen Lieblingstieren über: Schlangen.

Noch mehr Schlangen-Storys

Die guten alten Schlangen ... Jene Tiere, mit denen meine lebenslange Entdeckungsreise durch die Natur begonnen hat. Zu diesen Tieren empfinde ich eine sehr seltsame und zugleich tiefe spirituelle Verbindung. Schlangen haben irgendetwas an sich, das eine sehr positive Wirkung auf mich hat. Wann immer ich mit Schlangen arbeite, bin ich ruhig und gelassen. Viele negative Gedanken, aber auch bestimmte körperliche Beschwerden scheinen sich in Luft aufzulösen, wann immer ich mit Schlangen zu tun habe. Schlangen wirken sich wie Balsam auf meinen seelischen Zustand aus. Selbst dann, wenn ich mal einen Scheißtag habe, geht es mir gut, wenn ich mit diesen Tieren arbeite. Das Wohlbefinden, das diese Tiere alleine durch ihre Anwesenheit in mir auslösen, resultiert aus der Verbindung, die ich zu den Schlangen habe. Die meisten Leute verstehen nicht, wie stark diese Bindung ist oder weshalb sie überhaupt besteht. Noch nicht mal ich selbst kann die Natur der Bindung zu diesen Tieren zur Gänze erklären.

Mit 23 Jahren lernte ich einen buddhistischen Mönch namens Jovan kennen, der an die Reinkarnation der Seele glaubte und immer scherzhaft behauptete, dass ich wohl im vorherigen Leben eine Schlange gewesen sein muss und dass wohl bei der Reinkarnation ein bisschen zu viel davon mit in dieses Leben gekommen ist.

Jovan beeindruckte mich, weil er die Ruhe in Person war, während ich ein regelrechter Hitzkopf war, der oftmals schon bei der kleinsten Störung in die Luft ging, als ob er Nitroglycerin im Blut hätte. Ich traf mich mit Jovan oft in den Abendstunden nach den Vorlesungen und wir spazierten gemütlich durch ein Waldgebiet neben der Universität, auf der ich studierte. Wir philosophierten manchmal stundenlang über Gott und die Welt, über das Universum und über die ganzen Probleme der Menschen.

Während ich einen wissenschaftlich-analytischen Ansatz verfolgte, gewisse Dinge zu verstehen oder gewisse Probleme zu lösen, trat Jovan mit einer erstaunlichen Lockerheit an die Dinge heran. An einem gewissen

Abend lernte ich dank ihm und dank den Schlangen eine weitere wichtige Lektion fürs Leben.

Zu dieser Zeit hatte ich eine Freundin, nennen wir sie mal Katja. Katja war das, was sich die meisten Männer unter einem attraktiven Model vorstellen würden. Sie war eine schlanke und zierliche Erscheinung mit langen braunen Haaren und dunkler Haut. Wann immer ich mit ihr unterwegs war, drehten sich die Herren nach ihr um und ich lachte mir heimlich ins Fäustchen und dachte mir: „Tja, du willst sie … Ich *hab'* sie …"

Wir verbrachten viel Zeit miteinander und ich war für sie eine Art „Crocodile Dundee", der keine Angst vor wilden Tieren hatte und wusste, wie man in der freien Wildbahn überlebt. Die ganze Sache hatte allerdings einen Haken.

Katja sah zwar gut aus, doch hatte sie gewisse Eigenschaften, mit denen ich nicht klarkam. Sie war extrem eifersüchtig und unterstellte mir nicht selten, dass ich irgendwelche Dinge mit anderen Frauen gemacht haben soll, die in Wirklichkeit nie passiert sind. Zugleich traf sie selbst sich allerdings immer wieder mit irgendwelchen komischen Typen, die angeblich gute „Freunde" gewesen sein sollen. Allmählich kam ich dahinter, was sie mit diesen guten Freunden sonst noch so alles gemacht hat. Als ich sie zur Rede stellte, gestand sie mir erstaunlicherweise, dass sie mich während unserer Beziehung mehrmals betrogen hatte.

Eine unglaubliche Wut kam in mir hoch und ich sagte ihr, dass sie sich aus meinem Leben verpissen und mich nie wieder ansprechen soll. Zugleich drückte ich ihr ihre Sachen in die Hände, die sie bei mir noch rumliegen hatte, und verabschiedete mich von ihr mit einem gepflegten „Hier hast du deinen Scheiß und jetzt hau ab". Anschließend knallte ich die Tür vor ihr zu und kniete mich frustriert auf den Boden.

Der darauffolgende Abend fühlte sich an wie eine noch nie dagewesene Achterbahnfahrt der Gefühle. Ich war traurig, enttäuscht und wütend zugleich. All das Vertrauen, das ich ihr entgegengebracht hatte, die ganze Zeit, die ich in diese Beziehung investiert hatte, die unzähligen Fehler, die ich ihr immer wieder und wieder verziehen hatte … Die ganzen schönen Momente, die wir gemeinsam hatten. All das war plötzlich für die Mülltonne.

Ich steigerte mich immer tiefer und tiefer in diese ganzen Emotionen hinein, bis ich allmählich einen Wutanfall bekam und erst mal einen Stuhl quer durch meine Wohnung pfefferte. Die Wut verflog allerdings nicht, sondern wurde nur noch größer. Laut fluchend ging ich in den Trainingsraum und schlug mit aller Kraft auf einen Sandsack ein, bis mich die körperliche

Erschöpfung in die Knie zwang, wobei die Wut in meiner Brust weiter brannte wie ein Feuer. Als ich merkte, dass die Prügelei mit dem Sandsack nichts brachte, machte ich das, was ich immer machte, wenn ich in einen solchen Gefühlszustand kam: Ich setzte mich vor meine Terrarien und beobachtete meine Schlangen. „Falsche Schlange, von wegen … So falsch wie die Menschen könntet ihr nie sein …", murmelte ich wütend vor mich hin, während ich zugleich beobachtete, wie sich die Schlange elegant und lautlos durch das Geäst der Pflanzen in ihrem Terrarium bewegte. Immer wieder mal blieb sie kurz stehen, züngelte und kletterte dann weiter an ihrer Pflanze herum. Ihre gleichmäßigen und ruhigen Bewegungen hatten etwas Hypnotisches an sich und ich merkte, wie ich mich allmählich wieder entspannte. Die Ruhe, die die Schlange ausstrahlte, ging auf mich über. Als ich die Tür des Terrariums öffnete, verharrte die Schlange für paar Sekunden regungslos im Geäst der Terrarienpflanzen, bevor sie weiter hin und her kletterte. Immer wieder blieb sie kurz stehen, blickte zu mir rüber und züngelte. Allmählich wurde ich von der Müdigkeit übermannt. Ich verschloss die Schiebetür des Terrariums und ging ins Bett.

Am nächsten Tag musste ich auf die Uni fahren, weil wir eine wichtige Lehrveranstaltung hatten, bei der Anwesenheitspflicht herrschte. Konzentrieren konnte ich mich so gut wie gar nicht. Andauernd schossen Gedanken durch meinen Kopf, zum Beispiel: „Wie konnte sie nur? Was fällt ihr überhaupt ein? Wozu habe ich mir überhaupt diese ganze Mühe gemacht? So eine verlogene …"

Tagsüber konnte ich mich noch ein wenig durch die Gespräche mit meinen Kommilitonen ablenken. Doch nach der Uni musste ich zurück in meine Zweitwohnung, die sich neben der Uni befand. Es dauerte nicht lange, bis wieder die Gedanken an Katja aufkamen. Das Problem war nun, dass meine Schlangen bei mir zu Hause waren und nicht hier in meiner Zweitwohnung. Weil es gerade Winter war, konnte ich nicht einfach irgendwie in die Natur gehen und Zeit mit Schlangen verbringen. Die Gedanken wurden immer intensiver und die Wut entfachte sich wieder aufs Neue in mir. Obwohl ich zu dem Zeitpunkt keinen Zugang zu Schlangen hatte, gab es in der Nähe der Universität jemand anderen, der mich vielleicht auf andere Gedanken bringen konnte: Jovan, der Mönch.

Ich zückte mein Handy und rief ihn an. Etwa eine halbe Stunde später trafen wir uns auf dem Gelände der Universität.

„Na, wer strahlt denn heute so hell wie die Sonne selbst?", scherzte er, als er meine wütend-frustrierte Visage sah.

Nachdem ich ihm erzählt hatte, was vorgefallen war, setzte er noch einen obendrauf und meinte lachend: „Oje … Komm zu uns ins Kloster. Da hast du diese Probleme mit den Frauen nicht."

Mir selbst war nicht gerade zum Lachen zumute und so entgegnete ich: „Jovan … Komm schon … Das ist wirklich nicht witzig! Sag mir lieber, was ich jetzt tun soll, was mir helfen könnte, anstatt dich über meine Situation lustig zu machen!"

Sein Blick wurde wieder ernster und er fragte mich: „Na ja, was würde dir denn jetzt helfen?"

„Schlangen würden mir jetzt helfen."

„Wolfgang, ich kenne mich mit Schlangen nicht so gut aus wie du, aber ich glaube, bei diesen Temperaturen werden wir keine finden. Das bedeutet aber nicht, dass du keine Lösung für dein Problem finden kannst."

Ich erzählte Jovan von meiner Verbindung zu diesen Tieren und davon, wie sehr Schlangen es vermögen, mich allein durch ihre Anwesenheit zu beruhigen.

Und dann sagte Jovan etwas, das ich nie wieder vergessen werde und was ich hier in diesem Buch auf jeden Fall erwähnen möchte, weil es hoffentlich vielen Lesern helfen wird: „Schau dir die Schlange mal an. Du sagtest mir vorhin, es würde dich beruhigen, Schlangen zu beobachten. Ich sage dir, warum das so ist. In unserer Philosophie stehen die Schlangen unter anderem für Weisheit und Erleuchtung, aber ebenso für die Überwindung von Ignoranz und für Weiterentwicklung. Die Schlange häutet sich. Sie streift ihr altes Kleid ab und wird immer wieder zu einer neuen Version von sich selbst. Ihre alte Haut nimmt sie nicht mit durch das Leben, sondern lässt sie einfach liegen. Wenn sie ihre alte Haut mitnehmen würde, so würde sie nur schlechter durchs Leben kommen. Damit symbolisiert sie den Prozess des Loslassens. Die Häutung ist die Transformation. Deine Freundin ist jetzt weg. Du hattest eine Transformation. Lass die alte Haut liegen und gehe weiter. Du bist wütend, weil du deine alte Haut ständig mit dir herumschleppst. Die ganze Zeit denkst du nur daran, wie sie dir das antun konnte. Aber das ist jetzt alles vorbei. Lass es hinter dir. Lass es los. Du brauchst es nicht mehr."

„Na ja, das ist aber leichter gesagt als ge–", entgegnete ich, als Jovan mir ins Wort fiel. Das machte mich ein wenig wütend und ich fuhr fort: „Unterbrich mich nicht. Ich hab' noch nicht fertig. Hör zu –"

Wieder unterbrach er mich: „Du sagtest vorhin, dass die Schlange eine Ruhe ausstrahlt, die auf dich übergeht. Weißt du, warum Schlangen diese Ruhe in sich tragen? Ich sag dir, warum. Weil sie Meister darin sind, loszulassen. Die Schlange denkt nicht an das, was gestern war. Sie denkt nicht an das, was morgen sein könnte. Eine Schlange lebt ausschließlich im Hier und Jetzt. Damit solltest du auch mal anfangen. Dann würdest du dich nicht immer so lange über irgendwelche Dinge ärgern."

Ich ergänzte: „Da ist was Wahres dran. Eine Schlange ist aber kein Meister des Loslassens. Sie hat das nie gelernt, sondern macht es stattdessen einfach, weil sie es anders gar nicht kann. Schlangen haben nicht die kognitiven Kapazitäten, um abstrakte Denkvorgänge zu vollziehen. Deswegen denken sie nicht an das, was gestern war, oder an das, was morgen vielleicht sein könnte."

Jovan schüttelte seinen Kopf und antwortete: „Das spielt doch gar keine Rolle! Fakt ist, dass sie wesentlich besser darin sind, im Hier und Jetzt zu sein, als du. Weil Schlangen so gut darin sind, springt diese Energieform auf dich über, sobald du mit Schlangen zu tun hast. Aber das ist eigentlich gar nicht das, worauf ich hinauswill. Worauf ich hinauswill, ist, dass keine Schlange in der Lage ist, dich zu beruhigen."

Als ich ihn fragte, was genau er damit meinte, lautete seine Antwort: „Die Schlange macht ja gar nichts. Sie ist einfach nur eine Schlange. Sie existiert und macht das, was Schlangen nun mal machen. Die Schlange setzt sich nicht zum Ziel, dich zu beruhigen. Sie ist einfach nur eine Schlange und fertig. Beruhigen tust du dich selbst. Dieser Prozess der Beruhigung geschieht in dir. Nicht in der Schlange. Also machst du es selbst. Wenn du es selbst machen kannst, brauchst du dafür eigentlich keine Schlange."

Seine letzten Sätze brannten sich in mein Gedächtnis ein, wie man es sonst nur von einer lebenswichtigen Information kennt. Jovan war ein ganz einfacher Typ. Er führte ein Leben im Kloster und widmete es der Meditation und der Philosophie, wie man ein möglichst zufriedenes Leben führen kann. Jovan dachte nicht großartig über verschiedene Dinge nach, sondern machte sie ganz einfach. Im Grunde genommen hatte er diese Eigenschaft mit den Schlangen gemein.

Wenn wir irgendwelche Probleme im Leben haben, neigen wir dazu, auf Druck eine Lösung finden zu wollen. Ich fühle mich gerade schlecht. Ich bin gerade enttäuscht, wütend, traurig oder habe irgendwelche anderen Gefühlszustände, die sich fürchterlich anfühlen. Ich muss jetzt unbedingt irgendetwas dagegen machen. Ich brauche eine Lösung. Wie könnte die Lösung aussehen?

Manchmal ist die Lösung allerdings sehr viel einfacher, als wir uns vorstellen. Manchmal brauchen wir nicht krampfhaft nach einer Lösung zu suchen, sondern können uns einfach zurücklehnen und warten, bis sich das Problem von alleine löst. Manchmal ist der Verzicht auf die Lösung des Problems die eigentliche Lösung des Problems. Das ist der Prozess des Loslassens. Du lässt das Bedürfnis los, das Problem jetzt auf Knopfdruck lösen zu wollen.

Im Leben geht es sowieso auf und ab. Jetzt gerade sind wir halt mal unten. Irgendwann geht es wieder nach oben. Dieses Auf und Ab sollten wir unbedingt anerkennen. Wir müssen nicht immer alles in seiner Tiefe verstehen. Wir müssen nicht zu jedem Thema eine Meinung haben und wir müssen nicht immer jedes Problem jetzt gleich lösen. Manche Probleme lösen sich ganz einfach von selbst.

Wenn dich etwas belastet, versuche, mit deinen Gedanken ins Hier und Jetzt zu kommen. Denke nicht an das, was dich gestern geärgert hat. Es ist vorbei. Also brauchst du dich nicht darüber zu ärgern. Genauso wenig Sinn hat es, an irgendetwas zu denken, das morgen vielleicht sein könnte. Die Zukunft ist nämlich noch nicht da. Wahrscheinlich wird sie vollkommen anders aussehen, als du erwartest.

Um dieses Problem also zu lösen, brauchte ich keine Hilfe von außen. Ich brauchte keine Schlangen, die ich beobachten konnte, um mich zu beruhigen. Die Kraft, einen negativen Gefühlszustand auszugleichen, wohnt in uns allen. Wir müssen nur lernen, diese Kraft eigenständig zu aktivieren. Sehr oft ist man in der Lage, diese Kraft zu aktivieren, indem man loslässt und den jetzigen Zustand einfach erst mal akzeptiert.

Als ich mit Jovan in den darauffolgenden Tagen noch mal darüber sprach, stellte ich fest, dass es mir inzwischen schon sehr viel besser ging. Jovan erkannte, dass ich wieder aufblühte und die Motivation in mir wieder zurückkehrte. Scherzhaft, wie er immer war, meinte er: „Vielleicht hast du ja deswegen diese Bindung zu den Schlangen. Die Schlangen waren deine Lehrer."

Auch mit dieser Aussage hatte Jovan zumindest teilweise recht. Von den Schlangen können wir noch sehr viele andere Sachen lernen als nur Ruhe und Gelassenheit. Man kann die Toxine von Giftschlangen studieren und sie als Medikamente für sich nutzen. Man kann ihre Jagdtechniken studieren. Man kann sich ihre Evolution anschauen und auf diese Weise vieles über die Evolution der Wirbeltiere lernen. Aus ihren Verhaltensweisen kann man etwas für das eigene Leben und die Entwicklung der eigenen Persönlichkeit lernen. Man muss nur offen dafür sein.

Eine weitere Sache, die ich nicht unbedingt direkt von den Schlangen, sondern vielmehr auf der Suche nach Schlangen gelernt habe, ist Geduld.

Geduld, Durchhaltevermögen und nicht aufzugeben. Wenn du das Buch bisher aufmerksam gelesen hast, wird dir vielleicht auffallen, dass ich in den vorherigen Abschnitten von einer gewissen Spinne erzählt habe, die mir geholfen hat, Durchhaltevermögen, Geduld und Disziplin zu lernen (Abschnitt: „Was mir eine Wespenspinne beigebracht hat“). Diese Spinne hat mir in der Tat geholfen, das Fundament dieser Fähigkeiten aufzubauen. Die Schlangen haben mir im weiteren Verlauf meines Lebens geholfen, einen großen Palast auf diesem Fundament aufzubauen. Die Sache mit der Geduld und dem Durchhaltevermögen kannst du sehr gut lernen und üben, indem du Schlangen suchst. Wenn du ein Tier suchst, das nicht gefunden werden will, wirst du Geduld lernen müssen. Ansonsten kannst du es gleich lassen.

Von allen Tieren verlangte mir die giftigste Festschlange Europas die meiste Geduld ab. Diese Schlangen leben nur etwa acht Kilometer von meinem Haus entfernt. Allerdings sind sie sehr selten und extrem schwer zu finden.

Die erbitterte Suche nach der giftigsten Festlandschlange Europas

Am Ende der Schule konnten wir uns das Thema für die Abschlussarbeit selber aussuchen. Natürlich war mein Thema die Schlangen – genauer gesagt: die Giftschlangen Südtirols. In diese Abschlussarbeit habe ich bedeutend mehr Energie investiert, als notwendig gewesen wäre. Mein Ziel war es, alle Fotos und Illustrationen selber zu erstellen. Hierzu musste ich alle Schlangenarten Südtirols finden. Bis zu diesem Zeitpunkt hatte ich alle Arten beisammen, bis auf eine.

In Südtirol (also in Norditalien) gibt es insgesamt acht verschiedene Schlangenarten: die Ringelnatter (*Natrix helvetica*), die Würfelnatter (*Natrix tessellata*), die Schlingnatter (*Coronella austriaca*), die Äskulapnatter (*Zamenis longissimus*), die Zornnatter (*Hierophis viridiflavus*), die Aspisviper (*Vipera aspis*), die Kreuzotter (*Vipera berus*) und die Hornotter (*Vipera ammodytes*). Alle bis auf die Hornotter konnte ich ziemlich leicht finden. Die Hornotter ist allerdings hier in Südtirol nur mehr in einem sehr kleinen Gebiet verbreitet und inzwischen leider sehr selten geworden. Diese Schlangen sind durch die zunehmende Zerstörung ihres Lebensraumes, aber auch durch zunehmende Störungen durch Touristen massiv bedroht. Diese eine Schlange verlangte mir unglaublich viel Geduld ab.

Die Hornotter hat ein sehr bemerkenswertes Erscheinungsbild. Sie ist die größte Art innerhalb der Gattung *Vipera*. Auf dem Rücken trägt sie ein wunderschönes Zickzackband, das ihr eine außerordentlich gute Tarnung verleiht, wenn sie sich am richtigen Ort aufhält. Das interessanteste anatomische Merkmal dieser Schlange ist allerdings das Horn, das sie auf ihrer Nase trägt und dem sie ihren Namen verdankt. Bis heute ist die biologische Funktion dieses Horns nicht eindeutig geklärt. Es ist allerdings anzunehmen, dass das Horn die Umrisse des Kopfes der Schlange auflösen und ihr dadurch eine bessere Tarnung verleihen soll. Das imposante Erscheinungsbild dieser Schlange war allerdings nicht der einzige Grund, weshalb ich mich so sehr für sie interessierte. Der andere Grund war die Wirksamkeit ihres Giftes.

Alle Vertreter innerhalb der Gattung *Vipera* verfügen über eine ähnliche Zusammensetzung des Giftes, das eine ähnliche Wirkung entfaltet. Die Hornotter besitzt allerdings noch ein paar weitere hochinteressante Komponenten in ihrem Gift, die dazu führen, dass ihr Gift deutlich gefährlicher zu sein scheint als das Gift anderer *Vipera*-Arten. Das Gift der Hornotter greift das Blut- und Gefäßsystem an und unterbindet über eine Reihe mehrstufiger molekularer Signalwege die Blutgerinnung. Zugleich richtet es Schäden an den Blutgefäßwänden an. Die Folge ist der Austritt des Blutes in den extravasalen Raum (so sagen Biologen zu dem Raum außerhalb der Blutgefäße). Damit ist aber noch nicht genug! Die Hornotter besitzt eine Reihe von Neurotoxinen in ihrem Gift, die das Nervensystem angreifen und auf kurz oder lang zu einer Blockade der neuronalen Signalübertragung führen. Die Kombination aus Hämotoxinen und Neurotoxinen macht den Biss einer Hornotter auch für Menschen gefährlich. So gilt die Hornotter als die giftigste bzw. gefährlichste Festlandschlange Europas. Festlandschlange deswegen, weil es im Süden Europas noch eine Reihe von Inseln gibt, auf denen noch andere Schlangen leben, die höchstwahrscheinlich gefährlicher als eine Hornotter werden können. Diese sind *Macrovipera schweizeri* auf der Insel Milos und die Kleinasiatische Bergotter (*Montivipera xanthina*), die auf einigen Inseln vor der Türkei vorkommt.

Schon während ich als Kind die Fotos der Hornotter in verschiedenen Büchern bewundert habe, warnten mich meine Eltern vor dieser Schlange und ihrem Gift. Dies führte allerdings keineswegs dazu, dass sich mein Wunsch danach, diese Schlange in freier Wildbahn zu beobachten, in Luft auflöste. Vielmehr sorgte es dafür, dass ich nun ein noch stärkeres Verlangen danach hatte, einer Hornotter in freier Wildbahn gegenüberzustehen.

Allerdings lebte sie in einem Gebiet, das damals für mich als Kind nicht ohne Weiteres erreichbar war. Ich hätte zu Fuß hingehen müssen und wäre mehrere Stunden lang unterwegs gewesen. Glücklicherweise wird man im Leben irgendwann älter, was bedeutet, dass man irgendwann alt genug ist, um mobil zu sein. Deshalb legte ich meinen Traum von der Hornotter erst mal beiseite.

Als ich meinen Führerschein gemacht hatte, konnte die Suche nach der giftigsten Festlandschlange ein für alle Mal losgehen. Der Führerschein war wie das Tor zur offenen Welt. Plötzlich konnte ich innerhalb kürzester Zeit überall hinfahren und selbst an den jeweiligen Orten im Auto übernachten, wenn ich vorhatte, länger dort zu bleiben. Einer der am häufigsten besuchten Orte war zu dieser Zeit der Lebensraum der Hornotter. Ein felsiges und trockenes Gebiet, das sich entlang eines steilen Gebirgshanges zog. Diese Gegend war nicht ganz ungefährlich. Immer wieder fielen von oben Steine herab, die sich in mehreren riesigen Geröllhalden sammelten. Die Geröllhalden waren der ideale Lebensraum für die Hornotter. Hier konnte sich diese Schlange bewegen und bei Gefahr sofort zwischen den Steinen verschwinden. Zahlreiche Eidechsen kletterten an den Steinen herum. An den Rändern der Geröllhalden wuchsen haufenweise Brombeeren und andere essbare Pflanzen, die eine ideale Nahrungsquelle für kleine Säugetiere darstellten. Alles, was kleine Säugetiere, zum Beispiel Mäuse, anlockt, lockt auch deren natürliche Feinde an, beispielsweise Schlangen.

Ich kann dir nicht sagen, wie oft ich in dieses Gebiet gefahren bin und diese verfluchten Geröllhalden hoch und runter geklettert bin, ohne auch nur die Spur einer Hornotter zu finden. Einen ganzen Sommer lang habe ich fast täglich nach der Schlange gesucht, ohne Erfolg. Immer wieder kam ich frustriert nach Hause. Als mich meine Mutter fragte, ob ich sie nun gefunden hätte, antwortete ich mit einem genervten „Nein!“ und ging in mein Zimmer. Ein anderes Mal fragte mich meine Mutter, ob ich nicht vielleicht den Hund mitnehmen möchte, weil unser Hund in Bezug auf Schlangen immer extrem aufmerksam war und nicht selten die Schlangen gerochen hat, bevor man sie gesehen hat. Auch auf diese Aussage antwortete ich in einem überaus genervten Ton: „Ja … Und wie stellst du dir das dann vor, hm? Der verscheucht doch die Schlange, bevor ich überhaupt ein Bild davon machen kann!“ Wenn ich heute darüber nachdenke, tut es mir leid, dass ich als Jugendlicher oft so eine Kratzbürste war und in einem solchen Ton mit meinen Eltern geredet habe. Zu dieser Zeit erfüllte ich sämtliche Klischees des typischen schlecht gelaunten Teenagers. Ich weiß nicht, weswegen andere Teenager manchmal so genervt von ihren Eltern sind. Ich war jedenfalls schlecht gelaunt, weil ich tagtäglich Geröllhalden hoch und runter geklettert bin, ohne eine Hornotter zu finden. Heute muss ich über diese Stimmungsschwankungen lachen und schäme mich ein wenig dafür, dass ich in diesem Alter so ein „Schnappvieh" war, mit dem man sich oftmals gar nicht mal richtig unterhalten konnte. Heute denke ich mir eher: Es ist doch schön, wenn man so gesund ist, dass man überhaupt eine Geröllhalde hoch und runter klettern kann. Wie dem auch sei. Im Laufe unseres Lebens werden die meisten von uns glücklicherweise klüger und lernen mit zunehmendem Alter immer besser das zu schätzen, was sie haben.

Der Sommer neigte sich seinem Ende zu und die Suche nach der Hornotter blieb erfolglos. Die Schule ging wieder los, was dazu führte, dass ich noch schlechter gelaunt war, weil ich das Gefühl hatte, dass ich nun wieder dieser Zeitverschwendung nachgehen musste, anstatt irgendwo in freier Wildbahn Giftschlangen zu suchen. Bis in den späten Herbst hinein habe ich immer wieder die Geröllhalden aufgesucht, in der Hoffnung, doch noch eine dieser Schlangen zu finden. Irgendwann wurde es allerdings so kalt, dass es ganz einfach keinen Sinn mehr hatte, nach Schlangen zu suchen.

Nach einer kleinen Winterpause hatte ich wieder neue Energie und neue Motivation in mir. Doch auch das Stresslevel nahm deutlich zu. Die Abschlussprüfungen standen bevor und ich hatte immer noch nicht alle Schlangen Südtirols für meine Abschlussarbeit gefunden. Also setzte ich meine Suche nach dieser Schlange fort. Immer wieder ging ich zu unterschiedlichen Zeiten in das Gebiet, ohne eine Hornotter zu finden. Langsam packte mich der Zweifel, ob es diese Schlange hier in Südtirol überhaupt noch gab. Doch dann erhielt ich von einem älteren Biologen namens Hans einen Tipp.

Hans war in meinen Augen das, was man sich unter einem typischen „Darwin-Abenteuer-Biologen" vorstellt. Heutzutage ist der Beruf des Biologen nicht mehr das, was er früher mal war. Die Biologen von heute verbringen den Großteil ihrer Zeit in irgendeinem Labor oder vor irgendwelchen Computern, an denen sie mithilfe von Bioinformatik irgendwelche Dinge programmieren und analysieren. Die Biologen zu den Zeiten von Darwin waren dagegen richtige Abenteurer. Hans war ein solcher Abenteurer. Er war immer viel unterwegs und bereiste verschiedene Länder, um dort nach Schlangen zu suchen. Im Grunde genommen führte Hans das Leben, von dem ich als Kind oft geträumt hatte. Wenn wir zusammen auf Schlangensuche waren, rauchte er eine Zigarette nach der anderen und es war im scheißegal, ob wir etwas fanden oder nicht. Wenn wir etwas fanden, freute er sich. Wenn wir nichts fanden, genoss er es einfach die Natur. Bei sich zu Hause hielt er einige sehr giftige Schlangen, von denen einige ziemlich angriffslustig waren. Auf die Frage „Was machst du, wenn du von einer von denen gebissen wirst?“ antwortete er ganz locker mit: „Dann rauche ich noch meine letzte Zigarette, setz’ mich in den Garten und warte, bis ich den Löffel abgebe.“

Meine Frustration bei der Suche nach der Hornotter blieb Hans nicht unbemerkt. Als ich ihn mal wieder besuchte, erklärte ich ihm, wie verbissen ich nach dieser Schlange suchte und dass ich bis jetzt noch keine in freier Wildbahn gefunden hatte.

„Wann suchst du sie?“, wollte Hans ganz neutral wissen.

„Zu jeder Tageszeit habe ich sie schon gesucht und nicht gefunden!“, entgegnete ich verzweifelt.

„Und warum gehst du nicht in der Nacht?“, fragte mich Hans verwundert.

„Na, weil in den Büchern steht, dass diese Art tag- und dämmerungsaktiv ist. Also gehe ich tagsüber und in der Dämmerung.“

Daraufhin erklärte mir Hans eine wichtige Sache. Er beugte sich in meine Richtung nach vorne, zog seine Augenbrauen hoch und erklärte mit einem leicht verarschenden Blick: „Verstehst du, diese Tiere sind wechselwarm. Denen ist es eigentlich egal, ob die Sonne scheint oder nicht. Viel wichtiger ist es, welche Temperaturen herrschen. Wenn es denen zu kalt ist, wirst du keine finden. Wenn es ihnen zu heiß ist, wirst du sie genauso wenig finden. Hast du mal die Temperaturen gemessen, die in den Geröllhalden am Boden an den Steinen zustande kommen?“

„Ähm … nein“, antwortete ich verwundert, während ich zugleich ein wenig das Gefühl hatte, dumm zu sein. Diese Sache war ja komplett logisch. Die Schlangen sind wechselwarm und benötigen die richtigen Temperaturen. Für wechselwarme Tiere sind die Temperaturen der Hauptfaktor, der ihre Aktivität bestimmt.

Als ich das nächste Mal die Geröllhalden tagsüber aufsuchte, verstand ich, weshalb ich keine Hornotter gefunden hatte.

Am späten Nachmittag, kurz vor der Dämmerung, bewaffnete ich mich mit einem Thermometer und fuhr in den Lebensraum der Hornottern. Den Thermometer legte ich zwischen zwei Steinen auf den Boden und wartete ein paar Minuten. Das Messergebnis erstaunte mich. Obwohl die Luft bereits relativ kühl war, herrschten auf dem Boden immer noch verhältnismäßig hohe Temperaturen, teilweise von über 30 °C. Die Felsen waren sogar noch 5–10 °C wärmer. Kein Wunder, dass hier keine Schlange unterwegs war. Die würde tagsüber hier einen Hitzeschock erleiden. In der Nacht war es allerdings anders. Die Felsen speicherten über Nacht die Wärme der Sonne und man konnte sich noch mehrere Stunden nach Sonnenuntergang auf die Felsen legen und ihre Wärme genießen. Wenn ich eine Schlange wäre, so würde ich genau um diese Zeit durch diese Geröllhalden klettern.

Mit meinen Messergebnissen ging ich zurück zu Hans und erstattete ihm Bericht.

Hans zog erneut seine Augenbrauen hoch und erklärte mir: „Ich weiß schon, wie warm es da oben ist. Ich weiß, dass die Hornottern in diesem Gebiet meistens nur in der Nacht unterwegs sind. Außer im Herbst und im frühen Frühling. Da kannst du sie mit etwas Glück auch tagsüber finden …"

„Hans! Warum hast du mir das nie gesagt? Ich versuche schon seit fast zwei Jahren, eines von diesen Viechern vor die Linse zu bekommen!", warf ich ihm genervt entgegen.

Hans ließ sich allerdings wie immer von meiner aufgebrachten Art und Weise nicht im Geringsten aus der Ruhe bringen und antwortete schlicht und einfach: „Du hast mich nie gefragt. Und denken wirst du ja wohl alleine können. Oder soll ich das jetzt für dich machen?"

Eine Sache muss man über Hans wissen: Er machte sich nie großartige Mühen, irgendjemandem irgendetwas nahezubringen. Wenn du etwas von ihm wolltest, musstest du zu ihm gehen, das Gespräch mit ihm suchen und hoffen, dass er gerade Zeit für dich hatte. Des Öfteren machte er verschiedene Sachen, die ich gerne mitbekommen hätte. Doch wann immer man ihn fragte, warum zum Teufel er nichts gesagt hatte, antwortete er: „Hättest mich ja nur fragen müssen." Als ob ich die ganze Zeit seine Gedanken lesen und den Zeitpunkt erschnüffeln könnte, wann er irgendetwas Interessantes macht. Es wäre manchmal schon schön gewesen, wenn er irgendein Zeichen gegeben hätte, dass er irgendwelche Schlangen suchen geht oder sonst etwas Cooles macht. Aber so war Hans nun mal nicht drauf. Er lebte in seiner eigenen Welt und machte sein eigenes Ding. Wenn er keinen Bock auf dich hatte, hast du Wochen oder Monate lang nichts von ihm gehört. Diese Eigenschaft nervte mich manchmal an ihm. Zugleich hatte ich aber vor Hans einen riesengroßen Respekt, weil er ganz einfach im Bereich der Zoologie ein alter Hase war, der über sehr viel Erfahrung verfügte. Zudem hatte ich des Öfteren das Gefühl, dass er nicht wirklich Leute um sich herum wollte, sondern es bevorzugte, alleine durch die Welt zu ziehen. Und dies kann ich ihm nun wirklich nicht übel nehmen. Je älter ich werde, desto besser kann ich ihn verstehen.

In den darauffolgenden Wochen änderte ich meine Aktivitätszeit. Sobald die Sonne unterging, packte ich meine Sachen und fuhr in den Lebensraum der Hornottern. Nicht selten war ich teilweise bis drei oder vier Uhr morgens draußen. Am Morgen konnte ich nicht ausschlafen, weil ich zur Schule musste. Also quälte ich mich jeden Morgen aus dem Bett und kroch förmlich zur Bushaltestelle, in der Hoffnung, dass der Bus so schnell wie möglich kam, damit ich noch ein paar weitere Minuten Schlaf ergattern konnte. In der Schule hatte ich Mühen, meine Augen offen zu halten, und ab und zu war das Gelaber der Lehrer so langweilig, dass ich für kurze Zeit einschlief. An den Nachmittagen versuchte ich den Schlaf nachzuholen, damit ich für die Nacht wieder fit war.

Mehrere Nächte lang hintereinander durchstreifte ich die Geröllhalden und suchte wie verrückt nach der Hornotter, nur um unzählige Male wieder buchstäblich mit leeren Händen zurück nach Hause zu kehren und mich frustriert ins Bett fallen zu lassen.

Mit der Zeit nahm die Frustration immer mehr zu. Doch zugleich sagte ich mir immer wieder eine ganz bestimmte Sache: „Wenn du diese Schlange finden willst, musst du durchhalten. Hans hat gesagt, die Tiere sind noch dort. Hans hat gesagt, dass auch er oft so lange unterwegs war, bis er eine gefunden hatte. Du musst durchhalten. Was willst du denn sonst im Leben erreichen, wenn du nicht lernst durchzuhalten? Denkst du, begehrte Dinge wie beispielsweise finanzielle Unabhängigkeit, der Traumjob, die Traumfrau oder was auch immer kommen einfach so zum Fenster hereingeflogen? Nein! Du musst für deine Träume verdammt noch mal etwas tun. Du musst Zeit und Geld investieren und brauchst ein eisernes Durchhaltevermögen und ausreichend Disziplin. Dies gilt nicht nur für die Suche nach der Hornotter. Es gilt für dein ganzes Leben. Wenn deine Ziele auch nur ansatzweise ambitioniert sind, wirst du sie nicht erreichen, wenn du nicht genügend Durchhaltevermögen und Disziplin hast. Der Gipfel eines Berges wird nicht zu dir kommen. Wenn ein Weg nicht funktioniert, gib den Weg auf, aber nicht das Ziel. Wenn ein Weg nicht funktioniert, führen andere Wege zu deinem Ziel."

Und so machte ich weiter. Nacht für Nacht kletterte ich die Geröllhalden mehrmals hoch und runter. Irgendwann plagte mich mein Muskelkater so sehr, dass ich anfing zu zittern, wenn ich nur ein paar Meter zu Fuß laufen musste. Also entschloss ich mich, für ein paar Tage eine Pause zu machen.

Diese Pause habe ich gebraucht. Dies ist ebenfalls eine wichtige Sache, die man sich unbedingt ins Bewusstsein rufen sollte. Wenn du Ziele hast, verfolge diese Ziele konsequent. Gib nicht auf und gib hundert Prozent. Aber vergiss dabei nicht, Pausen einzulegen. Diese Pausen wirst du brauchen, damit du langfristig leistungsfähig bleiben kannst. Selbst der beste und fitteste Läufer der Welt kann nicht ewig laufen und wird irgendwann schlafen müssen.

Dann, eines Abends, war es endlich so weit. Erneut packte ich meine Sachen und fuhr in den Lebensraum. Dort angekommen, kletterte ich die Geröllhalden hoch. Ganz oben befand sich ein verlassener Steinbruch. Dort lagen immer noch alte Gleise und Gondeln herum, mit denen man die Steine aus dem Berg heraus transportiert hatte. Die Gegend gefiel mir besonders gut, weil sie eine postapokalyptische Atmosphäre ausstrahlte. Wann immer ich dort war, hatte ich das Gefühl, ich würde gleich auf Zombies stoßen, die aus den Stollen hervorkriechen. In diesem verlassenen Steinbruch lagen haufenweise Felsen herum. Als ich über diese Felsen kletterte, vernahm ich plötzlich ein lautes Zischen unter den Steinen. Sofort packte mich eine Art Jagdfieber. Mein Puls schoss in die Höhe und ich wurde extrem aufgeregt. Dieses Zischen konnte nur von einer Schlange kommen …

Eifrig rollte ich die Felsen, die leicht genug waren, beiseite, wobei das Zischen immer lauter wurde. Allmählich erkannte ich, dass sich die Schlange gar nicht unter den Felsen, sondern direkt auf einem Felsen auf der Höhe meines Gesichtes befand. Vor mir lag zusammengerollt eine riesige männliche Hornotter, die ihren Kopf in einer S-Position nach hinten gezogen hatte, wodurch sie wie eine gespannte

Hornotter (Vipera ammodytes)

Die Hornotter, bekannt unter dem wissenschaftlichen Namen *Vipera ammodytes*, ist eine der größten und gefährlichsten Vipernarten Europas. Sie erreicht eine durchschnittliche Körperlänge von 70 bis 95 cm und ist besonders durch das auffällige, hornartige Schuppengebilde auf ihrer Schnauze gekennzeichnet, das ihr auch ihren Namen verleiht. Ihre Grundfärbung variiert von Grau bis Rotbraun, mit einem dunklen Zickzackband entlang des Rückens. Die Hornotter ist vorwiegend in Südosteuropa verbreitet, einschließlich der Balkanhalbinsel, Italien, Österreich und bis in die Türkei, und bevorzugt trockene, felsige Hänge sowie offene Wälder. Sie ist tagaktiv und passt ihre Aktivitätszeiten an extrem heiße Wetterbedingungen an, indem sie in kühleren Abendstunden und oft auch nachts aktiv wird. Ihre Ernährung besteht hauptsächlich aus kleinen Säugetieren, Vögeln und gelegentlich Reptilien. *Vipera ammodytes* ist für ihre defensive Haltung bekannt und wird bei Bedrohung zischen und in manchen Fällen auch beißen. Ihr Gift ist besonders potent und enthält hämotoxische sowie neurotoxische Komponenten, weshalb ihr Biss ohne schnelle medizinische Behandlung lebensbedrohlich sein kann. Um Unfälle zu vermeiden, ist es ratsam, beim Wandern in Gebieten, in denen die Hornotter vorkommt, feste Schuhe und lange Hosen zu tragen. Zudem sollte man auf ausgetretenen Pfaden bleiben und beim Übersteigen von Baumstämmen oder beim Sammeln von Brennholz besondere Vorsicht walten lassen.

Sprungfeder jederzeit bereit war, zuzubeißen. Obwohl ich mich außerhalb ihrer Reichweite befand, machte ich keine Bewegung.

Die Glücksgefühle, die meinen Körper durchströmten, waren unbeschreiblich. Nach fast zwei Jahren Suchen hatte ich sie endlich gefunden. Das Interessante war, dass an diesem Tag noch nicht einmal die Sonne richtig untergegangen und die Schlange trotzdem unterwegs war. Offensichtlich waren die Temperaturen im verlassenen Steinbruch nicht ganz so hoch wie an den Geröllhalden.

Die Schlange zischte mich zunächst an, verstummte allerdings, als ich regungslos vor ihr stand. Als sie sich davonschlängeln wollte, sprang ich vor sie, um ihr den Weg zu versperren. Sofort zog sie ihren Kopf wieder zurück und fing an bedrohlich zu zischen. Immer wieder schnellte sie mit ihrem Kopf nach vorne und machte eine Art Scheinangriff, in der Hoffnung, mich zu vertreiben. Langsam griff ich in meinen Rucksack, holte meine Kamera heraus und schoss ein paar Fotos. Während ich die Schlange fotografierte, zischte sie bedrohlich und gab mir dadurch zu verstehen, dass ich einen gewissen Sicherheitsabstand einzuhalten hatte.

Durch dieses Verhalten wirkt eine Hornotter ziemlich einschüchternd und aggressiv. Tatsächlich werden diese Schlangen allerdings erst aggressiv, wenn sie sich gestört oder bedroht fühlen. Solange dies nicht der Fall ist, gehört die Hornotter zu einem der ruhigsten Tiere der Welt. Andere Hornottern, die ich im Laufe meines Lebens gefunden habe, erlebte ich sehr oft als ziemlich ruhig. Manchmal waren sie mir sogar eine Spur zu ruhig.

So schlenderte ich beispielsweise mal auf der Suche nach Spinnen durch eine mediterrane Gegend in Kroatien. Ich legte eine kleine Pause ein und setzte mich in das Gras. Vor mir tummelten sich Heuschrecken, Bienen, verschiedene Wespenarten und andere Insekten, die ich entspannt beobachtete. Allmählich bemerkte ich, dass sich nur wenige Zentimeter neben mir eine weibliche Hornotter im Gras befand. Mein Bein war innerhalb ihrer Reichweite und sie hätte mich ohne Weiteres beißen können. Als ich sie gesehen hatte, versuchte ich mich im Schneckentempo von ihr zu distanzieren. Langsam zog ich mein Bein aus der Reichweite der Schlange, die sich in keinster Weise gestört fühlte. Erst als ich anfing, ein Video von ihr aufzunehmen, fing sie an zu zischen und verschwand zwischen den Felsen. Bis zu diesem Zeitpunkt hätte ich mir nicht gedacht, dass es auch mir passieren könnte, dass ich versehentlich in die Nähe einer Giftschlange komme, ohne sie zu sehen. Ein geübtes Auge ist noch lange kein Garant dafür, dass du immer alles siehst. Hätte mich die Schlange gebissen, so hätte ich ein Problem gehabt. Ich war irgendwo mitten im Nirgendwo, ohne Empfang und nur mit etwa einem halben Liter Wasser. Die Schlange aber schien überhaupt nicht aggressiv zu sein. Das Video von der „freundlichen Hornotter", die mich verschont hatte, landete ein paar Wochen später auf YouTube und diente als Beweis dafür, dass diese Tiere keineswegs bösartig sind. Zugleich muss man aber auch erwähnen, dass ich in dieser Situation ziemlich viel Glück hatte. Wenn ich mich nur wenige Zentimeter weiter nach links gesetzt oder versehentlich auf die Schlange gefasst hätte, wäre die Sache möglicherweise anders ausgegangen. Deutlich weniger Glück hatte ich auf einer anderen Expedition, die ebenfalls in Kroatien stattfand.

Mein erster Schlangenbiss (mit Gift)

Kroatien hat eine sehr reichhaltige Artenvielfalt zu bieten, weshalb ich dieses Land immer wieder gerne aufsuchte, um dort nach verschiedenen Tieren zu suchen. Wieder einmal hatte ich mehrere Ziele. Ich wollte verschiedene Tarantelarten, Schwarze Witwen und Schlangen filmen, um eine kleine Dokumentation über diesen Ort zu machen.

An besagtem Ort führte ein langer Schotterweg weit hinaus in die Natur. Bis heute weiß ich nicht, ob es überhaupt erlaubt war, dort mit dem Auto zu fahren. Weil ich kein Verbotsschild gesehen hatte, machte ich mir keine großen Gedanken und erkundete das Gebiet mit dem Auto.

Normalerweise übernachtete ich im Auto irgendwo in der Pampa, wann immer ich nach Kroatien reiste. Dieses Mal gönnte ich mir allerdings den Aufenthalt in einer kleinen Villa, die ich mietete. Ein kleiner Vorteil, wie sich später herausstellte.

In der Natur unterwegs zu sein, mag vielleicht erholsam sein. Sicherlich ist es ein tolles Abenteuer, wenn man mehrere Tage lang in der freien Wildbahn verbringt. Aber die Natur ist nicht immer nur friedlich. Die Wildnis kann einen regelrecht zermürben. Man muss ausreichend Wasser und Nahrung dabeihaben, es sei denn, man beabsichtigt, diese lebenswichtigen Ressourcen in der Natur zu suchen. In so einem Fall wirst du kaum mehr Zeit haben, dich auf die Suche nach irgendwelchen besonderen Tierarten zu begeben oder schöne Aufnahmen zu machen. Wenn du einen Survival-Trip willst, wirst du schon nach wenigen Tagen merken, dass es in der freien Wildbahn hauptsächlich nur um drei Dinge geht: Nahrung finden, Wasser finden und Unterschlupf bauen. Es sind nur drei Dinge. Aber diese drei Dinge werden sehr viel Zeit und Energie in Anspruch nehmen.

Wenn du in der freien Wildbahn ausschließlich von dem leben willst, was dir die Natur bietet, wird es die ganze Zeit nur um diese drei Sachen gehen. Du wirst ständig am Überlegen sein, wie du an Wasser und an Nahrung kommst und wie du deinen Unterschlupf so verbessern kannst, dass er dir einen guten Schutz vor unterschiedlichen Wetterlagen bietet. Das Wetter sollte dir ebenfalls wohlgesonnen sein. Insbesondere im Sommer kann aus dem Nichts ein Gewittersturm auftauchen, wobei rund um dich herum die Blitze einschlagen und du das Gefühl hast, dass die Welt untergeht. Oder aber es kann mehrere Tage lang regnen, windig und kalt sein. Auch in diesem Fall ist der Aufenthalt in der freien Wildbahn keineswegs erholsam. Hinzu kommt, dass du kein ordentliches Badezimmer hast, wodurch dir die Möglichkeit auf eine gute Hygiene fehlt. Zu guter Letzt musst du auf der Hut sein, dass es nicht zu einer ungewollten Konfrontation mit irgendwelchen potenziell gefährlichen Tieren kommt. Du musst außerdem auf der Hut sein, dass du dich nicht verletzt, und du musst dich vor Plagegeistern und Parasiten, zum Beispiel Zecken, Stechmücken oder Wanzen, schützen. In Bezug auf Parasiten solltest du wissen, was du in welcher Form und wie konsumieren kannst. Ansonsten kann es ganz schnell passieren, dass du einen ungebetenen Gast aus der Natur mit nach Hause nimmst, der sich irgendwo in deinem Körper eingenistet hat. Über Parasiten werde ich dir im späteren Verlauf dieses Buches noch ein paar kleine Geschichten erzählen. Hier möchte ich dir nur so viel sagen: Die Natur ist schön, aber gnadenlos. Aus diesem Grund bevorzuge ich es, von einem Stützpunkt aus zu operieren, an den ich mich zurückziehen und wo ich mich entspannen kann, bevor ich aufs Neue ausrücke. Dieser Stützpunkt war während dieser Reise die Villa, in die ich mich eingemietet hatte.

Weil Hochsommer war, brachte die Villa noch zusätzliche Vorteile. Ich konnte dort die Jalousien schließen und tagsüber ein wenig Schlaf nachholen, den ich während der nächtlichen Exkursionen versäumte. Tagsüber war es für die meisten Tierarten während dieser Jahreszeit viel zu heiß. Erst in der Dämmerung erwachte das Leben.

An diesem Tag fuhr ich bereits am frühen Nachmittag über den Schotterweg etwa fünfzig Kilometer hinaus in die „mediterrane Steppe“. Der Schotterweg wurde allmählich schmäler, weshalb ich mich entschloss, das Auto zu parken und zu Fuß weiterzugehen. Die Hitze war immer noch nahezu unerträglich, weshalb ich mich zwischen den Sträuchern in den Schatten setzte, um zu warten, bis es ein wenig kühler wurde. Mit der Zeit neigte sich der Tag dem Ende zu und ich ging so weit, dass ich wieder an der Küste angelangt war. Als die Dämmerung hereinbrach, machte ich mich auf den Weg zurück zum Auto. Mein Ziel war es, denselben Weg in der Nacht zurückzugehen, um dort verschiedene Tierarten zu finden.

Kurz nachdem die Sonne am Horizont verschwand, verließen alle möglichen Kreaturen ihren Unterschlupf. Der Weg war förmlich zugepflastert mit Taranteln. Auf jedem Quadratmeter waren etwa ein bis zwei Stück der Schwarzbäuchigen Tarantel (*Hogna radiata*). Diese Spinnen sind sehr häufig. In der Nacht gibt es keine leichtere Übung, als in einer mediterranen Gegend eine Schwarzbäuchige Tarantel zu finden. Die Spinnen scheinen dich mit ihren Augen an, weil sich darin reflektierende Substanzen befinden, die der Spinne eine bessere Sicht in der Dunkelheit verleihen, ähnlich wie wir es bei Hunden oder Katzen sehen, die man in der Nacht anleuchtet. Auf diese Weise kannst du Spinnen, insbesondere Wolfsspinnen, in der Nacht ziemlich leicht ausfindig machen. Die Taranteln waren allerdings nicht das Einzige, was ich an diesem Abend fand.

Zu bereits später Stunde erblickte ich aus ein paar Metern Entfernung eine kleine Schlange, die den Weg überquerte. Sofort empfand ich Glücksgefühle und näherte mich der Schlange. Wie sich herausstellte, war es eine junge Katzennatter (*Telescopus fallax*). Katzennattern gehören zu den Trugnattern. Trugnattern sind Schlangen, die zur Gruppe der Nattern gehören und deren Giftzähne im hinteren Bereich des Kiefers liegen. Es handelt sich dabei um vergrößerte Zähne, die sich an verschiedenen Knochen des Schädels befinden können. Die Zähne be-

Katzennatter (*Telescopus fallax*)

Die Katzennatter (*Telescopus fallax*), ist eine attraktive und überwiegend nachtaktive Schlange, die in den trockenen und felsigen Regionen Südosteuropas sowie Teilen des Nahen Ostens heimisch ist. Sie erreicht eine durchschnittliche Länge von etwa 70 bis 90 cm und zeigt eine Vielzahl von Farben und Mustern, die meist aus einer Kombination von Grau, Braun und Gelb bestehen, oft mit dunkleren, unregelmäßigen Querstreifen. Diese Natter ist bekannt dafür, dass sie ihre Augen zur Jagd auf kleine Säugetiere und besonders auf Geckos und andere Echsen verwendet, die nachts aktiv sind. Der Umgang mit dieser Schlange erfordert Vorsicht, da sie bei Bedrohung schnell und agil reagiert und in seltenen Fällen auch zubeißt, wenn sie ergriffen wird.

Die Katzennatter, die mich gebissen hat.

sitzen eine Furche und stehen mit einer speziellen Drüse in Verbindung, die ein Gift abgibt. Diese Drüse nennt man auch Duvernoysche Drüse. Die anatomische Struktur der hinterständigen Furchenzähne nennt man in der Fachsprache auch opistoglyphe Bezahnung. Der Vollständigkeit halber muss ich hier erwähnen, dass die Gruppe der Trugnattern keine verwandtschaftlich einheitliche Gruppe von Schlangen ist, wie es beispielsweise Viperiden sind. Vielmehr hat sich diese Form des Giftapparates offensichtlich unabhängig voneinander mehrmals im Laufe der Evolution entwickelt. Die Trugnattern sind also nicht allesamt miteinander verwandt. Das Konzept der Trugnattern dient nur dazu, Schlangen mit einer opistoglyphen Bezahnung zusammenzufassen.

Als ich die kleine Katzennatter als solche identifizieren konnte, machte mein Herz regelrechte Freudensprünge. Zuvor hatte ich noch nie eine *Telescopus fallax* in freier Wildbahn beobachten können. Das war also ein richtiges Highlight und zugleich ein Grund für mich, die Exkursion zufrieden zu beenden. An diesem Abend sollten mich allerdings noch weit mehr Erfahrungen mit dieser Schlange erwarten.

Nachdem ich die kleine Katzennatter fotografiert und gefilmt hatte, ließ ich sie wieder frei und setzte meinen Weg zurück zum Auto fort. Kurz vor meinem Auto fand ich eine weitere Katzennatter. Dieses Mal allerdings ein großes Exemplar. Ich konnte es kaum fassen! Zwei Katzennattern in einer Nacht. Und dann auch noch so eine überdurchschnittlich große! Ich musste sie ganz einfach noch auf die Kamera bekommen. Also habe ich mich entschlossen, die Schlange mit bloßen Händen zu fangen, wohlwissend, dass es sich hierbei um eine giftige Trugnatter handelte. Ganz intelligent war diese Aktion nun wirklich nicht. Zu diesem Zeitpunkt dachte ich mir, dass ich mir des Risikos bewusst bin, weil ich ausreichend wissenschaftliche Publikationen zum Gift dieser Schlange gelesen hatte und jede einzelne Quelle aus zuverlässiger Literatur besagte, dass es sich hierbei um eine mild giftige Art handelt, die bei einem Menschen nur zu milden Symptomen führt. Was mild giftig alles bedeuten kann, sollte ich nur wenige Minuten später erfahren.

Weil ich alleine war und in einer Hand die Schlange festhielt, hatte ich nur noch eine Hand übrig, um meine Kamera auszupacken. Ein kurzer Moment der Unachtsamkeit reichte, sodass mir die Schlange aus meinem Griff entglitt und mich zugleich in den Finger biss. Zu diesem Zeitpunkt machte ich mir nicht viel daraus. Ich verspürte keinerlei Symptome und wusste, dass mich diese Schlange weder töten noch dauerhaft schädigen konnte.

Also machte ich noch meine Aufnahmen, bevor ich sie in der Nähe eines Strauches freiließ.

Als ich zurück zum Auto kam, bemerkte ich allerdings, dass dieser Biss keineswegs symptomlos war. Mein Finger fing an zu pulsieren und erschien mir leicht angeschwollen. „Ja … Du hast definitiv Gift abbekommen … Cool …“, gratulierte ich mir selbst auf eine leicht sarkastische Art und Weise. Sicherheitshalber trank ich sehr viel Wasser, um meinen Körper dabei zu unterstützen, das Gift der Schlange zu neutralisieren.

Auf der Autofahrt merkte ich, dass die Symptome schlimmer wurden. Ein Gefühl der Kurzatmigkeit kam auf und mein Puls wurde immer schneller. „Ganz ruhig bleiben. Das war nur eine verdammte Katzennatter. Dir kann nichts passieren. Das wird vorbeigehen“, flüsterte ich mir selbst zu, um mich zu beruhigen.

Als ich wieder zurück zur Villa kam, wurde mir übel. Es war allerdings keine richtig krasse Übelkeit, sondern nur eine leichte, die man hat, wenn man ein bisschen zu viel von etwas gegessen hat, das schwer verdaulich ist. Ich musste mich nicht übergeben und hatte auch sonst keine weiteren besorgniserregenden Symptome. Mein Puls war immer noch überdurchschnittlich hoch, wobei er sich inzwischen bereits ein wenig stabilisierte.

Ich legte mich ins Bett und versuchte diese milde Vergiftung auszuschlafen. Am nächsten Morgen wachte ich auf und fühlte mich ein wenig müde. Die anderen Symptome waren hingegen glücklicherweise vergangen. Die Müdigkeit verdankte ich vermutlich nicht unbedingt dem Schlangenbiss, sondern vielmehr der nächtlichen Exkursion, die mehrere Stunden lang gedauert hatte.

Die ganze Sache ist ziemlich gut ausgegangen. Dennoch hat mich die Wirkung des Giftes dieser kleinen und vermeintlich harmlosen Schlange erstaunt. Dies war mein erster Biss, den ich von einer Schlange erhalten hatte, die über ein Gift verfügt. Zugleich war es nicht mein letzter.

Heute bin ich mit Schlangen sehr viel vorsichtiger, ungeachtet dessen, ob sie giftig sind oder nicht. Diese ganze Sache mit giftigen und ungiftigen Schlangen ist nämlich in der Realität sehr viel komplizierter, als es in irgendwelchen Dokumentationen immer dargestellt wird. Was giftig ist, ist in der Natur nicht immer eindeutig. Im nächsten Abschnitt möchte ich dir die verblüffende Wahrheit über Schlangen und ihre Toxine erzählen, die kaum jemand kennt.

Die verblüffende Wahrheit über Schlangen, die kaum jemand kennt

Viele denken, es sei ziemlich einfach, giftige Schlangen von ungiftigen Schlangen zu unterscheiden, und dass der Übergang zwischen giftig und ungiftig ganz klar ersichtlich ist. Aber so einfach ist es nicht. Dazu müssen wir uns die Evolution der Schlangen anschauen.

Neue Forschungen haben nämlich ergeben, dass der gemeinsame Vorfahre der heute lebenden Schlangen offensichtlich giftig gewesen sein muss. Zumindest hat er über spezielle Drüsen verfügt, mit denen er biologisch aktive Substanzen abgeben konnte. Im Laufe der Evolution haben sich diese Giftdrüsen bei einigen seiner Nachfahren weiterentwickelt oder umgebildet, während sie sich bei anderen zurückentwickelt haben. Damit ist aber noch nicht genug. Bei einigen Schlangen haben sich die Giftdrüsen unabhängig von diesem ganzen Vorgang erneut entwickelt.

Das Resultat ist, dass heute so gut wie alle Schlangen biologisch aktive Substanzen auf die eine oder andere Art und Weise produzieren. Bei den Riesenschlangen haben wir zum Beispiel spezialisierte Drüsen im Maul, die man als Rictaldrüsen bezeichnet, die biologisch aktive Substanzen abgeben. Diese Substanzen haben verschiedene Funktionen. Eine mögliche Funktion ist die Unterstützung der Verdauung und die Abwehr von Bakterien. Die Komponenten aus den Rictaldrüsen sind für Menschen nicht gefährlich.

Andere Schlangen produzieren einen giftigen Speichel, obwohl sie selbst keinen eindeutig abgrenzbaren Giftapparat besitzen. Wieder andere Schlangen verfügen über Duvernoysche Drüsen, die mit vergrößerten Zähnen im hinteren Bereich des Kiefers in Verbindung sind. Bekannte Giftschlangen, zum Beispiel verschiedene Vipern oder Giftnattern (Kobras, Mambas usw.), besitzen hingegen spezialisierte Giftdrüsen, die mit vergrößerten Zähnen im vorderen Bereich des Kiefers in Verbindung sind. Bei solchen Schlangen kann man natürlich eindeutig sagen, dass sie giftig sind. Bei vielen der vorhin genannten Vertretern ist dies allerdings nicht ohne Weiteres möglich. So ist es bereits in der Vergangenheit des Öfteren passiert, dass Leute von Schlangen gebissen wurden, mit denen sie unachtsam umgegangen sind, weil sie der Meinung waren, sie seien ungiftig. In manchen Fällen sind solche kleinen Schlamassel tödlich ausgegangen.

Hinzu kommt noch, dass bestimmte Mutationen im Bereich der Giftdrüsen zufällig stattfinden und anschließend alle Folgegenerationen von Schlangen beeinflussen können, die von jenem Individuum abstammen, das die Mutation durchgemacht hat. Auf diese Weise kann es sogar sein, dass Schlangen, die als ungiftig gelten, plötzlich giftig werden oder zumindest einige toxische Bestandteile produzieren, die sich auch im Menschen bemerkbar machen können.

Zu guter Letzt ist es so, dass alle Schlangen eine sehr reichhaltige und vielfältige Mikroflora im Maul besitzen, die auch Infektionen verursachen kann. Diese Mikroflora hat nichts mit irgendwelchen Giftdrüsen zu tun, sollte aber ebenfalls berücksichtigt werden, wenn man von einer Schlange gebissen wird.

Die Wahrheit über Schlangen ist also, dass alle Schlangen biologisch aktive Komponenten auf die eine oder andere Art und Weise in ihrem Maul produzieren können und dass man zumindest bei einer neu entdeckten Art erst mal keineswegs mit hundertprozentiger Sicherheit einzig und allein aufgrund von Verwandtschaftsverhältnissen sagen kann, ob diese Art giftig oder harmlos ist. Ein Schlangenbiss sollte folglich immer ernst genommen werden. Jede Schlange sollte man behandeln, als ob es eine Giftschlange wäre.

Die Sache mit der Vorsicht sollte übrigens nicht nur für Schlangen, sondern für alle Tiere gelten. Nicht nur Schlangen besitzen haufenweise Bakterien in ihrem Maul, sondern auch Katzen, Mäuse, Hunde, Echsen und auch wir Menschen. Der Biss eines Tieres ist in jedem Fall im Auge zu behalten.

Hier muss ich ganz ehrlich sagen, dass ich nun Sachen sage, an die ich mich selbst nicht immer gehalten habe. Vor allem als Kind war mir diese Sache noch nicht so richtig bewusst. Ich konnte sehr gut verschiedene Schlangenarten voneinander unterscheiden. Wenn in den Büchern allerdings stand, dass die jeweilige Art harmlos ist, konnte mich nichts davon abhalten, diese Schlange mit bloßen Händen zu ergreifen. Sehr oft ist es passiert, dass ich mehrmals von der jeweiligen Schlange gebissen wurde, was mich allerdings nicht sonderlich gestört hat, weil die Schlange ja „ungiftig" ist.

Dank meiner Unachtsamkeit machte ich einige Jahre später eine Erfahrung, die dazu geführt hat, dass ich von da an mit Schlangen sehr viel vorsichtiger geworden bin, egal, ob sie giftig oder ungiftig sind.

Mein schlimmster Schlangenbiss

Meinen unangenehmsten Schlangenbiss habe ich nicht von einer giftigen Schlange erhalten, sondern von einer Schlange, die als ungiftig und als harmlos angesehen wird.

Eines schönen Tages stand ein guter Bekannter vor meiner Tür, mit einer großen Vase. Darin befand sich ein Netz mit einer ausgewachsenen Zornnatter, die sich im Netz verfangen hatte. Nachdem ich mir Werkzeug organisiert hatte, um die Schlange zu befreien, holte ich sie mitsamt dem Netz aus der Vase heraus. Mein Bekannter filmte die ganze Aktion mit dem Handy.

Mit einer speziellen Schere versuchte ich die Schlange Stück für Stück aus dem Netz zu befreien. Die Schlange schnappte dabei immer wieder panisch um sich und erwischte mich plötzlich am Ringfinger. Manche Schlangen lassen nach dem Biss sofort wieder los, während andere sich in etwas regelrecht verbeißen und nicht daran denken, loszulassen. Die Zornnatter, die ich befreien musste, gehörte zu den letzteren Vertretern.

Schlangen haben ihr ganzes Maul voller Zähne. Diese Zähne sind nicht nur extrem scharf, sondern auch nach hinten gerichtet und funktionieren wie Widerhaken. Die Aufgabe dieser Zähne ist nicht etwa, die Beute zu zerkleinern, sondern lediglich sie festzuhalten. Was eine Schlange einmal gebissen hat, lässt sie so schnell nicht wieder los. Wenn du von einer Schlange gebissen wirst und diese nicht mehr loslässt, gibt es mehrere Möglichkeiten, sie zum Loslassen zu „motivieren".

Du kannst der Schlange Schmerzen am Kopf zufügen, indem du ihr in die Nase kneifst, wodurch sie in der Regel loslässt. Dies ist allerdings nicht unbedingt eine tierfreundliche Methode, weshalb ich sie so gut wie nie anwende, wenn ich von einer Schlange gebissen werde. Wenn du zufällig Alkohol zur Hand hast, kannst du ein wenig Alkohol über die Stelle schütten, an der dich die Schlange festhält, und sie wird dich auf der Stelle loslassen. Was du auf keinen Fall tun solltest, ist, zu versuchen, die Schlange gewaltsam loszureißen. In diesem Fall wird sie sich möglicherweise noch fester verbeißen. Zugleich werden sich ihre Zähne noch tiefer in die Wunde bohren und möglicherweise durch die Zugbelastung abreißen. Einer Schlange machen abgerissene Zähne nicht viel aus, weil sich ihr Gebiss ein Leben lang erneuert, wie bei einem Hai. Aber für dich wird es unangenehm, weil abgebrochene Schlangenzähne in

Die Zornnatter, die mich gebissen hat.

der Haut wie eine Art Splitter verweilen können, wodurch sich die Bisswunde stark entzünden kann. Als Letztes besteht noch die Möglichkeit, einfach zu warten, bis die Schlange selbstständig loslässt, was ich in meinem Fall immer gemacht habe, wann immer mich eine ungiftige Schlange gebissen hat.

Auch in diesem Fall habe ich ganz einfach gewartet, bis die Schlange freiwillig losgelassen hat. Dieses Exemplar verhielt sich allerdings nicht „den Regeln entsprechend" (Regeln existieren in der Welt der Schlangen nicht). Anstatt loszulassen, fing sie an, auf meinem Finger herumzukauen, als ob sie mich auffressen wollen würde.

Der Biss einer Zornnatter ist im Normalfall keine schlimme Sache. Es fühlt sich so an, als würdest du an einem Dornenbusch hängen bleiben. In diesem Fall war der Biss allerdings ziemlich schmerzhaft, weil die Schlange offensichtlich eine Sehne oder einen Nerv mit ihren Zähnen erwischt hatte. Also ergriff ich sie am Kopf und übte einen leichten Druck auf ihre Wange aus, damit sie losließ. Danach befreite ich sie fertig aus dem Netz, bevor ich sie irgendwo in der Natur freiließ.

Die Bisswunde desinfizierte ich so, wie es in der Literatur vorgesehen war. Allerdings merkte ich, dass dieser Schlangenbiss anders war als andere Bisse, die ich bisher von Zornnattern kassierte. Mein Finger schmerzte ziemlich heftig und es kam zu einer Schwellung. Alles deutete darauf hin, dass sich die Bisswunde entzündet hatte. Meine erste Vermutung war deswegen wie immer, dass es Bakterien sein müssten, weshalb ich mithilfe von antibakteriellen Heilpflanzen gewisse Maßnahmen traf.

Ich stellte eine Mischung aus kleingehackten Zwiebeln und Spitzwegerich her, die ich auf meinem Finger verteilte und mit einem Verband fixierte. Das Ganze blieb eine Nacht lang drauf.

Am nächsten Tag war die Schwellung verschwunden und der Finger fühlte sich bedeutend besser an. Dies war ein Zeichen dafür, dass die Infektion gestoppt wurde und dass ich den Rest meinem Immunsystem überlassen konnte.

Die Heilpflanzen bewahrten mich höchstwahrscheinlich vor einer schlimmeren Infektion und die Bisswunde verheilte ganz normal innerhalb weniger Tage. Allerdings blieb die ganze Zeit eine gewisse Art von „Restschmerz". Dieser Schmerz war an manchen Tagen besser und an manchen Tagen schlimmer. Also entschloss ich mich, meinen Finger erst mal für eine Weile zu schonen, woraufhin der Schmerz verging.

Einige Monate später fing der Finger allerdings wieder an zu schmerzen, nachdem ich während meines Trainings meinem Sandsack ein paar

Schläge verpasste. Ein Arztbesuch brachte nicht viel und bestätigte nur die Vermutung, dass die Schlange mit ihren Zähnen wohl offensichtlich einen Nerv oder eine Sehne verletzt hatte. Ich musste meine Hand noch drei weitere Monate lang schonen, bis dieser Schmerz endlich aufhörte. Insgesamt hat es fast ein Jahr lang wehgetan. In dieser Zeit konnte ich meinen Finger nicht richtig bewegen. All das wegen des Bisses einer vollkommen harmlosen Zornnatter.

Du siehst, ein Schlangenbiss ist in jedem Fall ernst zu nehmen und sollte behandelt werden, vor allem wenn ungewöhnliche Symptome auftreten. Ich denke, dass die ganze Sache wesentlich unangenehmer geworden wäre, wenn ich nicht meine Heilpflanzen zur Verfügung gehabt hätte. Alles in allem war dies ein weiterer Hinweis darauf, wie wichtig es ist, sich mit verschiedenen Heilpflanzen auseinanderzusetzen und zu lernen, wie man solche Pflanzen für sich nutzen kann.

Heilpflanzen können dir in den verschiedensten Situationen helfen. Es gibt aber bestimmte Tierarten, gegen die man mit Heilpflanzen nur mehr begrenzt oder gar nicht mehr ankommt. Diese Tierarten sind besonders brillant, hinterlistig und in manchen Fällen auch gefährlich. Schauen wir sie uns im nächsten Kapitel genauer an.

Die schaurige Welt der Endo-Parasiten

Möglicherweise sind sie das Ekelhafteste und Unheimlichste, was das Tierreich zu bieten hat: Parasiten, die dich nicht von außen befallen, sondern in deinen Körper hineingehen, sogenannte Endoparasiten. Diese Geschöpfe kommen in allen möglichen Formen. Manche sind so winzig, dass man sie mit bloßem Auge nicht erkennen kann, während andere mehrere Meter lang werden können und sich irgendwo in deinen Darm einnisten.

Über Parasiten haben wir nun schon einiges gelernt. In Bezug auf diese Organismen stehe ich heute noch vor einem großen Dilemma. Einerseits finde ich Parasiten extrem faszinierend. Ihre Lebenszyklen sind extrem ausgeklügelt und raffiniert. Auf der anderen Seite gibt es auf diesem Planeten kaum etwas, was mich mehr ekelt als Parasiten. Ich habe in meinem Leben schon sehr viel „kranken Scheiß" gesehen, wenn es um Parasiten geht. Trotzdem bin ich in manchen Situationen immer wieder schockiert und teilweise überfordert, wenn ich sehe, welche Ausmaße der Befall von Parasiten annehmen kann. In vielen Situationen verspürte ich eine tiefe Faszination für diese Organismen, während mir zugleich ein kalter Schauer über den Rücken läuft. Vor allem deswegen, weil Parasiten eine meiner größten Ängste triggern: die Angst vor Krankheiten.

Ich kann nicht genau sagen, warum. Aber irgendwie haben mir verschiedene Krankheiten immer schon Angst gemacht. Als Kind hatte ich überhaupt keine Probleme damit, irgendwelche giftigen Schlangen oder andere potenziell gefährliche Tiere zu fangen. Ich bin alleine durch den Wald gelaufen, teilweise bis in die Nacht hinein. Aber kaum hat jemand in meiner Nähe gehustet, genießt oder sonstige Anzeichen einer potenziell ansteckenden Erkrankung gezeigt, war ich auf und davon. Im Kindergarten wollte ich anderen Kindern nicht die Hand geben, aus Angst davor, dass sie mir irgendwelche Keime übertragen würden. Mit dem Kontakt zu verschiedenen Tieren hatte ich hingegen keine Probleme. Du siehst, dieses ganze Angstverhalten ist vielfach sehr unlogisch.

Ein Grund, weshalb ich mich vor Krankheiten und auch vor Parasiten deutlich mehr fürchte als vor Giftschlangen oder anderen gefährlichen Tieren, ist, weil man eine Krankheit oft nicht kommen sieht. Man merkt nicht, dass es zu einer Infektion oder zu einer Erkrankung kommt. Selbst wenn du es bemerkst, sind die Symptome schon da, was bedeutet, dass es schon zu spät ist. Wenn Symptome vorhanden sind, ist auch die Krankheit schon da. In diesem Fall kannst du der Krankheit nicht mehr aus dem Weg gehen. Dieses Unvorhersehbare an vielen Krankheiten und Parasiten hat mich immer schon beunruhigt.

Meine Reise durch die Welt der Parasiten war faszinierend, hat aber gleichzeitig dazu geführt, dass ich gezwungen war, mich mit meiner größten Angst auseinanderzusetzen. Ich möchte dir in diesem Abschnitt von meinen wichtigsten Erfahrungen diesbezüglich erzählen und dir dabei einige der interessantesten Parasiten vorstellen, mit denen ich bisher zu tun hatte.

Manche Parasiten haben mir regelrechte Albträume beschert, während andere für einige bemerkenswerte Erinnerungen gesorgt haben. Diese Erinnerungen sind heute nicht nur bei mir vorhanden, sondern auch in anderen Menschen, die mehr oder weniger ungewollt in gewisse Ereignisse involviert waren.

Vier Frauen und ein Parasit

Es war ein wunderschöner Sonntagnachmittag im Spätsommer. Ich entschloss mich, einen kleinen Rundgang in einem nahegelegenen Feuchtgebiet zu machen, weil ich dort nach einem ganz bestimmten Parasiten suchen wollte, der zu dieser Zeit im Internet für Aufruhr sorgte.

Das Gebiet ist ein höchst interessanter Ort. Wenn man es betritt, hat man das Gefühl, man befände sich plötzlich irgendwo in der vergessenen Welt. Alles ist extrem dicht bewachsen. Der Boden ist das ganze Jahr über aufgeweicht und riecht nach Erde und Regen, wenn man darüber läuft. Immer wieder öffnet sich eine Lichtung, in dessen Mitte sich ein kleiner Tümpel befindet. Zwischen dem Dickicht fließen mehrere Bäche hindurch, die durch ihr angenehmes Rauschen sämtliche Geräusche aus der Außenwelt übertönen und für eine meditative Stimmung sorgen. Zugleich ist dieses Gebiet bis zum Rand voll mit überaus interessanten Tierarten. Man findet dort haufenweise Schlangen, Spinnen, verschiedene Insekten und auch

Parasiten. An diesem Tag traf ich auf vier Vertreter der vermutlich gefährlichsten Tierart, die über die Oberfläche dieses Planeten laufen: Menschen.

Bei diesen Menschen handelte es sich um weibliche Exemplare, die es sich abseits der Zivilisation in der Sonne gemütlich gemacht hatten. Irgendwie machten die Damen einen sympathischen Eindruck. Also ging ich zu ihnen hin und sprach sie an. Es kam zu einem etwas seltsamen, jedoch unterhaltsamen Gespräch, bei dem es hauptsächlich um die menschliche Sexualität und das Beziehungsverhalten von jungen Menschen aus unserer Altersgruppe ging. Allmählich setzte ich meine kleine Exkursion fort, weil ich schließlich ja noch ein Ziel hatte. Ich wollte den Parasiten finden, einen Vertreter aus der Gruppe der Nematomorpha.

Nematomorpha sind lang gezogene Würmer, die in manchen Fällen 20–30 cm lang werden können. Sie haben einen sehr stabilen Körper und wirken wie ein Stück Draht. Diese Würmer sind überaus unheimlich, weil sie ihre Opfer dazu zwingen, Selbstmord zu begehen.

Der Wurm lebt an still stehenden oder langsam fließenden Gewässern, in denen er seine Eier ablegt. Aus diesen Eiern schlüpfen Larven, die dann entweder aktiv oder passiv in ihre Opfer eindringen. Diese Opfer sind in der Regel verschiedene Insekten, zum Beispiel Gottesanbeterinnen oder verschiedene Heuschreckenarten. Im Insekt entwickeln sich die Würmer zu ihrer vollen Größe heran und können in manchen Fällen ein bis zwei Drittel des Körpers eines Insektes ausfüllen. Zugleich beginnen die Parasiten das Verhalten der Insekten zu manipulieren und teilweise die Kontrolle darüber zu übernehmen. Das Insekt bewegt sich so lange, bis es eine Wasserstelle gefunden hat. Danach springt es hinein und ertrinkt dabei. Während es ertrinkt, durchstoßen die Würmer seine Körperwand oder verlassen seinen Körper durch den Darmausgang. Das Opfer stirbt in der Regel während dieses Vorganges oder einige Minuten danach. Die Würmer paaren sich im freien Wasser, woraufhin der ganze Zyklus von vorne beginnt.

Im Internet findet man haufenweise unheimliche Videos von Insekten, aus denen plötzlich diese riesigen Würmer herauskommen, nachdem sie mit Wasser in Kontakt getreten sind. Diese Videos verbreiten sich wie ein Lauffeuer, weil sie offensichtlich sehr viel Ekel und Angst in den Menschen hervorrufen.

Ich habe solche Würmer bereits als Kind des Öfteren gefunden. Damals wurde ich von den Erwachsenen ausdrücklich davor gewarnt. Man hat mir erzählt, dass sie den Menschen befallen und anschließend Löcher in seinen Darm fressen würden. Dies ist so allerdings nicht richtig. Nematomorpha sind für Menschen harmlos. In sehr seltenen Fällen findet man sie im menschlichen Verdauungstrakt oder in der Harnröhre, wo sie allerdings keine Schäden anrichten und innerhalb kürzester Zeit wieder verschwinden. Diesbezüglich gibt es für uns Menschen also erst mal eine Entwarnung.

Ich wollte diese Parasiten unbedingt mit meiner eigenen Kamera aufnehmen und ein Video für YouTube erstellen, in dem ich meinen Zuschauern alles über diese Würmer erklären wollte. Es hat eine Zeit lang gedauert, bis ich die Tiere fand. Nach einigen Stunden erblickte ich ein ausgewachsenes Weibchen im Wasser. Vorsichtig lehnte ich mich über den langsam fließenden Bach und holte den Wurm mit meinen Händen heraus. Nun hatte ich allerdings ein kleines Problem.

Als ich in das Gebiet gefahren bin, hatte ich nämlich eine ganz wichtige Sache vergessen: ein Gefäß. Als es mir gelang, den Wurm aus dem Wasser zu holen, stand ich da, mit einem leibhaftigen Nematomorph in meiner Hand, jedoch ohne Gefäß, dieses höchst interessante Geschöpf in mein Studio zu transportieren. Also blieb mir nichts anderes übrig, als mit dem Parasiten in der Hand wieder zurück zu den Frauen zu gehen, die ich an jenem Tag kennengelernt hatte, und diese darum zu bitten, mir eine ihrer Wasserflaschen zu überlassen.

Du kannst dir sicherlich vorstellen, welche Gesichter diese Frauen gemacht haben, als sie mich schmutzig, zerkratzt und voller Schlamm aus dem Gebüsch laufen sahen. Noch schlimmer wurde es, als ich ihnen sagte: „Ladys, ich bitte euch nun, nicht in Panik zu geraten oder herumzuschreien. Das ist jetzt etwas ungewöhnlich. Aber ich habe hier in meiner Hand einen Parasiten, den ich sehr interessant finde, weil er seine Opfer dazu bringt, sich im Wasser selbst zu ertränken."

Eine der Damen unterbrach mich und bellte mir förmlich mit hysterischer Stimme entgegen: „Nein, nein, nein, lass mich damit in Ruhe, nein, ich will damit nichts zu tun haben!"

Als Reaktion auf ein freundliches „Chill mal … Ich brauch' nur eine Flasche von euch, damit ich das Ding zu mir nach Hause transportieren kann …" kramte sie hektisch eine Flache aus ihrer Tasche und warf sie mir vor die Füße. Die anderen drei Damen waren irgendwie … Also ich weiß nicht, wie ich es beschreiben soll … Sie haben jedenfalls nicht besonders viel gesagt oder getan. Ich bedankte mich freundlich für die Flasche, füllte ein wenig Wasser hinein und führte den Wurm in die Flasche ein. Nachdem ich die Flasche verschlossen hatte, versuchte der Wurm eifrig wieder herauszukommen.

Die Damen schienen mit diesem Vorfall ziemlich überfordert gewesen zu sein. Auf der einen Seite erschien ihnen die Situation wohl ein wenig bedrohlich, während sie auf der anderen Seite mein von Freude erfülltes Gesicht sahen, das zu dem Zeitpunkt alles andere als bedrohlich erschien.

Nachdem der Wurm in der Flasche war, fing ich an, voller Faszination zu erklären: „Wisst ihr, was das überhaupt ist? Das ist ein verdammt seltenes Exemplar! Das ist ein richtig berühmtes Tier! Millionen von Menschen haben es schon gesehen und alle haben sie Angst davor. Aber keine Sorge, der ist für uns Menschen harmlos."

Nun schien sich das Gemüt der Ladys wieder ein wenig zu beruhigen und zumindest eine von ihnen getraute sich ein bisschen näher zu kommen, um sich den Wurm kurz anzusehen, bevor sie ekelerfüllt ihr Gesicht verzog und wieder ein paar Schritte zurückwich.

Es ist schon interessant. Das Fortpflanzungsverhalten wäre ja einer der stärksten Naturinstinkte des Menschen. Ich muss zugeben, dass mir zumindest drei dieser vier Damen ziemlich gut gefallen hätten und dass ich sie gerne noch mal getroffen hätte. Aber wenn du verdammt noch mal einen leibhaftigen Nematomorph in deiner Flasche hast, der nur darauf wartet, dass du haufenweise geniale Aufnahmen von ihm machst, können die Frauen auch erst mal warten. Also entschloss ich mich, so schnell wie

Der Nematomorph aus dem Sumpf.

möglich zurück in mein Studio zu fahren, damit ich Aufnahmen machen konnte, ohne dass mir diese bemerkenswerte Kreatur stirbt.

Zu Hause angekommen, machte ich meine Aufnahmen und brachte dann den Parasiten wieder zurück in seinen Lebensraum, wo ich ihn wieder freiließ.

Wann immer ich Leuten erzähle, dass ich den Parasiten nach dieser ganzen Aktion wieder freigelassen habe, schauen sie mich verwundert an und fragen, wie man so etwas tun kann. „Warum lässt du dieses Tier wieder frei? Immerhin ist es ein Parasit! Parasiten muss man töten! Die armen Tiere, die er befällt!"

Ja, das ist richtig. Es ist ein Parasit. Das bedeutet aber nicht, dass es uns zusteht, über sein Recht auf Leben zu urteilen. Erstens gibt es nicht besonders viele Exemplare dieses Parasiten, wodurch er zu den seltenen Arten gehört. Zweitens ist er für Menschen ungefährlich. Drittens muss es nicht immer bedeuten, dass eine parasitäre Lebensform automatisch gleich bösartig ist oder nur Schäden verursacht. In diesem Kapitel werde ich dir noch eine ziemlich schockierende Wahrheit über Parasiten erzählen, die kaum jemand kennt. Danach wirst du besser verstehen, weshalb es oftmals besser für dich ist, solche Parasiten am Leben zu lassen.

Du machst, was ich will: Die bizarre Welt der manipulativen Neuroparasiten

Nematomorpha gehören zu den Parasiten, die in der Lage sind, das Verhalten ihrer Opfer zu manipulieren. Das bedeutet, dass sie direkt oder indirekt das Nervensystem oder die Zielstrukturen des Nervensystems, zum Beispiel die Muskulatur, beeinflussen können. Solche manipulativen Parasiten nennt man auch Neuroparasiten. Die Welt der Neuroparasiten ist krass! Also so richtig krass! Da geht es drunter und drüber. Neuroparasiten erstaunen mich immer wieder und wieder aufs Neue. Sie zeigen, was für abgefahrene Wege das Leben nehmen kann, um zu überleben.

Nematomorpha sind nicht die einzigen Parasiten, die ihre Opfer in den Selbstmord treiben. Der Tod des Wirtes ist bei Nematomorpha nicht garantiert. Den Sprung ins Wasser und die darauffolgende Freisetzung des Parasiten könnte ein Insekt in manchen Fällen auch überleben. Es gibt allerdings auch Neuroparasiten, die ihre Opfer in den sicheren Tod führen. Einer dieser Neuroparasiten ist ein Plattwurm mit dem Gattungsnamen *Schistocephalus*.

Schistocephalus

Schistocephalus gehört zu den Bandwürmern (Cestoden) und umfasst Arten wie *Schistocephalus solidus*, die als Parasiten in Fischen und Vögeln vorkommen.

Schistocephalus-Arten sind besonders interessant für die Wissenschaft, da sie tiefgreifende physiologische und verhaltensbedingte Veränderungen in ihren Zwischenwirten verursachen können, die deren Raubwahrscheinlichkeit erhöhen und somit die Weitergabe des Parasiten an den Endwirt fördern. Diese Manipulation umfasst unter anderem Veränderungen im Schwimmverhalten der Fische, was sie zu leichteren Zielen für Vögel macht.

Da *Schistocephalus* hauptsächlich in wilden Tierpopulationen vorkommt, gibt es für den Menschen im Allgemeinen keine direkten Schutzmaßnahmen gegen eine Infektion. Wichtig ist jedoch das Bewusstsein über die potenzielle Rolle solcher Parasiten in Ökosystemen und deren Einfluss auf die Gesundheit und das Verhalten von Wildtieren.

Schistocephalus hat mehrere Entwicklungsstadien. Sein Ziel sind verschiedene Wasservögel. Im Verdauungstrakt des Vogels legt der Parasit seine Eier ab. Wenn der Vogel sein großes Geschäft verrichtet, gelangen die Eier nach draußen. Aus den Eiern schlüpfen sogenannte Coracitien. Die Coracitien sind das erste Entwicklungsstadium des Parasiten. Schon in diesem Stadium fängt der Parasit an, seine Opfer nach Strich und Faden zu manipulieren. Sein erstes Opfer sind kleine Krebse, die man auch Copepoda nennt. Diese Copepoda fressen die Coracitien, weil sie glauben, es würde sich hierbei um Nahrung handeln. Im Körper des Krebses beginnt er nun sein Verhalten zu beeinflussen. In der ersten Hälfte seiner Entwicklung will der Parasit, dass der Krebs *nicht* gefressen wird. Also sorgt er dafür, dass der Krebs seine Aktivität verringert und sich kaum mehr irgendwo blicken lässt. Dadurch sinkt die Wahrscheinlichkeit, dass er von Raubtieren gefressen wird. Das erhöht die Überlebenschancen des Parasiten. In der zweiten Hälfte der Entwicklung will der Parasit das genaue Gegenteil. Jetzt soll sich der Krebs von einem Fisch fressen lassen. Also greift er aufs Neue in das Verhalten des Krebses ein und sorgt dafür, dass er nun das genaue Gegenteil von dem macht, was er zuvor gemacht hat. Der Krebs verlässt seine Deckung und schwimmt unvorsichtig im freien Wasser umher, damit die Wahrscheinlichkeit steigt, dass er von Fischen erbeutet wird.

Im Übrigen gibt es auch noch andere Arten von Parasiten, die das Verhalten dieser Krebse beeinflussen. Manchmal beinhalten Krebse mehrere verschiedene Arten von Parasiten. Häufig wollen diese Parasiten unterschiedliche Dinge. Die einen wollen ihren Wirt so steuern, dass er sich *nicht* fressen lässt. Und die anderen wollen, *dass* er sich fressen lässt. In so einem Fall kann es passieren, dass sich die Parasiten im Krebs gegenseitig bekämpfen, um den Konflikt zu lösen, wer von ihnen die Kontrolle über das Verhalten ihres Wirtes übernimmt. Wissenschaftler fanden heraus, dass dabei fast immer der Parasit den Kampf gewinnt, der in seiner Entwicklung schon weiter fortgeschritten ist.

Einer der Fische, von denen diese Copepoden häufig gefressen werden, ist der Stichling. Wenn der Krebs gefressen wird, entwickelt sich der Parasit im Fisch zu seiner vollen Größe heran. *Schistocephalus* kann im Verhältnis zu seinem Wirt extrem groß werden. Der Wurm ist fast gleich groß wie der Fisch. Ein Fisch kann außerdem mehrere Würmer beinhalten. In manchen Fällen können die Würmer, die sich in einem Fisch befinden, in ihrer Gesamtheit mehr wiegen als der Fisch selbst.

Nun wird auch noch das Verhalten des Fisches manipuliert. Der Fisch beginnt dicht an der Wasseroberfläche im offenen Wasser hin und her zu schwimmen, damit er von räuberischen Wasservögeln gesehen werden kann. Auf diese Weise steigt die Wahrscheinlichkeit, dass er von einem Vogel gefressen wird. Auch dies ist eines der Ziele dieses Parasiten. Wenn ein Vogel einen infizierten Fisch frisst, fängt er sich den Parasiten ein. In seinem Verdauungstrakt legt der Wurm seine Eier ab, woraufhin der Zyklus von vorne beginnt.

Die parasitäre Manipulation des Verhaltens ist im Tierreich gar nicht mal so selten, wie wir vielleicht glauben. Ein anderes Beispiel für einen höchst manipulativen Neuroparasiten ist *Leucochloridium*. Auch hierbei handelt es sich um einen Plattwurm, der Vögel als finales Ziel anpeilt. In den Vogel gelangt er über eine Schnecke, die er befällt und anschließend so manipuliert, dass sie sich von Vögeln fressen lässt. Zugleich bildet der Parasit auffällig pulsierende Gebilde aus, die sich in den Augen der Schnecken befinden, und die Aufmerksamkeit der Vögel auf sich ziehen. Durch diese pulsierenden Augenbewegungen ähnelt die Schnecke einer Figur aus einem Zeichentrickfilm, die gerade eins übergebraten bekommen hat. Es gibt sogar ein Meme zu diesem Parasiten, das im Internet kursiert. Dabei sieht man eine normale Schnecke, die einer

Leucochloridium Paradoxon. Man beachte die infizierten Augen der Schnecke, © D. Kucharski K. Kucharska/Shutterstock.com.

Leucocloridium paradoxum

Leucocloridium paradoxum ist ein parasitischer Plattwurm aus der Familie der Saugwürmer, der hauptsächlich in Vögeln als Endwirten und Schnecken als Zwischenwirten lebt. Dieser Parasit ist besonders für seine bemerkenswerte und bizzare Manipulation des Verhaltens seiner Zwischenwirte bekannt. Die Infektion beginnt, wenn die von infizierten Vögeln ausgeschiedenen Eier von Schnecken gefressen werden. Im Inneren der Schnecke entwickelt sich der Parasit und bildet sogenannte Sporocysten, die sich schließlich in die Fühler der Schnecke einnisten.

Diese Fühler verwandeln sich in pulsierende, farbenfrohe Strukturen, die auffällig leuchtend und wurmartig aussehen, was sie für Vögel wie Raupen erscheinen lässt. Diese Veränderung zieht Vögel an, die die Fühler fressen und sich so mit dem Parasiten infizieren. Die manipulierten Schnecken werden zudem dazu gebracht, sich in offeneren und helleren Bereichen aufzuhalten, was ihre Sichtbarkeit für räuberische Vögel erhöht.

Für den Menschen ist *Leucocloridium paradoxum* nicht direkt gefährlich, da er nicht Teil des Infektionszyklus ist.

anderen Schnecke namens Jimmy zuruft: „Hey, Jimmy! Was geht?" Daraufhin dreht sich Jimmy um. Seine pulsierenden Augen kommen zum Vorschein und Jimmy sagt: „Es gibt keinen Jimmy! Nur Leucochloridium!"

Andere Neuroparasiten befallen die Raupen von Insekten oder verschiedene Spinnenarten und steuern ihr Verhalten. Ein sehr bekannter manipulativer Parasit ist der Cordyceps-Pilz, der verschiedene Insektenarten befallen kann und diese ebenfalls in ihrem Verhalten steuert, damit er sich leichter verbreiten kann.

Ein naher Verwandter von Cordyceps ist ein parasitärer Pilz aus der Gattung *Torrubiella*. Ähnlich wie *Cordyceps* befällt auch *Torrubiella* Arthropoden. Seine Opfer sind allerdings keine Ameisen, sondern Spinnen. Ich war regelrecht erstaunt, als ich diesen Pilz das erste Mal zu Gesicht bekam. Es war in einem dunklen Kellergewölbe, das bis zum Rand voll mit Spinnen war. Ich habe dieses Gewölbe des Öfteren besucht, um nach den Spinnen zu sehen. Diese Tiere zeigen interessante Verhaltensweisen und es war immer wieder ein Erlebnis, sie zu beobachten. Irgendwann einmal veränderte sich allerdings die Situation. Das Verhalten der Spinnen änderte sich. Sie verfolgten nicht mehr ihre natürlichen Verhaltensweisen, sondern erschienen leblos und lethargisch, wobei sie nicht tot waren. Wenn man sie berührte, bewegten sie sich immer noch, wenn auch sehr langsam. Mit der Zeit erstarrten sie jedoch und aus ihren Gelenken wuchs ein weißes Gespinst, das wie ein Schimmelpilz aussah. In diesem Stadium waren die Spinnen tot. Anfangs dachte ich, dass die Spinnen einfach von einem Schimmelpilz überzogen wären, weil das Kellergewölbe feucht war. Erst nach einer genaueren Recherche konnte ich feststellen, dass es sich keineswegs um

Cordyceps

Cordyceps ist eine Gattung parasitischer Pilze, die bekannt dafür ist, das Verhalten ihrer Insektenwirte zu manipulieren. Besonders berühmt geworden ist der Pilz durch seine Fähigkeit, Ameisen und andere Insekten zu befallen und deren Körper für das Wachstum und die Verbreitung seiner Sporen zu nutzen. Nach der Infektion steuert der Pilz das Verhalten der Ameise so, dass sie sich an einem für die Sporenverbreitung optimalen Ort festbeißt, typischerweise an der Unterseite eines Blattes in einer bestimmten Höhe über dem Boden. Nach dem Tod der Ameise wächst der Pilz aus dem Körper des Wirts heraus und bildet Fruchtkörper, die Sporen freisetzen, die wiederum andere Insekten infizieren können.

Die verschiedenen Arten der Gattung *Cordyceps* infizieren eine breite Palette von Insektenarten und haben sich jeweils an spezifische Wirte angepasst. In der traditionellen chinesischen Medizin werden einige *Cordyceps*-Arten aufgrund ihrer vermuteten gesundheitsfördernden Eigenschaften geschätzt.

Für Menschen sind *Cordyceps*-Pilze nicht gefährlich, aber die Studien über ihre Wirkungen und potenziellen medizinischen Nutzen faszinieren sowohl die wissenschaftliche Gemeinschaft als auch die Öffentlichkeit. Sie werden in der Gesundheitsindustrie zunehmend populär, wobei Extrakte des Pilzes als Nahrungsergänzungsmittel zur Unterstützung der Immunfunktion und der allgemeinen Vitalität vermarktet werden.

Schimmelpilze, sondern vielmehr um parasitäre Pilze handelte, die die Spinnen von innen nach außen auffressen.

Ich habe dir nun einige Parasiten vorgestellt, die das Verhalten ihrer Opfer manipulieren. Wie du vielleicht bemerkt hast, trifft es vorwiegend kleinere Tierarten, beispielsweise Schnecken, Krebse oder Insekten. Doch

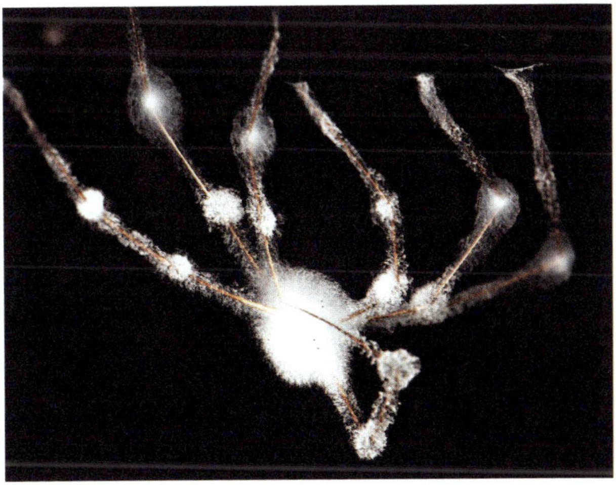

Tote Spinne, die vom parasitären Pilz *Torrubiella* befallen wurde.

auch als Mensch bist du nicht sicher. Es gibt mindestens einen Parasiten, der vielleicht das Verhalten von Menschen beeinflussen kann. Möglicherweise triffst du deine Entscheidungen nicht alleine …

Magst du zufällig Katzen?

Wahrscheinlich magst du Katzen, oder? Fast alle mögen Katzen. Ich mag Katzen auch, wobei ich ehrlich zugeben muss, dass ich zu Katzen eine Art Hassliebe pflege. Ich finde diese Tiere als Haustiere oft ziemlich anstrengend. Sie sind andauernd dabei, irgendetwas zu zerkratzen oder kaputt zu machen, kotzen auf den Teppich und bilden sich ein, dass sie deine Besitzer sind. Mit ruhigem Gewissen rauslassen kannst du sie auch nicht, weil sie sich dann kreuz und quer durch das Reich der lokalen Fauna morden und dir andauernd irgendein halbtotes Tier heranschleppen, das du dann erlösen darfst. Auf der anderen Seite machen Katzen die ganze Zeit süße Sachen, wie ihre Pfoten putzen, miauen und süß sein, weshalb man sie irgendwie trotzdem mögen muss. Wie dem auch sei …

Worauf ich eigentlich hinaus möchte, ist, dass wenn du gerne und viel Kontakt zu Katzen pflegst, du vielleicht schon mal mit einem Parasiten in Kontakt gekommen bist, der vielleicht in der Lage ist, dein Verhalten zu beeinflussen. In seltenen Fällen kann dieser Parasit für Menschen sogar gefährlich werden. Dies betrifft hauptsächlich Menschen mit einem geschwächten Immunsystem oder auch schwangere Frauen. Die Rede ist von *Toxoplasma gondii*, einem brillanten Einzeller, der seine Wirte nach Strich und Faden manipuliert.

In seinem natürlichen Entwicklungszyklus findet sich das finale Stadium des Parasiten in der Katze wieder. Mit dem Kot der Katze gelangen die infektiösen Stadien des Parasiten in Form von sogenannten Oozysten in die Freiheit. An diesem Oozysten können sich nun Beutetiere der Katzen infizieren. Das häufigste Ziel des Parasiten sind Mäuse und Ratten. In der Ratte werden aus den Oozysten sogenannte Sporozoiten frei. Diese können sich aktiv in der Ratte bewegen. Der Parasit kann nun die Ratte auf verschiedene Arten und Weisen manipulieren. So beeinflusst *Toxoplasma* beispielsweise das Verhalten einer Ratte in die Richtung, dass sie aggressiver und furchtloser wird. Sie beginnt, größere Risiken auf sich zu nehmen, und wird zunehmend unvorsichtiger. Vor allem vor Katzen scheint die Ratte bedeutend weniger Angst zu haben. Katzenurin wirkt auf gesunde Ratten normalerweise abschreckend, während infizierte Ratten den Geruch von Katzenurin auf wundersame Art und Weise als sexuell attraktiv empfinden. Zugleich sorgt der Parasit in den männlichen Ratten dafür, dass sie mehr Testosteron produzieren, was höchstwahrscheinlich einen Einfluss auf ihr Verhalten ausübt. Weibliche Ratten bevorzugen toxoplasmoseinfizierte Männchen, weil diese offensichtlich attraktiver auf die Weibchen wirken. Durch den sexuellen Kontakt kann sich das Weibchen mit dem Parasiten infizieren und diesen an ihre Nachkommen weitergeben.

Eine infizierte Ratte, die keine oder nur wenig Angst vor Katzen hat, wird wesentlich leichter zur Beute einer Katze. Letzteres ist das Ziel des Parasiten, weil er auf diesem Wege wieder in die Katze gelangt und damit ein neues Opfer gefunden hat.

Nun gibt es Hinweise darauf, dass *Toxoplasma* auch bei Menschen einen Einfluss auf das Verhalten ausüben kann. Wie bei den Ratten scheinen Toxoplasmose infizierte Menschen aggressiver und risikobereiter zu sein. Zugleich sollen Toxoplasmose infizierte Männer den Geruch von Katzenurin schätzen. Die letzte Aussage habe ich in einem Buch über Parasiten gelesen. Sie ist allerdings mit etwas Vorsicht zu genießen, da das menschliche Verhalten wesentlich komplexer ist als das Verhalten von einer Ratte. Ich selbst würde nicht so weit gehen und behaupten, dass ein toxoplasmoseinfizierter Mann den Geruch von Katzenurin schätzt. Allerdings gibt es Hinweise darauf, dass infizierte Menschen den Geruch von Katzenurin als deutlich weniger störend empfinden als den Geruch des Urins von anderen Tieren. Gefährlich kann der Parasit vor allem für schwangere Frauen, genauer gesagt für die ungeborenen Kinder, werden. Eine Infektion mit Toxoplasma während der Schwangerschaft kann im schlimmsten Fall zu einem spontanen Abbruch der Schwangerschaft führen.

Alles in allem zeigt dieser Parasit, was für bizarre Wege das Leben nehmen kann, um weiterhin zu überleben. *Toxoplasma* ist im Normalfall für Menschen nicht besonders gefährlich. Es gibt allerdings auch Parasiten, die das Verhalten ihrer Opfer beeinflussen können und bei Menschen extrem unangenehm und sehr gefährlich werden können.

Einen dieser Parasiten brachte mir ein gewisser Jäger aus meiner näheren Umgebung. Als ich diese Parasiten aus seinem Opfer entfernte, habe ich natürlich ein Video davon aufgenommen, alles schön zusammengeschnitten und auf YouTube hochgeladen. Für YouTube war das Video wohl ein wenig zu krass, denn es wurde mit einer Altersbeschränkung versehen und zugleich aufgrund schockierender Inhalte demonetisiert. Lass mich dir im nächsten Artikel die Geschichte zu diesem Parasiten erzählen.

Parasiten im Gehirn: Das Paket des Jägers

Zu den warmen Jahreszeiten treibt hierzulande ein gewisser Parasit sein Unwesen, der regelmäßig für ziemlich verstörende Beobachtungen sorgt. Wenn es schon eine solche Kreatur direkt in meiner näheren Umgebung gibt, will ich sie natürlich vor meine eigene Linse bekommen, um Videos davon zu produzieren. Also habe ich eine Suche nach diesem bizarren Wesen gestartet und mit den Jägern hierzulande zusammengearbeitet. Warum Jäger bei dieser Suche eine wichtige Rolle spielen, wirst du gleich verstehen.

Es verging ein ganzes Jahr. Keiner von den Jägern meldete sich und auch ich war auf den wenigen Jagdgängen, auf die ich mich begeben hatte, nicht in der Lage, ein Exemplar dieser sonderbaren Spezies ausfindig zu machen. Glücklicherweise blieb die Suche dennoch nicht ohne Erfolg. Ein Jahr später erreichte mich eine Nachricht von einem Jagdkollegen auf WhatsApp: „Ich habe einen Bock erlegt. Und da ist etwas in seinem Kopf, was dich interessieren könnte …“

An dieser Stelle, lieber Leser, möchte ich dir eine kleine Triggerwarnung aussprechen. Die nächsten Zeilen sind nichts für schwache Nerven.

Der Jäger wusste genau, wovon er sprach, weil man diese Parasiten während der Jagdausbildung kennenlernt.

Eifrig antwortete ich: „Ist es das, was ich glaube, was es ist?“

Eine Antwort darauf blieb aus. Stattdessen brachte mir der Jäger den Kopf von einem toten Reh vorbei.

„Dieser Bock hat Rachendasseln“, sprach er mit einer neutralen Stimme, als er mir das Paket mit dem Kopf des infizierten Exemplares überreichte.

Noch am selben Tag taute ich den Kopf auf und führte im Labor eine Sektion durch. In der Nase, im Hals und sogar im Gehirn des Tieres befanden sich lauter fette Maden, von denen die längsten etwa 3 cm maßen. Eine nach der anderen zog ich mit der Pinzette heraus und konservierte sie in Alkohol. Besonders auffallend war das entzündete und teilweise beschädigte Gewebe, von dem die Maden umgeben waren. Die Schleimhäute des Tieres waren stellenweise rot und blutig. Der Grund dafür ist, dass sich diese Maden vom Epithel der Schleimhäute ernähren. Zugleich ist ihre Oberfläche mit Widerhaken übersät, mit deren Hilfe sie sich im Gewebe verankern können. Auf diese Weise können sie sich besser festhalten, wenn das Tier versucht, die Maden heraus zu niesen oder zu husten. Gesunde Tiere scheinen solche Maden oftmals heraus niesen zu können. Geschwächte Tiere erleiden dagegen oftmals einen langsamen und grausamen Tod.

Der Parasit, von dem wir hier sprechen, ist die Rachendassel-Fliege (*Cephenemyia stimulator*). Diese Fliegen gehören zu einer Insektenfamilie, die wir Oestridae oder Dasselfliegen nennen. Dasselfliegen sind dafür bekannt, dass sie Maden in oder auf größere Wirbeltiere legen, woraufhin sich deren Maden vom lebenden Gewebe ernähren. Viele dieser Fliegenarten legen zum Beispiel ihre Maden auf der Hautoberfläche von größeren Säugetieren ab. Diese Maden gehen dann unter die Haut, wo sie sich vom Gewebe ihres Wirtes ernähren. Mit der Zeit entstehen an der Stelle, an der sich eine Dasselfliegenmade befindet, gerötete Beulen. Dieses Schicksal kann übrigens auch den Menschen ereilen. Jene Dasselfliegen, deren Maden sich „nur" knapp unter der Hautoberfläche befinden, gehören noch zu den weniger komplizierten Arten. Solche Dasselfliegen findet man hauptsächlich in der Nähe des Äquators. Behandelt werden sie von vielen Naturvölkern, indem sie eine Paste aus verschiedenen Pflanzen auf die betroffene Stelle auftragen. Die Inhaltsstoffe der Pflanzen können die Made entweder töten oder sie dazu bringen, das Gewebe zu verlassen. Oft wird die Stelle mit einem speziellen Öl bestrichen, sodass die Made in Atemnot gerät und dadurch dazu genötigt wird, ihre „Behausung" zu verlassen. Es gibt andere Arten von Dasselfliegen, die tiefer in ihre Wirte eindringen.

Eine davon ist die Rachendasselfliege, die eine ziemlich abgefahrene Art und Weise verfolgt, ihren Nachwuchs zu verbreiten. Das Erscheinungsbild der erwachsenen Fliege wirkt relativ unscheinbar. Es handelt sich um ein kleines, pelziges Fluginsekt, das Ähnlichkeiten mit einer Hummel aufweist, sich aber bei genauerer Betrachtung deutlich von einer Hummel unterscheidet. Trotzdem würde man auf den ersten Blick nicht vermuten, welch finsteren Plan dieses Insekt verfolgt.

Die Fliege legt ihren Nachwuchs nicht einfach ab, sondern beschießt damit ihre Opfer. Die Fliege schwirrt dabei um die Nase von einem Reh und schießt im Flug kleine Maden in die Nase des Wirtes. Diese kleinen Maden kriechen dann in die Nasenhöhle und beginnen sich dort vom Epithel der Nasenschleimhaut zu ernähren. Im Übrigen muss die Dasselfliegenmutter ihren Nachwuchs so schnell wie möglich loswerden, weil sie ansonsten möglicherweise selbst davon gefressen wird.

In der Nasenhöhle wachsen die Maden heran und verteilen sich im nasalen und pharyngalen Raum. In manchen Fällen können sie allerdings bis zum Gehirn vordringen und dann einen Einfluss auf das Verhalten ihres Wirtes ausüben. Dieser Einfluss geschieht jedoch nicht gezielt, wie etwa bei *Toxoplasma*, sondern ist das Nebenprodukt von zerebralen Entzündungen,

Eine der Dasselfliegenmaden, die ich aus dem Kopf des Tieres geholt habe.

die durch strukturelle Schäden entstehen, die von der Made verursacht werden.

Die Rachendasselfliege ist in Europa weit verbreitet. Menschen werden von diesem Parasiten für gewöhnlich nicht befallen. Die Betonung liegt allerdings auf „für gewöhnlich". So gibt es tatsächlich Berichte von Fällen, bei denen auch Menschen befallen wurden. In schlimmen Fällen kann die Made hinter das Auge gelangen und dort schwere Entzündungen und Schäden verursachen. Im schlimmsten Fall muss das Auge chirurgisch entfernt werden.

Wenn du bis jetzt durchgehalten hast, wirst du vermutlich ein wenig Paranoia schieben, weil du gelesen hast, dass diese Tiere wie Hummeln aussehen und du vermutlich schon auf Google geschaut hast, wie diese Fliegen aussehen. Möglicherweise ergeht es dir gerade so wie vielen anderen meiner Zuschauer und du denkst dir: „Verdammt noch mal! Genau so ein Vieh habe ich doch schon unzählige Male gesehen!"

An dieser Stelle möchte ich dich erst mal beruhigen. Solche Horrorgeschichten, wie du vorhin gelesen hast, sind eine sehr große Ausnahme. Es ist sehr unwahrscheinlich, dass du in freier Wildbahn von einer Rachendasselfliege mit ihrem Nachwuchs beschossen wirst, davon nichts mitbekommst und sich einige Wochen später eine Made hinter deinem Auge befindet. Der Mensch gehört im Normalfall nicht zu den natürlichen Wirten dieser Insekten. Ein Befall des Menschen endet in der Regel erst mal für einen von beiden schlecht: und zwar für die Made, die normalerweise innerhalb kurzer Zeit stirbt.

Rachendasselfliege, © Kurt Kulac/Shutterstock.com.

Außerdem ist eine Begegnung mit diesem Insekt eher eine Seltenheit und nicht eine alltägliche Situation. Sicherlich hast du schon mal irgendwo pelzige Fliegen gesehen, die einer Rachendasselfliege ähneln. Hierbei handelt es sich allerdings höchstwahrscheinlich nicht um Dasselfliegen, sondern um andere Insekten, die einer Rachendasselfliege nur ähnlichsehen, beispielsweise um einen harmlosen Wollschweber, der im wahrsten Sinne des Wortes keiner Fliege etwas zuleide tut.

Ich hoffe, dass ich dich jetzt ein wenig beruhigt habe. Vermutlich aber wird es dir so ergehen, wie es auch mir zu Beginn ergangen ist, und du wirst vielleicht immer noch ein ungutes Gefühl in dir tragen. Wenn dem so ist, möchte ich dich dazu ermutigen, weiterzulesen. Ich habe nämlich genau dieselbe Reise durch die Welt der Parasiten unternommen und ebenso ungute Gefühle entwickelt, mit denen ich aber gelernt habe klarzukommen. Ich werde dich durch die Welt der Parasiten begleiten und dir erklären, wie ich es geschafft habe, mit negativen Gedanken und Ängsten in Bezug auf Parasiten klarzukommen, damit du das auch hinbekommst. Jetzt möchte ich dir aber erst einen weiteren Parasiten vorstellen.

Die Sache, die die Rachendasselfliege mit ihrem Opfer veranstaltet, hat mich zu Beginn ziemlich schockiert. Mit der Zeit lernte ich allerdings Parasiten kennen, gegen die eine Rachendasselfliege das reinste Vergnügen darstellt. Einer davon ist der Drehwurm.

Schwindelige Zombie-Schafe: Der Drehwurm

Vielleicht hast du im Internet diese gruseligen Videos von Schafen gesehen, die einfach nur dastehen und wie eine Art Zombie ins Leere starren oder sich die ganze Zeit im Kreis drehen. Je nach Aufenthaltsort besteht die Wahrscheinlichkeit, dass solche Schafe von einem ziemlich üblen Parasiten befallen wurden, der dazu führt, dass die Schafe Koordinationsschwierigkeiten haben. Dieser Parasit kann in seinem finalen Wirt bis zu einem Meter lang werden.

Der Parasit, von dem wir sprechen, ist kein geringerer als *Taenia multiceps*, auch bekannt als Quesenbandwurm und seltener als Drehwurm. Der Quesenbandwurm war ursprünglich im Mittelmeergebiet und dem Mittleren Osten verbreitet. Mittlerweile hat er sich aber weltweit ausgebreitet.

Das finale Ziel des Parasiten sind Raubtiere wie Wölfe, Füchse, Raubkatzen oder Schakale. Diese Tiere ernähren sich von Weidetieren, etwa von Schafen oder von Ziegen.

Der Bandwurm lebt im Verdauungstrakt des Endwirtes, beispielsweise in einem Hund. Der erwachsene Wurm kann in seinem finalen Entwicklungsstadium 1 m lang werden und besteht aus einzelnen Segmenten, die man auch Proglottiden nennt. In diesen Proglottiden reifen die Eier heran und werden allmählich mit dem Kot vom Hund ausgeschieden. Im Kot befinden sich die Eier. Ein Schaf kann sich an diesen Eiern infizieren, etwa wenn es kontaminiertes Gras frisst. Im Verdauungstrakt des Schafes wird eine Onkosphäre frei, die die Darmwand durchdringt und in das Blutkreislaufsystem eindringt. Über das Blutkreislaufsystem gelangt sie in das Gehirn und entwickelt sich dort zu einem sogenannten *Coenurus cerebralis*. Der *Coenurus cerebralis* ist ein blasenartiges Gebilde, das die nächsten Entwicklungsstadien des Parasiten enthält. Zwei Monate nach der Infektion ist er etwa so groß wie eine Kirsche. Nach etwa 7–8 Monaten erreicht er seine volle Größe von etwa 5–6 cm. In seltenen Fällen kann er sogar noch größer werden. Innerhalb dieser Coenurus-Blase befinden sich mehrere Köpfe von Bandwürmern, die an der Wand festgewachsen sind. Im Coenurus sind sie als weiße flockenartige Gebilde sichtbar. Vom Gehirn aus kann der Parasit schwerwiegende Auswirkungen auf das Verhalten des betroffenen Schafes ausüben. Infizierte Tiere können sich nicht mehr orientieren, verlieren teilweise ihr Sehvermögen und zeigen Lähmungserscheinungen. Häufig fangen infizierte Schafe an, sich im Kreis zu drehen. Ein Krankheitsbild, das man als Drehkrankheit bezeichnet. Aus diesem Grund nennt man den Parasiten oft auch Drehwurm.

Dadurch, dass sich das Schaf nicht mehr orientieren kann und allgemein in seiner Koordination stark eingeschränkt ist, wird es zur leichten Beute für Raubtiere. Wenn das Schaf nun von einem Raubtier gefressen wird und das Raubtier zufällig auch den *Coenurus cerebralis* frisst, infiziert sich das Raubtier. Danach entwickeln sich die Köpfe aus dem Coenurus im Verdauungstrakt des Raubtieres wieder zum erwachsenen Bandwurm und der Zyklus beginnt von vorne.

Dass sich der Parasit das Gehirn als Bleibe aussucht, hat für den Parasiten mehrere Vorteile. Zum einen steigt die Wahrscheinlichkeit, dass sein Wirt von einem Raubtier gefressen wird, wenn dieser schwere Koordinationsstörungen hat. Zum anderen ist das Gehirn ein sehr nahrhafter Teil eines Beutetieres, der sehr häufig von Raubtieren gefressen wird. Auf diese Weise schlägt der Parasit zwei Fliegen mit einer Klappe.

Auch der Mensch kann sich mit diesem Parasiten infizieren. Wie beim Schaf kann im Gehirn eines Menschen ein *Coenurus cerebralis* entstehen, der nach einiger Zeit zu Kopfschmerzen, Übelkeit und zu Koordinations- und

Bewegungsstörungen führt. Aus diesem Grund ist der Parasit als potenziell gefährlich einzustufen. Infektionen bei Menschen sind allerdings eine Seltenheit.

Um eine solche Infektion zu verhindern, ist es vor allem wichtig, dass Haustierbesitzer ihre Haustiere regelmäßig entwurmen, da sich Hunde und Katzen mit *Taenia multiceps* infizieren können. Essbare Pflanzen, die man in der Natur gesammelt hat, sollten gründlich gereinigt werden. An Orten, an denen Weidetiere unterwegs sind, sollte man auf den Verzehr von wild lebenden Pflanzen verzichten. Wenn man sich an diese einfachen Regeln hält, ist eine Infektion mit diesem Parasiten sehr unwahrscheinlich.

Taenia multiceps gehört zu jenen Parasiten, die auf jeden Fall auf die Liste der potenziell gefährlichen Parasiten gehören. Wusstest du aber, dass der vielleicht gefährlichste Parasit von allen ebenfalls in Europa verbreitet ist? Diesen Parasiten möchte ich dir als Nächstes vorstellen. An dieser Stelle muss ich dir allerdings erneut eine Triggerwarnung aussprechen. Das Lesen des nächsten Kapitels geschieht auf eigene Gefahr.

Grausige Entdeckung: Der tödlichste Parasit Europas

Während meiner Studienzeit in Innsbruck hatte ich das Vergnügen, zahlreiche interessante Leute kennenzulernen, die alle irgendwelche ausgefeilten und besonderen Interessen hatten. Einer dieser neuen Freunde, die ich auf der Uni gefunden habe, war Francesco. Francesco war ein Stück älter als ich und hatte bereits ein erfolgreich absolviertes Studium der Veterinärmedizin hinter sich gebracht. Wie er mir im Laufe des Semesters erklärte, machte er nur mehr einige Vorlesungen aus der Biologie, um sich einen besseren Überblick über das Tierreich zu verschaffen. Francesco blieb nur für etwa zwei Semester lang mein Kommilitone, bevor er seine eigene Praxis eröffnete.

Eines schönen Tages erreichte mich sein Anruf. „Ciao, Wolf! Du sagtest mir doch, du würdest gerne mal einen *Echinococcus* sehen, oder?“, sprach er mit lauter Stimme und italienischem Akzent in das Telefon.

„Habe ich inzwischen schon mehrmals gesehen …“, antwortete ich unbeeindruckt, weil ich davon ausging, er würde das letzte Entwicklungsstadium dieses Parasiten meinen, das wirklich nicht sonderlich beeindruckend aussieht.

Daraufhin antwortete er mir in einer fast schon wütenden Tonlage: „Eh, sì, sì! Ich weiß, diese kleinen Würmchen habt ihr angeschaut. Aber hast du mal eine Hydatidenzyste gesehen, eh?!“

Nun hatte er meine volle Aufmerksamkeit. Nachdem ich wissen wollte, was er da gerade vor sich hatte, antwortete er mir kurzerhand: „*Chiccio*, ich kann das Ding nicht lange hierbehalten. Wenn du es sehen willst, komm jetzt vorbei! *Velocemente!*"

Obwohl ich mich an diesem Nachmittag auf eine ziemlich schwere Klausur vorbereiten musste, ließ ich alles stehen und liegen, stieg ins Auto und fuhr zu ihm. Und zwar *velocemente* (das ist Italienisch und bedeutet „schnellstmöglich"). Ich fuhr so *velocemente*, dass ich geblitzt wurde und einen schönen Strafzettel kassierte. Das war aber noch nicht genug. Zugleich ließ ich in der ganzen Eile meine Kamera zu Hause liegen.

Bei ihm angekommen, erwartete er mich schon an der Tür. Im Wartesaal waren keine Menschen, weil er gerade keinen Dienst hatte. In seiner Praxis hatte er ein Hinterzimmer, das für die weniger schönen Sachen gedacht war. Dort führte er unter anderem Autopsien durch, untersuchte Gewebeproben von verschiedenen Tieren usw. Dieser Raum erschien mir wie der Ausschnitt aus einem Kriminalfilm. Der Raum hatte keine Fenster und in der Mitte des Raumes befand sich ein Tisch aus Metall. Auf dem Tisch lag eine tote Ziege. Alleine der Geruch dieser Ziege bescherte mir einen Brechreiz. Es war nicht so, dass diese Ziege schon seit längerer Zeit tot war. Aber auch eine „frische" Leiche kann ziemlich übel riechen, wenn die Bauchhöhle geöffnet ist, was bei dieser Ziege der Fall war. Die geöffnete Bauchhöhle war allerdings mit einer Art Klammerhalterung verschlossen, damit das Gewebe nicht zu schnell austrocknete, während Francesco auf mich wartete.

„Hast du etwa schwache Nerven? Kann ich es jetzt hier aufmachen oder muss ich dich dann vom Boden aufsammeln?", warf er mir leicht spöttisch entgegen.

„Lass das mal meine Sorge sein, jetzt mach endlich! Zeig mir, was in dieser Ziege drinnen ist!", antwortete ich ungeduldig.

Francesco nahm die Klammer weg und zog mit zwei Pinzetten vorsichtig das Fell der Ziege zur Seite, wodurch man in die Bauchhöhle sehen konnte. Ich erkannte sämtliche Organe und den Darm. Besonders auffällig war allerdings die Leber. Diese ist normalerweise rot bis dunkelrot gefärbt. Bei dieser Ziege hatte sie allerdings mehrere helle Stellen und sah sogar nicht nach einer gesunden Leber aus. Mit einem Skalpell schnitt Francesco die Leber auf und es kamen haufenweise milchig-weißlich gefärbte, blasenartige Gebilde hervor, die teilweise so groß wie ein Golfball waren.

Obwohl ich von Parasiten fasziniert bin, traf mich sofort die Übelkeit wie ein Schlag in die Magengegend. Dieser Anblick, zusammen mit dem

Geruch, sorgte dafür, dass ich große Mühe hatte, meinen Brechreiz zu kontrollieren. Francesco blieb hingegen ziemlich locker. Der Gestank schien ihm nichts auszumachen. Als ich ihn fragte, ob er sich auch sein Geruchsepithel herausoperieren hatte lassen, damit er so etwas aushielt, antwortete er ganz locker: „Man gewöhnt sich daran …"

Diese verhältnismäßig riesigen, blasenartigen Gebilde in der Ziege waren das Zystenstadium von *Echinococcus granulosus*, einem der ekelhaftesten und gefährlichsten Parasiten der Welt.

Das finale Entwicklungsstadium dieses Parasiten sind winzig kleine Würmer, die du nur mit einem Mikroskop detailliert betrachten kannst. Die Würmer befinden sich im Verdauungstrakt von Hunden, aber auch von Wölfen, von Schakalen und möglicherweise von Füchsen. Dort legen sie ihre Eier ab, die dann mit dem Kot in die Umwelt gelangen. Die Eier können kalten Temperaturen standhalten und über einen längeren Zeitraum hinweg infektiös bleiben. In manchen Fällen befinden sie sich an Pflanzen, die von verschiedenen Tieren gefressen werden. Im Verdauungstrakt solcher Tiere wird das erste Entwicklungsstadium des Parasiten frei, die sogenannte Onkosphäre. Die Onkosphäre verlässt den Darm und gelangt in die Leber. Dort beginnt der Parasit blasenartige Gebilde auszubilden, in denen sich die Vorstufen des letzten Entwicklungsstadiums befinden. Diese blasenartigen Gebilde nennt man auch Hydatidenzysten. Diese Zysten können sich so weit ausbreiten, dass die Leber und oftmals andere Organe versagen, was zum Tod des betroffenen Tieres führt. Wenn diese kontaminierten Körperteile nun von einem Wolf oder einem anderen hundeartigen Tier gefressen werden, infiziert sich dieses Tier wiederum mit *Echinococcus*, woraufhin sich in seinem Verdauungstrakt das finale Entwicklungsstadium bildet. Anschließend beginnt der Zyklus von vorne.

Echinococcus granulosus ist auch unter dem deutschen Namen „Hundebandwurm" bekannt und stellt bereits einen ziemlich unangenehmen Anblick dar. Wenn du denkst, dass ein Hundebandwurm bereits schlimm ist, hast du seinen „bösen Zwillingsbruder" noch nicht kennengelernt: den Fuchsbandwurm (*Echinococcus multilocularis*).

Der Fuchsbandwurm verhält sich ähnlich wie der Hundebandwurm. Der Unterschied ist das Entwicklungsstadium, das die Leber befällt. Während der Hundebandwurm die blasenartigen Zysten ausbildet, die sich relativ gut von ihrer Umgebung abgrenzen lassen, durchwächst der Fuchsbandwurm die Leber wie ein Geflecht und bildet an mehreren Orten Zysten von unterschiedlicher Größe. Dadurch ist er sehr viel schwerer zu behandeln und unter Kontrolle zu bringen. Die Infektion mit einem Fuchsbandwurm kann für Menschen tödlich enden. Das Problem bei der ganzen Sache ist die sehr lange Inkubationszeit. Es kann sein, dass nach einer Infektion mehrere Jahre vergehen, bevor man etwas von der Infektion mitbekommt. Ein Mensch kann jahrelang keine Symptome verspüren und erst nach etwa 10–15 Jahren kann der Parasit die ersten Symptome auslösen. Wenn der Fuchsbandwurm die Leber bereits durchwachsen hat, kann er diese so weit beschädigen, dass nur eine Lebertransplantation das Leben retten kann. Damit gehört der Fuchsbandwurm zu den gefährlichsten Parasiten der Welt.

Infizieren kann sich ein Mensch mit dem Fuchsbandwurm, wenn er beispielsweise Pflanzen oder Beeren isst, die sich in Bodennähe befinden und mit den Eiern des Parasiten kontaminiert wurden. Aus diesem Grund ist es sehr wichtig, dass du deine Waldfrüchte sehr gut reinigst, bevor du sie isst. Solange kontaminierte Nahrung nicht mit entsprechender Hitze behandelt wurde, kann man eine Infektion nicht zu hundert Prozent ausschließen. Ein guter Ratschlag, den ich dir daher mit auf den Weg geben möchte: Vermeide es, Sachen zu essen, die sich sehr nahe am Boden befinden. Pflanzenmaterial ab etwa einem halben Meter Höhe ist hingegen bedeutend weniger riskant. Wenn du etwas konsumieren willst, das sich sehr nahe am Boden befindet, empfehle ich dir, es zu reinigen und wenigstens für kurze Zeit mit heißem Wasser zu behandeln.

Der Fuchsbandwurm sorgt regelmäßig für Angst und Schrecken. Wann immer ich in einem meiner Videos zeige, wie ich essbare Wildkräuter verzehre, dauert es nicht lang, bis irgendwo ein Kommentar erscheint, der mich darauf hinweist, dass ich doch auf den Fuchsbandwurm besser achtgeben soll. Ich konsumiere allerdings nur Material, das ich auf einer Höhe von über einem Meter sammle. Direkt verzehren tue ich nur Pflanzenteile, die relativ neu und damit auch relativ sauber sind, zum Beispiel Blüten oder Knospen. Alles andere, was ich sammle, nehme ich mit nach Hause und reinige es ausgiebig mit heißem Wasser, bevor ich es verzehre. Hinzu kommt auch, dass Infektionen mit dem Fuchsbandwurm eigentlich verhältnismäßig selten sind. Es ist ziemlich unwahrscheinlich, dass du kontaminiertes Pflanzenmaterial aufnimmst und dir dabei zugleich eine Infektion holst, wenn du nicht gerade in einer Gegend lebst, die extrem dicht von Füchsen besiedelt ist. Durch Aufklärung der Bevölkerung und regelmäßige Entwurmungskuren der eigenen Haustiere lässt sich die Ausbreitung dieses Parasiten relativ gut eindämmen. Hinzu kommen noch Köder mit einem speziellen Entwurmungsmittel, die den Füchsen verabreicht werden können, um diese vom Fuchsbandwurm zu befreien. Wirklich gut aufpassen solltest du hingegen, wenn du ein Jäger bist und häufig in Kontakt mit Füchsen oder den Fellen von Füchsen kommst.

Wenn ich den Leuten erkläre, wie gering die Wahrscheinlichkeit ist, dass man sich mit einem Fuchsbandwurm infiziert, bekomme ich häufig als Antwort: „Na ja, bei Menschen gibt es ja eigentlich keine so richtigen Parasiten. Da ist so etwas ja generell selten." Diese Aussage könnte nicht verkehrter sein. Es gibt sehr wohl zahlreiche Parasiten, die bei Menschen gar nicht mal so selten sind. Einen bestimmten Parasiten stelle ich dir im nächsten Abschnitt vor, der auch in Europa immer wieder auftritt. So erreichen mich jährlich zahlreiche Nachrichten von Menschen, die mir von seltsamen Symptomen berichten, die auf eine Infektion mit einem der häufigsten Parasiten des Menschen zurückzuführen sind. In manchen Fällen kann es sogar sein, dass man mit dem Parasiten infiziert ist, ohne dass man etwas davon merkt. Dieser verhältnismäßig häufige Parasit des Menschen vermag es sogar, unser Verhalten so zu beeinflussen, dass wir uns gegenseitig infizieren. Allerdings tut er dies nicht auf die Art und Weise, die du dir vielleicht erwartest. Wenn du mehr dazu wissen willst, lies weiter.

1,5 Milliarden Menschen sind mit diesem Parasiten infiziert

Enterobius vermicularis, auch bekannt als Madenwurm, ist einer der häufigsten Parasiten des Menschen. Schätzungsweise sind etwa 1,5 Milliarden Menschen mit diesem Parasiten infiziert. Es handelt sich um einen parasitären Wurm aus der Gruppe der Nematoden. Nematoden sind eine sehr außergewöhnliche Gruppe von Würmern. Sie sind die vielleicht individuenreichste Tiergruppe der Welt. Nicht alle Arten sind Parasiten. Einige von ihnen sind Pflanzenfresser, während andere Räuber sind.

Sowohl die Pflanzenfresser als auch die Räuber benötigen somit keinen Wirt, sondern leben frei in ihrem Lebensraum. Solche freilebenden Nematoden tragen oftmals eine Art Mundstachel, ein sogenanntes Stilett, mit dem sie beispielsweise Pflanzen anstechen und sich dann von deren Saft ernähren. Räuberische Nematoden stechen mit ihrem Mundstachel hingegen andere Lebewesen, verabreichen ihnen ihre Verdauungsenzyme und saugen sie anschließend aus. Nematoden sind in einer unglaublichen Dichte und Vielfalt in nahezu allen Umgebungen vorhanden – in Böden, im Süßwasser, im Meer und als Parasiten in Pflanzen und Tieren (einschließlich

Ascaris lumbricoides

Ascaris lumbricoides, der menschliche Spulwurm, ist ein häufiger parasitischer Nematode (Fadenwurm), der vor allem in Gebieten mit schlechten sanitären Bedingungen vorkommt. Dieser Parasit kann bei Menschen eine Erkrankung namens Askariasis auslösen, die insbesondere in tropischen und subtropischen Regionen verbreitet ist. Die erwachsenen Würmer leben im Dünndarm des Menschen, wo sie sich von teilweise verdauten Nahrungsinhalten ernähren. Sie können bis zu 40 cm lang werden und haben eine lebensfähige Lebensdauer von etwa 1 bis 2 Jahren.

Die Infektion beginnt typischerweise, wenn Eier, die im menschlichen Stuhl ausgeschieden werden, in den Boden gelangen und dort unter feuchten und warmen Bedingungen zu infektiösen Larven heranreifen. Menschen infizieren sich durch den Verzehr von kontaminierter Nahrung oder Wasser oder durch direkten Kontakt mit kontaminierter Erde, insbesondere in Gebieten, in denen menschliche Fäkalien als Dünger verwendet werden.

Die Symptome einer Askariasis können von sehr mild bis schwerwiegend reichen, einschließlich Bauchschmerzen, Durchfall und in schweren Fällen Darmblockaden. Die Behandlung erfolgt in der Regel mit antiparasitären Medikamenten, die effektiv gegen die Würmer wirken.

Zur Prävention ist es entscheidend, auf gute Hygiene und sanitäre Verhältnisse zu achten, insbesondere die Verwendung von sicherem Trinkwasser und den sicheren Umgang mit Nahrungsmitteln. Die Aufklärung über die Übertragungswege und die Notwendigkeit einer angemessenen Entsorgung von Fäkalien sind ebenfalls wichtige Maßnahmen, um die Verbreitung von *Ascaris lumbricoides* zu verhindern.

im Menschen). Insbesondere im Boden sind diese Tiere extrem häufig. Wenn du auf einer Wiese oder im Wald stehst, können sich direkt unter deinen Füßen auf etwa 1 m^2 mehrere Millionen von diesen Würmern tummeln, ohne dass du es merkst.

Die meisten Nematoden sind winzig klein und mit bloßem Auge nur sehr schwer erkennbar. Einige können allerdings respektable Größen erreichen. So kann beispielsweise ein weiblicher *Ascaris lumbricoides* bis zu 30 cm lang werden. *Ascaris lumbricoides* ist ebenfalls ein teilweise recht häufiger Parasit des Menschen, der sich in unserem Verdauungstrakt einnisten kann. Bei einem Massenbefall kann *Ascaris lumbricoides* heftige Entzündungen auslösen und den menschlichen Verdauungstrakt beschädigen. Im Normalfall bereitet er allerdings nur geringfügige Probleme. Mit den richtigen Medikamenten kann man ihn ohne Weiteres wieder loswerden.

Wenn du einen *Ascaris lumbricoides* siehst und dir vorstellst, dass so ein Ding in deinem Darm herumkriecht, kann es schon mal passieren, dass dir der Bauch anfängt zu kribbeln. Im Vergleich zu den größten Nematoden der Welt ist *Ascaris lumbricoides* allerdings immer noch relativ kurz. *Placentonema gigantissima* ist ebenfalls ein parasitärer Nematode, der in der Plazenta von Pottwalen gefunden wird. Dieser beeindruckende Wurm kann eine Länge von bis zu 8 oder 9 m erreichen.

Enterobius vermicularis ist im Vergleich dazu ein Winzling. *Enterobius* ist vermutlich der Nematode, der im Menschen am häufigsten zu finden ist. Besonders oft infizieren sich Kinder mit diesem Parasiten, weil Kinder ihre Hände in manchen Fällen bei jeder Gelegenheit in den Mund stecken und damit haufenweise verschiedene Pathogene aufnehmen. Bevor jetzt allerdings sämtliche Mütter, die dieses Buch lesen, einen hysterischen Anfall bekommen und ihre Kinder aufgrund der Anwesenheit von Parasiten in einem sterilen Labor großziehen wollen, möchte ich alle Leser erst mal motivieren, dieses Buch in Ruhe weiterzulesen. Die ganze Sache mit den Parasiten auf diesem Planeten ist nämlich völlig anders, als die meisten Leute denken. Dazu werde ich gleich mehr verraten. Jetzt bleiben wir aber erst mal bei *Enterobius vermicularis.*

Weibliche *Enterobius vermicularis* werden etwa 8–13 mm lang, während die Männchen mit einer Länge von etwa 2–5 mm deutlich kleiner bleiben. Mit dem Wurm infiziert man sich, wenn man seine Eier oral aufnimmt. Im Verdauungstrakt schlüpfen die Würmer und ernähren sich von allem, wovon du dich ernährst. Und jetzt wird es spannend! In deinem Verdauungstrakt werden die Weibchen begattet. Diese begeben sich anschließend auf eine wichtige Mission in deinem Körper. Sie wandern durch die Seiten deines Darmes in Richtung deines Anus. Dort angekommen, legt das Weibchen in den Falten des analen Bereiches seine Eier ab. Es benutzt ein klebriges Sekret, um seine Eier an deine Haut zu kleben. Dies führt dazu, dass nach bereits kurzer Zeit ein starker Juckreiz entsteht. Dieser ganze Vorgang geschieht für gewöhnlich in der Nacht.

Wahrscheinlich kennst du den Streich, den man gerne halb schlafenden Mitbewohnern spielt, bei dem man ihnen zunächst Rasierschaum oder irgendetwas Vergleichbares vorsichtig auf die Hand aufträgt und sie anschließend mit einer Feder oder einem anderen Gegenstand im Gesicht kitzelt. Die schlafende Person wird unter Umständen reflexartig in ihr Gesicht fassen und sich anschließend mit dem Rasierschaum selbst beschmieren. Diesen automatischen Kratz- oder Berührungsreflex auszunutzen, fand ich immer ganz besonders lustig. Weißt du, wer diesen Reflex noch besonders lustig findet? *Enterobius vermicularis*! Nachdem die Wurmdame ihre Eier in deinen analen Falten platziert hat, verspürst du einen Juckreiz und wirst dir unter Umständen im Schlaf reflexartig an den Hinterausgang fassen, um dich zu kratzen. Dabei können die Eier auf deine Finger und auch unter deine Fingernägel gelangen. Genau dort sollen sie auch hin! Denn über diesem Wege wirst du dich und andere Menschen infizieren und dem

Wurm sozusagen das Tor zur weiten Welt öffnen, weil die Eier von deinen Händen wieder in den Mundbereich gelangen können, woraufhin es zu einer möglichen Neuinfektion kommen kann. Auf diese Weise beeinflusst *Enterobius vermicularis* dein Verhalten, ohne einen direkten Einfluss auf dein Nervensystem auszuüben. Er bringt dich schlicht und einfach dazu, dich im Schlaf am Anus zu kratzen. Raffiniert, oder?

Ich muss leider selber zugeben, dass diese ganze Sache schon ein wenig ekelhaft klingt. *Enterobius vermicularis* ist allerdings einer von den Parasiten, die im Normalfall für den Menschen nicht wirklich gefährlich sind. Viele Infektionen können asymptomatisch verlaufen und im Normalfall richtet der Parasit im Körper keine großartigen Schäden an. Vielleicht fragst du dich, wie man eine Infektion mit diesem Parasiten nachweisen kann. Die einfachste Methode ist, wenn du dir am Morgen, bevor du dein Frühstücksei in die Kloschüssel legst, ein Stück durchsichtiges Klebeband auf deinen Anus klebst und es wieder abziehst. Dieses gibst du dann einem Arzt, der das Ganze auf einen Objektträger klebt und unter dem Mikroskop untersucht. Auf diese Weise kann der Arzt die Eier der Würmer nachweisen und eine Infektion feststellen. Eine andere Möglichkeit ist, eine Stuhlprobe abzugeben, bei der etwaige Würmer im Stuhl nachgewiesen werden können. Wenn eine Infektion festgestellt wird, kannst du den Parasiten mit geeigneten Medikamenten relativ leicht loswerden.

Übrigens gab es in der Geschichte der Menschheit so gut wie keine Zeitperiode, in der ein Mensch vollkommen frei von Parasiten war. Wir Menschen der Neuzeit sind die erste Generation von Menschen, die annähernd frei von Parasiten ist. Ob das allerdings immer in jedem Fall gut ist, lässt sich nicht mit hundertprozentiger Gewissheit sagen. Es gibt da nämlich eine gewisse Sache, die du über Parasiten unbedingt wissen solltest. Dies ist die schockierende Wahrheit über Parasiten, die ich dir im nächsten Kapitel verraten werde. Danach wirst du Parasiten nie wieder mit denselben Augen sehen, wie du es bisher getan hast.

Die schockierende Wahrheit über Parasiten, die nur die wenigsten kennen

Parasiten beeinflussen dich weit mehr, als du denkst. Sie beeinflussen dich, ob du willst oder nicht. Es geht gar nicht anders. Sogar dann, wenn du selbst glaubst, dass du keine Parasiten hast. Die Parasiten sind diejenigen, die diesen Planeten beherrschen – nicht der Mensch. Ein sehr großer Teil aller Lebewesen sind Parasiten. Würde ein Außerirdischer das Leben auf der Erde analysieren, käme er mit einer großen Wahrscheinlichkeit zum Schluss, dass dieser Planet hauptsächlich von Parasiten dominiert wird. Sie sind überall. Nahe dem Äquator sind sie häufiger. Doch auch in kälteren Regionen der Erde gibt es Parasiten. Die Welt, die du täglich zu Gesicht bekommst, ist ihre Welt. Nicht unsere. Wir sind hier die seltsamen Lebensformen. Nicht sie. Alleine das hat mich am Anfang schon ziemlich vom Hocker gehauen. Aber es kommt noch viel krasser.

Niemand will Parasiten. Im Grunde genommen ist das ziemlich verständlich. Ich selber habe nicht unbedingt Bock darauf, meinen Körper irgendwelchen Parasiten als Biotop zur Verfügung zu stellen. Wann immer ich Videos zu Parasiten auf YouTube hochlade, bekomme ich Kommentare wie: „Wozu gibt es diese Drecksviecher überhaupt? Die sind ja für gar nichts gut! Unnötige Lebensform! Kann man die nicht irgendwie ausrotten?"

Bevor wir diese Fragen beantworten, möchte ich erst mal das anthropozentrische Weltbild der Menschen zerlegen. Der Mensch hält sich gerne für den Mittelpunkt der Welt. Viele von uns tun so, als ob die Natur für uns gemacht wurde, was teilweise ja auch stimmt. Aber eben nur teilweise. Ob du's glaubst oder nicht, aber du als Mensch bist tatsächlich gar nicht mal so wichtig, wie du vielleicht denkst. Ich bin es auch nicht. Keiner von uns ist es. Viele von uns leben in der Illusion, alles da draußen müsste irgendwie einen Nutzen haben und für irgendetwas gut sein, ohne dass sie sich überhaupt jemals Gedanken darüber gemacht haben, was man überhaupt als „gut" oder „schlecht" bezeichnen kann und ob es das überhaupt gibt. Denkst du etwa wirklich, es würde so etwas wie das universelle und allgemein gültige Gut oder Schlecht geben? Die Bezeichnungen „gut" und „schlecht" bekommen erst ihre Bedeutung, nachdem man die jeweilige Sache in Bezug auf eine gewisse andere Sache betrachtet. Es gibt Lebewesen, die für den Menschen gut sind. Es gibt aber auch welche, die für den Menschen schlecht sind. Doch nicht alles, was gut ist, muss gezwungenermaßen immer gut sein. Genauso wenig muss nicht immer alles, was schlecht ist, auch gezwungenermaßen immer schlecht sein. Die Welt, in der wir leben, ist vielschichtig und komplex. Dinge passieren und lösen andere Dinge aus, die dann wieder neue Dinge auslösen. In unserem Universum führt eines zum anderen. Nicht selten haben vermeintlich schlechte Dinge über einen längeren Zeitraum hinweg besonders gute Auswirkungen und umgekehrt. An dieser Stelle möchte ich dich also schon mal dazu anhalten, deine bewertenden Gedanken in Bezug auf unsere Welt zu überdenken und dir zu überlegen, ob wirklich alles immer schlecht war, was du als schlecht empfunden hast. Ich würde mich sogar getrauen, mit dir zu wetten, dass einige der schlechten Dinge, die dir in deinem Leben passiert sind, gute Auswirkungen hatten.

Manche Leute leben sogar in der törichten Annahme, dass alles, was für den Menschen nicht nützlich ist, keine Daseinsberechtigung hat, weil es eine „sinnlose" Lebensform ist. Das ist eine sehr gefährliche und selbstzerstörerische Einstellung, die nicht nur einen Menschen, sondern die gesamte Menschheit davon abhalten kann, sich weiterzuentwickeln. Es gibt keine Lebensform, die keine Daseinsberechtigung hat. Egal, wie abscheulich dir ein Parasit auch erscheinen mag, er ist immer noch ein Lebewesen, das eine gewisse Funktion in dieser Welt ausübt. Keine Lebensform lebt umsonst. Es gibt nichts in diesem Universum, was umsonst ist. Unter den Menschen sind selbst die größten Idioten der Welt nicht umsonst hier. Allerdings muss nicht immer alles gezwungenermaßen gut für uns sein.

Zecken sind beispielsweise für Menschen nicht unbedingt die besten Nützlinge der Welt. Aber für Borrelien (Bakterien, die von Zecken übertragen werden) sind Zecken äußerst nützlich. Wenn Borrelien es könnten, würden sie sich sehr über die Existenz von Zecken freuen. Pflanzenläuse können die Pflanzen der Menschen zerstören. Aber für die Ameisen sind Pflanzenläuse so etwas Ähnliches wie die Kühe für uns. Hast du dir schon mal überlegt, was sich ein höherentwickeltes Lebewesen wohl denken könnte, wenn es sieht, wie wir Menschen ganze Wälder abholzen, um Weideflächen für unsere Kühe zu schaffen? Könnte es vielleicht sein, dass dieses hochentwickelte Lebewesen von uns dasselbe hält wie wir von den Ameisen, die ihre Läuse auf unsere Nutzpflanzen tragen?

Ich möchte dir hier keine Moralpredigt halten, sondern dich dazu motivieren, das Ganze aus einer neuen Perspektive zu sehen. Dann wirst du mit ein bisschen Logik begreifen, wie sinnlos es ist, zu glauben, Parasiten seien umsonst und man müsse sie ausrotten.

Dazu ist es wichtig, die Natur nicht aus der Perspektive des Menschen zu betrachten, sondern sie als ein ganzheitliches System anzuschauen. An anderer Stelle habe ich schon angedeutet, dass man ein Ökosystem mit einem Uhrwerk vergleichen kann. Dabei ist die Natur die Uhr und die einzelnen Zahnräder, die das Uhrwerk am Laufen halten, sind die verschiedenen Arten von Lebewesen. Ein Uhrwerk beinhaltet zahlreiche verschiedene Zahnräder. Manche sind größer, andere sind kleiner. Unabhängig von seiner Größe ist jedes Zahnrad wichtig, um das Uhrwerk am Laufen zu halten. Die Zahnräder, die sich drehen, kann man mit einem lebenden Lebewesen vergleichen. Ein Zahnrad, das nicht mehr funktioniert, ist hingegen wie eine Art, die ausgerottet wurde. Solange sich die Zahnräder drehen, läuft die Uhr. Aber wenn man ein Zahnrad aus dem Uhrwerk entfernt, funktioniert die Uhr nicht mehr. Dann drehen sich auch alle anderen Zahnräder nicht mehr. Jedes einzelne Zahnrad leistet somit seinen Beitrag. Du kannst nicht einfach hergehen und sagen: „Dieses Zahnrad ist sehr klein und gefällt mir nicht. Ich nehme das jetzt aus dem Uhrwerk heraus." Genau so etwas macht allerdings ein Mensch, der einer Art unterstellt, dass sie keine Funktion hätte, dass sie unnötig sei und man sie deswegen ausrotten solle. Jetzt kommen wir zum springenden Punkt: Ich habe vorhin gesagt, dass ein sehr großer Teil aller Arten Parasiten sind oder zumindest ein oder mehrere parasitäre Entwicklungsstadien haben. Das bedeutet, dass in unserer Uhr ziemlich viele Zahnräder Parasiten sind. Wenn man einer Uhr nicht nur ein Zahnrad, sondern gleich mehrere entnimmt, ist die Wahrscheinlichkeit, dass sie danach nicht mehr funktioniert, noch viel größer.

Natürlich ist die Natur sehr viel komplexer und das Verschwinden von einer einzigen Art löst noch lange keine Katastrophe aus. Doch jede Art, die verschwindet, ist ein fehlendes Zahnrad im Ökosystem. Dieses Ökosystem wird aufgrund seiner Komplexität trotzdem weiterhin funktionieren. Es entstehen im Laufe der Evolution auch neue Arten, die dann die Lücke füllen, die eine ausgestorbene Art hinterlassen hat. Aber wenn das Verschwinden der Arten schneller geht als das Nachrücken, verliert das Ökosystem immer mehr Zahnräder, bis es allmählich kollabiert. Wenn so etwas passiert, hören auch die anderen Zahnräder auf, sich zu drehen. Wenn der Mensch zu viele Arten ausrotten würde, bloß weil er der Meinung ist, sie hätten keinen direkten Nutzen, würde er sich irgendwann einmal indirekt selbst ausrotten. Die Parasiten spielen in ihrer Gesamtheit eine verdammt wichtige Rolle in der Lebensgemeinschaft dieses Planeten. Sie greifen regulatorisch in die Lebenszyklen anderer Organismen ein und können diese kontrollierend eingrenzen und dadurch andere fördern. Zugleich ist jeder Parasit auch selbst Teil der Nahrungskette und damit auch die Nahrungsgrundlage von verschiedenen anderen Arten. Die Larvalstadien vieler Parasiten leben beispielsweise im Wasser in Form von Plankton oder Nekton und gehören zur Grundnahrungsquelle von vielen aquatischen Lebensformen. Manche Experten bezeichnen die Parasiten als eine Art Klebstoff, der das Ökosystem erst zusammenhält. Du kannst die Parasiten nicht einfach aus dem Spiel nehmen, weil dann das Spiel auch für dich zu Ende wäre. Parasiten sind in ihrer Gesamtheit für uns überlebensnotwendig. Wenn es dich bis jetzt noch nicht vom Hocker gehauen hat, wird es der nächste Absatz bestimmt.

Wissenschaftler gehen nämlich davon aus, dass Parasiten nicht nur negative Einflüsse auf ihre Wirte ausüben. Giftstoffe, die wir zu uns nehmen, werden von unserer Leber herausgefiltert. Allerdings können sie von der Leber über die Gallengänge auch wieder zurück in den Darm gelangen und dort wieder in das Blut durch den enterohepatischen Kreislauf aufgenommen werden. Bestimmte Arten von Parasiten, die im Darm leben, können diesen Kreislauf unterbrechen und Allergene, Schwermetalle und verschiedene Giftstoffe aus dem Körper ihres Wirtes herausfiltern. Das könnte im Übrigen einer der vielen Gründe sein, weshalb Allergien in der jetzigen Zeit so stark zunehmen: Weil unser Körper inzwischen größtenteils frei von Parasiten ist, wodurch unser Immunsystem kein Training mehr hat und sich verschiedene Allergene in uns anreichern können.

Manche Parasiten können in unserem Körper gefährliche Schäden anrichten. Doch in ihrer Gesamtheit halten sie das Ökosystem unseres Planeten zusammen. Wir sind auf sie angewiesen – ob wir wollen oder nicht. Jetzt kommt aber die wirklich interessante Sache.

Schau dir mal die Evolution der Parasiten an. Ein Parasit möchte überleben, indem er von seinem Wirt profitiert. Denkst du, es ist für das Überleben eines Parasiten vorteilhaft, wenn er bewirkt, dass sein Wirt elendig zugrunde geht? Natürlich nicht! Viel besser ist es für einen Parasiten, wenn er sich im Körper seines Wirtes so unauffällig wie möglich bewegen könnte. Im Idealfall bewirkt der Parasit überhaupt keine Symptome, sodass der Wirt nichts von der Infektion mitbekommt und der Parasit ungestört von seinem Wirt profitieren kann. In der Evolution der Parasiten ist es also ein großer Vorteil, den eigenen Wirt so wenig wie möglich zu schädigen, um so lange wie möglich von ihm zu profitieren. Ein wichtiger Zweig in der Evolution der Parasiten ist es also, sich immer besser und besser an ihre Wirte anzupassen. Je besser ein Parasit an seinen Wirt angepasst ist, desto weniger Schaden verursacht er.

Würmer, beispielsweise *Enterobius vermicularis*, sind bereits ziemlich gut an den Menschen angepasst, weshalb sie für gewöhnlich keine verheerenden Schäden anrichten. Darüber hinaus gibt es sogar Parasiten, die positive Auswirkungen im menschlichen Körper haben könnten, zum Beispiel *Trichuris suis*, ein Wurm, der bei entzündlichen Darmerkrankungen eingesetzt wurde und eine Besserung der Symptomatik bewirkt hat.

Heute leben wir weitestgehend wurmfrei. Zu unseren Anfangszeiten war es hingegen völlig normal, dass jeder von uns gleich mehrere Arten von verschiedenen Würmern in seinem Verdauungstrakt beherbergte. Leider können wir heute nicht mehr zu hundert Prozent erklären, welche Arten genau es waren und welche Auswirkungen sie in ihrer Gesamtheit auf ihren Wirt hatten. Diese ganze Geschichte mit den Parasiten geht allerdings noch ein beeindruckendes Stück weiter.

Wenn Parasiten es schaffen, sich nahezu perfekt an ihren Wirt anzupassen und es möglicherweise sogar zu einer positiven Auswirkung des Parasiten auf seinen Wirt kommt, spricht man nicht mehr von einem Parasiten, sondern vielmehr von einem Symbionten. Wenn im Laufe der Evolution aus Parasitismus eine Symbiose wird, profitieren Symbionten und Wirte voneinander.

Ein höchst interessantes Beispiel, das eine ganz neue Perspektive auf Parasiten wirft, ist ein parasitäres Bakterium mit dem Name *Rickettsia prowazekii*. Dieses Bakterium kann von Kleiderläusen übertragen werden und ist ein intrazellulärer Parasit. Das Bakterium ist so klein, dass es in unsere Körperzellen eindringen und sich darin einnisten kann. *Rickettsia prowazekii* ist keineswegs zu unterschätzen. Dieser, wenn auch winzige, Parasit kann uns in schlimmen Fällen sehr krank machen. So hat das Bakterium beispielsweise während des Ersten Weltkrieges dafür gesorgt, dass in Russland die Moral der Soldaten an der Front in den Keller gesunken ist, weil es massenhaft Infektionen gegeben hat und die Leute nacheinander erkrankten und starben. Die ganze Sache lief so weit, dass es zu politischen Unruhen kam, woraufhin das Zarenreich zusammenbrach. Alles in allem ist *Rickettsia prowazekii* also ein Parasit, vor dem man sich in Acht nehmen sollte. Jedoch birgt dieses kleine Bakterium ein gewaltiges und atemberaubendes Geheimnis in sich, das vor einiger Zeit gelüftet wurde.

Der Umstand, dass Bakterien in größere Zellen eindringen und dort als Parasiten verweilen, ist nichts Neues. So etwas ist in der Geschichte des Lebens auf der Erde immer wieder mal passiert. In jeder einzelnen Körperzelle von dir befindet sich jemand, der mit *Rickettsia prowazekii* sehr nahe verwandt ist. Den Namen dieser kleinen Gesellen in unseren Zellen hast du sicherlich schon mal in der Schule gehört: Mitochondrien. Die Mitochondrien sind lebenswichtige Bestandteile unserer Zellen, die für die Zellatmung zuständig sind. Sie sind wie winzige Organe der Zellen. Weißt du, woher die Mitochondrien möglicherweise kommen? Vielleicht hast du mal gelesen oder gehört, dass Mitochondrien eine eigene DNA haben, die mit der DNA von Bakterien vergleichbar ist. Tatsächlich sind Mitochondrien und Bakterien gar nicht mal so verschieden. Sie sind mehr oder weniger ähnlich groß und teilen sich einige interessante Eigenschaften. Es wird heute angenommen, dass die Vorfahren unserer Mitochondrien ehemals frei lebende parasitäre Bakterien waren, die in größere Zellen eingedrungen sind. Im Laufe der Evolution haben sie sich so gut angepasst, dass sie in ihrem Wirtsorganismus keinen Schaden mehr angerichtet haben, sondern vielmehr zu einem essenziellen Bestandteil der Zelle geworden sind, der auf die Nachkommen übertragen wird und heute in fast jeder Zelle vorhanden ist. Diese Theorie bezeichnet man übrigens als Endosymbiontentheorie. Auch Toxoplasma kann an die Nachkommen weitergegeben werden. Toxoplasma ist allerdings noch kein Symbiont, sondern immer noch ein Parasit, der seinem Wirt schaden kann. Geben wir ihm noch ein paar Millionen Jahre Zeit und vielleicht wird er zu einem essenziellen Bestandteil des Körpers der Säugetiere, ohne den wir nicht mehr leben können.

Du siehst also, hinter dieser ganzen Sache mit den Parasiten steckt sehr viel mehr, als wir uns bisher vorstellen konnten. Ob du's willst oder nicht, Parasiten haben dich so geformt, wie du heute bist. Ohne sie gäbe es dich nicht.

Diese Erkenntnis half mir allmählich, mehr Akzeptanz für irgendwelche nervigen Lebensformen aufzubringen und einen gesünderen Respekt gegenüber der Natur und damit auch gegenüber mir selbst zu entwickeln.

Die Tatsache, dass es so verdammt viele Parasiten gibt und buchstäblich hinter jeder Ecke irgendetwas lauern könnte, was dich befallen kann, führte zu Beginn bei mir allerdings nicht dazu, dass ich mich in meinem Lebensraum wohler gefühlt habe. Es war das Gegenteil der Fall. Als mir bewusst wurde, wie viele Parasiten es gibt, die wir möglicherweise noch nicht mal kennen, und wie komplex die Symptome sein können, die sie auslösen, bekam ich es mit der Angst zu tun. Diese Angst zwang mich dazu, eine ganz neue Reise anzutreten, von der ich dir in den nächsten Abschnitten dieses Buches erzählen werde.

Sie beobachten uns … jederzeit

Versuche die Dinge, die in diesem Abschnitt geschrieben sind, für dich selbst zu verinnerlichen und in dein eigenes Leben zu integrieren und du wirst merken, dass deine Lebensqualität mit der Zeit ein ganz anderes Niveau erreichen wird.

Die Parasiten haben mich in ihren Bann gezogen. Viele von ihnen ließen mir einen kalten Schauer über den Rücken laufen und faszinierten mich gleichermaßen. Vor mir tat sich eine ganz neue Welt auf. Eine Welt voller schauriger und unheimlicher Ereignisse, die ich aber auf jeden Fall genauer kennenlernen wollte. Allerdings stand ich vor einem großen Dilemma. Ich wollte immer mehr und mehr über Parasiten lernen. Doch je mehr ich über diese bizarren Lebensformen in Erfahrung brachte, desto besser wusste ich auch, was mich alles befallen könnte und welche Symptome das alles auslösen könnte. Parasiten sollte man niemals unterschätzen. Ihre Entwicklungszyklen sind raffiniert. Diese Lebewesen haben Millionen Jahre an Evolution hinter sich und haben all diese Zeit dafür genutzt, sich darauf zu spezialisieren, wie man unbemerkt in einen anderen Organismus gelangt. Wenn du nicht aufpasst, kannst du dir einen Parasiten schneller einfangen, als du das Wort „Parasit“ aussprechen kannst.

Je mehr ich über Parasiten lernte, desto größer wurde meine Angst, mir irgendwann einmal selber einen gefährlichen Parasiten einzufangen. Die Angst vor Krankheiten und Parasiten war etwas, das mich schon seit meiner frühen Kindheit plagte.

Natürlich gibt es Mittel und Wege, Parasiten wieder loszuwerden. Doch einige von ihnen können sehr hartnäckig sein. Es gibt Parasiten, die beispielsweise Dauerstadien bilden können, die dann nur mehr schwer mit irgendwelchen Medikamenten zu erreichen sind. Bestimmte Parasiten können sich irgendwo im Körper verstecken, sodass man sie nicht mehr findet, ehe sie sich wieder aufs Neue vermehren. Außerdem gibt es wie gesagt extrem viele verschiedene Arten von Parasiten und wir kennen noch lange nicht alle von ihnen. Wann immer mich irgendwelche seltsamen und unerklärlichen Symptome plagten, kam in mir eine gewisse Angst hoch, weil ich mir insgeheim dachte: „Was, wenn du dir einen noch unbekannten Parasiten irgendwo eingefangen hast, der schon jahrelang in dir ist und jetzt erst ausbricht?“

Der Umgang mit Parasiten hat meine Angst vor Krankheiten am Anfang extrem verstärkt. Die Welt war plötzlich nicht mehr nur ein einziges Wunder, sondern zugleich ein Ort, an dem ich sehr vorsichtig sein musste. Du musst aufpassen, was du isst, aufpassen, wo du schwimmen gehst, was du trinkst, wo du schläfst, wie du schläfst, wo du spazieren gehst, welche Tiere du besser nicht streicheln solltest, mit welchen Leuten du in Kontakt kommst und vieles mehr.

Ich merkte, dass sich in mir immer mehr und mehr eine permanente Unruhe breitmachte. Die Angst vor Krankheiten und Parasiten fing an, über mein Leben zu bestimmen. Ich fing an, peinlichst genau auf verschiedene Symptome des Körpers zu achten. Noch genauer, als ich es ohnehin schon tat.

Der Umstand, dass so ziemlich jedes einzelne Symptom der Hinweis auf eine schlimme Krankheit sein könnte, führte nicht gerade dazu, dass ich mich beruhigte. Wenn du immer ganz genau auf jedes kleine Wehwehchen achtest, wirst du irgendwann mal feststellen, dass du andauernd irgendwo irgendetwas hast. Mal hast du leichte Schmerzen in der Schulter. Mal fühlst du dich ein wenig schlapp und müde. Manchmal zwickt es irgendwo in der Bauchgegend oder es juckt irgendwo, wo es noch nie gejuckt hat. Manchmal verspürst du einen leichten Druckschmerz in der Brust und hast einen überdurchschnittlich hohen Herzschlag oder deine Temperatur ist nicht so, wie sie sonst immer ist. Man fängt an, sich ständig Sorgen und Gedanken zu machen, ob einem vielleicht irgendetwas fehlt. Ohne es zu wollen, schlitterte ich geradewegs in eine Art Lebenskrise und wurde mehr und mehr zu einem Hypochonder.

Ich werde häufig gefragt, ob man zu einem Hypochonder wird, wenn man sich die ganze Zeit mit Parasiten beschäftigt. Die Antwort lautet: Ja, das kann tatsächlich passieren. Ich habe es am eigenen Leib erlebt und glücklicherweise einen Weg heraus gefunden. Das alles war eine lange Reise, über die ich ein eigenes Buch schreiben könnte. Hier möchte ich dir nur die Zusammenfassung geben.

Im Prinzip war es so, dass ich im Laufe der Zeit angefangen habe, viel zu kompliziert zu denken. Wenn ich dies mache, kann diese eine Sache zu zehn anderen Sachen führen, die dann wiederum fünfzig weitere Sachen zur Folge haben können, die dann wiederum einen schädlichen Einfluss auf meine Gesundheit haben könnten. Wenn ich das falsche Lebensmittel zur falschen Zeit esse, könnte dies irgendwelche Kettenreaktionen in Gang setzen usw. Völlig stumpfsinnige Gedanken, von denen ich teilweise selber wusste, dass es Stumpfsinn war, die mich aber trotzdem belasteten. Ich habe mir andauernd irgendwelche möglichen Szenarien gedanklich ausgemalt, die sich in der Zukunft zutragen könnten. Was ist, wenn ich diese und jene Krankheit bekomme? Wie wird sich wohl die Therapie anfühlen? Welche Untersuchungen muss ich über mich ergehen lassen?

Der Weg aus der ganzen Sache heraus bestand darin, nicht mehr so kompliziert zu denken, sondern stattdessen das einfache Denken wiederzuerlangen, wie wir es beispielsweise als Kinder von Natur aus machen.

Ich erinnerte mich zurück an meine Kindheit. Zu dieser Zeit machte ich mir über bestimmte Dinge ganz einfach keine Sorgen. So habe ich zum Beispiel selten meine Hausaufgaben erledigt, was im Übrigen einer der vielen Gründe war, weshalb ich ein relativ schlechter Schüler war. Ich konnte

Hausaufgaben nicht ausstehen. Es hat mir schon gereicht, dass ich den halben Tag in der Schule sitzen musste. Die Welt außerhalb der Schule war für mich zu interessant, als dass ich meine Zeit mit Hausaufgaben verschwenden wollte. Stattdessen machte ich mich lieber auf in die Natur, um irgendwelche Tiere oder Pflanzen zu beobachten. Nichtsdestotrotz war mir bewusst, dass es am nächsten Tag Ärger in der Schule geben würde, wenn ich meine Hausaufgaben mal wieder nicht gemacht hatte. Damals habe ich mir aber keine Gedanken um den bevorstehenden Ärger gemacht. Stattdessen habe ich mit den Schultern gezuckt und zu mir selbst gesagt: „Heute ist heute und morgen ist morgen. Heute bin ich in der Natur. Um die Probleme von morgen kümmere ich mich morgen und nicht heute." Das ist eine sehr einfache Art und Weise zu denken, die einem aber sehr viel inneren Frieden bescheren kann.

Als Kinder machen wir uns kaum Gedanken, welche Konsequenzen gewisse Dinge haben könnten. Als Kinder sind wir jung und naiv. Deswegen ging es uns die meiste Zeit auch gut. Diese naive Betrachtungsweise kann uns natürlich auch in Schwierigkeiten bringen. Es ist deshalb eine gute Sache, wenn wir mit der Zeit Erfahrungen machen und vorsichtiger werden. Aber die Sache mit den Erfahrungen und mit der Vorsicht kann auch ausarten. In so einem Fall ist es kein überlebenswichtiger Schutz mehr, sondern wird dich in deiner Lebensführung einschränken.

Als Erwachsene verlernen wir durch die Gesamtheit an Erfahrungen und durch all das Wissen, das wir uns im Laufe des Lebens aneignen, das einfache Denken. Wenn du als Erwachsener zufrieden sein möchtest, ist es wichtig, dass du die Kunst des einfachen Denkens wieder erlernst und zugleich einen gesunden Mittelweg zwischen Sorglosigkeit und Vorsicht findest. Die Aussage „Heute ist heute, und morgen ist morgen" hat mir in meinem Leben sehr oft weitergeholfen.

Hier kommen wir wieder auf das gute alte Hier und Jetzt zurück. Sich auf das Hier und Jetzt zu konzentrieren, ist wichtig, damit du dir nicht unnötigerweise Sorgen um die Zukunft machst oder irgendwelche Dinge bereust, die sich in deiner Vergangenheit zugetragen haben. Das Hier und Jetzt ist die einzige Sicherheit, die du hast. Die Vergangenheit kannst du nicht ändern. Die Zukunft ist ungewiss und wird sich Sekunde für Sekunde ändern. Die Zukunft könnten wir noch nicht einmal vorhersagen, wenn jeder von uns eine Kristallkugel hätte, weil sich aufgrund der Vorhersage alle wieder anders verhalten würden. Somit würde sich die Zukunft ständig ändern.

Die Angst vor irgendwelchen Tieren unter Kontrolle zu bringen, fiel mir leicht. Bei einem Tier muss man sich einfach nur überlegen, um welches Tier es sich handelt, in welchen Situationen es gefährlich werden kann, was man sich erlauben kann und was man besser sein lässt. Danach geht es eigentlich nur mehr darum, die eigene Angst zu überwinden und gewisse Dinge durchzuziehen. Aber die Angst vor Krankheiten war für mich ein ganz anderes Kaliber. Hier kannst du dich nicht einfach nur mal schnell deiner Angst stellen. Wie denn auch? Soll ich mir jetzt bewusst eine Krankheit einfangen, um danach sagen zu können „Ach, das ist doch gar nicht mal so schlimm …"? Ängste, denen man sich nicht unmittelbar stellen kann, bringt man auf eine andere Art und Weise unter Kontrolle.

Um meine Angst vor Krankheiten in den Griff zu bekommen, befolgte ich drei wichtige Schritte: Annehmen, Logik und Vertrauen.

Annehmen bedeutet, dass man erst mal die Gegenwart so akzeptiert, wie sie ist. Wenn es irgendetwas ist, auf das man im Moment keinen Einfluss hat, bleibt einem auch nichts anderes übrig, als es zu akzeptieren oder zu ignorieren. Die Angst vor Krankheiten musste ich in diesem Schritt erst mal anerkennen. Ich musste mir selbst eingestehen, dass ich wohl oder übel deutlich mehr Angst vor dieser Sache hatte, als ich zugeben wollte. Aber das war in Ordnung! Jeder darf Angst haben. Selbst die krassesten Krieger dürfen Angst haben. Es geht nicht darum, keine Angst zu haben. Es geht darum, den Umgang mit seiner Angst zu erlernen und sich nicht von der Angst bestimmen zu lassen. Die Angst ist nicht unser Feind. Sie darf existieren. Irgendwelche körperlichen Symptome dürfen jetzt im Moment ebenfalls da sein. Jetzt gerade im Moment bin ich am Leben. Ich atme. So wie ich mich jetzt fühle, ist es in Ordnung. Auch wenn ich mich nicht gut fühle. Man muss nicht ständig glücklich sein, um ein zufriedenes Leben zu führen. Das Leben darf auch mal nervig, anstrengend und frustrierend sein. Das gehört dazu.

Im zweiten Schritt kümmerte ich mich mit der Keule der Logik um das Problem. Betrachten wir das alles mal auf einer logischen Ebene. Jetzt gerade habe ich Angst davor, mir irgendeinen Parasiten einzufangen oder irgendeine Krankheit zu bekommen oder zu haben. Analysieren wir das Hier und Jetzt. Jetzt gerade atme ich. Jetzt gerade bin ich fähig, zu denken. Jetzt gerade bin ich fähig, mich am Leben zu erhalten. Jetzt gerade habe ich ein Dach über dem Kopf und muss mir keine Sorgen machen, ob ich heute, morgen oder innerhalb der nächsten Tage irgendetwas zu essen bekommen werde. Meine Grundbedürfnisse sind jetzt gerade gedeckt und jetzt im Moment funktionieren die meisten Dinge. Das Problem, das mir Sorgen bereitet, ist jetzt gerade im Moment noch nicht hier. Außerdem besteht die Wahrscheinlichkeit, dass ich in meinem ganzen Leben nicht ein einziges Mal mit diesem Problem konfrontiert werde. Das bedeutet, dass ich mir jetzt gerade im Moment Sorgen über etwas mache, das möglicherweise nie eintreten wird. Schau dir mal an, wie oft du dir im Leben über irgendetwas Sorgen gemacht hast. Als Nächstes schaust du mal, wie oft dieses „Etwas" eingetreten ist. Vermutlich nie oder nur sehr wenige Male. Ganz bestimmt ist aber nicht jedes Mal der schlimmste Fall eingetreten, der dir Sorgen bereitet hat. Das bedeutet, dass wir uns den Großteil unseres Lebens umsonst Sorgen machen. Die meisten Dinge, die dir in deinem Leben Sorgen bereiten, werden nie eintreten. Die Sorgen, die wir uns unnötigerweise über irgendwelche Dinge machen, gehören zu den größten Problemen, mit denen wir im Leben zu kämpfen haben. Und irgendwann ist das Leben vorbei und wir stellen fest, dass die meisten Dinge, vor denen wir uns gefürchtet haben, nicht eingetreten sind. Wenn du einer älteren Version von dir selbst begegnen würdest, würde dir diese Version sagen, dass du dir keine Sorgen machen musst, weil alles, wovor du Angst hast, sowieso nicht passieren wird. Es ist nie ausgeschlossen, dass ein schlimmes Ereignis eintreten kann. Allerdings besteht auch die Wahrscheinlichkeit, dass es möglicherweise nie eintreten wird. Solange das Problem nicht da ist, brauche ich mich auch nicht darum zu kümmern. Erst recht nicht, wenn ich mir noch nicht mal sicher bin, dass es überhaupt jemals da sein wird. Für den Fall, dass dieses Problem eintreten wird, gehe ich nun zum dritten Schritt über: dem Vertrauen.

In dieser Hinsicht sollte man vielleicht nicht nur von Vertrauen, sondern genau genommen von Selbstvertrauen sprechen. Sollte dieses eine Problem, vor dem ich mich so fürchte, eintreten, vertraue ich mir selbst. Ich vertraue meinem zukünftigen Ich. Ich vertraue mir selbst, dass ich das schon irgendwie hinbekommen werde. Weil ich auch in der Vergangenheit Probleme irgendwie geregelt habe. Ich werde für mich da sein, wenn etwas passiert. Mein zukünftiges Ich wird das schon irgendwie regeln. In der Vergangenheit habe ich mir selbst bewiesen, dass ich mit Problemen umgehen kann. Also möchte ich meinem zukünftigen Ich vertrauen, dass es irgendwie mit Problemen umgehen kann.

Außerdem möchte ich meinem eigenen Körper vertrauen. Der menschliche Körper ist ein hochkomplexes System. In unserem Körper wohnt eine gewisse „Intelligenz", die weiß, wie man gesund ist. Unser Körper weiß, was er zu tun hat, damit er gut funktionieren kann. Wenn er das nicht wüsste, würden wir nicht immer wieder aufs Neue gesund werden, wann immer wir uns einen Schnupfen holen. Chronische Schmerzen würden nicht immer wieder mal phasenweise besser werden. Eine Wunde würde nicht einfach so zuwachsen. Unser Körper arbeitet täglich daran, sich gesund zu halten. Der Körper gibt jeden Tag sein Bestes, damit wir uns darin wohlfühlen. In dieser Hinsicht möchte ich meinem Körper auch eine große Dankbarkeit entgegenbringen. Ich bin meinem Körper dankbar dafür, dass er funktioniert und dass er sein Bestes gibt, um gesund zu bleiben. Ich vertraue meinem Körper, dass er sich auch in Zukunft immer wieder erholen wird und Krankheitserreger sowie Parasiten erfolgreich abwehrt.

Auf jeden Fall kannst du dir selbst vertrauen, dass du auch zukünftige Probleme lösen wirst, weil du auch in deiner Vergangenheit Probleme überwunden hast. Egal, wie schlimm diese Probleme waren, du hast es geschafft. Irgendwie bist du bis hierher durchgekommen. Sonst wärst du jetzt nicht hier und würdest nicht diese Zeilen lesen. Nimm diese Tatsache als Beweis dafür, dass du dir selbst vertrauen kannst.

Nimm die Situation an, verwende die Keule der Logik und vertraue vor allem dir selbst. Wenn du diese drei Schritte immer wieder praktizierst, wirst du merken, dass du ein gewaltiges Maß an innerem Frieden zurückgewinnen wirst. Das Leben fühlt sich leichter und unbeschwerlicher an. Selbst dann, wenn es mal nicht gut läuft. Du solltest diese Zeilen nicht einfach nur lesen und dir dann sagen: „In Ordnung, jetzt weiß ich es. Jetzt hat es zu funktionieren." Es wird nämlich nicht auf Anhieb funktionieren! Das einfache Denken ist eine Kunst, die du immer wieder und wieder praktizieren musst. Übung macht den Meister. Jedes Problem, das du von deinem Leben geschenkt bekommst, ist eine Gelegenheit, die Kunst des einfachen Denkens zu üben.

Einfaches Denken bedeutet nicht, dass wir Dinge unnötigerweise verharmlosen. Es bedeutet, die Situation so zu nehmen, wie sie ist, sich um Probleme zu kümmern, wenn sie zu Problemen geworden sind und sich selbst zu vertrauen, auf dass man die ganze Sache schon irgendwie lösen wird. Wenn du jetzt gerade irgendein seltsames Symptom hast, weswegen du zum Arzt musst, kannst du dich jetzt schon verrückt machen und dir die wildesten Szenarien ausmalen, was es alles sein könnte. Du kannst das Symptom einfach nur als das nehmen, was es ist: ein Symptom. Wenn du dann zum Arzt gehst und dir der Arzt sagt, was es ist, wirst du dich darum kümmern. Doch bevor du nicht weißt, was los ist, bringt es dir nicht viel, dir auszudenken, was es alles sein könnte und was es für schlimme Folgen haben könnte. In der Regel läuft es so, dass wir irgendwelche Symptome verspüren und dann erst mal panisch einen Arzttermin vereinbaren. Bis zum Termin machen wir uns selbst verrückt, weil wir uns schon im Kopf ausmalen, wie schlimm das alles wird. Dann gehen wir zum Arzt und der Arzt gibt uns zu verstehen, dass unser Symptom vollkommen harmlos ist. Erleichtert gehen wir dann nach Hause und in der Regel dauert es danach nicht lange, bis sich das Symptom wieder in Luft auflöst.

Viele Probleme entstehen und existieren ausschließlich in unserem Kopf. Einfaches Denken hilft uns, diese Probleme zu erkennen und sie schnell und effektiv zu lösen. Diese Art und Weise zu denken musste ich allerdings viele Male trainieren, bis ich sie mir weitestgehend vollständig aneignen konnte. Es ist einfach, irgendwelche Bücher zu lesen und dann zu sagen: „Ach, diese Sorgen sind unbegründet, also mache ich sie mir nicht." Schwieriger ist es, die Dinge auch zu machen, anstatt nur darüber zu reden. Es ist ein Unterschied, ob man etwas kennt oder ob man es auch kann. Es ist daher von großer Bedeutung, die Kunst des einfachen Denkens immer wieder aufs Neue zu trainieren und zu verbessern und zugleich zu akzeptieren, dass man es nie perfekt beherrschen wird. Es wird immer wieder irgendetwas geben, was dich aus der Bahn wirft. Es geht nicht darum, niemals von seinem Weg abzukommen. Es geht darum, wieder auf seinen Weg zurückzufinden, wenn man mal davon abgekommen ist.

Der innere Frieden, den mir Parasiten gebracht haben

Ich würde lügen, wenn ich sagen würde, dass ich keine Angst mehr vor Krankheiten oder gefährlichen Parasiten habe. In seltenen Fällen passiert es mir immer noch, dass ich aufgrund von irgendeinem seltsamen Symptom in einen Kreislauf aus negativen Gedanken gerate. Dann bin ich schlecht gelaunt und alle um mich herum bekommen es zu spüren, weil ich dann passiv werde, meine Ruhe haben will und genervt reagiere, wenn man mich anspricht. Aber ich mache mich nicht mehr kontinuierlich wegen so etwas verrückt. Solche kleinen psychischen Dysbalancen sind normal. Ein Mensch kann nicht permanent ausgeglichen sein. Manchmal funktionieren wir gut und manchmal eben weniger gut. Manchmal hast du in deinem Leben kurze Phasen, wo es nicht ganz so gut läuft. Ab und zu in deinem Leben wirst du einen schwachen Moment haben, egal, wie stark du bist. Die stärksten Individuen (sowohl männlich als auch weiblich) haben in ihrem Leben Momente, in denen sie in Tränen ausbrechen und nicht mehr weiterwissen. Dann kann es sein, dass du ein oder mehrere Tage lang schlecht gelaunt bist. Auch darüber sollte man sich nicht verrückt machen, sondern versuchen, es so zu nehmen, wie es ist.

Ich versuche immer, so gut ich kann, die ganze Sache aus einer nüchternen Perspektive zu betrachten. Wenn mich etwas nicht umbringt, werde ich damit wahrscheinlich leben können. Wenn es jemals zu Problemen kommen wird, werde ich diese schon irgendwie geregelt bekommen. Wenn ich sie nicht geregelt bekomme und ich nicht mit ihnen leben kann, werde ich an ihnen sterben. Wenn ich sterbe, ist das Problem aber auch wieder vorbei und ich muss mich nicht mehr darum kümmern. Also, was soll's …

Die Kunst des einfachen Denkens habe ich erst wieder erlernt, nachdem die Angst vor Krankheiten und vor Parasiten so schlimm wurde, dass sie mich in meiner Lebensführung stark beeinträchtigte. Hätte ich mich in meinem Leben niemals mit Parasiten beschäftigt, so wäre diese Angst wahrscheinlich nie auf ein solches Ausmaß angewachsen. Vielleicht wäre sie einfach nur da gewesen, wie ein lästiges Anhängsel, das einem immer wieder mal das Leben schwer macht. Erst die Parasiten haben mich derart in die Enge getrieben, dass ich aufgestanden und ins Badezimmer gegangen bin, um vor dem Spiegel zu mir selbst zu sagen: „Verdammt! So kann das nicht weitergehen. Ich muss etwas ändern … Und dabei brauche ich Hilfe."

Danach kam die Veränderung, durch die ich sehr viel Lebensqualität zurückgewonnen habe. Wie du siehst, kann oftmals die Scheiße, die dir im Leben passiert, zu den Veränderungen führen, die du dir schon immer gewünscht hast. Oft muss man erst mal richtig unglücklich werden, um die Dinge zu lernen, die man wissen sollte, um überhaupt glücklich sein zu können.

Wichtig ist übrigens auch, dass du dir bewusst machst, dass du das alles nicht immer alleine hinbekommen musst. Manchmal brauchen wir im Leben Hilfe bei etwas. Manche Leute wollen sich nicht eingestehen, dass sie Hilfe brauchen, weil sie das Bedürfnis nach Hilfe mit Schwäche verbinden. Sich nicht helfen zu lassen, obwohl man Hilfe bräuchte, ist aber kein Zeichen von Stärke, sondern ein Zeichen von Ignoranz und von geistiger Schwäche. Ich habe mir mit meinem Problem in Bezug auf hypochondrische Neigung auch helfen lassen.

Nun aber genug philosophiert. Als Nächstes gehen wir ins Wasser. Denn auch dort gibt es haufenweise interessante Kreaturen, die dir einen hohen Puls bescheren können, wenn du ihnen in der Dunkelheit begegnest. Diesbezüglich spreche ich übrigens auch aus Erfahrung. Einer dieser Kreaturen, die mir im Dunkeln begegneten, gab ich den Name „El-Colosaro".

Gefährliche Tiere im Wasser

Was gefährliche Tiere aus dem Wasser anbelangt, muss ich ehrlicherweise zugeben, dass ich diesbezüglich weniger erfahren bin, weil ich mich im Laufe meines Lebens bevorzugt auf terrestrische Lebensräume fokussierte. Dennoch finde ich das Wasser als Lebensraum überaus spannend und wollte es mir nicht nehmen lassen, auch einige aquatische Lebensformen näher kennenzulernen, von denen ich dir einige in diesem Abschnitt vorstellen möchte.

Es ist immer gut, sich mit gefährlichen Tieren ein wenig auszukennen. Das Wissen um bestimmte Arten in einem Lebensraum kann bei einem Unfall entscheidend sein und bestimmen, wie dein weiteres Leben verlaufen wird.

Ein Menschenfresser im Süßwasser?

Mitten in einer Vollmondnacht stand ich irgendwo in Italien an einem abgelegenen See in einer mediterranen Gegend, weil ich auf der Suche nach Amphibien und semiaquatischen Spinnen war. Die genaue Lage dieses Sees möchte ich aus bestimmten Gründen nicht bekannt geben. Ich selbst nannte den See „Egelsee", weil sich an dessen Ufern in der Nacht immer haufenweise Egel tummelten. Diese Egel waren keine Blutegel, sondern räuberische Egel, die frei im Wasser leben und kleinere Tiere erbeuten.

Während ich am Ufer entlang spazierte, hörte ich plötzlich ein lautes Platschen im Wasser. Irgendetwas Großes bewegte sich am Ufer entlang und schien in die Mitte des Sees zu schwimmen. Als ich mit meiner Taschenlampe auf den See hinausleuchtete, konnte ich meinen Augen nicht trauen. Im Lichtkegel meiner Taschenlampe konnte ich eine riesige Kreatur erkennen, die sich knapp unter der Wasseroberfläche entlangschlängelte. Dieses Tier war massiv und ich gab ihm deswegen den Namen „El-Colosaro".

Langsam und geschmeidig bewegte es sich unter der Wasseroberfläche, ehe es wieder abtauchte. Aufgrund der schlechten Lichtverhältnisse konnte ich dieses Ungetüm noch nicht mal auf Kamera festhalten. Also besuchte ich den Egelsee in einer anderen Nacht erneut. In dieser Nacht setzte ich mich auf einen Felsen, der in den See hineinragte, und platzierte einige Köder, um El-Colosaro anzulocken. Dieser ließ sich in dieser Nacht allerdings nicht blicken. An den darauffolgenden Tagen versuchte ich mein Glück immer wieder aufs Neue – ohne Erfolg. In einer der letzten Nächte konnte ich El-Colosaro erneut beobachten, wobei er diesmal allerdings sehr weit entfernt war und ich schon wieder kein Video aufnehmen konnte.

Ich war übrigens nicht der Einzige, der El-Colosaro zu Gesicht bekam. Einige Fischer, die am See immer wieder mal aktiv sind, berichteten mir ebenfalls von diesem Ungetüm. Außerdem gibt es in Italien noch andere Gewässer, die ebenfalls mehrere El-Colosaros beinhalten.

Nur etwa vierzig Minuten Autofahrt von meinem Wohnort entfernt befindet sich der größte See Italiens, der Gardasee. In diesem See soll ein Ungeheuer leben. Was es mit diesem Ungeheuer auf sich hat und was es mit El-Colosaro zu tun hat, möchte ich dir nun erklären.

In der Vergangenheit tauchten immer wieder mal Berichte von Augenzeugen auf, die im See eine mysteriöse Kreatur gesehen haben wollen. Ein Wesen von großer körperlicher Gestalt, das sich ähnlich wie eine riesige Schlange durch das Wasser bewegen würde. Wenn Menschen irgendetwas Unbekanntes und Großes in einem großen und tiefen See erblicken, dauert es nicht lange, bis sich zahlreiche Erzählungen ausbreiten wie ein Lauffeuer. Die einen haben vielleicht wirklich irgendetwas Großes unter Wasser beobachtet, während die anderen von ihrer eigenen Wahrnehmung ausgetrickst werden. Wenn ein beachtlicher Teil der Bevölkerung der Meinung ist, dass irgendwo da draußen irgendetwas „Großes" unter Wasser ist, folgen in der Regel weitere Augenzeugenberichte, die mit der Zeit immer weniger glaubwürdig werden. Menschen neigen dazu, sich ihre eigene Realität so auszumalen, wie sie es gerne hätten. So kann ein schwimmendes Stück Holz im Wasser schnell mal zu einem dinosaurierartigen und mysteriösen Wesen werden.

Ich will allerdings nicht darauf hinaus, dass das Ungeheuer vom Gardasee reiner Unsinn ist. Am Gardasee und auch anderswo in Europa kann es dir nämlich durchaus passieren, dass dir eine monströs erscheinende Kreatur aus den Tiefen des Gewässers begegnet, die dir erst mal einen gehörigen Schock verpasst.

In Europa gibt es viele verschiedene Arten von Süßwasserfischen, von denen eine in zahlreichen Mythen und Legenden immer wieder auftaucht: *Silurus glanis* – der Europäische Flusswels.

Dieser Fisch ist wahrhaftig eine imposante Erscheinung. Sein Körperbau erinnert an gewisse fossile Funde aus längst vergangenen Zeiten. Der Flusswels wirkt wie ein lebendes Relikt aus der Urzeit. Zugleich ist er eine Erscheinung, die so manchen Schwimmer aus dem Wasser treiben würde. Um den Flusswels ranken sich zahlreiche Mythen, Legenden und Erzählungen. So gibt es beispielsweise gewisse Aussagen, denen zufolge es Flusswelse gibt, die so groß werden, dass sie auch Menschen verschlingen.

Normalerweise wird ein Wels etwa 10–50 kg schwer und etwa 1,5–2 m lang. Allerdings ist in der Literatur auch von 3 m langen Welsen die Rede, die bis zu 150 kg wiegen sollen. In der Ukraine soll sogar mal ein 300 kg schweres und 5 m langes Exemplar gefangen worden sein. Ein so großer Fisch könnte theoretisch sogar einen Menschen verschlingen. Im Magen von solchen Fischen soll man bereits menschliche Knochen gefunden haben. Der Wahrheitsgehalt der letzten Aussage ist allerdings mit Vorsicht zu genießen, weil man erstens keine eindeutigen Beweise dafür hat und zweitens nicht genau sagen kann, wie ein menschlicher Knochen im Magen eines Welses gelandet sein könnte.

Flusswels (*Silurus glanis*).

Angriffe auf Menschen haben bereits nachweislich stattgefunden. Solche Angriffe erfolgen allerdings nicht aus räuberischen Gründen, sondern wenn sich ein Wels bedroht fühlt oder seine Brut verteidigt. Von Mai bis Juli haben Flusswelse Laichzeit. In dieser Zeit legen die Weibchen ihre Eier ab, die von den Männchen bewacht werden. Das machen übrigens auch andere Fische, zum Beispiel der Sonnenbarsch. Beim Sonnenbarsch bleibt das Männchen beim Gelege und versucht, jegliche potenzielle Bedrohung zu vertreiben. So ist es mir des Öfteren schon passiert, dass ich von einem Barsch gebissen wurde, der seine Brut verteidigt hat. Ein solcher Biss ist keineswegs schmerzhaft, weil der Fisch einen Menschen nicht verletzen kann. Die Sache sieht allerdings anders aus, wenn dieser Fisch 1–2 m lang ist. In diesem Fall kann er dir durchaus einen schönen Stempel verpassen. Zu beachten ist dabei, dass der Flusswels keine richtigen Zähne hat, wie wir es beispielsweise bei einem Hai oder anderen größeren Raubfischen sehen. Stattdessen hat er eine Art Platte im Maul, die mit winzigen Zähnchen bestückt ist. Wenn man nun von einem Wels gebissen wird, hat man nicht eine gewaltige Verletzung, sondern nur ein paar Kratzer und höchstwahrscheinlich einen ordentlichen blauen Fleck. Man sollte sich also insbesondere während der Laichzeit nicht unbedingt in Gewässern aufhalten, die von solchen Flusswelsen bewohnt werden. El-Colosaro und das Ungeheuer vom Gardasee sind schlicht und einfach größere Exemplare des Flusswelses.

Was hat es nun aber mit dem Mythos des Menschenfressers auf sich? Theoretisch könnte ein wirklich riesiger Wels ein kleines Kind tatsächlich erbeuten. Während meiner Recherchen habe ich jedoch keinen wirklich eindeutig glaubwürdigen Bericht gefunden, dass so etwas jemals passiert ist. Das meiste waren einfach nur Erzählungen. Als Menschenfresser würde ich diesen Fisch daher nicht bezeichnen.

Wesentlich unangenehmer als der Biss von einem Flusswels kann der Biss von einem Hecht sein, der deutlich kleiner als der Wels bleibt, dafür aber Zähne hat, von denen ein Wels nur träumen kann.

Ein wütender Hecht ist auch nicht schlecht

Es war ein sommerlich warmer Tag, als ich zusammen mit einem Studienkollegen auf einem Ruderboot unterwegs war, um zu fischen. Mein Studienkollege, nennen wir ihn mal Peter, hat sich im Laufe seines Studiums auf Fischbiologie spezialisiert. Er hatte schon seit längerer Zeit den Fischereischein und verbrachte schon seit seiner früheren Jugend sämtliche freie

Minuten damit, irgendwelche Fische zu beobachten oder an Land zu ziehen. Wann immer ich irgendetwas über Fische wissen wollte, war Peter einer meiner Ansprechpartner. Er unterstützte mich dabei, so manche Süßwasserfische zu finden und zu fotografieren, die ich ohne seine Hilfe nie erwischt hätte.

An diesem Tag nahmen wir uns eine kleine Auszeit von der Uni und verbrachten den späten Nachmittag auf einem gemieteten Ruderboot, mit dem wir über einen See fuhren. Wir unterhielten uns über die typischen Themen von Studenten: Vorlesungen, Praktika, wo die nächste Party stieg, was unsere Kommilitonen auf der letzten Party in ihrem Suff alles veranstaltet hatten, attraktive Studentinnen usw.

Neben unseren alltäglichen Gesprächen hatten wir allerdings ein Ziel. Ich wollte unbedingt einen großen Hecht aus dem Wasser ziehen, weil ich es noch nie zuvor geschafft hatte, einen Hecht zu fotografieren. Weil ich selbst allerdings gesetzlich nicht dazu befugt war, ein solches Tier einzufangen, musste mir Peter dabei helfen. Er hatte diesbezüglich außerdem wesentlich mehr Erfahrung und wusste, an welchen Stellen man schauen muss und wie man einen solchen Fisch am besten ködert. In einer Kiste, die er mitgebracht hatte, kramte er verschiedene Utensilien und einen Köder hervor, den er immer wieder an verschiedenen Stellen ins Wasser warf und ihn eine Zeit lang drinnen ließ. Es vergingen Minuten und schließlich Stunden, bis ich so langsam frustriert wurde, weil wir immer noch keinen Hecht erwischt hatten. Ich wurde langsam ungeduldig, während Peter die Ruhe in Person war. Irgendwie hatte ich das Gefühl, dass es nichts gab, was ihn aufregen könnte. Ich habe Peter in all den Jahren nicht ein einziges Mal wütend erlebt, obwohl er eigentlich oft genug guten Grund gehabt hätte, wütend auf jemanden zu sein.

Langsam verließ mich wahrhaftig die Geduld und ich wollte nach Hause gehen. Peter aber schien noch nicht einmal ansatzweise daran zu denken, zurückzurudern. „Wolfgang, das läuft hier nicht wie bei den Schlangen. Hier kannst du nicht einfach mal kurz rausgehen und dich dann auf das Objekt deiner Begierde stürzen und schon hast du es“, scherzte er.

„Und du denkst, dass es so mit den Schlangen läuft, ja? Auf die Schlangen warte ich oft noch viel länger als auf diesen blöden Fisch!“, entgegnete ich, woraufhin Peter mir antwortete: „Was zickst du dann rum wie so eine Diva?“

„Guter Punkt“, antwortete ich und nahm meine Nerven wieder zusammen, um noch eine weitere Stunde auf den Hecht zu warten.

Wir ruderten an einem Steg vorbei, auf dem sich mehrere Vertreter einer ganz besonderen Spezies befanden.

„Schau mal, da drüben! Denkst du, die springen auf unseren Köder an?", meinte Peter, während er auf den Steg zeigte.

In ernstem Ton antwortete ich: „Ich bezweifle, dass diese Exemplare da drüben auf einen Köder für Fische anspringen …"

Peter lächelte spitzbübisch. „Ich hätte aber einen Köder in meiner Hose. Vielleicht hilft der ja …"

„Peter! Benimm dich!", antwortete ich lachend.

Die Spezies auf dem Steg war ein Haufen überaus attraktiver Ladys, die schon längst bemerkt hatten, dass wir über sie redeten. Als sie rüber schauten, winkten wir ihnen zu und sie winkten zurück. An dieser Stelle hatte es den Anschein, als hätte Peter unseren Hecht komplett aus seinem Gehirn gelöscht. Er drehte das Boot und ruderte auf die Damen zu.

„*Peter!* Was machst du denn da?!", fragte ich ihn leicht genervt, obwohl ich genau wusste, was er im Sinn hatte.

„Ich will rüber und zu denen Hallo sagen", gab er monoton zurück, während er zielstrebig auf die Damen zu ruderte.

Ich selbst wollte eigentlich den Hecht fangen, aber irgendwie befand ich mich in einem Dilemma. In Ordnung … Also, der Hecht hatte lediglich diesen See zur Verfügung. Der Hecht konnte nicht einfach herausspringen und davonfliegen. Aber die Mädels da drüben hatten den ganzen Planeten zur Verfügung. Es war wesentlich wahrscheinlicher, dass wir aus dem See einen Hecht herausziehen, als dass wir diesen Frauen noch mal über den Weg laufen. Oder etwa nicht? Ach, egal. Aber die Frauen mussten wir schlicht und einfach kennenlernen. Schließlich mussten wir ja unsere biologische Funktion erfüllen!

Während ich noch mit mir selbst kämpfte, weil ich ja eigentlich einen Hecht wollte, erreichte Peter unlängst mit dem Boot den Steg, band es mit einem Seil um einen Teil des Steges und ging an Land. Peter war kein sehr gesprächiger Typ. Dies änderte sich allerdings, wann immer er mit Frauen zu tun hatte. In solchen Fällen wurde er sehr gesprächig. Manchmal etwas zu gesprächig. Die Damen boten uns direkt etwas zum Trinken an, während wir zugleich von ihnen mit Kartoffelchips beschenkt wurden. Wie sich herausstellte, waren sie allesamt Studentinnen an unserer Universität, die jedoch Psychologie studierten. An diesem Abend konnte ich den Hecht vergessen. Die Mädels hatten unsere Aufmerksamkeit und wir hatten die ihre. Als wir ihnen erzählten, was wir so machten und was wir eigentlich vorhatten, schienen sie sehr interessiert, wobei zwei von ihnen uns fragten, ob sie uns begleiten könnten. Wir willigten ein und trafen uns am nächsten Tag am selben See, bevor wir aufs Neue hinausruderten. Dieses Mal waren wir zu viert auf einem winzigen Boot und ich hatte die ganze Zeit Angst, dass es unser Gewicht nicht halten würde und wir zurückschwimmen müssten.

Auch dieses Mal ließ der Hecht Ewigkeiten auf sich warten. Es vergingen Stunden und allmählich waren sowohl die Damen als auch wir ziemlich müde. Dennoch entschlossen wir uns, noch ein bisschen Zeit auf dem See zu verbringen. Eine gute Entscheidung, wie sich später herausstellte. Zumindest war es eine gute Entscheidung für meine Kamera und mich.

Peter zog nahezu kunstvoll einen riesigen Hecht aus dem Wasser. Alles musste schnell gehen, weil wir den Fisch keinem allzu großen Stress aussetzen wollten. An Bord hatten wir ein größeres Aquarium, das wir bis etwa 20 cm mit Wasser auffüllten, sodass wir den Hecht hineingeben konnten. Während Peter den Angelhaken aus dem Fisch entfernte, machte dieser keine Bewegung. Doch sobald er ihn in das Aquarium heben wollte, fing der Fisch an wild um sich zu schlagen und biss Peter in den Daumen.

Ein solcher Biss kann ziemlich unangenehm werden, zumal der Hecht sein ganzes Maul voller Zähne hat. Seine Zähne hat er nicht nur am Ober- und am Unterkiefer, so wie wir. Der Schädel eines Fisches ist vollkommen anders aufgebaut als der Schädel eines Menschen. Er besteht aus vielen verschiedenen Knochen, die teilweise nur lose miteinander verbunden sind, ähnlich wie bei einer Schlange. Diese einzelnen Knochen sind jeweils mit einer ganzen Reihe von extrem spitzen und nach hinten gerichteten Zähnen bestückt. Das Maul des Fisches ist so konzipiert, dass es für seine Beute so gut wie kein Entkommen gibt, wenn er diese erst mal ergriffen hat. Wenn ein Hecht zubeißt, durchdringen seine Zähne die menschliche Haut mit Leichtigkeit und können sich wie Widerhaken darin verfangen.

Peter gelang es relativ schnell, sich aus dem Maul des Fisches zu befreien. Allerdings sah sein Daumen auf den ersten Blick aus, als hätte er ihn in einen Reißwolf gesteckt. Er fing an ziemlich stark zu bluten und einer der Damen wurde dabei schlecht, weil sie kein Blut sehen konnte. Ich selbst wusste nun nicht, um wen ich mich kümmern sollte, entschloss mich allerdings, mich um Peter zu kümmern, weil dieser offensichtlich verletzt war, während sich die Dame von ihrer Freundin helfen lassen konnte. Eilig kramte ich einen Erste-Hilfe-Koffer, Desinfektionsmittel und Verbandmaterial hervor. Währenddessen sah ich, dass die Hitze der Sonne dem Fisch offensichtlich zu schaffen machte, weshalb ich mich entschloss, den Fisch

Hecht, © Vladimir Wrangel/Shutterstock.com.

wieder ins Wasser zu lassen und auf das Foto zu verzichten. Währenddessen schüttete sich Peter Desinfektionsmittel über den Daumen, wodurch das Blut ein wenig abgewaschen werden konnte. Nun konnte man das Ausmaß der Wunden sehen, die vom Hecht verursacht wurden.

Nachdem die Blutung gestoppt wurde, sah alles nicht mehr ganz so schlimm aus, wie wir zunächst gedacht hatten. Peter hatte nur ein paar Schnitte und Löcher am Daumen und das war's. Die Wunden mussten noch nicht mal genäht werden. Dennoch zeigte dieser Vorfall, dass man mit einem wütenden Hecht auf jeden Fall vorsichtig umzugehen hat.

Nachdem sich das ganze Theater ein wenig beruhigt hatte, ließ ich mir von Peter das Ruder übergeben und brachte uns wieder zurück an Land. Aus der Sicht der Damen, die noch nie zuvor einen so großen Fisch gesehen hatten, erschienen wir wie die ärgsten Draufgänger. Der Anblick des Bisses eines Hechtes sieht schlimm aus, ist aber normalerweise nur eine kleine Sache. Anders sieht es aus, wenn dich der giftigste Fisch Europas erwischt, von dem ich dir im nächsten Abschnitt erzählen möchte.

Wer ist gefährlicher? Haifisch oder Petermännchen?

Von Zeit zu Zeit kommt mich immer wieder mal ein guter Bekannter und Unterstützer meiner öffentlichen Tätigkeit besuchen. Bei seinem letzten Besuch hatte er mir eine Kleinigkeit zu erzählen: „Übrigens durfte ich jetzt mal mit dem Petermännchen Bekanntschaft machen. Der Fisch ist bei Weitem nicht so lustig, wie er klingt! Der schmerzt wie Sau! Ich hätte nie gedacht, dass der so schmerzhaft sein kann! Es ist jetzt mehrere Wochen her und tut immer noch weh. Weißt du zufällig, wie lange das dauert?“

Auf diese Frage hatte ich leider keine wirklich zufriedenstellende Antwort. Mein Bekannter wurde im Mittelmeer von einem Petermännchen gestochen. Das Petermännchen ist einer der giftigsten Fische Europas und kann Vergiftungen auslösen, die keineswegs zu unterschätzen sind.

Petermännchen sind genau genommen nicht eine einzige Tierart, sondern eine Gattung von Fischen, zu denen mehrere verschiedene Arten zählen. Ihnen allen ist gemeinsam, dass sie sowohl an den Rückenflossen als auch an den Kiemendeckeln Stacheln besitzen, mit denen sie ein ziemlich wirksames Gift abgeben können. Der Fisch nutzt diese Giftstachel nicht zum Jagen, sondern ausschließlich zur Verteidigung.

Normalerweise sind Petermännchen relativ scheu und meiden den Kontakt zu Menschen. Allerdings kann es passieren, dass man von einem Petermännchen gestochen wird. Am häufigsten trifft es Fischer oder andere Leute, die etwas mit Fischen zu tun haben und unachtsam mit dem Petermännchen umgehen. Der Fisch gräbt sich gerne im losen Sand des Meeresbodens ein, weshalb es passieren kann, dass man versehentlich barfuß auf ihn drauftritt. Ein kleiner Stich reicht bereits, um dir große Probleme zu bereiten.

Die Stacheln des Fisches besitzen Längsrillen, die von einem Drüsengewebe umgeben sind, das das Gift produziert. Wenn die Stacheln in einen fremden Organismus eindringen, bricht die Haut an den Stacheln auf, wodurch das Gift freigesetzt wird. Bei Gefahr kann der Fisch seine Rückenstacheln aufstellen und in manchen Fällen sogar auf seinen Angreifer aktiv zuschwimmen.

Der Stich eines Petermännchens ist äußerst schmerzhaft. Es kommt zur Bildung von Ödemen und manchmal zu Gewebeschäden. Vergiftungen können heftig verlaufen und sind in jedem Fall ernst zu nehmen. Im Normalfall kommt es nur zu lokalen Symptomen. Allgemeine Symptome, zum Beispiel Schweißausbrüche, Fieber oder Erbrechen, sind nicht ausgeschlossen, jedoch selten.

Aus dem Gift der Petermännchen wurden verschiedene Substanzen isoliert, von denen einige die roten Blutkörperchen zerstören, aber auch Nervenzellen angreifen. Das Gift kann außerdem den programmierten Zelltod herbeiführen und könnte sich deshalb in der Krebsforschung als nützlich erweisen. Im Normalfall sollte der Stich eines Petermännchens, abgesehen von den Schmerzen, keine verheerenden Folgen haben. Allerdings gibt es gewisse Situationen, in denen ein Petermännchen lang anhaltende Symptome verursachen kann.

So berichtete beispielsweise Robert Mark Lehmann, ein bekannter Biologe, in einem seiner Videos von seinem Unfall mit einem Petermännchen und gab dabei seinen Zuschauern zu verstehen, dass er offensichtlich bis heute Probleme wegen des Stichs des Petermännchens hat. Robert kann angeblich seine Hand, die von der Vergiftung betroffen war, nicht mehr richtig schließen. Eine mögliche Erklärung könnte sein, dass beim Stich durch die Vergiftung Nervengewebe dauerhaft geschädigt wurde. Durch eine darauffolgende unsachgemäße Behandlung wurde die Symptomatik verschlimmert, wodurch Robert laut seines Videos auf YouTube selbst Wochen später immer wieder Symptome bekommen hat und bis heute Probleme mit der Feinmotorik seiner betroffenen Hand hat.

Obwohl der Name des Petermännchens lustig klingt, handelt es sich um einen Fisch, mit dem du dich nicht anlegen solltest. Im Mittelmeer empfiehlt es sich daher, Badeschuhe anzuziehen und nicht barfuß ins Meer zu laufen. Beim Tauchen sollte man dem Fisch nicht zu nahekommen. Wenn du zufällig beim Fischen ein Petermännchen an Land gezogen hast, zieh dir Handschuhe an, befreie den Fisch von der Angel oder dem Netz und setze ihn vorsichtig wieder zurück ins Meer.

Neben dem Petermännchen gibt es im Meer zahlreiche andere Tiere, die über defensive Giftstacheln verfügen. Andere Beispiele für Fische aus dem Mittelmeer, die stechen können, sind Skorpionfische bzw. Drachenköpfe aus der Gattung *Scorpaena*, Himmelsgucker und inzwischen auch der Feuerfisch (*Pterois miles*). Letzterer kann dir im Übrigen eine mindestens genauso heftige Vergiftung verpassen wie ein Petermännchen.

Abgesehen von den Fischen gibt es noch andere stechende Tiere, die du kennen solltest, wenn du beabsichtigst, dich vermehrt im Meer aufzuhalten. Seeigel sind an manchen Stellen ziemlich häufig und können unangenehm werden, wenn man sich versehentlich an ihnen sticht. Viele Seeigel sind giftig, jedoch sind nur sehr wenige für den Menschen ernsthaft gefährlich.

Ein Beispiel für gefährliche Arten wären *Toxopneustes* und *Tripneustes*, die jedoch nicht in Europa vorkommen.

Nicht zu vernachlässigen sind außerdem zahlreiche Quallenarten, die einem ebenfalls unangenehme Zustände bescheren können, auf die ich später näher eingehen werde.

Du siehst, das Meer ist voll mit höchst interessanten Schönheiten, die allerdings mit Vorsicht zu genießen sind. In Bezug auf das Meer fühlen sich die Menschen in der Regel eher von Haifischen bedroht als von irgendwelchen kleineren Fischen, die im Sand versteckt sind. Somit kommt es sehr viel häufiger zu Unfällen mit kleineren giftigen Fischen, die aufgrund ihres unscheinbaren Erscheinungsbildes weniger bekannt sind als ein Hai.

Haifische werden hingegen leider viel zu oft unnötigerweise als blutrünstige Bestien betrachtet, obwohl sich die meisten Arten gegenüber Menschen relativ friedlich verhalten. Erst in den letzten Jahren konnten wir durch die exzellente Arbeit von zahlreichen Haiforschern und erfahrenen Enthusiasten das Image dieser großen Raubfische ein wenig aufbessern.

Jeder von uns kennt die Geschichten von Haifischen, die Menschen angegriffen und gefressen haben. Ich bin ziemlich erstaunt, wie viele Leute es heute immer noch gibt, die der Meinung sind, ein Hai wäre ein spezialisierter Menschenmörder, der nur darauf wartet, bis du deine Pfoten ins Wasser steckst, damit er sie dir amputieren kann.

Zweifelsohne sind viele Haie große und kräftige Raubfische, die du besser mit entsprechender Vorsicht behandelst, um nicht verletzt zu werden. Wenn du mit diesen Tieren zu tun hast, solltest du dich an strikte Regeln halten, damit es nicht zu einem ungewollten Zwischenfall kommt. Das Bild von einem blutrünstigen Menschenfresser passt allerdings so ganz und gar nicht zum Haifisch. Obwohl Haie beispielsweise Blut sehr gut riechen können und auch von Blut angezogen werden, gibt es wissenschaftlich verifizierbare Hinweise darauf, dass ihnen Menschenblut gar nicht wohl bekommt. So hat man beispielsweise versucht, in der Gegenwart von verschiedenen Haiarten Menschenblut im Wasser zu verteilen, um zu sehen, wie sie reagieren. Die Ergebnisse waren teilweise sehr überraschend: Viele Haiarten vermeiden den Kontakt zu Menschenblut und werden ganz und gar nicht davon angezogen oder auf irgendeine Art und Weise jagdlich stimuliert. Du kannst mit Haifischen zusammen tauchen gehen und dir wird nicht viel passieren, wenn du dich an gewisse Regeln hältst.

Im folgenden Abschnitt möchte ich dir noch ein bisschen mehr Informationen und interessante Geschichten über Haie mitgeben. Ich selber habe mit diesen Raubfischen allerdings nur sehr wenig Erfahrung. Aus diesem Grund möchte ich den Abschnitt „Blütrünstige Haie?“ einem guten Freund von mir überlassen, der mit diesen Tieren schon unzählige Male in freier Wildbahn in Kontakt gekommen ist. Sein Name ist Oliver Knöpken. Diejenigen, die meine YouTube-Videos aufmerksam schauen, werden mit diesem Namen bereits etwas anfangen können. Oliver ist begeisterter Sportaucher, Unterwasservideograf und -fotograf und hat ebenfalls einen YouTube-Kanal. Er zeigt uns immer wieder beeindruckende Aufnahmen auf seinem Kanal und versorgt mich seit Langem mit Videomaterial aus diesem faszinierenden Habitat, sodass ich ausführliche Videos über eine Welt machen kann, die ich selbst nur selten zu Gesicht bekomme.

Blutrünstige Haie?

Die erste Begegnung mit einem Hai vergisst man nie. Meine hatte ich, noch bevor ich als Taucher richtig abtauchte – damals war ich noch Schnorchler in Ägypten. Zu dieser Zeit zählte ich zu denjenigen, die vor Haien regelrechte Angst hatten. Wie viele andere war auch ich durch die Spielfilmreihe „Der weiße Hai“ ziemlich negativ geprägt. Doch statt eines gefürchteten Monsters begegnete mir ein kleiner, etwa 1,7 Meter langer Weißspitzenriffhai, der nur wenige Meter entfernt einen Schwarm Füsiliere verfolgte. Obwohl dieser Hai eigentlich harmlos war, war ich – um es mal so zu sagen – ziemlich nervös. Riffhaie sind zwar sehr scheu und werden selten größer als 2–3 Meter, aber das wusste ich damals nicht.

Ganz anders verhält es sich bei den wahren Giganten der Meere – den Hochseehaien wie dem Weißspitzenhochseehai, Hammer- oder Tigerhai. Tigerhaie können bis zu 5,5 Meter groß werden. Da unter Wasser alles um ein Drittel größer wirkt, bekommt man das Gefühl, einem schwimmenden Dinosaurier zu begegnen, wenn so ein gewaltiges Tier, bestückt mit messerscharfen, gezackten Zähnen, auf einen zukommt. In solchen Momenten verdunkelt sich die ganze Szenerie, und der Adrenalinspiegel schießt durch die Decke. Die Sinne schärfen sich, der Körper läuft auf Hochtouren, man hört seinen Herzschlag wie einen Trommelwirbel. Es ist ein unfassbarer Moment, der sich für immer ins Gedächtnis brennt.

Trotz ihrer furchterregenden Erscheinung sind Haie auch neugierige Gesellen. Sie kommen oft bis auf ein bis zwei Meter heran, mustern einen kurz und schwimmen dann davon – schließlich stehen schwarze Neoprenanzüge nicht auf ihrem Speiseplan. Haie mögen keinen Lärm. Wenn es ihnen zu laut wird, sind sie schnell weg. Für einen Hai klingt das Ausatmen eines Tauchers so laut wie eine Trillerpfeife für Hunde. Meine Faszination für die Unterwasserwelt, besonders für Haie, war schon immer groß. Als ich mit dem Tauchen begann, vertiefte ich mich noch intensiver in die Welt der Haie. Viele der schaurigen Mythen, die wir über Haie hören, wurden längst wissenschaftlich widerlegt. Haie sind majestätische und hochintelligente Lebewesen, die sich über Millionen von Jahren zu perfekten Individuen entwickelt haben. Ich liebe Haie und freue mich über jede Begegnung mit ihnen, auch wenn sie leider immer seltener werden.

Beim Tauchen mit Haien gilt es jedoch, einige Spielregeln zu beachten – schließlich haben wir es hier mit wilden Tieren zu tun. Wer diese Regeln befolgt, kann sich auf eine unglaubliche Begegnung freuen, die von beiden Seiten mit Respekt behandelt wird. Angst? Die braucht man nicht, nur den nötigen Respekt vor diesen großartigen Tieren, in deren Welt wir nur Gäste sind. Damit die Begegnung sicher bleibt und unvergesslich wird, sollte man folgende Regeln beachten:

1. *Sich groß machen: Normalerweise schwebt man in flacher Bauchlage. Bei einer Haibegegnung sollte man jedoch aufrecht „stehen", damit man den Hai besser im Auge behalten kann und gleichzeitig größer wirkt.*
2. *Dem Hai volle Aufmerksamkeit schenken: Den Blick nie vom Hai abwenden! Man sollte einem Hai niemals den Rücken zukehren und jederzeit bereit sein, zu reagieren.*
3. *In der Gruppe bleiben: Ein einzelner Taucher könnte für einen Hai wie ein interessantes Spielzeug wirken. Besonders der Weißspitzenhochseehai nutzt solche Gelegenheiten gerne aus.*
4. *Ruhe bewahren: Haie können Angst wittern, also ruhig bleiben – auch wenn es schwerfällt.*
5. *Körperhaltung des Hais beobachten: Wenn der Hai gereizt wirkt, ist es Zeit, sich zurückzuziehen. Sucht die Nähe zu einem Riff oder dem Meeresboden und taucht kontrolliert auf.*
6. *Den Hai niemals provozieren: Denkt daran, sobald ihr ins Meer steigt, betretet ihr das Wohnzimmer der Haie. Das gilt übrigens auch für die Nord- und Ostsee.*

Haie sind faszinierende und wichtige Bewohner der Meere. Mit dem nötigen Respekt und Wissen wird jede Begegnung mit diesen Tieren zu einem unvergesslichen und wundervollen Erlebnis.

Oliver ist ein guter Kerl. Teilweise habe ich mich mit ihm stundenlang über verschiedene Meerestiere und über das Verhalten von verschiedenen Haiarten unterhalten. Es war immer wieder spannend, seinen Geschichten zu lauschen und aus seinen praktischen Erfahrungen mit diesen Tieren zu lernen. Ich hoffe, dass meine Leser diese Tiere spätestens nach diesen Zeilen mit etwas anderen Augen betrachten können.

Wenn man an die Gefahren von Haifischen denkt, kommen einem vor allem die scharfen Zähne in den Sinn, die einem ganz besonders schöne Narben verpassen können. Wusstest du aber, dass es auch giftige Haie gibt? Im folgenden Abschnitt möchte ich dir einen solchen Hai vorstellen, der auch in europäischen Gewässern verbreitet ist. Ich werde erklären, wie gefährlich er für Menschen sein kann. Auf geht's!

Giftige Haie

Ein Hai hat es mir besonders angetan, weil er zu den wenigen Hai-Arten gehört, die giftig sind. Unter einem giftigen Haifisch stellt man sich nun ein beeindruckendes Biest vor, mit einem riesigen Maul voller scharfer Zähne, das vielleicht noch dazu auffällige Warnfarben trägt, die auf seine Giftigkeit hinweisen. Tatsächlich sieht dieser „Gifthai", der auch unter dem Namen Dornhai (*Squalus acanthias*) bekannt ist, alles andere als gefährlich aus. Er wird nur etwa 80 cm lang und mit seinen Zähnen kann er einen Menschen noch nicht einmal schwer verletzen. Der Dornhai sieht keineswegs gefährlich aus. Vielmehr sieht er ziemlich süß und unscheinbar aus. Bei seinem

Dornhai (*Squalus acanthias*), © IrinaK/Shutterstock.com

fast schon niedlichen Anblick wirst du dir keineswegs in die Hose machen und an irgendwelche Gefahren denken, die von diesem Tier vielleicht ausgehen könnten.

Dornhaie sind mehr oder weniger weltweit verbreitet, zählen aber insgesamt trotzdem zu den bedrohten Tierarten. Vor der Rückenflosse besitzt der Hai einen kräftigen Stachel. Wenn der Hai damit zusticht, wird die Haut am Stachel zurückgeschoben und das Gift durch den Druck aus der Drüse gepresst. Über das Gift ist noch nicht viel bekannt. Vermutlich handelt es sich um ein Gemisch aus Proteinen. Der Stich verursacht Schwellungen und kann zur Bildung eines Ödems führen. Für den Menschen gilt er als ungefährlich.

Das Fleisch des Fisches beinhaltet oftmals giftiges Methylquecksilber. Quecksilber ist ein Element, das natürlich vorkommt, aber auch durch industrielle Abfälle in das Meer gelangt. Durch die Aktivität von Mikroorganismen kann dieses Quecksilber methyliert werden. Das bedeutet, es lagert sich mit einem Methyl-Molekül zusammen und bildet dann das sogenannte Methylquecksilber. Dieses Methylquecksilber kann sich in der Nahrungskette und anschließend im Fleisch verschiedener Fische sammeln. Wenn man nun eine ausreichend hohe Menge dieses Fleisches zu sich nimmt, erleidet man eine Quecksilbervergiftung. Man bekommt Lähmungserscheinungen, Gliederschmerzen und kann in schweren Fällen ins Koma fallen oder sogar daran sterben. Das Fleisch von Dornhaien wird in manchen Fällen auch gegessen, was allerdings angesichts der potenziellen Anwesenheit von Quecksilberverbindungen nicht empfohlen ist.

Dornhaie habe ich bisher leider nur tot zu Gesicht bekommen. Auf der Uni haben wir Dornhaie, die tot gefunden wurden, zusammen mit den Studenten seziert, was sehr interessant und lehrreich war. Zugleich war es aber auch eine Herausforderung für jede empfindliche Nase.

Mit giftigen Meerestieren bin ich nur selten in Kontakt gekommen. Eines dieser Tiere war eine der größten Quallen der Welt, die ich während meines Aufenthaltes in Kroatien berührt habe. Wenn du wissen willst, was passiert ist, nachdem ich sie berührt habe, lies weiter.

Eine Riesenqualle streicheln – eine gute Idee?

Es war Ende Mai und mir war mal wieder nach einem kleinen Abenteuer in freier Wildbahn. Ich war vor Kurzem mit meinem Studium fertig geworden und hatte monatelange Bürozeiten hinter mir. Außerdem konnte ich aufgrund einer Entzündung der Nerven in meinen Leisten keine größeren

Reisen mehr unternehmen. Irgendwie hatte ich die Schnauze voll vom ständigen Sitzen vor einem Computer und von den Schonzeiten aufgrund der Entzündung und wollte wieder etwas erleben. So entschloss ich mich, einen kleinen Trip in den Süden zu unternehmen. Eine Art Mini-Gifttier-Urlaub. Nachdem ich meine Sachen gepackt und das Autodachzelt zusammen mit meinem Vater montiert hatte, fuhr ich los. Weil ich zu der Zeit schon länger keine Reise mehr unternommen hatte, war ich ziemlich gut gelaunt und aufgeregt. Auf dem Weg blieb ich immer wieder an interessanten Orten stehen und schickte meinen Eltern und anderen wichtigen Leuten aus meinem Leben Fotos. Meine Reise führte mich durch Slowenien nach Kroatien und von dort mit einer Fähre auf eine Insel, auf der ich verschiedene Gifttiere suchen wollte.

Der Hafen, in dem ich auf die Fähre wartete, befand sich ein Stück außerhalb der nächstgelegenen Ortschaft, mitten in einer mediterranen Gegend am Mittelmeer. Direkt neben dem Hafen befanden sich die Ruinen von alten Gebäuden, die von Legesteinmauern umgeben waren. Hier herrschten ideale Bedingungen, um verschiedene Schlangen und vielleicht sogar eine Schwarze Witwe zu finden. Als ich durch die Ruinen schlenderte, sprang immer mal wieder eine Balkanzornnatter auf und davon.

Die Balkanzornnatter (*Hierophis gemonensis*) ist eine extrem schnelle und agile Schlange. Wenn diese Tiere auf Betriebstemperatur sind, ist es sehr schwierig, sie zu erwischen. Im Gebüsch kommst du der Schlange nicht hinterher. Weil sie keine Arme und keine Beine hat, gleitet sie wie ein geölter Blitz mühelos durch stachelige Sträucher hindurch, während du dich dagegen wie eine Fliege fühlst, die an einem Spinnennetz hängen geblieben ist.

Diese Schlangen sind als tagaktive Jäger meistens am späten Nachmittag unterwegs und jagen hauptsächlich Eidechsen. Selbst die Eidechsen, die ja selbst kleine und flinke Gesellen sind, schaffen es in vielen Fällen nicht, der Balkanzornnatter zu entkommen. Auch wenn ich schon unzählige Balkanzornnattern vor die Kamera bekommen hatte, ging es mir immer wieder auf den Keks, wann immer ich eine dieser Schlangen erst dann sah, als sie bereits auf der Flucht war.

Vergebens versuchte ich, eine dieser flinken Nattern für ein kurzes Video zu erwischen. Auch die Schwarze Witwe ließ an diesem Tag auf sich warten. Mit der Zeit hatte ich nicht mehr so richtig Lust darauf, nach Tieren in diesen Ruinen zu suchen, setzte mich auf einen Felsen und blickte auf das Meer hinaus. Das Geräusch des Meeres und die Wellen wirkten sehr beruhigend und obwohl ich auf die Fähre warten musste, war mir keineswegs

Balkanzornnatter (*Hierophis gemonensis*)

Die Balkanzornnatter erreicht eine Länge von etwa 130 bis 150 cm. Ihr Körper ist schlank und muskulös, typischerweise hellgrau oder olivgrün, mit einer dunkleren Zeichnung entlang des Rückens. Diese agile Schlange ist bekannt für ihre Schnelligkeit und das aggressive Verhalten, wenn sie bedroht wird. Die Balkanzornnatter ist vorwiegend auf der Balkanhalbinsel verbreitet, einschließlich Griechenland, Bulgarien, Albanien, Nordmazedonien und Teilen von Rumänien und der Türkei. Sie bevorzugt offene und halboffene Landschaften, kann aber auch in der Nähe von menschlichen Siedlungen, auf Agrarland und in leichten Wäldern gefunden werden. Die Balkanzornnatter ist tagaktiv und ernährt sich hauptsächlich von kleinen Säugetieren, Vögeln und Eidechsen. Sie ist eine sehr territoriale Schlange und kann bei Bedrohung zischen und beißen. Diese Schlange ist nicht giftig, kann aber aufgrund ihrer Beißneigung und ihrer Fähigkeit, sich schnell zu bewegen, als bedrohlich wahrgenommen werden.

Balkanzornnatter (*Hierophis gemonensis*).

langweilig. Ich genoss es, einfach mal nichts tun zu müssen und den Geräuschen der Natur lauschen zu können.

Immer wieder erblickte ich verschiedene Tiere auf dem Wasser. Hauptsächlich waren es größere Fische und Vögel. Doch dann erregte etwas ganz Besonderes meine Aufmerksamkeit. Irgendetwas war da draußen, das ungewöhnlich aussah. Es war groß und weiß. Zuerst dachte ich, dass es ein großer Müllsack sei, der im Wasser schwamm. Doch bei genauerer Betrachtung

Lungenqualle (*Rhizostoma pulmo*).

Die Lungenqualle hat nur eine schwache Nesselwirkung, die sich beim Menschen nur sehr schwach oder gar nicht bemerkbar macht. Obwohl sie einen Schirmdurchmesser von teilweise bis zu einem Meter und ein Gewicht von bis zu 30 kg erreichen kann, ist sie für Menschen vollkommen harmlos. Die Lungenqualle ist also so etwas wie ein sanfter Riese.

Das genaue Gegenteil ist hingegen eine weitere weitverbreitete Qualle, die du im Mittelmeer zu gewissen Jahreszeiten in beachtlichen Zahlen antreffen kannst: die Leuchtqualle (*Pelagia noctiluca*). Der Kontakt mit der Leuchtqualle ging für mich nicht ganz so glücklich aus. Dieses Mal werde ich dich nicht enttäuschen. Denn dieses Mal ist tatsächlich etwas passiert, nachdem ich mit der Leuchtqualle in Kontakt gekommen bin. Wenn du wissen willst, was passiert ist, lies weiter.

Lungenqualle (*Rhizostoma pulmo*), © scubaluna/Shutterstock.com

stellte ich fest, dass es alles andere als ein lebloser Müllsack war. Da draußen in den Wellen schwamm gerade eine Lungenqualle (*Rhizostoma pulmo*).

Ich kannte diese Qualle bereits, weil ich sie in meinem Buch „Die Gifttiere Europas" beschrieben hatte. Damals hatte ich allerdings keine Gelegenheit, eine *Rhizostoma* zu fotografieren, weil ich mich vorwiegend auf die terrestrischen Gifttiere konzentrieren wollte und das Fotografieren der aquatischen Arten anderen Leuten überlassen wollte.

Voller Aufregung zückte ich meine Kamera und zoomte so weit rein, wie ich nur konnte, um wenigstens eine drittklassige Aufnahme dieser Qualle zu ergattern. Während ich die Aufnahmen machte, versuchte ich meine Sichtung zu moderieren, was mir allerdings nicht gut gelang, weil ich so glücklich war, eines dieser Tiere im echten Leben zu sehen. Immer wieder stammelte ich irgendwelche halben Sätze, zum Beispiel: „Leute! Unglaublich! Ich … Das ist das erste Mal! Ich … Also … Ich versuche mal … *Wow, eine Lungenqualle!*"

Weil ich keine Badehose mithatte und die Fähre auch jeden Moment kommen sollte, wollte ich nicht ins Wasser gehen. Es war außerdem noch ziemlich kühl und ich hasse kaltes Wasser. Also entschloss ich mich, die Qualle aus der Entfernung zu genießen.

Während ich die Aufnahmen machte, sah ich allerdings, dass ein weiteres ebenso großes Exemplar direkt am Ufer entlang schwamm. Du musst wissen, das Ufer war nicht leicht zugänglich. Eine Felswand führte direkt nach unten und ging im Wasser genauso senkrecht weiter. Man konnte nirgendwo stehen und musste hinunterklettern.

Beim Filmen sagte ich ungefähr Folgendes: „O mein Gott, ich drehe komplett durch! Da ist ja noch eine, direkt da unten! *Verflucht*, jetzt wäre ich fast runtergefallen! Ich klettere jetzt runter!“ Dann kletterte ich hinunter und ließ die Kamera dabei laufen.

Ich wollte diese Qualle unbedingt aus nächster Nähe betrachten. Nachdem ich nur knapp oberhalb der Wasseroberfläche war, hielt ich mich an den Felsen fest und lehnte mich nach vorne in das Wasser, bevor ich meinen Arm nach der Qualle ausstreckte. Für etwa ein oder zwei Sekunden konnte ich sie am Schirm berühren, bevor sie sich wieder etwas weiter in das Meer hinausbewegte.

Ich war hin und weg und selbst jetzt, wenn ich diese Zeilen schreibe, bekomme ich direkt wieder Glücksgefühle. Das war ein wunderbares Erlebnis. Die Qualle war keineswegs extrem schleimig oder sehr weich, sondern erschien mir erstaunlich stabil gebaut. Auf jeden Fall fühlte sie sich viel stabiler an, als sie aussah. Ihr Gewebe war nicht nur eine hauchdünne Schicht, sondern fühlte sich fast wie ein sehr weiches Leder an.

An dieser Stelle fragst du dich vielleicht, weshalb ich überhaupt eine solche Qualle berühren wollte, wenn Quallen doch über Nesselzellen verfügen, mit denen sie teilweise ziemlich schmerzhafte Stiche austeilen können. Der Grund, weshalb ich es trotzdem gemacht habe, ist einfach: Die meisten Quallen haben nur an den Tentakeln Nesselzellen, nicht aber auf ihrem Schirm. Selbst eine hochgiftige und gefährliche Würfelqualle kannst du ohne Probleme an ihrem Schirm nehmen. Von ihren Tentakeln solltest du dich allerdings fernhalten. Tatsächlich passierte also absolut gar nichts, nachdem ich die Lungenqualle am Schirm berührt hatte, außer dass ich unglaublich gut drauf war. Was aber wäre passiert, wenn ich ihre Tentakeln berührt hätte?

Kontakt mit der giftigen Leuchtqualle

Als ich am frühen Nachmittag einen Strand entlang spazierte, fiel mir eine tote Leuchtqualle auf, die am Strand lag. Nur wenige Meter weiter befand sich die nächste leblose Qualle. An diesem Tag fand ich noch zahlreiche weitere tote Quallen, die an Land gespült worden waren.

Die Leuchtqualle ist eine der häufigsten Quallen des Mittelmeeres. Vor allem in der warmen Jahreszeit tritt sie recht häufig auf, weil sie warme

Wassertemperaturen bevorzugt. Wenn gewisse Bedingungen zustande kommen, kann es zu einem Massenauftreten kommen. Zu diesen Bedingungen gehören optimale Wassertemperaturen, die Abwesenheit von natürlichen Feinden (beispielsweise durch ein ökologisches Ungleichgewicht) und ein hohes Nahrungsangebot, das durch einen hohen Nährstoffgehalt im Wasser begünstigt wird.

Als ich mich damals am Meer aufhielt, ist ein solches Massenauftreten zustande gekommen. Nicht nur am Strand lagen haufenweise Quallen, sondern auch im Wasser waren sie überall. Ein Umstand, der einen interessierten Biologen förmlich dazu einlädt, sich eines dieser Tiere mal genauer anzusehen. Zu dieser Zeit hatte ich noch keine Pläne in Bezug auf die giftigen Tiere Europas. Quallen fand ich zwar interessant, aber nicht interessant genug, um Fotos aufzunehmen. Heute könnte ich mich grün und blau darüber ärgern, da dies rückblickend eine einzigartige Gelegenheit gewesen wäre.

Diese Leuchtquallen gab es dort wie Sand am Meer. Weil ich mir ein lebendes Exemplar genauer anschauen wollte, entschloss ich mich, mit einem kleinen Kescher ein paar Meter weit ins Meer hineinzugehen, um eine Leuchtqualle zu erwischen. Ein wenig fühlte ich mich dabei wie Spongebob beim Quallenfischen. Diese Tiere sind nicht sonderlich schnell und mit einem Kescher sehr leicht einzufangen. Am Strand hatte ich einen Eimer, in dem ich die Qualle vorübergehend unterbrachte.

Die Leuchtqualle ist eine eher kleine und zierliche Qualle, die einige Besonderheiten zu bieten hat. Die Qualle wird etwa 6–10 cm groß. Der Schirm ist rundlich erhöht und trägt rosarote Flecken. Die Qualle besitzt acht Tentakel und vier lange Mundarme. Ich empfand das Erscheinungsbild einer Leuchtqualle immer als besonders schön. Das wirklich Interessante ist allerdings, dass die Qualle in der Dunkelheit leuchten kann, was ihr den Namen „Leuchtqualle" eingebrockt hat. Dies ist allerdings nicht die einzige Besonderheit dieser Qualle. Wie wir schon erfahren haben, können Quallen mit ihren Tentakeln nesseln, nicht aber mit ihrem Schirm. Bei der Leuchtqualle ist dies nicht der Fall. Die Qualle besitzt am Schirm Nesselkapseln, weshalb auch der Kontakt zum Schirm schmerzhaft sein kann.

Die Leuchtqualle gehört zu einer Gruppe von Quallen, die wir auch Scyphozoa nennen. Von allen Scyphozoa des europäischen Raumes ist die Leuchtqualle die giftigste. Sie kann ziemlich stark nesseln und ist für die meisten unangenehmen Erfahrungen mit Nesseltieren im Mittelmeerraum verantwortlich. Dies durfte ich, kurz nachdem ich die Qualle gefangen hatte, am eigenen Leib erfahren.

Ich wusste damals, dass die Qualle giftig, aber nicht besonders gefährlich ist. Zumindest nicht, wenn man nur mit einer von ihnen in Kontakt kommt. Also wollte ich die Macht der Qualle am eigenen Leib spüren, weshalb ich mich dazu entschloss, nur einen winzigen Teil der Qualle zu berühren.

Die Qualle schwamm im Eimer herum und ich musste erst mal ein paarmal durchatmen, bevor ich den Mut zusammennehmen konnte, einen Teil der Qualle ganz sachte zu berühren. Langsam streckte ich meine Hand in den Eimer und berührte mit meinem Handrücken einen Tentakel der Qualle. Der Tentakel blieb kurz an meiner Haut hängen, woraufhin sich sofort ein brennend-stechender Schmerz entwickelte, der sich für kurze Zeit anfühlte, als würde jemand eine glühende Nadel durch meine Hand hindurchziehen. Dies reichte mir schon, um zu verstehen, dass man bei einem Massenauftreten besser nicht ins Wasser gehen sollte. Der Kontakt zur Leuchtqualle fühlte sich ähnlich wie der Kontakt zu Brennnesseln an, wobei ich die Qualle als wesentlich schmerzhafter empfand.

Ich nahm den Eimer und ließ die Qualle wieder im Wasser frei. Danach beobachtete ich weiter die Reaktion meines Körpers auf den Kontakt mit der Qualle. Die brennenden Schmerzen ließen nach etwa einer Stunde nach, während sich eine kleine Quaddel und eine Rötung rund um die betroffene Stelle bildeten. Am nächsten Tag sah es aus, als hätte ich mich an der jeweiligen Stelle verbrannt. Eine kleine Brandblase entstand, die nach ein paar Tagen abheilte, jedoch auf der Oberseite meiner rechten Hand eine kleine Narbe hinterließ.

Die Leuchtqualle ist also erstens die wahrscheinlich giftigste Scyphomeduse im europäischen Raum, zweitens kann sie in der Nacht leuchten und drittens kann sie auch am Schirm nesseln. Wie ich dir also schon sagte: Diese Qualle hat einige Besonderheiten zu bieten. Es geht aber noch weiter! Das Gift der Qualle könnte sich außerdem zukünftig in der Medizin als äußerst nützlich erweisen.

Im Gift der Qualle fand man nämlich Stoffe mit einer hemmenden Wirkung auf das Enzym Butyrylcholinesterase. Dieses wichtige Enzym des Körpers regelt die Aktivität von Acetylcholin. Im Gehirn eines gesunden Menschen kommt es in geringeren Mengen vor als andere Enzyme wie beispielsweise die Acetylcholinesterase. Der temporale Cortex und der Hippocampus sind die am meisten betroffenen Areale im Gehirn eines Alzheimerpatienten. Hier ist die Aktivität der Butyrylcholinesterase deutlich erhöht, was einen Einfluss auf den Krankheitsverlauf hat. Eine Inhibition der Butyrylcholinesterase kann zur Verbesserung der Symptomatik bei Alzheimer führen. Die Komponenten aus dem Gift der Qualle könnten

Leuchtqualle (*Pelagia noctiluca*), © Eileen Kumpf/Shutterstock.com.

daher eventuell in der Therapie von Alzheimer eingesetzt werden. Einmal mehr siehst du also, dass giftige Tiere nicht immer gezwungenermaßen eine Gefahr für uns darstellen. In sehr vielen Fällen bieten sie auch zahlreiche Gelegenheiten, verschiedenste Krankheiten erfolgreich zu behandeln. Ein giftiges Tier ist wie eine lebende Apotheke.

Wie ich bereits erwähnt habe, ist die Leuchtqualle die giftigste oder zumindest eine der giftigsten Scyphomedusen des europäischen Raumes. In Bezug auf die gesamte Gruppe der Nesseltiere gibt es allerdings noch weitere Vertreter Europas, die wesentlich gefährlicher werden können als eine Leuchtqualle. Die beiden gefährlichsten Nesseltiere Europas möchte ich dir im folgenden Abschnitt vorstellen.

Die gefährlichsten Nesseltiere Europas

Falls du dich auch nur ansatzweise für giftige Tiere interessierst, wirst du höchstwahrscheinlich schon mal von den Würfelquallen gehört haben. Die Würfelquallen sind nicht eine einzige Quallenart, sondern eine ganze Gruppe von Quallen, die wir Cubozoa nennen. Die Cubozoa sind eine der großen Nesseltiergruppen, neben den Scyphozoa, den Anthozoa, den Hydrozoa und den Staurozoa. Zu den bekanntesten Arten gehören die Große

Seewespe (*Chironex fleckeri*) und die Irukandji-Qualle (*Carukia barnesi*). Beide Arten können einen Menschen im schlimmsten Fall ins Jenseits befördern, kommen allerdings nicht in Europa vor. Dafür kommt in Europa eine andere Würfelqualle vor, die den Namen Mittelmeerwespe (*Carybdea marsupialis*) trägt.

Die Mittelmeerwespe ist eine ziemlich kleine und unscheinbare Qualle, die nur etwa 2–2,5 cm groß wird. In den meisten Fällen bekommt man sie aufgrund ihrer geringen Größe erst gar nicht zu Gesicht. Wie die anderen Würfelquallen trägt auch die Mittelmeerwespe vier lange Tentakeln, die bis zu 20 cm lang werden können. Obwohl die Tentakel teilweise hauchdünn sind, haben sie es in sich. Die Mittelmeerwespe kann ziemlich heftig nesseln und der Kontakt zu ihr kann zu starken brennenden Schmerzen und lokalen Hautrötungen führen. Ödeme können ebenfalls auftreten. Das Gift der Qualle wirkt neurotoxisch, zytotoxisch sowie hämolytisch. Unfälle enden normalerweise ohne Komplikationen, wobei Narben zurückbleiben können. In seltenen Fällen kann einem nach Kontakt mit der Qualle übel werden, woraufhin man sich übergeben muss. Schwindel und allgemeines körperliches Unwohlsein können ebenfalls hinzukommen.

Massenauftreten sind bei dieser Art wesentlich seltener als bei der Leuchtqualle, weshalb die Mittelmeerwespe weniger bekannt ist. Diejenigen, die mit ihr in Kontakt gekommen sind, werden es sich allerdings ziemlich gut merken können.

Wesentlich gefährlicher als die Mittelmeerwespe ist hingegen die Portugiesische Galeere (*Physalia physalis*). Dieses Geschöpf ist ein wahres Wunder der Natur. Die Portugiesische Galeere ist nicht das, wonach es aussieht. Es handelt sich hierbei nämlich genau genommen nicht um eine Qualle, sondern um eine lebende Kolonie aus vielen verschiedenen kleinen Hydropolypen. Die Portugiesische Galeere gehört zu den Hydrozoa und formt sich aus einer ganzen Kolonie von kleineren Polypen, ähnlich wie ein Bienenschwarm. Jeder Polyp ist ein eigenständiges Lebewesen. Die einzelnen Polypen sind miteinander

Portugiesische Galeere (*Physalia physalis*), © IrinaK/Shutterstock.com.

verbunden und haben jeweils unterschiedliche Aufgaben. Es gibt Polypen, die nur für die Verdauung der Nahrung zuständig sind, während andere Polypen Nesselzellen beinhalten und für den Fang der Beute, aber auch für die Verteidigung zuständig sind. Das wohl beeindruckendste Merkmal dieser Spezies ist das Segel, das sich oberhalb der Wasseroberfläche befindet. Es sieht auf den ersten Blick wie ein Stück Müll aus, das im Wasser schwimmt. Im Inneren des Segels befindet sich ein Hohlraum, in dem ein Gas eingeschlossen ist, sodass da Segel nicht untergehen kann. Das Segel selbst richtet sich nach dem Wind aus und dient auf diese Weise der Fortbewegung.

Die Portugiesische Galeere ist in der Lage, auch größere Beutetiere einzufangen, zum Beispiel Fische. Die Fische werden durch das Gift der Galeere binnen Sekunden gelähmt und anschließend von der Kolonie verdaut. Das Gift der Portugiesischen Galeere ist sehr wirksam und der Kontakt zu den Tentakeln dieser Tiere kann beim Menschen schwere Verbrennungen und teilweise mitunter lebensbedrohliche Zustände hervorrufen. Die Tentakel können mehrere Meter lang werden und in manchen Fällen abbrechen, wodurch sie unbemerkt durch das Wasser treiben können. Auf diese Weise kann es zu einem ungewollten Kontakt kommen. Eine Portugiesische Galeere ist nicht nur das wahrscheinlich gefährlichste Nesseltier Europas, sondern eines der gefährlichsten Nesseltiere weltweit.

Velella velella

Velella velella, häufig bekannt als „Segelqualle", ist eine faszinierende Meerestierart aus der Gruppe der Hydrozoen. Dieses kleine, segelförmige Wesen treibt an der Wasseroberfläche und wird durch die Winde über die Ozeane bewegt. *Velella velella* ist typischerweise nicht mehr als 10 cm lang und zeichnet sich durch eine transparente, blau getönte, ovale Scheibe aus, die durch eine aufrecht stehendes, segelartiges Struktur unterstützt wird. Dieses „Segel" ist leicht schräg ausgerichtet, was der Qualle hilft, sich von der Wasseroberfläche abzustoßen und die Richtung ein wenig zu steuern, abhängig von der Windrichtung.

Die Ernährung von *Velella velella* basiert auf Plankton, das sie mit ihren Tentakeln einfangen, die unter ihrer schwimmenden Struktur hängen. Diese Tentakel enthalten Nesselzellen, die sie zur Verteidigung und zum Fang ihrer Beute nutzen. Bei Menschen hat dieses Nesseltier nur eine relativ schwache Nesselwirkung, die allerdings trotzdem ernst zu nehmen ist.

Velella velella, © Kelly Nine/Shutterstock.com.

Solche „Quallen" wie die Portugiesische Galeere nennt man auch Staatsquallen, weil sie kein einzelnes Individuum sind, sondern eine gesamte Kolonie darstellen. Neben der Portugiesischen Galeere gibt es auch noch andere Staatsquallen, zum Beispiel *Velella* und *Porpita*, die jedoch wesentlich kleiner bleiben, allerdings ebenfalls ziemlich unangenehm nesseln können.

Überaus interessant ist, dass es unter anderem im Mittelmeer ein kleines und seltsames Wesen gibt, das wie ein Außerirdischer aussieht und sich von der Portugiesischen Galeere ernährt. Bei diesem Wesen handelt es sich um eine Schnecke mit dem Namen *Glaucus atlanticus*, die nicht etwa wie andere Schnecken irgendwo auf dem Boden herumkriecht, sondern frei durchs Wasser schwimmt und sich von den gefährlichen Tentakeln der Portugiesischen Galeere ernährt. Die Schnecke hat verschiedene Schutzmechanismen, die sie vor der Nesselwirkung der Portugiesischen Galeere schützen. Wirklich interessant ist allerdings, dass die Schnecke die Nesselkapseln der Galeere sequestriert. Das bedeutet, dass sich die Schnecke die Nesselkapseln einverleibt und diese selber zur Verteidigung nutzen kann. *Glaucus* klaut einem der gefährlichsten Nesseltiere seine Waffen und setzt sie selber ein. Wenn du eine *Glaucus atlanticus* zu Gesicht bekommst, solltest du sie also nicht anfassen, weil

Porpita porpita

Porpita porpita, auch bekannt als „Blaue Knopfqualle", ist eine faszinierende Meeresorganismenart aus der Gruppe der Hydrozoen. Sie besteht aus einer flachen, runden, blauen Scheibe, die bis zu 3 cm im Durchmesser erreichen kann, umgeben von einem Ring aus strahlenförmig angeordneten Tentakeln. *Porpita porpita* lebt hauptsächlich an der Oberfläche der tropischen und subtropischen Ozeane und treibt ähnlich wie *Velella velella*, angetrieben durch die Meeresströmungen und den Wind.

Die blaue Scheibe von *Porpita porpita* dient als Auftriebskörper, während die Tentakel ins Wasser hängen, um Plankton und kleine Fische zu fangen. Diese Tentakel sind mit Nesselzellen ausgestattet, die *Porpita* zum Fang ihrer Beute und zur Verteidigung gegen Räuber einsetzt.

Obwohl der Kontakt mit den Nesselzellen von *Porpita porpita* für Menschen unangenehm sein kann, ist er normalerweise nicht gefährlich und verursacht meist nur leichte Hautirritationen. Große Ansammlungen dieser Organismen können jedoch, besonders in Küstennähe, zu unerwarteten Begegnungen mit Badegästen führen und sollten daher mit Vorsicht behandelt werden.

Porpita porpita, © Christopher PB/Shutterstock.com.

Glaucus atlanticus – eine Schnecke der etwas anderen Art, © Sahara Frost/Shutterstock.com.

du dann die Nesselkapseln der Portugiesischen Galeere zu spüren bekommen könntest.

Tatsächlich gibt es immer wieder Leute, die erstaunlich gute Bewerber für den Darwinpreis darstellen, weil sie durch die Natur ziehen und einfach alles anfassen müssen, unabhängig davon, ob sie es kennen oder nicht. So passierte es in den vergangenen Jahren immer wieder, dass irgendwer eine *Glaucus atlanticus* gefunden und diese in die Hand genommen hatte, ohne zu wissen, was zum Teufel er gerade tat und wie gefährlich die Situation werden konnte, in die er sich gerade gebracht hatte. Ich kann es gar nicht oft genug betonen: Wenn du Tiere nicht kennst, fasse sie nicht an.

Durch die sozialen Medien erlangte *Glaucus atlanticus* allerdings ziemliche Berühmtheit, weil einige dieser „Darwin-Bewerber" glücklicherweise ein Video zu ihrem Unfall hochgeladen haben. Solche Videos verbreiteten sich innerhalb kürzester Zeit, wodurch viele Leute von der indirekten Giftigkeit von *Glaucus atlanticus* erfahren haben. Du siehst, soziale Medien lassen die Leute nicht nur verblöden, sondern können uns auch helfen, ein kollektives Wissen aufzubauen. Wir müssen sie nur richtig einsetzen.

Nesseltiere finde ich nicht nur wegen ihrer Giftigkeit sehr spannend, sondern auch weil sie zahlreiche andere außerordentliche Fähigkeiten haben, die fast schon einer Superkraft gleichkommen. Ein weiteres Nesseltier mit einer solchen Superkraft lebt direkt in unseren Flüssen und Seen im Herzen Europas. Der Name dieses erstaunlichen Nesseltieres lautet *Hydra magnipapillata*.

Wie die Portugiesische Galeere gehört auch *Hydra magnipapillata* zu den Hydrozoa. Im Gegensatz zur Galeere ist *Hydra* allerdings keine Kolonie, sondern ein einzelner freilebender Organismus, der Fähigkeiten hat, von denen wir Menschen nur träumen können.

Die unsterbliche *Hydra*

Hydra magnipapillata ist ein nur etwa 3 mm großes Nesseltier, das in verschiedenen Süßgewässern Europas anzutreffen ist. Dieses kleine und unscheinbare Wesen ähnelt in seiner Gestalt eher noch einer Pflanze als einem Tier. Doch wenn du es genau beobachtest, wirst du sehen, dass es sich aktiv bewegt und noch dazu ein verdammt guter Jäger ist.

Wie auch andere Nesseltiere verfügt *Hydra* über spezialisierte Nesselzellen, mit denen sie einen mit Gift getränkten Nesselfaden in ihr Opfer katapultieren kann. Im Übrigen sind die Nesselkapseln der Nesseltiere ein weiteres Wunder der Natur, das ich nicht unerwähnt lassen möchte, weil es sich um einen der schnellsten Mechanismen im Tierreich handelt.

Die Nesselzellen sind spezialisierte Zellen, die vorwiegend an den Tentakeln von verschiedenen Nesseltieren zu finden sind. Diese Nesselzellen beinhalten eine Nesselkapsel. Außerhalb der Zellen befindet sich ein Fortsatz, der wie eine Art Auslöser funktioniert. Sobald er mit irgendetwas in Kontakt kommt, öffnet sich die Nesselkapsel und der Nesselfaden wird innerhalb von drei Millisekunden herauskatapultiert. In den Kapseln befindet sich Polyglutaminsäure. Der pH-Wert ist in der Kapsel extrem niedrig, wodurch die Säuren im ungeladenen Zustand vorliegen. Wird die Nesselkapsel ausgelöst, bricht der Protonengradient zur Außenwelt zusammen, wodurch die Moleküle der Glutaminsäure sofort geladen werden und sich gegenseitig abstoßen. Dies führt zu einer schlagartigen Erhöhung des Druckes in der Kapsel, wodurch der Nesselfaden nach draußen katapultiert wird. Dies passiert nicht nur bei *Hydra*, sondern auch bei anderen Nesseltieren nach dem gleichen Prinzip.

Obwohl eine *Hydra* für Menschen vollkommen harmlos ist, wird sie die Zukunft der Menschen höchstwahrscheinlich maßgebend beeinflussen. Hydren sind offiziell nämlich unsterblich. Inoffiziell sind sie hingegen nicht unsterblich, weil man sie mit Leichtigkeit töten könnte. Zum Beispiel

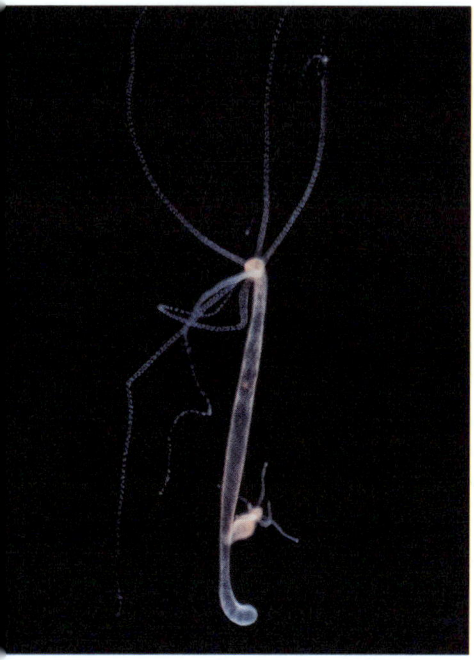

Die unsterbliche *Hydra*.

mit Säure, Salzwasser, Hitze, Elektrizität oder durch mechanische Kräfte. Von der unsterblichen *Hydra* spricht man deswegen, weil *Hydra* in ihrem Körper Stammzellen besitzt, die jederzeit jeden anderen Zelltyp ausbilden können. Diese Stammzellen bleiben für das ganze Leben der *Hydra* erhalten und sorgen dafür, dass sich der Körper einer *Hydra* stetig erneuert. Alte Zellen sterben ab, werden absorbiert oder abgestoßen und ständig durch neue Zellen ersetzt. Dadurch, dass *Hydra* ihren Körper mit ihren Stammzellen ständig erneuert, altert sie nicht. So könnte eine *Hydra* höchstwahrscheinlich Tausende von Jahren alt werden, ohne Alterserscheinungen zu zeigen. Dies ist allerdings noch nicht alles, was dieses kleine Tierchen draufhat! Hydren bekommen so gut wie keine Tumoren.

Ein Tumor entsteht, wenn es in der Gesamtheit der zellulären und molekularen Signalwege zu fehlerhaften Signalen kommt. Auf diese Weise können Zellen entarten und anfangen unkontrolliert zu wachsen und sich auszubreiten. Bei einer *Hydra* passiert das allerdings nicht, weil ihre einzelnen Körperzellen zugleich die Fähigkeit von Fresszellen haben. Eine Zelle, die bemerkt, dass eine Nachbarszelle aus der Reihe tanzt, wird diese abtöten, bevor ein tödlicher Tumor entstehen kann.

Das Erstaunlichste an *Hydra* ist allerdings ihre extreme Regenerationsfähigkeit. Du kannst einer *Hydra* den Kopf abschneiden und der Kopf wird einen neuen Körper regenerieren, während der Körper einen neuen Kopf regeneriert. Danach hast zu zwei neue Hydren. Du kannst eine *Hydra* in hundert Teile zerschneiden und wirst am Ende hundert neue Hydren haben. Wirklich krass ist allerdings, dass du eine *Hydra* sogar in ihre einzelnen Zellen auflösen kannst, woraufhin sich diese wieder zusammenfügen und eine voll funktionsfähige *Hydra* ausbilden.

Diesen Vorgang präsentierte uns einer unserer Professoren während des Studiums. Wir durften dabei Hydren in ihre einzelnen Zellen auflösen und anschließend in den darauffolgenden Tagen beobachten, wie sich die

Tiere zu einem voll funktionsfähigen Tier wieder zusammenfügten. An dieser Stelle möchte ich direkt eine Botschaft an die Tierfreunde übermitteln: Eine *Hydra* hat nicht dasselbe Schmerzempfinden wie ein Mensch. Diese Tiere spielen in einer völlig anderen Liga als wir. Höchstwahrscheinlich sind sie noch nicht mal richtig in der Lage, überhaupt eine Form von Schmerz wahrzunehmen. Eine *Hydra* mit einem Messer zu teilen, bewirkt bei diesem Tier nur, dass es noch schneller wieder jünger wird.

Dieser Vorgang faszinierte mich derart, dass ich den Professor fragte, ob ich nicht ein Video davon aufnehmen könnte. Der Professor erschien sehr motiviert und willigte ein, mir für die nächsten Tage vollen Zugang zum Institut für Zoologie der Universität Innsbruck und dessen Gerätschaften zu gewähren. Zugleich half er mir, einzelne Hydren in ihre einzelnen Zellen aufzulösen. Nachdem sich die Zellen wieder zu einem Haufen zusammengefunden hatten, legten wir diese kleinen Zellhaufen unter das Mikroskop und starteten einen Zeitraffer, der mehrere Tage lang gehen sollte.

Dieses Video herzustellen, war eine reine Odyssee. Man musste die Aufnahme ständig überwachen. Tag und Nacht musste jemand am Mikroskop sitzen und schauen, dass alles läuft. Unser erster Versuch ging komplett in die Hose, weil der blöde Computer des Institutes mitten während der Aufnahme sein Betriebssystem automatisch updaten musste. Zugleich war genau zu dieser Stunde niemand anwesend und die Aufnahme war vermasselt, weil wir den wichtigsten Moment verpasst hatten.

Als Reaktion darauf entschloss ich mich, die Aufnahme rund um die Uhr zu beaufsichtigen. Ich wich nicht mehr von der Seite des Mikroskops, bis der Vorgang abgeschlossen war. Dies war eine der anstrengendsten Aktionen meines Lebens. Die ganze Nacht blieb ich am Institut und achtete darauf, dass die Aufnahme lief.

Nachts wurde es auf der Universität ziemlich unheimlich. Die langen Gänge und die großen Hallen waren allesamt leer und es brannten nur einige Notlichter. Aus den Tiefen der Gänge ertönten immer wieder seltsame Geräusche, bei denen man nicht wusste, woher sie kamen. Die nächtliche Atmosphäre auf der Universität glich dem Ausschnitt aus einem Horrorfilm. Man hatte das Gefühl, dass jederzeit irgendwo eine genmanipulierte Kreatur herausspringen könnte, die von verrückten Biologen am Institut heimlich erschaffen worden und rein zufällig außer Kontrolle geraten war. Von einer solchen Kreatur blieb ich in den Nächten während der Aufnahmen verschont. (Ich hoffe, dass die Leser an dieser Stelle merken, dass ich nur Scherze mache und wir auf unserer Universität natürlich keine genmanipulierten Monster züchten.) Stattdessen lieferte ich mir hingegen Nacht für Nacht einen erbitterten Kampf mit meiner Müdigkeit, der Tag für Tag und Nacht für Nacht schlimmer wurde. Tagsüber konnte ich es mir leisten, kurz in meine Wohnung zu gehen, um ein Nickerchen zu machen, weil tagsüber freundlicherweise der Professor auf die Aufnahme achtete.

Allmählich vergingen einige Tage und aus dem Zellhaufen regenerierte sich tatsächlich eine neue *Hydra*, die sich sogar in mehrere kleinere Hydren aufteilte. Am Ende des Experimentes hatte ich einen Haufen Fotos, den ich in einem Filmschnittprogramm zusammenfügen durfte.

Es entstand ein erstaunliches Video, das die Regeneration der *Hydra* aus einer Perspektive zeigte, wie sie zuvor noch nie jemand gesehen hatte. Ich war der erste Mensch, der ein solches Video erstellt hatte, was mich bis heute sehr stolz macht. In einem zweiten Schritt verwendeten wir transgene Hydren, deren Zellen unter bestimmten Wellenlängen fluoreszierten, also ein Licht abgaben. In Bezug auf meine vorherige Aussage zu den genmanipulierten Monstern wollte ich noch hinzufügen: Eine transgene *Hydra* ist zwar genetisch manipuliert, aber immer noch kein Monster. Zumindest definiere ich es noch nicht als Monster.

Bei diesen transgenen Tieren waren die Zellen der inneren Epithelgewebe rot, während die Zellen der äußeren Gewebe grün leuchteten. Erneut lösten wir Hydren in Einzelzellen auf und stellten kleine Zellhaufen her, von denen wir ein Zeitraffervideo aufnahmen. Dieses zweite Video sollte nicht die Ausprägung der Körperextremitäten einer *Hydra* zeigen, sondern nur die ersten Momente im Zellhaufen aufnehmen, nachdem die Zellen wieder zueinandergefunden hatten. Auch diese zweite Aufnahme war beeindruckend.

Am Anfang waren die roten und die grünen Zellen willkürlich und rein zufällig verteilt wie ein Mosaik. Aber schon nach wenigen Stunden konnte man sehen, wie die roten Zellen zu den roten und die grünen zu den grünen gewandert waren. In diesen ersten Stunden beginnt die *Hydra* also ihre Zellen erst mal zu sortieren, bevor sie dann wieder einzelne Körperteile ausbildet. Auch diesen Vorgang hatte vorher noch nie jemand auf Video festgehalten.

Hydren sind wegen ihrer Eigenschaften Gegenstand intensiver Forschung. Die Menschen wollen begreifen, wie diese Tiere ihre Stammzellen genau einsetzen, damit sie sämtliche Körperteile regenerieren oder den Alterungsprozess scheinbar aufhalten können. Im Übrigen ist *Hydra magnipapillata* nicht die einzige *Hydra*-Art, die in Europa vorkommt.

Hydra magnipapillata ist milchig-transparent bis rosa gefärbt und sieht relativ unscheinbar aus. Eine wesentlich farbenfrohere *Hydra*-Art ist hingegen *Hydra viridissima*, die eine leuchtend grüne Farbe ausbildet. Diese *Hydra*-Art ist noch einen Schritt weiter gegangen und hat sich symbiotische Algen einverleibt, die in ihrem Körper Fotosynthese betreiben und dadurch ihren Körper zusätzlich unterstützen. Von diesen Tieren werden wir noch eine Menge lernen.

Ich habe ausführlich über die europäische Fauna gesprochen, weil ich in Europa viel unterwegs war und es mir ein Anliegen ist, mit diesem Buch jenen interessanten Teil der europäischen Flora und Fauna dem Leser näherzubringen, für den ich mich immer schon begeistert habe. Nichtsdestotrotz möchte ich ein paar Geschichten aus dem Ausland mit dir teilen. Geschichten, die mich sehr geprägt haben und mir eine Lektion fürs Leben waren.

Add-on: Außerhalb von Europa

In diesem Buch wollte ich bewusst den Schwerpunkt auf die interessante Tier- und Pflanzenwelt Europas legen und dir von einigen wundersamen Erlebnissen erzählen, die ich in unserem Land machen durfte. Nichtsdestotrotz war ich natürlich auch außerhalb Europas viel unterwegs und konnte dort einige coole Abenteuer erleben. Einige von den Geschichten außerhalb Europas möchte ich dir in diesem letzten Bonus-Abschnitt erzählen – vor allem, weil ich mit manchen dieser Schlüsselerlebnisse einige der wichtigsten Erfahrungen meines Lebens gemacht habe.

Dort, wo die Klapperschlangen Gute Nacht sagen

Meine erste größere Reise in ein Land außerhalb Europas ging in die Vereinigten Staaten, weil ich dort Klapperschlangen suchen wollte. In den USA pendelte ich dann zwischen Wüste, Steppe und Zivilisation. Mal war ich ein paar Tage lang in der Wüste unterwegs, woraufhin ich mich wieder für ein paar Tage in der Zivilisation ausruhte, bevor es erneut hinaus in die weite Welt ging. Diese Pausen von der Wildnis waren essenziell, um danach wieder effektiv und produktiv zu sein. Was nämlich nur die wenigsten Leute verstehen, ist, dass die Natur nicht immer nur ein Kraftort ist, aus dem du gestärkt hervorgehst. Dies ist sogar in den seltensten Fällen so. Wenn du genug zum Essen hast, dich an einen Ort zurückziehen kannst, der dich vor Wind und Regen schützt, und du deine Nahrung nicht mit einem großen Aufwand ergattern musst, ist die Natur ein Ort der Erholung. Aber wenn du für mehrere Tage lang draußen unterwegs bist, wirst du eine ganz andere Seite der Natur kennenlernen: ihre wahre Seite.

Die Natur wird keine Rücksicht auf dich nehmen. Es ist der freien Wildbahn egal, ob du verletzt bist, dehydriert, ausgehungert, krank oder ob du Schmerzen hast und eigentlich Hilfe bräuchtest. Wenn keine anderen Menschen mit dir sind, die dir im Ernstfall helfen können, bist du ganz auf dich alleine gestellt. Niemand wird auf dich aufpassen. Niemand wird dich vor irgendwelchen Gefahren warnen. Mal ist es heiß. Mal ist es kalt. Manchmal regnet es, manchmal geht der Wind und manchmal kommt ein Gewitter. Die freie Wildbahn kann einen regelrecht zermürben. Irgendwann bist du schmutzig, zerkratzt und müde. Wenn deine lebende Umgebung mitbekommt, dass du kurz davor bist, den Löffel abzugeben, werden sich die Aasfresser freuen. Das ist die harte Realität, die so mancher moderne Mensch schon längst vergessen hat. Aus diesem Grund wirst du Pausen bevorzugen, wenn du über einen längeren Zeitraum hinweg für mehrere Tage lang in der freien Wildbahn unterwegs bist.

Auf der anderen Seite wird die Natur deine Disziplin und dein Durchhaltevermögen auch immer wieder mit beeindruckenden Begegnungen und Entdeckungen belohnen. Eine Wüste ist ein wundersamer Ort wie aus einem Film. Tagsüber erdrückt dich die sengende Sonne. Die Temperaturen können zwischen 40 und 50 °C betragen. Der Boden kann sich so stark aufheizen, dass du auf den Felsen ein Spiegelei braten könntest. Umso bemerkenswerter ist es, dass sich einige Tierarten so gut an diese Bedingungen angepasst haben, dass ihnen selbst derartige Temperaturen nicht viel ausmachen.

Ich war regelrecht erstaunt, als ich feststellen konnte, dass selbst bei dieser brütenden Hitze immer noch Leopardenleguane unterwegs waren, während ich mir Verbrennungen holte, nachdem ich mich auf den Boden kniete.

Ein kleines Erinnerungsfoto der bemerkenswerten Gegend, in der ich mich befand.

Die Hitze und die Trockenheit machen dir an diesem Ort deutlich zu schaffen. Die Wüste entzieht deinem Körper ziemlich schnell das Wasser und du musst das Doppelte bis teilweise das Dreifache trinken, um nicht zu dehydrieren. Du darfst nicht zu schnell laufen, weil du ansonsten noch viel schneller Wasser verlierst. Generell ist es besser, wenn du dich in einer Wüste bevorzugt am Morgen und am Abend bewegst, während du dich in der Mittagshitze an ein bevorzugt schattiges Plätzchen zurückziehst. Die meisten Tiere, die an diesem Ort leben, machen es so. Tagsüber findest du nur sehr wenige Tiere. Erst in der Nacht erwacht die Wüste zum Leben.

Die Abenddämmerung war immer jene Zeit, die ich extrem genoss. Die Temperaturen werden milder und der Tag verabschiedet sich in einem farbenfrohen Spektakel am Himmel, bevor die Dunkelheit die Hügel umhüllt und sich einem ein glasklarer Nachthimmel offenbart. Weil es in der Wüste so trocken ist und dort kein Mensch wohnt, hast du auch sehr wenig Lichtverschmutzung, wodurch du den Sternenhimmel in seiner vollen Pracht genießen kannst. Geschlafen habe ich in der Wüste meist unter freiem Sternenhimmel, auf dem Boden. Als Unterlage diente mir eine Isomatte und ein Schlafsack schützte mich davor, im Schlaf auszukühlen. Während ich mich in meinen Schlafsack hüllte, den Sternenhimmel beobachtete und mir zugleich Gedanken über Gott und die Welt machte, hörte ich plötzlich ein leises kontinuierliches Rascheln im Gebüsch direkt neben mir. Anhand des Raschelns konnte ich bereits erkennen, dass es sich um eine Schlange handelte.

Du kannst die Geräusche, die Schlangen machen, wenn sie sich fortbewegen, von den Geräuschen anderer Tiere relativ gut unterscheiden. Während eine Echse, ein Igel oder irgendwelche anderen Tiere sich in der Regel auf vier Beinen fortbewegen, gleitet eine Schlange auf ihren Bauchschuppen durch die Welt. Dementsprechend sind auch die Geräusche unterschiedlich, die sie während ihrer Fortbewegung macht. Das Rascheln einer Echse oder einer Maus verläuft ruckartig. Manchmal raschelt es ein bisschen lauter, dann wieder leiser und manchmal hört es kurz auf, bevor es weitergeht. Das Geräusch der meisten Tiere ist unregelmäßig. Bei einer Schlange ist es hingegen anders. Wenn eine Schlange durch das Gebüsch kriecht, hörst du ein gleichmäßiges Rascheln, das erst aufhört, wenn die Schlange stehen bleibt. Wenn die Schlange hingegen weiter kriecht, fängt es leise an und wird dann lauter. Versuche mal, ein dünnes Seil sachte durch die Blätter des Waldes zu ziehen. Dann weißt du, wie sich eine Schlange anhört.

Die Klapperschlange, die mich in der Nacht besucht hatte.

Obwohl ich schon ziemlich müde war, sorgte das Geräusch der Schlange dafür, dass ich innerhalb kürzester Zeit hellwach war. Ich wollte wissen, wer da um mich herumkroch. Als ich in meinem Rucksack kramte, um meine Taschenlampe zu finden, verstummte das Rascheln. Die Schlange schien bemerkt zu haben, dass hier noch jemand unterwegs war und dieser jemand soeben aktiv geworden war. In solchen Fällen bleiben Schlangen häufig stehen und verharren regungslos, bis der Störenfried vorbeigezogen ist. Langsam und vorsichtig versuchte ich weiter vergebens meine Taschenlampe zu finden. Nachdem das Rascheln wieder anfing, wusste ich, dass sich die Schlange dazu entschlossen hatte weiterzuziehen. Neben mir lag ein Stock, den ich ergriff, um damit kurz ins Gebüsch zu stochern. Sofort ertönte ein Geräusch, das mir im höchsten Maße bekannt war: das Rasseln einer Klapperschlange. Offensichtlich schien ihr nicht zu gefallen, dass ich mit einem Stock in ihre Richtung stocherte. Als ich mich wieder zurückzog und regungslos stehen blieb, verstummte das Rasseln. Meine Taschenlampe fand ich nicht. Dafür aber meine Kamera mitsamt Blitzgerät. Den Blitz konnte ich verwenden, um kurz Licht zu erzeugen und um die Schlange zu lokalisieren. Zugleich gelang es mir, ein Foto von meinem nächtlichen Besuch zu ergattern.

Als ich mich wieder zurückzog und regungslos stehen blieb, verstummte das Rasseln und ich hörte, wie sich die Schlange von mir entfernte.

Die Gefühle, die ich dabei empfand, lassen sich nur schwer in Worte fassen. Ein Gefühl, das man hat, wenn man sich auf einem richtig coolen Abenteuer befindet. Ich lag irgendwo in der Wüste auf dem Boden, wobei sich über mir die Unendlichkeit des Universums präsentierte, während zugleich mal eben kurz eine Klapperschlange vorbeikam. Ich war nicht an einem Ort, an dem der Fuchs Gute Nacht sagt, sondern an einem Ort, an dem dir die Klapperschlange Gute Nacht sagt.

Diese erste große Reise war zumindest bis jetzt die vielleicht wichtigste Reise meines Lebens. Auf dieser Reise lernte ich unglaublich wertvolle Dinge, die mir im Leben immer wieder zugutekamen. Außerdem war ich damals deutlich risikofreudiger und unvorsichtiger, als ich es heute bin. Wenn ich heute über so manche Schnapsideen von damals nachdenke, begreife ich, warum junge Menschen auch in den Zeiten von Google und ChatGPT immer noch auf ältere Menschen hören sollten, die mehr Lebenserfahrung haben.

Jugendlicher Leichtsinn

Ich möchte dich dazu einladen, die nächsten Zeilen und Kapitel sehr aufmerksam durchzulesen, weil sie möglicherweise einige sehr wichtige Veränderungen in deinem Leben bewirken könnten, von denen du dein ganzes restliches Leben lang profitieren wirst, insbesondere wenn du noch ziemlich jung sein solltest.

Als Jugendliche sind wir neugierig und wollen alles erkunden und entdecken. Wir hören nicht gerne auf ältere Leute, weil wir uns lieber selbst ein Bild von der Situation machen möchten. Die Pubertät und die Zeit als junger Erwachsener ist oft schwierig, weil wir anfangen, selbstständig zu denken, ohne dass wir über eine großartige Lebenserfahrung verfügen. Wir fangen an, die Dinge, die uns ältere Menschen erklärt haben, infrage zu stellen, und bevorzugen es, unsere eigenen Fehler zu machen. Dass wir in dieser Lebensphase selbstständig denken, ist auch gut! Es ist gut, wenn sich Jugendliche nicht immer so verhalten, wie es ihnen ihre Eltern vorschreiben, und stattdessen lieber ihren eigenen Kopf benutzen. Eltern müssen in dieser Hinsicht begreifen, dass man einem Menschen die Gelegenheit geben sollte, seine eigenen Fehler zu machen. Es ist sogar sehr wichtig, dass wir unsere eigenen Fehler machen, weil man aus seinen Fehlern sehr viel mehr lernt als aus den Dingen, die man immer richtig gemacht hat. Wenn wir immer alles richtig machen würden, wäre es möglicherweise gar nicht möglich, dass wir uns weiterentwickeln. Schließlich gibt es keinen Bedarf zur Entwicklung, wenn alles immer glatt läuft, weil wir dann davon ausgehen, dass wir es bereits perfekt können. Ein Meister wirst du nicht, indem du immer alles richtig machst, sondern indem du etwas so oft falsch machst, bis du weißt, wie es richtig geht. Wenn Jugendliche nicht immer gehorsam sind wie ein ferngesteuertes Auto, ist dies also erst mal durchaus ein gutes Zeichen.

Allerdings brauchen wir genauso ältere Menschen, die bereits ein wenig mehr Lebenserfahrung haben und uns in vielen Aspekten des Lebens eine Abkürzung zeigen können, damit wir gewisse Dinge schneller lernen, aber auch schlimme Fehler vermeiden können. Als Jugendlicher fehlen uns vor allem die Lebenserfahrung und die Praxis. In vielen Fällen haben wir deswegen in diesem Alter noch nicht das nötige Feingefühl, um bestimmte Situationen richtig einschätzen zu können. Dadurch kann es passieren, dass wir gewisse Gefahrensituationen unterschätzen, was unter Umständen verheerende Folgen haben kann. Insbesondere in gefährlichen Situationen ist es wichtig, dass wir nicht mit dem Kopf durch die Wand laufen. In einer gefährlichen Situation sollten wir uns unbedingt an die Leute richten, die über die notwendige Erfahrung verfügen, weil sie die jeweilige Situation schon oft in ihrem Leben durchgemacht haben. Wenn du selbst noch sehr jung bist und möglicherweise das Gefühl hast, dass dir die Erwachsenen zu oft ins Leben pfuschen, kehre in dich und frage dich, ob es nicht vielleicht doch sinnvoll wäre, sich ihre Meinung wenigstens mal anzuhören. Aus Erfahrung kann ich dir sagen, dass es sich in vielen Fällen auszahlt, auf ältere Leute zu hören oder sich wenigstens Gedanken über das zu machen, was sie einem gesagt haben. Ich selbst wäre möglicherweise heute schon tot, wenn ich nicht in meiner Jugend ab und zu mal auf einen älteren und erfahreneren Menschen gehört hätte. Warum das so ist, möchte ich dir in den nächsten Zeilen erklären.

Als Jugendlicher befand ich mich auf einer Art spirituellem Selbstfindungstrip. Ich streifte regelmäßig alleine durch die Natur, meditierte viel und fühlte mich wie ein einsamer Indianer, der eins mit der Wildnis war. Wie du in den vorherigen Abschnitten dieses Buches bereits gelesen hast, hatte ich zu Schlangen immer einen ganz besonderen Zugang. Aus irgendeinem Grund habe ich es immer wieder geschafft, einen sehr guten Umgang mit diesen Tieren zu pflegen. In der Anwesenheit von Schlangen habe ich mich immer sehr schnell beruhigt und vernahm ein Gefühl von Ausgeglichenheit. Irgendwie hatte es den Anschein, dass es bei den Schlangen in vielen Situationen ähnlich war. Diese Tiere schienen sich oft trotz meiner Anwesenheit sehr schnell zu beruhigen und mich nicht als eine Gefahr wahrzunehmen. Sehr oft war es so, dass Schlangen meine Anwesenheit tolerierten, obwohl sie eigentlich sofort hätten flüchten müssen, weil ich für sie ein potenziell gefährliches Tier bin.

Nicht nur Schlangen, sondern auch andere Tiere schienen in meiner Gegenwart oft sehr ruhig zu bleiben. So befand sich beispielsweise in der Gegend, in der meine Großmutter lebte, ein Haus, in dessen Garten ein großer Hund lebte, der jeden Menschen wütend anbellte, der es wagte, am Haus vorbeizugehen. In manchen Fällen passierte es, dass dieser Hund es geschafft hatte, irgendwie über den Zaun zu springen, woraufhin er die Menschen biss, die sich außerhalb des Zaunes befanden. Eines schönen Tages spazierte ich an diesem Haus vorbei. Sofort hörte ich den Hund wütend bellend aus dem Haus laufen. Er sprang mit seinen Vorderpfoten an den Zaun und bellte mich an. Ich ignorierte ihn und ging weiter. Plötzlich sah ich, dass der Hund ein Stück nach unten lief, wo sich offensichtlich ein Loch im Zaun befand, das er als Ausgang nutzte. Der Hund kam heraus, lief auf mich zu, blieb etwa zwei Meter vor mir stehen und schaute mich an, ehe er sich umdrehte und wieder ins Haus ging. Von da an bellte mich dieser Hund nie wieder an.

In anderen Situationen war es so, dass mir Tiere sehr nahegekommen sind, die normalerweise sehr scheu sind, zum Beispiel Rehe oder Hasen. Irgendwie hatte ich einen besonderen Zugang zur Tierwelt, den ich noch weiter ausbauen wollte. Allerdings hatte ich hierfür einen ziemlich dummen Plan. Immer wieder suchte ich nämlich den Kontakt zu Tieren, zu denen man besser einen gesunden Sicherheitsabstand einhalten sollte, beispielsweise zu giftigen Schlangen.

Es ist durchaus möglich, mit giftigen Schlangen verhältnismäßig sicher zu hantieren. Allerdings benötigt man dafür eine gewisse Ausrüstung, zum Beispiel einen Schlangenhaken oder bissfeste Handschuhe. Zugleich sollte man sich bei einer giftigen Schlange jederzeit bewusst sein, dass es sich um ein sehr defensives Lebewesen handelt, das äußerst aufmerksam und schnell ist. Eine Giftschlange kann ihr Gemüt von einer Sekunde auf die andere ändern und blitzschnell zubeißen. Es reicht ein kurzer Moment der Unachtsamkeit, um dein ganzes Leben zu verändern oder es zu beenden. Dieser Umstand interessierte mich als Jugendlicher relativ wenig. Obwohl ich über ein gewisses Fachwissen verfügte und auch wusste, was das Gift einer Schlange im Körper bewirkt, ging ich immer wieder ein gewisses

Risiko ein, indem ich meine „spirituelle Entwicklung" weiter vorantrieb. Zu dieser spirituellen Entwicklung gehörte es, dass ich Freehandling mit giftigen Schlangen betrieb.

Freehandling bedeutet, dass man die Schlange mit bloßen Händen aufhebt, ohne dabei Utensilien zu verwenden, die man normalerweise im Umgang mit giftigen Schlangen einsetzt. Man nimmt die Giftschlange in die Hand, als wäre sie vollkommen harmlos. Wenn ich heute daran denke, muss ich mir wirklich sehr hart an die Stirn fassen. So hart, dass ich aufpassen muss, mich nicht selbst k. o. zu schlagen. Damals aber war dies ein unbeschreibliches Erlebnis. Wenn ich eine Giftschlange in den Händen hielt, hatte sie jede Gelegenheit, mich mit nur einem Biss ins Krankenhaus zu befördern. Allerdings tat sie es nicht. Sie tat es nicht, weil ich mich in ihrer Gegenwart so ruhig und respektvoll verhielt, dass ich der Schlange nicht das Gefühl gab, eine Bedrohung darzustellen. Die Schlangen bewegten sich immer ein wenig, züngelten und blieben völlig ruhig, als ob ich ein Ast gewesen wäre, auf dem sie sich ausruhten. Ich musste mich während einer solchen Aktion extrem konzentrieren, um nicht nervös zu werden oder Fehler zu machen. Wenn du eine Giftschlange auf deiner bloßen Hand hast, bemühst du dich besser, ganz entspannt und fokussiert zu bleiben, damit es nicht zu einem Unfall kommt. Dieser extreme Fokus und die Konzentration brachten mich in einen meditativen Zustand. In diesen wenigen Minuten, in denen ich eine Giftschlange auf meiner Hand hatte, gab es keine Ängste,

Die schwarze Witwe auf meiner Hand.

keine Sorgen, keinen Schmerz, keinen Frust und auch keine anderen negativen Zustände. Es gab einfach nur die Schlange und mich.

Es war nicht so, dass ich ein dummer Anfänger war, der nicht wusste, was er tat. Ich ging mit den Tieren so gut um, dass sie nicht aggressiv wurden. Heute würde ich aber trotzdem jedem ausdrücklich davon abraten. Damals war der bloße Kontakt zu giftigen Schlangen für mich allerdings die höchste und reinste Form der Meditation und der mentalen Konzentration auf das Hier und Jetzt.

Heute kann ich diese Ereignisse wesentlich besser erklären als damals und verstehe, dass man nicht sein Leben riskieren muss, um einen solchen Zustand hervorzurufen. Diese ganze Sache mit Fokus, Entspannung und Konzentration kam nämlich nicht von der Schlange, sondern entstand in meinem Kopf. Damals aber war ich der Meinung, einen solchen Zustand könne man nur erreichen, wenn man sich in eine Situation begibt, die gezwungenermaßen deine volle und hundertprozentige Aufmerksamkeit erfordert, weil man sonst draufgehen könnte. Dadurch konnte ich damals die ganzen Adrenalinjunkies verstehen, die irgendwelche gefährlichen Sachen machen, um sich „lebendig“ zu fühlen. Und so setzte ich mein gefährliches Vorhaben fort.

Immer wieder fing ich giftige Schlangen in freier Wildbahn und nahm sie einfach so, mit bloßen Händen, hoch. Zugleich ließ ich auch andere giftige Tiere über meine Hände laufen, zum Beispiel verschiedene Spinnen und Skorpione. Dabei ging ich oft ein viel zu hohes Risiko ein. So war ich beispielsweise einmal in einer Steppe unterwegs, auf der Suche nach verschiedenen Gifttieren. Unter einem Stein fand ich eine der giftigsten Spinnen der Welt: eine *Latrodectus hesperus*, die zur Gattung der Witwenspinnen gehört und auch unter dem Namen Westliche Schwarze Witwe bekannt ist.

Aus Erfahrung wusste ich, dass Schwarze Witwen zwar ziemlich giftig, aber nicht besonders aggressiv sind. Eine Schwarze Witwe würde dich beispielsweise niemals anspringen oder einfach zu dir hinlaufen, um dich zu beißen. Wenn sich die Spinne bedroht fühlt, flüchtet sie oder kauert sich zusammen und macht sich klein, ohne sich zu bewegen. Von einer Schwarzen Witwe gebissen zu werden, ist selbst dann unwahrscheinlich, wenn man sie auf die Hand lässt. Die Betonung liegt auf „unwahrscheinlich“. Das bedeutet, dass man es niemals ausschließen kann. Auch dieser Tatsache war ich mir bewusst. Dennoch entschloss ich mich, die Spinne auf meine Hand zu lassen. Zu Beginn habe ich gezögert. Allmählich nahm ich meinen Mut (oder meine Dummheit) zusammen und ließ die Spinne auf meine Hand.

Es war ein ziemlich krasses Gefühl, eine der gefürchtetsten Spinnen der Welt einfach so über die bloße Hand klettern zu lassen. Die Spinne verhielt sich ziemlich ruhig und kletterte meinen Zeigefinger entlang, woraufhin ich sie wieder zurück in ihr Versteck ließ.

Zu der Zeit, als ich die Schwarze Witwe über meine Hand laufen ließ, befand ich mich in Amerika auf der Suche nach Klapperschlangen. Amerika sollte der erste Kontinent sein, auf dem ich meine unfassbar leichtsinnigen Ideen in die Tat umsetzen wollte. Es genügte mir nämlich nicht, nur europäische Giftschlangen über meine Hände gleiten zu lassen. Mein Plan war, sämtliche Länder dieser Erde zu bereisen und dort Freehandling mit den gefährlichsten und giftigsten Schlangen der Welt zu betreiben. Zugleich wollte ich Videos davon aufnehmen, um der Welt zu beweisen, dass man das Verhalten von Schlangen gut einschätzen kann und dass Schlangen keineswegs so bösartig sind, wie man ihnen immer unterstellt. Ein unfassbar riskantes Vorhaben. Es gibt da so einen Typen, der dasselbe mit Bären versucht hat. Dabei hat er oft mehrere Tage lang in freier Wildbahn zusammen mit wilden Bären verbracht, bis er eines Tages von einem Bären getötet wurde.

Damals wollte ich es nicht zugeben. Aber ehrlicherweise muss ich heute sagen, dass mein damaliges Ego eine wesentliche Rolle bei der ganzen Sache gespielt hat. Für meine Aktionen, die ich nicht selten auf Fotos oder Videos festhielt und anschließend im Internet veröffentlichte, erntete ich nämlich haufenweise Respekt von meinen Mitmenschen. Wann immer ich als Jugendlicher auf einer Party auftauchte, waren bereits irgendwelche Leute dort, die mich aus dem Internet kannten. „Ach, das ist ja dieser krasse Typ, der mit den Schlangen tanzt!“, sagten sie. Diese Sache kam auch bei den Mädels ganz gut an. Auf so gut wie jeder Veranstaltung war ich irgendwie und irgendwo ein Gesprächsthema und die Ladys betrachteten mich als einen krassen Kerl, der sich Dinge traute, bei denen sich andere in die Hose machen würden. Dies bestärkte mich nur darin, mit dieser Sache weiterzumachen. Nachdem ich so gut wie alle Giftschlangen meines Landes mit bloßen Händen gehalten hatte, wollte ich meinen Weg in Amerika fortsetzen, um dort Freehandling mit den gefürchteten Klapperschlangen zu betreiben. Dabei sollte es allerdings nicht bleiben. Mein überaus genialer Plan (Sarkasmus) sah vor, dass ich als Nächstes Afrika bereiste und die Schwarze Mamba in die Hand nahm, woraufhin es direkt weiter nach Australien gehen sollte, um die giftigste Schlange der Welt freezuhandlen. Was für eine tolle Idee … In Amerika lernte ich allerdings einen Gentleman kennen, der diesem absurden Vorhaben ein abruptes Ende setzte.

Der Mann, der mich zur Vernunft brachte

In Amerika hatte ich eine Kontaktperson, die ich zusammen mit einem damaligen Freund kontaktiert hatte, um vor Ort Klapperschlangen zu finden. Wir suchten im Internet nach Persönlichkeiten vor Ort, die sich mit Schlangen auskannten, und fanden einen älteren Herrn mit dem Namen John.

John erschien mir wie eine Mischung aus Gandalf und Indiana Jones. Obwohl er schon etwas in die Jahre gekommen war, schien er fit wie ein Turnschuh zu sein. Des Öfteren sah ich ihn einen Hügel hinauflaufen, während so manch junger Spund keuchend hinterher kroch und sich eine Pause erhoffte, während John an eine Pause noch nicht mal dachte. Er hatte einen weißen Bart, trug immer einen Lederhut und reiste mit seinem Auto quer durch die Wildnis der Vereinigten Staaten, immer auf der Suche nach interessanten Tierarten, die er für seine Bücher fotografierte. Er verfügte über eine unglaubliche Erfahrung in Bezug auf die Wüste und wusste immer zu jeder Zeit, wie man sich in welcher Situation zu verhalten hatte. Wasser in der Wüste finden? Kein Problem. John wusste, wie es geht. Er kannte gefühlt jedes einzelne noch so kleine Tier und war im Umgang mit gefährlichen Reptilien sehr erfahren. Zusammen mit John reiste ich durch die Wüsten von Oregon und Nevada. Diese Reisen werde ich nie vergessen, denn ich konnte von John extrem viel über die Natur lernen.

Tagsüber cruisten wir mit seinem Geländewagen über die staubigen und nicht asphaltierten Wege mitten im Nirgendwo. In der Nacht saßen wir am Lagerfeuer und John erzählte mir von all seinen Abenteuern, die er in seiner Jugend erlebt hatte. Er erzählte mir Geschichten von Ureinwohnern, die er getroffen hatte, und von Schlangen, die er in Costa Rica fotografiert hatte. Ich hörte ihm immer aufmerksam zu und durchlöcherte ihn mit Fragen. Mein Bombardement mit Fragen schien das Einzige zu sein, was ihn immer wieder mal müde machte. Nachdem ich ihn bis zu zwei Stunden lang mit Fragen bombardiert hatte, beendete er das Gespräch stets mit den Worten: „Alright … That's it for today. An old desert rat like me needs more sleep than a young fella like you."

Sein Schlaf hatte im Übrigen einen sehr hohen Stellenwert in seinem Leben. Wenn John schlafen wollte, mussten alle anderen erst mal warten. Das Problem war dabei oft, dass John manchmal mitten am Tag schlafen wollte. So passierte es zum Beispiel ein paarmal, dass er mitten in der Wüste sein Auto anhielt, seinen Sitz nach hinten drehte und sagte: „I'm going to take a nap. If you're looking for some entertainment, head out into the desert ..."

Als er diese Nummer das erste Mal brachte, war ich ziemlich verwirrt. Der Typ blieb einfach mitten während unserer Expedition stehen, schloss seine Augen und pennte weg. Er konnte binnen Sekunden einschlafen. Der helllichte Tag schien ihn dabei überhaupt nicht zu stören. Generell war John jemand, der sehr entspannt war.

Ein anderes Mal fuhren wir für ein paar Tage in die Wüste hinaus. Dabei sah ich, dass der Tank seines Autos bald nur mehr halbvoll war. Und so fragte ich ihn, ob wir nicht so langsam wieder den Rückweg antreten wollten, nicht dass wir mit einem leeren Tank irgendwo in der Wüste landeten. Daraufhin meinte er nur, dass es auf diese Weise doch ein wenig spannender ist, weil wir dann genauer kalkulieren müssten, wann wir umkehren sollten. John war keineswegs jemand, der ein unnötiges Risiko einging. Er hatte immer einen Plan. Aber er tat gerne so, als würde er alles dem Zufall überlassen. Bis zum Ende hin bemerkte ich, dass er jeden einzelnen Kilometer gezählt hatte und ganz genau wusste, wann wir umzukehren hatten und wie weit wir in die Wüste vordringen konnten.

Wann immer sich John entschloss, mitten am Tag ein kleines Schläfchen zu machen, tat ich das, was er mir empfohlen hatte: „If you're looking for some entertainment, head out into the desert ..."

Die von ihm versprochene Unterhaltung fand ich so gut wie jedes Mal. Es dauerte nicht lange, bis ich irgendwo in der Wüste unter einem Strauch oder unter einem Stein etwas Interessantes fand. Mal war es irgendeine Spinne, ein Skorpion und oft auch eine Klapperschlange.

Stichwort „Klapperschlange"... Du kannst dich erinnern, dass ich dir vorhin erzählt habe, was genau ich mit den Klapperschlangen vorhatte. Ich wollte diese Schlange nicht nur erforschen und fotografieren. Ich wollte sie mit meinen bloßen Händen hochhalten, um mir meinen „spirituellen Kick" zu verschaffen und um ein krasses „Badass-Foto" fürs Internet zu schießen. Dazu ist es allerdings nie gekommen. Glücklicherweise war ich nämlich einer von den Jugendlichen, die sich bis zum Schluss doch ganz gerne mal die Meinung von einem erfahrenen Menschen anhörten, bevor sie ihr Leben riskierten. Also sprach ich zunächst mal mit John über meine Pläne.

Bereits als wir uns kennenlernten, hatte ich haufenweise Fragen an ihn. Wo genau und wie genau finde ich Klapperschlangen am besten? An welchen Stellen muss ich suchen? Gibt es Tageszeiten, zu denen sie ganz besonders aktiv sind? Gibt es irgendwelche leichten und schnellen Methoden, eine Klapperschlange ausfindig zu machen? Wie sind die Klapperschlangen hier in dieser Gegend so drauf? Sind sie aggressiv? Oder sind sie eher von der gemütlichen Sorte? Und vor allem interessierte mich eine Frage ganz besonders: Denkst du, ich könnte eine Klapperschlange mit meinen bloßen Händen hochhalten?

Nach dieser letzten Frage reagierte John ein wenig verwirrt, als ob er meine Frage nicht genau verstanden hätte. Als er noch mal nachfragte, zeigte ich ihm ein Foto von mir, auf dem ich eine giftige Kreuzotter auf meiner Hand hielt, und fragte ihn erneut, ob er dachte, dass so etwas auch mit Klapperschlangen möglich wäre. Darauf antwortete er mir in einem sehr nüchternen Ton (auf Englisch): „Möglich ist das schon. Nur wirst du das nicht machen. Zumindest nicht, wenn du vorhast, mit mir zusammen hinauszufahren."

An dieser Stelle war ich ein wenig enttäuscht und zugleich auch genervt, weil ich das Gefühl hatte, dass er den „väterlichen Erwachsenen" raushängen lassen wollte, der meinte, er könnte darüber entscheiden, was ich tue und was ich lasse. Also antwortete ich ihm: „Na ja, wenn es möglich ist, werde ich es auch machen. Ist ja schließlich mein Leben. Ich darf frei entscheiden, was ich damit mache."

Auf diese Aussage kam von John eine sehr ruhige und respektvolle, aber auch ernste Antwort: „Du bist volljährig. Du kannst machen, was du willst. Wenn du solche Sachen machen willst, werde ich dich bestimmt nicht davon abhalten. Allerdings werde ich dich dann nicht begleiten. Ich möchte nämlich nicht derjenige sein, der am Ende deiner Familie erklären muss, weshalb du aufgrund eines Klapperschlangenbisses im Krankenhaus liegst und einen Finger oder eine Hand verloren hast. Noch viel weniger möchte ich derjenige sein, der deine Familie anrufen muss, um ihnen zu erklären, dass du tot bist. Wenn du solche Sachen in freier Wildbahn machen willst, kann ich dir jetzt schon sagen, dass es höchstwahrscheinlich nur eine Frage der Zeit ist, bist du gebissen wirst. Wenn es so weit ist, will ich nicht dabei sein."

Der hatte gesessen. Ich hatte zu dem Zeitpunkt keine Angst zu sterben. Die Angst vorm Tod hatte ich schon einige Jahre vorher verloren. Mir war bewusst, welches Risiko man eingeht, wenn man eine wildlebende Giftschlange ohne jeglichen Schutz in die Hand nimmt. Doch erst nachdem mir dieser ältere Gentleman mit diesen wenigen Sätzen noch mal vor Augen geführt hatte, was genau es alles bedeuten könnte, von einer Klapperschlange gebissen zu werden, wurde mir bewusst, was für eine Dummheit es wäre, eine solche Aktion durchzuziehen. Ich habe nämlich bis zu diesem Zeitpunkt immer nur an die schönen Momente gedacht, die ich mit giftigen Schlangen hatte, nicht aber an die ganzen „Kleinigkeiten", die passieren, wenn dich eines dieser Tiere mal wirklich erwischt. Nachdem es mir John einfach so eiskalt ins Gesicht gesagt hatte, lief es vor meinem inneren Auge wie ein Film ab. Verdeutlicht wurde diese ganze Sache zusätzlich, als mir John detailliert erklärte, wie es ist, von einer Klapperschlange gebissen zu werden, weil es ihn selbst schon mal erwischt hatte.

Ein kurzer Moment der Unachtsamkeit reicht, um gebissen zu werden. Der Schlangenbiss selbst passiert im Bruchteil einer Sekunde. Es geht so schnell, dass du es gar nicht kommen siehst. Der Biss ist gar nicht mal so schmerzhaft. Etwa ein bis zwei Sekunden nach dem Biss denkst du dir: „Oh, shit ..." In dieser Zeit entsteht zugleich ein winziger Funken Hoffnung, dass es möglicherweise gar nicht mal so schlimm ist und dass es ein Trockenbiss gewesen sein könnte. Von einem Trockenbiss spricht man, wenn dich eine giftige Schlange beißt, dir allerdings kein Schlangengift verabreicht. Dieser kleine Funken Hoffnung wird allerdings innerhalb der nächsten zwei bis drei Sekunden zerstört. Sofort setzt die Wirkung des Giftes ein und es entsteht ein stechend brennender Schmerz, der sich auf die gebissene Extremität ausbreitet. Zugleich fängst du an zu schwitzen. Dein Herz schlägt immer schneller und deine Atmung beschleunigt sich. Du spürst, wie sich eine innere Panik in dir breitmacht, gegen die du nichts ausrichten kannst. Du hast das Gefühl, keine Luft mehr zu bekommen, obwohl du am Hyperventilieren bist. Dein Sehvermögen kann abnehmen und möglicherweise kann es passieren, dass deine Augen nicht mehr richtig synchronisieren, wodurch du alles doppelt siehst. Zu diesem Zeitpunkt solltest du dich bereits im Krankenhaus befinden oder zumindest schon ein gutes Stück des Weges zurückgelegt haben. Autofahren wird unter diesen Umständen nur mehr sehr schwer bis gar nicht möglich sein. Andere Leute werden dich transportieren müssen. Eine extreme Übelkeit plagt dich und die Schmerzen in der gebissenen Extremität werden so stark, dass du den Wunsch verspürst, schneller zu sterben, damit es endlich vorbei ist. Wenn du zu diesem Zeitpunkt Hilfe bekommen hast, zum Beispiel in Form eines Antivenins, wird sich dein Zustand nach ein paar Stunden, spätestens aber nach ein paar Tagen stabilisieren. Wenn dies nicht passiert, werden deine Organe nacheinander versagen und das Spiel des Lebens ist für dich an dieser Stelle zu Ende.

Weißt du, lieber Leser, es ist ein großer Unterschied, ob du einen trockenen fachlichen Text in einem Sachbuch oder einer wissenschaftlichen Publikation über die Wirkung eines Schlangengiftes liest oder ob es dir jemand erzählt, der es selbst erlebt hat. Die Perspektive von John änderte meine Sichtweise auf diese ganze Sache. Eine solche Odyssee wollte ich unter keinen Umständen durchmachen. Ich wollte auch nicht, dass meine Familie so etwas jemals miterleben muss. Von da an behandelte ich Giftschlangen jedes einzelne Mal mit der allergrößten Vorsicht. Mein Ziel war es nun nicht mehr, die gefährlichsten Giftschlangen mit bloßen Händen hochzuhalten, sondern diese Tiere den Leuten auf eine andere Art und Weise zu zeigen und dabei nicht ein einziges Mal gebissen zu werden. John hat mich mit nur wenigen Worten zur Vernunft gebracht.

Ich weiß, dass viele meiner Leser und Zuschauer selbst öfters mit potenziell gefährlichen Tieren zu tun haben. Ich bin zwar im Moment noch nicht so alt wie John, werde aber trotzdem immer wieder von Jugendlichen im Internet angeschrieben, die auf besonders absurde Ideen kommen und meine Meinung dazu hören möchten. Ich versuche in solchen Situationen immer, John als Vorbild zu nehmen und so gut wie möglich zu erklären, dass man mit gewissen Tieren vorsichtig sein sollte, egal, wie verbunden man sich mit ihnen fühlt.

Ich kann es gar nicht oft genug betonen: Ein Schlangenbiss ist etwas, was sehr schnell geschieht. Im Bruchteil einer Sekunde ändert sich deine komplette Vorstellung von deiner Zukunft. Ich habe selber in die Augen eines Menschen gesehen, der von einer sehr giftigen Schlange gebissen wurde und sich bewusst wurde, dass er möglicherweise den nächsten Tag nicht mehr da sein wird. Das alles ereignete sich während einer Reise im Dschungel von Costa Rica.

Der Dschungel – ein gefährlicher Ort voller Schönheit

Jeder Biologe sollte mindestens einmal in seinem Leben einen Dschungel gesehen haben. Ein Dschungel nahe dem Äquator ist eine Hochburg der Artenvielfalt. Es ist warm und schwül. Im Durchschnitt regnet es etwa einmal am Tag. Je nachdem, wo man sich befindet, kann es auch mal mehrere Tage am Stück regnen, bevor dann wieder ein paar Tage lang die Sonne scheint.

Im Dschungel ist überall, wo du hinschaust, Leben. Unter dir, neben dir, vor dir, hinter dir und über dir. Riesige Bäume ragen in den Himmel empor und die Zone, in der sich ein Mensch bewegt, ist so dicht bewachsen, dass du teilweise keine drei Meter weit siehst. Wenn man in den Dschungel hineingeht, hat man schon nach kurzer Zeit das Gefühl, dass er einen regelrecht verschlingt und nie wieder hergibt. Manche Pflanzen haben riesige

Blätter, groß wie ein Schirm. Lianen hängen von den Bäumen herunter und sind mit Moos bewachsen. Wenn man sich das Moos genauer ansieht, wird man feststellen, dass sich im Moos lauter kleine Tiere tummeln, die sich in ihrer ganz eigenen Welt befinden. Man hat das Gefühl, man sei in einer Art Märchenwelt. Die Dinge, die wir aus Europa kennen, können im Dschungel gigantisch werden. Die Spinnen sind teilweise so groß wie eine menschliche Hand und am Boden laufen Tausendfüßer herum, die über 20 cm lang sein können. Manchmal findet man sehr sonderbar aussehende Pilze und andere Gewächse. Ständig hört man den Ruf von irgendwelchen Tieren und das Stridulieren von verschiedenen Insekten. Auf den Blättern der Bäume sitzen verschiedene Spinnenarten, Wanzen und oft märchenhafte Amphibien, etwa der Geisterfrosch, dessen Haut teilweise transparent ist, sodass man seine inneren Organe beobachten kann.

Viele Leute stellen sich vor, dass es im Dschungel ähnlich wie in einem Zoo abläuft, wo man einfach hineingehen kann, um dann sämtliche Tierarten ohne großen Aufwand ausfindig machen zu können. Dem ist allerdings nicht so. Du kannst durch einen Dschungel hindurchlaufen und gar nichts finden. Dieser Ort ist unglaublich vielschichtig und bietet eine Unzahl von Verstecken, in sie sich die verschiedenen Lebewesen zurückziehen können.

Es benötigt ein geschultes Auge und einiges an Erfahrung, um die wirklich interessanten und seltenen Tierarten aufzuspüren. Man muss sehr aufmerksam sein und sich jedes noch so kleine Detail mehrmals anschauen. Mit der Zeit wird man merken, dass der ganze Dschungel voller Tiere ist, ohne dass man sie auf den ersten Blick zu Gesicht bekommt. Tagsüber wird jemand mit genügend Erfahrung bereits sehr viel finden. Wenn du aber wirklich etwas Beeindruckendes erleben willst, solltest du in der Nacht in den Dschungel gehen, weil die meisten Tierarten an diesem Ort nachtaktiv sind.

Wenn sich der Tag zu Ende neigt, ändert sich im Dschungel schlagartig die Atmosphäre. Plötzlich hörst du ganz andere Tiere und es ist ziemlich laut. Stille wirst du im Dschungel keine finden. In der Dunkelheit kommst du nicht weit, ohne auf irgendwelche bizarren Lebensformen zu stoßen. Dabei ist nicht jeder Ort im Dschungel gleich. Es gibt Hügel und Täler, sehr feuchte Stellen und andere Stellen, die ein wenig trockener sind. Unzählige ökologische Nischen eröffnen sich, die von verschiedenen Tierarten besiedelt werden. Ganz besonders spannend fand ich beispielsweise einen Wald aus verschiedenen Palmenarten, die kreuz und quer durch die Gegend wuchsen. Als ich nachts durch diesen Wald spazierte, stellte ich fest, dass er bis zum Rand von verschiedenen Spinnenarten bevölkert wurde. Viele

Spinnen saßen auf den Blättern und lauerten auf Beute. Einige von ihnen ließen sich an einem Faden hängen und befanden sich direkt auf der Höhe meines Gesichtes. So kann es an diesem Ort passieren, dass plötzlich eine etwa 10 cm große Spinne direkt vor dir herunterhängt. In diesem Palmenwald fand ich auch eine der giftigsten Spinnen der Welt, eine Wanderspinne aus der Gattung *Phoneutria*. Am Boden liefen andere Spinnenarten entlang, von denen mir eine bestimmte Art ganz besonders in Erinnerung blieb, weil sie sehr respekteinflößend aussah. Diese Spinnen hatten einen Beindurchmesser von etwa 13 cm und waren pechschwarz gefärbt. Bei genauerer Betrachtung konnte man sehen, dass nicht nur ihr Integument schwarz war, sondern ihr Körper von feinsten schwarzen Haaren überzogen war. Ich konnte nicht anders, als mir eine dieser schwarzen Spinnen einzufangen, um sie zurück zur Station zu bringen, damit ich ein paar coole Aufnahmen von ihr machen konnte. Der ganze Boden war übersät mit diesen Spinnen. Auf allen ein bis zwei Quadratmeter saß mindestens eine und lauerte auf Beute, während andere durch die Gegend liefen.

Am Anfang hatte ich überhaupt keine Ahnung, um welche Spinnen es sich überhaupt handelte. Eine kleine Recherche ergab, dass diese Spinnen möglicherweise extrem giftig sein könnten, weil sie zur Gattung *Ctenus* gehören, die mindestens eine potenziell gefährliche Art mit dem Namen *Ctenus medius* beinhaltet. Im englischen Sprachgebrauch nannte man diese schwarzen Dschungelspinnen auch „Black Jungle Stalker". Ich denke, der Name sagt schon einiges über das Wesen dieser Arachniden aus.

Ein „Stalker" war diese Spinne auf jeden Fall! Immer wieder konnte ich einzelne dieser Spinnen beobachten, wie sie langsam, fast wie in Zeitlupe, einem Beutetier nachstellten und es dann blitzschnell überwältigten, sobald sie nahe genug waren. Die unglaubliche Geschwindigkeit dieser Spinnen hat mich sehr beeindruckt.

Zurück auf der Station lagerte ich meine Black Jungle Stalker in einem speziellen Gefäß, das ich mit einem Warnschild versehen hatte: „Attention! Poisonous/Venomous!"

Am nächsten Tag ging die Fotografie los. Die Spinne stellte sich dabei prächtig in Szene und nahm eine Drohhaltung ein, indem sie ihre Vorderbeine anhob. Auf der Station waren noch andere Leute, die sie fotografieren wollten. Einer von ihnen hatte die glorreiche Idee, die Spinne mit einem Handschuh auf die Hand zu lassen. Bei diesem Handschuh handelte es sich um einen Spezialhandschuh, den man für den Umgang mit giftigen Schlangen verwendet. Die Ärmel des Handschuhs reichen bis zu den Ellbogen und sollen den Arm bei einem Schlangenbiss schützen. Was der jeweilige Herr allerdings nicht wusste: Bei Spinnen kann ein solcher Handschuh sogar gefährlich sein, weil die Spinne möglicherweise blitzschnell den Arm entlangläuft und dann in den Handschuh gelangen kann. Fragst du dich, warum ich so etwas weiß? Weil ich es selber erlebt habe und auf diese Weise plötzlich eine der giftigsten Vogelspinnen in meinem eigenen Handschuh hatte, während meine Hand drinnen steckte. Diesen Handschuh durfte ich mir dann in extremer Zeitlupe ausziehen, in der Hoffnung, nicht gebissen zu werden. Die Spinne war gnädig und hat nicht zugebissen. Dies war das erste und das letzte Mal, dass ich eine Spinne mit einem verhältnismäßig starken Gift auf meine Hand gelassen und dabei einen Handschuh getragen habe. Was sollte man stattdessen machen? Die Spinne ganz einfach nicht auf die Hand lassen. Man muss nicht immer alles anfassen oder damit herumhantieren. Bei manchen Tieren bist du besser dran, wenn du sie aus einem sicheren Abstand bewunderst.

Dreimal darfst du raten, was passierte, direkt nachdem der andere Gentleman sich die Spinne auf den Handschuh gesetzt hatte. Augenblicklich startete die Spinne durch und lief den Handschuh entlang auf seinen Ellbogen zu. Glücklicherweise reagierte der Typ schnell genug und zog sich

Die Black Jungle Stalker (*Ctenus sp.*).

reflexartig den Handschuh aus, wobei die Spinne auf dem Handschuh blieb. Den Handschuh warf er auf den Boden und die Spinne rannte ins Gebüsch. Normalerweise wäre ich an dieser Stelle ein wenig sauer geworden, weil ich meine gefundene Spinne verloren hatte. Ich hatte allerdings genügend Fotos von der Spinne und betrachtete die Situation deswegen relativ gelassen. Allerdings war es eine unglaubliche Art und Weise, wie uns diese Spinne ihre Fähigkeiten demonstriert hatte. Eine Black Jungle Stalker behandelt man entweder mit Respekt oder überhaupt nicht!

Generell muss man im Dschungel extrem vorsichtig vorgehen. Du kannst nicht einfach hineinlaufen und mal einen gemütlichen Spaziergang machen, ohne darauf zu achten, was du tust. An diesem Ort könnte auf jedem Quadratmeter und auf jeder Körperhöhe irgendetwas sein, was dich umbringen kann.

Eines dieser Tiere ist die Lanzenotter (*Bothrops asper*), die bei der einheimischen Bevölkerung wohlbekannt und gefürchtet ist. Die Einheimischen nennen sie „Terciopelo". Wenn du ein Feld voller Bauern und keinen Bock auf Gesellschaft hattest, hättest du nur laut „Terciopelo!" rufen müssen und schon wären die meisten von ihnen verschwunden. Das erste Mal einer Lanzenotter zu begegnen, ist ein atemberaubendes Gefühl. Diese Schlange geht Menschen normalerweise aus dem Weg. Wenn sie sich allerdings in die Enge getrieben fühlt, kann sie zu einem regelrechten Psycho werden. Ohne Vorwarnung kann eine Lanzenotter über eine Distanz, die mehr als die Hälfte der eigenen Körperlänge beträgt, blitzschnell zuschlagen und dabei ein Gift abgeben, das dein Blut- und Gefäßsystem sowie dein Körpergewebe angreift und zerstört. Die Folgen eines Bisses können verheerend sein und reichen von verlorenen Körperteilen bis hin zum Tod.

Die Lanzenotter ist allerdings nur eine von vielen Giftschlangen, die dieser Ort zu bieten hat. Eine weitere häufige Schlange ist die Greifschwanzlanzenotter (*Bothriechis schnegelii*), die manchmal auch „Palmenlanzenotter" genannt wird, wobei der Begriff Palmenlanzenotter für alle Angehörigen der Gattung *Bothriechis* benutzt wird. Wie ihr Name schon verrät, lebt *Bothriechis* nicht auf dem Boden, sondern auf Palmen. Genauer genommen leben sie nicht nur auf Palmen, sondern auf vielen verschiedenen Arten von Sträuchern und Bäumen.

Bothriechis wird im Englischen auch „eyelash viper" genannt, weil sie oberhalb ihrer Augen kleine Hörner hat, die an Wimpern erinnern. Diese Schlangen sind meistens hervorragend getarnt. Vielfach haben sie genau dieselbe Färbung wie die Pflanzen und es ist oft sehr schwer, eine dieser

Lanzenotter (*Bothrops asper*).

Schlangen ausfindig zu machen. Zugleich ist *Bothriechis* ein ausgezeichneter Jäger. Diese Schlangen halten sich oftmals in der Nähe von Blüten auf und erbeuten vorbeifliegende Kolibris. Die Schlange selbst sieht mit ihren Wimpern relativ süß aus. Doch sollte man sich von ihrem Erscheinungsbild nicht täuschen lassen. Auch *Bothriechis* verfügt über ein hochwirksames Gift und ihr Biss sollte als potenziell tödlich betrachtet werden. Eine *Bothriechis* warnt dich nur sehr selten, wenn du ihr zu nahekommst. Stattdessen verlässt sie sich auf ihre Tarnung und lässt dich an sich vorbeilaufen, ohne einen Mucks zu machen. Du könntest sie während des Vorbeilaufens sogar berühren und sie würde möglicherweise einfach verharren, als wäre sie ein Teil des Baumes. Allerdings kann die Schlange ihr Gemüt ziemlich schnell ändern. Wenn du eine *Bothriechis* fängst, kannst du sie auf einen Ast legen, um sie besser fotografieren oder filmen zu können. Dabei solltest du dich stets außerhalb ihrer Reichweite aufhalten. Diese Schlange fängt normalerweise nicht an zu zischen, sondern hält sich an ihrem Ast fest und kann ohne Vorwarnung zuschlagen.

In Costa Rica war ich unter anderem auf einem ganz besonderen Plateau, das man nur zu Fuß, mit Pferden oder mit einem ganz besonders guten und geländetauglichen Traktor erreichen konnte. Auf diesem Plateau befand sich eine Art Forschungsstation. Diese Station darfst du dir allerdings nicht so vorstellen, dass es dort irgendwelche hochmodernen Gerätschaften gab. Das fließende Wasser kam direkt von einem Fluss, der an der Station vorbeilief. Die Küche war keine richtige Küche, sondern nur eine Theke unter einem offenen Dach. Andere Menschen waren dort nicht vorhanden. Es gab keine wirklich geschlossenen Räume und man musste in einer Baracke übernachten, in die es nicht selten hineingeregnet hat. Noch dazu war diese Unterkunft keineswegs dicht, weshalb ich oftmals in der Nacht von verschiedenen Tierarten geweckt wurde. Manchmal hatte ich einen Skorpion direkt neben meinem Bett. Manchmal krabbelte mir in der Nacht unter der Decke irgendetwas am Bein entlang. Einmal sprang eine Ratte in mein Bett und das Badezimmer teilte ich mir mit einer riesigen Jagdspinne, die die ganzen anderen Tiere erbeutete, die in meiner Unterkunft umherliefen.

Um von der Zivilisation auf dieses Plateau zu kommen, war man mehrere Stunden unterwegs. Wir waren eine verhältnismäßig kleine Ladung von Menschen, die anreiste und für etwa zehn Tage auf dem Plateau blieb. Dort angekommen, wurden wir gleich von einer *Bothriechis* begrüßt, die seelenruhig auf einem Strauch lag. Natürlich ließ ich es mir nicht nehmen, diese Schlange ausgiebig zu fotografieren und zu filmen. Mit dieser Schlange hatte ich einen unvergleichlichen Spaß. Die Schlange war sehr kooperativ und hielt während der Fotografiearbeiten brav still, wie ein Model. Als ich anfing, Videos aufzunehmen, kletterte sie gemütlich auf ihrem Strauch herum und beobachtete die Umgebung, als ob sie genau verstanden hätte, was ich von ihr wollte.

Unter den Leuten, die mit mir zusammen dort waren, befand sich ein Bekannter, nennen wir ihn mal Antonio. Antonio hatte zwei Seiten. Einerseits war er jemand, der mich immer wieder extrem beeindruckte, weil er nicht nur sehr viele Tiere bei ihrem wissenschaftlichen Namen kannte, sondern weil er ein Sprachtalent zu sein schien. Er sprach mehrere Sprachen fließend und konnte eine neue Sprache innerhalb kürzester Zeit erlernen. Zugleich hatte er ein Talent für Musik. Er konnte Gitarre und Klavier spielen und besonders gut musikalisch improvisieren. Antonio war in der Lage, jetzt und in diesem Moment eine kleine Ballade über dich aus dem Stegreif heraus zu singen und dabei Gitarre zu spielen. Andererseits konnte Antonio aber auch eine richtige Nervensäge sein. In manchen Fällen hielt dieser Typ einfach nicht seine Schnauze und musste die ganze Zeit dummes Zeug labern, singen, pfeifen oder irgendwelche anderen Geräusche von sich geben. Zugleich hatte er manchmal einen gewaltigen Dickschädel und gab ab und zu Bemerkungen von sich, für die ich ihm manchmal am liebsten eine reingehauen hätte. Auf der einen Seite hatte man das Gefühl, dass er ein Genie war. Auf der anderen Seite hat er oftmals ziemlich dumme Sachen gemacht, was mich an seiner Intelligenz zweifeln ließ. Man musste ihn so nehmen, wie er war. Jedenfalls war auch Antonio ein guter und begnadeter Fotograf und wollte die *Bothriechis* unbedingt selbst fotografieren. Im Umgang mit Giftschlangen war er durchaus erfahren. Doch an diesem Tag machte er einen gewaltigen Fehler.

Als wir die *Bothriechis* ausfindig machten, wollte natürlich jeder sein ganz besonderes Foto von diesem Juwel aus der Schlangenwelt. So auch Antonio. Nachdem ich mit meinen Fotografien fertig war, überließ ich sie Antonio, mit dem Hinweis, dass er sich bei der Arbeit mit dieser Schlange besser Handschuhe anziehen sollte, weil eine *Bothriechis* ohne Vorwarnung zuschnappen kann und du als Mensch garantiert zu langsam bist, ihrem Biss auszuweichen. Antonio antwortete mir mit einem seiner typischen bescheuerten Sprüche: „Nein, ich brauch' keinen Handschuh. Handschuhe sind schwul …"

„Nun gut, du wirst schon wissen, was du machst", dachte ich mir und wendete mich mit meiner Kamera einer Vogelspinne zu, die ich fotografierte. Ich knipste ein Foto nach dem anderen und verfiel in eine leicht meditative Stimmung.

Meine Konzentration wurde allerdings abrupt unterbrochen, als ich ein paar Meter weiter drüben ein lautes „Scheiße!" hörte, das von Antonio kam. Als die anderen und ich uns umdrehten, folgte schon sein zweiter Satz: „Fuck! Sie hat mich gebissen ... Fuck!" Sofort fing er an zu zittern und wurde kreidebleich im Gesicht. Antonio wusste über die Wirkung des Giftes dieser Schlange bestens Bescheid. Deshalb wusste er auch ganz genau, was ihn innerhalb der nächsten Minuten und Stunden blühen würde. Er setzte sich hin und ich versuchte ihn zu beruhigen, indem ich ihm sagte, dass schon alles gut gehen und wohl nicht viel passieren werde, obwohl meine Gedanken in eine ganz andere Richtung gingen.

An dem Ort, an dem wir uns befanden, konnte man nicht einfach mal schnell die Rettung rufen, die einen dann holen kommt und ins Krankenhaus bringt. Wir waren mitten am Ende der Welt, irgendwo im Dschungel. Das Plateau, auf dem wir uns befanden, war in einem Gebirge lokalisiert, das so gut wie immer von dichtem Nebel umhüllt war. Hier konnte also auch nicht einfach mal so ein Hubschrauber vorbeikommen, um Antonio abzuholen. Obwohl ich versuchte, beruhigend auf Antonio einzureden, bereitete ich mich innerlich darauf vor, dass ich nun einen schwer vergifteten oder möglicherweise sogar einen toten Menschen aus dem Dschungel bringen müsste. Dass seine Gedanken ebenfalls nicht unbedingt positiv waren, konnte man an seinem Blick erkennen. Der Blick eines Menschen, der gerade realisiert, dass er den nächsten Tag vielleicht nicht mehr erleben wird, ist kein schöner Anblick.

Als wir auf die Station auf dem Plateau reisten, wurden wir vorher ausdrücklich gewarnt, mit den Schlangen sehr vorsichtig umzugehen und aufzupassen, dass wir nicht gebissen werden, weil an diesem Ort keine sofortige Hilfe verfügbar war und weil anscheinend ein Jahr vorher jemand auf dieser Station durch einen Schlangenbiss umgekommen war.

Nach dem Biss einer *Bothriechis schlegelii* wirst du auch keine 20 km durch den Dschungel laufen können. Die hohen Temperaturen, die Luftfeuchtigkeit und das unwegsame und dicht bewachsene Gelände würden dich nicht nur enorm einschränken, sondern wären auch eine große körperliche Anstrengung. Dies würde dazu führen, dass sich das Gift im Körper noch schneller verteilt und das Ganze für den Körper eine noch viel größere Belastungssituation darstellt.

An dieser Stelle werde ich häufig gefragt, weshalb wir kein Antivenin dabeihatten. Die Antwort ist einfach: Weil das nicht ohne Weiteres möglich ist. Antivenin ist eine sehr empfindliche Substanz, die bei niedrigen Temperaturen gelagert werden muss. Außerdem ist es nicht einfach nur eine Spritze, die man sich mal ebenso verabreichen kann, woraufhin alles wieder paletti ist. Die Behandlung mit Antivenin stellt für den Körper des Patienten eine Stresssituation dar. Seine Körperfunktionen müssen mit verschiedenen modernen Gerätschaften überwacht werden. Außerdem müssen die Werte von verschiedenen Organen genommen werden, um zu wissen, welches Ausmaß eine Vergiftung auf molekularer Ebene erreicht hat und wie das Antivenin zu dosieren ist. Eine Behandlung mit Antivenin muss von einem Facharzt durchgeführt werden. Ansonsten könnte es die Situation sogar noch verschlimmern. Für Antonio sah es im Moment alles andere als gut aus. Doch es gab Hoffnung.

Das Gift von *Bothriechis schlegelii* wirkt ähnlich wie das Gift der vorhin erwähnten Lanzenotter (*Bothrops asper*). Es greift das Blut- und Gefäßsystem an und zerstört die Zellen von verschiedenen Gewebsarten. Gewebeschäden, Störungen der Blutgerinnung, Herzrhythmusstörungen und Nierenversagen können eintreten. Das Gute an der ganzen Sache ist aber, dass man die Wirkung dieses Giftes sehr deutlich zu spüren bekommt. Das Gift beginnt sofort zu wirken, nachdem es in den Körper gelangt ist. Erste

Anzeichen einer Vergiftung durch den Biss einer *Bothriechis* sind unmittelbar nach dem Biss einsetzende Schmerzen, die sich innerhalb kurzer Zeit auf die gebissene Extremität ausbreiten und sich oftmals bis in die Unerträglichkeit steigern können. Die Schmerzen fangen innerhalb weniger Sekunden nach dem Schlangenbiss an. Alles, was ich dir vorhin erzählt habe, passierte innerhalb von wenigen Minuten. Der Schlangenbiss, das Gefluche von Antonio, sein Blick im Angesicht des Todes und meine beruhigenden Worte. All das dauerte nicht viel länger als sechzig Sekunden, die sich allerdings wie eine Ewigkeit anfühlten.

Nach dieser kurzen Zeit fragte ich Antonio, ob er Schmerzen hätte: „Brennt es? Pulsiert es? Sticht es? Oder hast du sonst irgendwelche abnormalen Schmerzen?"

Antonio antwortete mit einem daher gehauchten „Nein".

In Ordnung. Er hatte nach einer Minute keine extremen Schmerzen. Das war schon mal gut! Wir entschlossen uns einfach abzuwarten. Zugleich versuchte ich Antonio zu motivieren, ein paar Schluck Wasser zu trinken, damit sein Körper genügend Wasser zur Verfügung hatte, um gegen die Wirkung des Schlangengiftes anzukämpfen. Nach ein paar weiteren Minuten fragten wir ihn erneut, ob er Schmerzen hätte. Auch dieses Mal antwortete er mit einem „Nein".

Es vergingen schätzungsweise noch etwa dreißig weitere Minuten, in denen wir neben Antonio saßen und versuchten über irgendwelche anderen Themen des Lebens zu sprechen, um ihn abzulenken. Wir sprachen von gutem Essen und schönen Frauen und davon, wie bemerkenswert schön der Dschungel ist. Allmählich fragten wir ihn noch ein letztes Mal, ob er seltsame Symptome verspüre.

„Nein. Es sticht ein bisschen. Aber keine schlimmen Schmerzen. Einen hohen Puls habe ich aber noch."

Alles klar. Sein Puls war zwar hoch, aber nicht so hoch, dass man sich hätte Sorgen machen müssen. Wenn du dreißig Minuten nach dem Biss einer *Bothriechis schlegelii* immer noch keine Schmerzen verspürst, ist die Wahrscheinlichkeit hoch, dass die Schlange gnädig mit dir war.

Dies war auch bei Antonio der Fall. Die kleine *Bothriechis*, die eine kleine gratis Demonstration ihrer Schnelligkeit spendierte, war gnädig und hat zwar zugebissen, aber kein Gift abgegeben. Antonio hatte einen Trockenbiss abbekommen.

Giftschlangen müssen mit ihrem Gift sparsam umgehen. Sie haben nicht unendlich viel davon zur Verfügung. Wenn sie es einmal verbrauchen,

Bothriechis schlegelii, die Antonio gebissen hat.

benötigt es eine gewisse Zeit lang, bis sie es wieder nachproduziert haben. In dieser Zeit kann sich die Schlange weder verteidigen noch auf die Jagd begeben. Aus diesem Grund initiieren viele Giftschlangen bei einem Biss oft nur sehr wenig oder manchmal gar kein Gift.

Antonio beruhigte sich allmählich wieder ein wenig und wir fingen an zu lachen. Wir sahen uns einfach gegenseitig an und lachten, als ob jemand einen übelst lustigen Witz erzählt hätte. Dabei realisierten wir so langsam, was für ein Glück Antonio gehabt hatte. Auch wenn er manchmal eine richtige Nervensäge sein konnte, war ich unfassbar froh, dass ihm nichts Schlimmeres passiert war. Heute kann er zweimal Geburtstag feiern.

Auch ich selbst hatte in freier Wildbahn schon einmal einen Close-Call, der mich zum Nachdenken brachte. Allerdings waren keine Giftschlangen involviert, sondern Krokodile, deren Bisse tödlich sein können – jedoch auf eine etwas andere Art und Weise.

Auf Konfrontation mit 21 Krokodilen

Das erste Mal in meinem Leben sah ich vor mir eine potenzielle Szene, die mich möglicherweise mein Leben kosten könnte. Das erste Mal war ich mir nicht ganz so sicher, ob ich aus der Sache wieder lebend herauskäme.

An diesem Tag war ich mit dem Auto in Mittelamerika in einem Küstengebiet unterwegs. Ein langer Weg aus Schotter führte ein Stück weit in den Dschungel hinein. Allmählich erreichte ich ein mangrovenartiges Gebiet, wobei der Boden nicht unter Wasser stand, sondern nur schlammig war.

An den Bäumen befanden sich an unterschiedlichen Stellen sichtbare Ränder, die unterschiedliche Wasserstände markierten. Daran konnte man erkennen, dass der Wasserstand in diesem Gebiet wohl offensichtlich ziemlich stark variiert und manchmal sehr hoch werden kann. Auf dem schlammigen Boden konnte ich Krokodilspuren ausfindig machen. Offensichtlich musste es hier also auch Krokodile geben. In solchen Küstengebieten sind es insbesondere Ebbe und Flut, die für solch unterschiedlich hohe Wasserstände in den Mangroven sorgen. Die Zeiten von Ebbe und Flut hatte ich auf dem Schirm und wusste, ab wann ich mich aus diesem Gebiet wieder verziehen sollte, um nicht unter Wasser zu sein oder mit Krokodilen zu schwimmen.

Der Wald wurde lichter und es eröffnete sich eine Stelle, über die ein Fluss führte. Dieser Fluss war sehr breit, aber nur wenige Zentimeter tief. Und so konnte ich mit dem Auto ohne Probleme durchfahren und noch ein bisschen weiter in die Mangroven hineinfahren. Während ich den Fluss überquerte, fielen mir zahlreiche weitere Krokodilspuren am Uferbereich auf.

Auch wenn keine Krokodile anwesend waren, behielt ich meinen Respekt vor diesem Ort und blieb vorsichtig. Ich fuhr noch ein Stück tiefer in die Mangroven hinein, als ich plötzlich aus der Ferne ein Donnern vernahm. Irgendwo hinter diesen zahlreichen Hügeln tobte ein Gewitter. Zuerst machte ich mir keine Sorgen und sagte mir selbst: „Na ja, das ist weit entfernt … Das wird jetzt nicht unbedingt hier herkommen."

Noch ließ ich mich nicht vertreiben und entschloss mich, diesen Ort weiter zu erkunden, bis ich feststellen musste, dass sich der Gewitterregen sehr wohl in meine Richtung bewegte, und zwar deutlich schneller, als ich es mir erwartet hatte. Zunächst war ich nur ein wenig genervt, weil ich meine Exkursion abbrechen musste. Doch schon wenige Sekunden später dämmerte mir, was es zu bedeuten hat, wenn da irgendwo in der Ferne ein Gewitterregen tobt und genau von dort auch noch ein Fluss kommt, der möglicherweise das Gebiet, in dem man sich gerade befindet, regelmäßig überflutet. Die Ränder an den Bäumen … Vielleicht war das nicht nur die Flut gewesen … Vielleicht steht diese Gegend auch regelmäßig nach einem starken Regen unter Wasser.

Ich hatte mir dieses Gebiet vorher über ein Satellitenbild angesehen und wusste, dass der Weg, den ich genommen hatte, der einzige Weg war, der hinein- und auch wieder hinausführte. Schlagartig wurde mir der Ernst der Lage bewusst. Ich musste von hier verschwinden, wenn ich nicht bis zum

Hals tief im Wasser schwimmen wollte, während sich irgendwo da draußen Krokodile herumtrieben.

Ich kehrte mit dem Auto um und fuhr wieder zurück. Als ich die Stelle erreichte, an der ich den Fluss überquert hatte, war es allerdings schon zu spät. Der Regen, der einer Sintflut ähnelte, holte mich ein und der Fluss war bereits so hoch, dass es eine reine Kamikazeaktion gewesen wäre, mit dem Auto hineinzufahren.

Glücklicherweise führte direkt neben dem Fluss ein weiterer schmaler Weg flussaufwärts. Ich entschloss mich, diesem Weg zu folgen, in der Hoffnung, dass der Fluss irgendwo weiter hinten etwas niedriger werden würde. Währenddessen konnte man förmlich beobachten, wie der Wasserstand stieg. Die Pfützen auf dem Weg wurden immer größer und schließlich stand auch der Weg unter Wasser.

Allmählich erreichte ich eine seichte Stelle, die so aussah, als könnte man sie mit dem Auto überqueren. Es gab da nur ein kleines (großes) Problem. Genau genommen gab es mehrere ziemlich große, etwa 3 m lange Probleme, die mir den Weg versperrten.

An der seichten Stelle lagen insgesamt 21 Krokodile seelenruhig im Wasser. Einige von ihnen waren kleiner, andere riesig. Die gute Nachricht war nun, dass ich anhand der Krokodile sagen konnte, dass das Wasser seicht genug war, dass man mit dem Auto den Fluss überqueren konnte. Die schlechte Nachricht war, dass ich nicht wusste, ob das Flussbett aus Kies oder aus Schlamm bestand. Kies wäre ganz gut gewesen. Schlamm wäre weniger gut gewesen, weil man darin stecken bleibt. Der Wasserstand stieg weiter an. Ich hatte nun die Wahl, hierzubleiben und möglicherweise mit Krokodilen schwimmen zu gehen oder mit dem Auto in den Fluss zu fahren, in der Hoffnung, dass die Krokodile Platz machten, damit ich auf der anderen Seite heil wieder herauskommen würde.

Als ich verständlicherweise am Zögern war, lief vor meinem inneren Auge ein Film ab, der potenzielle Szenarien zeigte, wie das Ganze ausgehen könnte. Was, wenn ich mit dem Auto stecken blieb und noch mehr Wasser kam? Was, wenn die Krokodile nicht Platz machten oder irgendwie angriffen? Zugleich blickte ich zu den Krokodilen. In dieser Situation erschienen die Dinger noch deutlich größer, als sie ohnehin schon waren. Du siehst ihre riesigen Köpfe und ihre massigen Körper, mit ihrem Schuppenkleid, das einem wie eine Rüstung erscheint. Dir wird bewusst, dass du gegen diese Tiere nichts ausrichten kannst, wenn sie dich angreifen. Erst recht nicht im Wasser. In mir kam ein Gefühl auf, das ich mit Worten nur sehr schwer beschreiben kann. Plötzlich wurde mir bewusst, dass diese ganze Sache im schlimmsten Fall nicht besonders gut ausgehen könnte. Ein Gefühl von Endlichkeit und Aussichtslosigkeit. Der einzige Weg aus dieser ganzen Sache hinaus führte über den Fluss. Doch der Weg wurde von Krokodilen blockiert. Die Zeit lief ab. Das Wasser wurde immer höher.

In diesem Moment schalten sich sämtliche sinnlose Gedankengänge ab und der Geist fokussiert sich nur mehr auf eine einzige Sache: lebend aus dieser ganzen Situation herauskommen. Man findet sich erstaunlich schnell mit der Tatsache ab, dass dies möglicherweise das Ende sein könnte. Es gibt plötzlich keine Zukunft mehr und keine Vergangenheit. Nur mehr das Hier und Jetzt.

Ich musste etwas unternehmen.

Bis jetzt hielt ich noch einen relativ großen Sicherheitsabstand zu den Krokodilen ein. Doch ich musste auf die andere Seite, wenn ich nicht mit ihnen schwimmen gehen wollte. Also entschloss ich mich, mit dem Auto einfach auf die Krokodile zuzufahren und zu hoffen, dass sie mir aus dem Weg gehen würden. Bevor ich diese Aktion startete, wollte ich allerdings noch ein Erinnerungsfoto schießen. Irgendetwas für die Nachwelt, falls ich es nicht überleben würde. Obwohl es in Strömen regnete, nahm ich meine Kamera und stieg kurz aus dem Auto, um dann ein paar Schritte auf die Krokodile zuzugehen. Was dann passierte, veränderte für immer das Bild, das ich von Krokodilen hatte.

Die Krokodile bekamen sofort mit, dass da jemand am Rande des Flusses steht. Alle blieben sie regungslos liegen, wobei einige von ihnen den Kopf ein wenig emporhoben. Als ich ein paar Schritte auf die Krokodile zuging, sprangen etwa drei oder vier von ihnen auf und verließen fluchtartig den Ort, indem sie in das tiefe Wasser flüchteten und abtauchten. Dies löste irgendwie eine Kettenreaktion aus und alle Krokodile, die mir den Weg versperrt hatten, nahmen plötzlich Reißaus, als hätten sie den Teufel gesehen. Und ich stand wie ein Trottel mit meiner Kamera durchnässt am Rande des Flusses und war erstaunt, wie instinktiv diese Tiere handelten.

Sie waren nicht im tiefen Wasser. Damit waren sie nicht in ihrer Deckung bzw. außerhalb ihrer „Komfortzone". Ein anderes Tier, also in meinem Fall ein Mensch, das plötzlich schnurstracks auf sie zuläuft, stellt in diesem Fall eine potenzielle Bedrohung dar. Krokodile sind zwar mächtige Raubtiere, sind in vielen Fällen allerdings auch sehr scheu. Mein Erinnerungsfoto bekam ich nicht. Dafür aber eine Gelegenheit zur Flucht.

Ich stieg wieder in meinen Wagen und überquerte den Fluss, um auf der anderen Seite einen Weg entlangzufahren, der mich auf einen Hügel führte, wo das Wasser garantiert nicht hinkam. Dieser Weg führte mich weiter durch den Dschungel und allmählich wieder zurück auf die Hauptstraße, über die ich in das Gebiet erst gekommen war. Ich kann dir nicht sagen, wie extrem erleichtert ich war, als ich diese Straße erreichte. Diese eine Kreuzung vermittelte mir die Botschaft: „Jetzt habe ich es geschafft. Jetzt bin ich in Sicherheit und kann wieder zurückfahren."

Am Abend war ich wieder zurück an der Basis und ließ mich ins Bett fallen. Einschlafen fiel mir an diesem Tag nicht sonderlich schwer. Das Ereignis des Tages setzte sich in meinen Träumen noch weiter fort. Dieser Traum verhalf mir zu einer der wichtigsten Erkenntnisse, die man im Leben als Mensch machen kann.

Wie zuvor im echten Leben war ich auch im Traum in einer Situation, in der ich von Krokodilen umzingelt war. Im Gegensatz zu den echten Krokodilen waren diese Krokodile allerdings keineswegs scheu, sondern betrachteten mich als Beute.

Ich befand mich mitten in einer Felswand. Unterhalb der Felswand befand sich ein Gewässer voller Krokodile. Das Wasser schien immer weiter zu steigen und die Krokodile kamen immer näher. Ich wusste, dass es nur eine Frage der Zeit sein würde, bis das Wasser so hoch gestiegen war, dass die Krokodile direkt auf meiner Höhe waren und mich fressen würden. Kurz bevor es so weit war und ich mich aufs Neue damit abgefunden hatte, dass dies wohl mein Ende war, öffnete sich eine Tür direkt neben mir in der Felswand. Eine junge und gut aussehende Frau hatte sie geöffnet und rief mir entgegen: „Reich mir die Hand, hier kannst du reinkommen." Das ließ ich mir nicht zweimal sagen. Ich nahm ihre Hand und sprang durch die Tür. Auf der anderen Seite befand sich ein großer und heller Raum. In diesem Raum waren verschiedene Töpfe mit Pflanzen, Gemälden und Skeletten von Tieren ausgestellt. Es sah aus, als wäre ich in einer Art Museum gelandet. Eine Seite des Raumes bestand aus Glas. Als ich durch das Glas nach draußen schaute, blickte ich auf einen öffentlichen Platz, an dem sich haufenweise Leute tummelten. In der Mitte des Platzes stand ein großer Springbrunnen und am Platz verteilt waren viele Bäume und Sträucher. Alles sah sehr schön und gepflegt aus. Ich verließ den Raum und lief über eine Treppe hinunter zum Platz. Dort hielt ich mehrere Male verschiedene Menschen an und sagte ihnen: „Kannst du dir das vorstellen? Fast wäre ich draufgegangen! Ich könnte jetzt tot sein! Bin ich aber nicht … Also werde ich jetzt das Leben genießen!"

Immer wieder sprach ich Menschen an und führte interessante Konversationen. Einmal waren es Gelehrte, von denen ich vieles erfahren konnte. Andere Male waren es attraktive Frauen, mit denen ich sehr unterhaltsame Gespräche führte. Allmählich erwachte ich aus dem Traum und musste das Ganze erst mal verarbeiten und interpretieren.

Im Prinzip hat mir der Traum nur verdeutlicht, dass ich in meinem Leben manche Dinge vernachlässigt habe. Am Tag davor stand ich insgesamt 21 Krokodilen gegenüber, die mich ohne Probleme überwältigen hätten können, wenn sie nicht so scheu gewesen wären. Ich hätte sterben können. Aber ich bin nicht gestorben. Ich habe alles überlebt.

In dem Moment, als ich mir am Tag vorher bewusst wurde, dass die Situation deutlich gefährlicher war, als ich sie zu Beginn eingeschätzt hatte, und dass ich vielleicht dabei draufgehen könnte, bereute ich es, gewisse Sachen nicht getan zu haben, die ich gerne getan hätte. Warum hattest du damals nicht den Mut, einfach dein Ding durchzuziehen? Warum hast du immer so viel darauf gegeben, was andere wohl von dir denken würden? Warum hast du so viele hübsche Frauen an dir vorbeilaufen lassen, ohne sie anzusprechen? Aus Angst, eine dumme Figur zu machen? Aus Angst davor, dass dein Ego vielleicht gekränkt wird, wenn du bei einer dieser Sachen scheiterst? Ganz ehrlich. Scheiß drauf! Diesmal hast du es noch geschafft. Aber irgendwann einmal wird der Zeitpunkt kommen, an dem deine letzte Stunde geschlagen hat. Sobald alles vorbei ist, spielt es keine Rolle mehr, ob du ab und zu mal in deinem Leben eine dumme Figur gemacht hast oder ab und zu dein Ego gekränkt wurde. Warum ziehst du die Sachen nicht einfach durch? Du hast eine interessante Geschäftsidee? Wunderbar! Dann überlege dir, wie du das alles in die Tat umsetzen kannst, und versuche es. Mache dir ein Konzept, teile deinen Weg in kleine Etappen ein und dann machst du jeden Tag mindestens eine Sache, um diesem Ziel näher zu kommen. Du möchtest irgendetwas Neues lernen? Ausgezeichnet! Dann such dir jemanden, der es kann, und frag diese Person, ob sie es dir beibringt. Überlege dir vorher aber, was du dieser Person bieten kannst, damit sie ihre Zeit in dich investiert. Du siehst eine attraktive Frau? Exzellent! Geh hin und sprich sie an. Du weißt nicht, was du sagen sollst? Dann sag ihr, dass du nicht weißt, was du sagen sollst, aber dass du findest, dass sie eine sehr schöne Frau ist und dass du sie deswegen einfach mal ansprechen wolltest. Dasselbe gilt übrigens auch für meine weiblichen Leserinnen. Es gibt da einen Kerl, der dich interessiert? Dann sprich ihn an, anstatt dich nur zehn Meter neben ihn hinzustellen und zu hoffen, dass er zu dir herüberschaut und all deine Zeichen richtig interpretiert. Fang ein interessantes Gespräch an. Glaub mir, all das wird sich bezahlt machen. Was, wenn es nicht klappt? Nun, dann hat es halt nicht geklappt. Dann kannst du wenigstens von dir behaupten, dass du es versucht hast und nicht wie ein ängstlicher Hund deinen Schwanz eingezogen hast.

Aber viel wichtiger als die Frage, was wohl passiert, wenn es nicht klappt, ist die Frage: Was, wenn es klappt? Was, wenn du mit einer Geschäftsidee erfolgreich bist? Was, wenn du diese eine interessante Sache richtig lernen und perfektionieren kannst und zu einem Meister darin wirst? Was, wenn die Person, die du so interessant findest, auch dich interessant findet und zu deinem Traumpartner wird? Was, wenn es klappt?

Nutze die Zeit, die du in diesem Leben hast. Am Ende deines Lebens sollst du dich an all den Dingen erfreuen, die du in diesem Leben erleben durftest, und nicht all die Dinge bereuen, die du immer wolltest, aber nie getan hast.

Das alles bestärkte mich in meiner Absicht, meine Sache durchzuziehen. Ich wollte mich nicht mit einem Leben zufriedengeben, in dem man mit zunehmendem Alter Schritt für Schritt realisiert, dass die eigenen Kindheitsträume wohl zu unrealistisch und die damaligen Ziele zu hoch gesteckt waren, woraufhin man einen Traum nach dem anderen platzen lässt. Nein. Ich wollte und will auch heute noch meine Ziele erreichen und meine Träume verwirklichen. Am Ende meines Lebens will ich von mir behaupten können, dass ich zumindest meine wichtigen Lebensziele erreicht habe. Ich will auf ein Leben zurückblicken können, das lebenswert war.

Einer dieser Träume war es, mit einer der gefürchteten und giftigsten Schlangen der Welt zu arbeiten: mit der Schwarzen Mamba. Diesen Traum verwirklichte ich mir in einer zoologischen Einrichtung, in der verschiedene giftige Tiere in Terrarien präsentiert werden. Lass uns zum nächsten Kapitel übergehen, damit ich dir mehr davon erzählen kann!

Arbeiten mit der gefährlichsten Giftschlange Afrikas?

Diese zoologische Einrichtung war ein reines Paradies! Ich parkte mein Auto an einem Parkplatz vor der Einrichtung und wurde von einem freundlichen Gentleman im mittleren Alter begrüßt. Nachdem er sich erkundigte, ob meine Anfahrt angenehm war, gingen wir in die Einrichtung und er zeigte mir erst mal alles. Schmale Gänge führten in verschiedene Richtungen. An den Seiten der Gänge waren Glaswände, die die giftigen

Tiere und die Besucher voneinander trennten. Jedes Tier hatte seinen eigenen kleinen Lebensraum. Dschungeltiere hatten ein regelrechtes Dickicht aus Pflanzen, Felsen und zahlreichen Ästen. Teilweise waren sie selbst in einem Terrarium schwer anzutreffen. Wüstenbewohner hatten hingegen ein weitläufiges Terrarium mit einem sandigen Boden und einigen Felsen und Sträuchern.

Direkt am Eingang befand sich ein größeres Terrarium, in dem eine riesige Viper war. Diese Schlange war eine sehr imposante und respekteinflößende Erscheinung. Ihr Körper war giftgrün, wobei sie am ganzen Körper dunkelgrüne und hellgrüne Flecken mit schwarzen und weißen Rändern. Durch diese Farben und Muster schien die Schlange mit ihrer Umgebung regelrecht zu verschmelzen. Jemand mit ungeübtem Blick würde in freier Wildbahn an ihr vorbeilaufen, ohne sie zu bemerken, obwohl es sich um eine sehr große und kräftige Schlange handelt. Die Schlange, von der ich hier spreche, ist die Mangshan-Viper (*Protobothrops mangshanensis*), die größte Viper Chinas. Mit dieser Schlange musste man ganz besonders vorsichtig sein, weil es zur damaligen Zeit kein so richtig wirksames Antivenin gab, das speziell gegen das Gift dieser mächtigen Viper wirkte.

Wo wir gerade über das Thema „Vorsicht" sprechen: Vorsichtig war der Besitzer dieser Einrichtung allemal – und zwar auf juristischem Wege! Bevor ich meine Fotografien mit den Schlangen beginnen konnte, musste ich einen Vertrag unterzeichnen, in dem stand, dass ich sämtliche Verantwortung übernehme, sollte ich bei der Sache draufgehen. Erst nachdem ich unterschrieben hatte, ließ mich der Herr mit seinen Tieren arbeiten. Die Sache mit einem Vertrag, der vom eigenen Tod handelt, mag für den einen oder anderen Leser vielleicht seltsam klingen, ist aber bei solchen Sachen sehr weit verbreitet. Auch auf den Forschungsstationen in Mittelamerika mussten alle von uns einen Vertrag unterschreiben, dass wir selbst schuld sind, sollten wir aus irgendeinem Grund von irgendetwas getötet werden.

Nachdem der Papierkram erledigt war, konnte es losgehen. Wir fingen zuerst mit ein paar kleineren und weniger gefährlichen Giftschlangen an. Das mache ich immer ganz gerne, um mich „aufzuwärmen". Das Gehirn kann sich in aller Ruhe Schritt für Schritt auf die Situation einstellen und man springt nicht gleich ins kalte Wasser. So fotografierte ich zunächst eine junge Klapperschlange und dann eine kleine Sandrassellotter. Beide Schlangen sind hochgiftig und teilen potenziell tödliche Bisse aus. Allerdings haben sie aufgrund ihrer geringen Größe eine ebenso geringe Reichweite. Sandrassellottern gehören zu jenen Giftschlangen, die weltweit am meisten

Menschen töten. Um von einer Sandrassellotter nicht gebissen zu werden, reicht es, schlicht und einfach außerhalb ihrer Reichweite zu bleiben.

Mit der Zeit steigerten wir uns langsam. Als Nächstes kam die große Mangshan-Viper dran, die sich als sehr kooperativ erwies. Die Schlange war sehr ruhig und zeigte keinerlei Neigung zur Aggressivität, weshalb ich zahlreiche zufriedenstellende Aufnahmen von der Schlange machen konnte. Danach kamen noch ein paar größere und lebhaftere Giftschlangen an die Reihe und anschließend ein großer Star unter den Schlangen: der Inlandtaipan (*Oxyuranus microlepidotus*), die giftigste Schlange der Welt. Vielleicht fragst du dich an dieser Stelle, weshalb wir den Inlandtaipan nicht für den Schluss aufgehoben haben. Mit einem Inlandtaipan zu arbeiten, war damals für mich zwar etwas Besonderes, aber nichts Neues. Ich konnte mit Innlandtaipanen schon vorher Erfahrungen sammeln. Außerdem ist ein Inlandtaipan in der Regel immer noch relativ umgänglich. Diese Schlange kann zwar sehr schnell sein, beruhigt sich aber normalerweise genauso schnell wieder. Außerdem ist ein Inlandtaipan mit einer durchschnittlichen Länge von etwa 1,8 Metern immer noch eine Schlange, die mit etwas Aufwand verhältnismäßig leicht unter Kontrolle zu bringen ist. Eine ausgewachsene Schwarze Mamba ist dagegen ein vollkommen anderes Kaliber.

Die Schwarze Mamba ist zwar nicht so giftig wie ein Inlandtaipan, dafür aber größer. Ihre Giftzähne sind verhältnismäßig lang und sie ist schnell wie ein geölter Blitz. Die Schwarze Mamba ist die gefürchtetste Schlange Afrikas, weil sie trotz ihrer Größe unglaublich agil ist. Außerdem kann sie sich für eine Schlange extrem schnell fortbewegen. So erreicht eine Schwarze Mamba ohne Hände und Füße eine Geschwindigkeit, dass sie sogar mit einem laufenden Menschen noch relativ gut mithalten könnte. Je nachdem, wie fit der Mensch ist, der mit dieser Schlange um die Wette läuft, kann das Ergebnis unterschiedlich ausfallen. Jemand, der nie joggt oder sprintet und möglicherweise auch noch übergewichtig ist, könnte von einer Schwarzen Mamba sogar überholt werden. Diese Schnelligkeit nutzt die Mamba hauptsächlich, um ihren Feinden zu entfliehen. Schwarze Mambas sind eher scheu und ziehen sich in der Anwesenheit von Menschen normalerweise lautlos und unbemerkt zurück, bevor sie überhaupt gesehen werden. Wenn du eine solche Schlange allerdings in die Enge treibst, sieht die ganze Sache anders aus. Die Schwarze Mamba kann in diesem Fall sehr gefährlich werden, weil sie angriffslustig wird, wenn sie sich bedroht fühlt. Dabei stellt sie sich ähnlich wie eine Kobra auf und kann mit erhobenem Vorderkörper auf dich zugleiten. Selbst wenn du die Schlange an ihrem hinteren

Körperdrittel ergreifst, wirst du Mühe haben, ihren Kopf davon abzuhalten, dich zu beißen.

Die Frage ist nun, wie man mit einem solchen Ungetüm richtig umgeht. Nun, am besten gar nicht! Am besten hält man zu einer solchen Schlange einen gesunden Sicherheitsabstand ein und bewundert sie aus sicherer Entfernung. Wenn du aber einmalige Fotos willst, die Schlange umsetzen musst, sie aus einem Haus entfernen oder auf irgendeine andere Art und Weise mit ihr arbeiten musst, besteht der Schlüssel darin, es erst gar nicht so weit kommen zu lassen, dass die Schlange durchdreht. Wenn du mit einer Schwarzen Mamba arbeitest, bewegst du dich am besten sehr langsam und vorsichtig, damit sie sich nicht erschrickt. Das Ziel ist, dass sich die Mamba nicht bedroht fühlt. Du selbst solltest alle deine Gefühle und Emotionen gut unter Kontrolle haben. Wenn du auch nur den Hauch von Angst verspürst, solltest du es sein lassen. Du darfst Respekt haben, aber keine Angst. Wenn du Angst hast, wirst du nervös. Wenn du nervös wirst, wird die Schlange nervös und fühlt sich bedroht. Und wenn die Schlange nervös wird und sich bedroht fühlt, wird sie ungemütlich.

Zu diesem Zeitpunkt hatte ich bereits viel Erfahrung im Umgang mit verschiedenen Giftschlangen. Auf meine Begegnung mit der Schwarzen Mamba habe ich mich vorher tagelang mental vorbereitet. Dennoch zögerte ich ein wenig, als ich vor dem Terrarium der Schlange stand. Solange ich zögerte, wollte ich das Terrarium nicht öffnen. Nach ein paar tiefen Atemzügen ging das Gefühl wieder weg und ich konnte das Terrarium öffnen. Die Schlange war sehr aufmerksam und drehte sofort ihren Kopf in meine Richtung. Langsam versuchte ich die Schlange mit dem Schlangenhaken von ihrem Ast herunterzuholen. Dabei drehte sie sich um und wollte von mir wegkriechen. Um keinen Fluchtreflex zu provozieren, bewegte ich mich für ein paar Sekunden nicht, woraufhin die Schlange wieder verharrte. Sehr langsam und vorsichtig holte ich sie mit dem Haken zu mir heran und ergriff sie mit einer Hand am hinteren Körperdrittel, bevor ich sie aus dem Terrarium nehmen konnte. Danach trug ich sie zum Platz, wo wir das Licht und alles aufgebaut hatten, um die Schlangen zu fotografieren. Dort ließ ich sie auf einen Ast, auf den sie gemächlich hinaufkletterte und anschließend wieder in meine Richtung blickte. Ich knipste ein paar Fotos und brachte die Schlange ebenso vorsichtig wieder zurück in ihr Terrarium. Nachdem ich das Terrarium wieder verschlossen hatte, war ich sehr erstaunt darüber, wie ruhig diese Schlange war. Ich habe mir alles erwartet, aber nicht, dass eine Schwarze Mamba gemütlicher ist als so manche garstige Natter. Mit dieser Schlange arbeiten zu dürfen, war mir eine große Ehre und bereitete mir eine unendliche Freude, weshalb ich dem Gentleman aus der Einrichtung ewig dankbar sein werde.

Als Letztes wollte ich noch eine weitere Schlange aus der Einrichtung fotografieren. Diese letzte Schlange gehört zu einer Art, mit der ich vorher genau einmal gearbeitet hatte, und war ein ziemlich ungemütlicher Geselle. Mit ungemütlich meine ich, dass mich die Schlange umbringen wollte. Diese Schlange war die schlimmste Schlange, mit der ich jemals gearbeitet habe, und die einzige Schlange, von der ich mal einen Albtraum hatte: ein Küstentaipan (*Oxyuranus scutellatus*), eine der giftigsten Schlangen der Welt.

Verfolgungsjagd mit der (fast) giftigsten Schlange der Welt

Nachdem die Schwarze Mamba wieder in ihr Terrarium durfte, kam die letzte Schlange für diesen Tag für unsere Foto-Session an die Reihe: der Küstentaipan (*Oxyuranus scutellatus*).

Ein Küstentaipan kann über 2 m lang werden und gehört zu den größten Giftschlangen Australiens. Vom Temperament her ist er mit einer Schwarzen Mamba zu vergleichen, wobei sein Gift deutlich stärker ist. Diese Schlange ist in freier Wildbahn extrem scheu und vermeidet Konfrontationen mit Menschen. Tiere, die normalerweise sehr scheu sind, können ziemlich aggressiv werden, wenn sie sich in die Enge getrieben fühlen. Dies ist auch beim Küstentaipan der Fall. Im offenen Gelände wird die Schlange die Konfrontation meiden und das Weite suchen, wenn ihr ein Mensch zu nahekommt. Wenn sie allerdings an der Flucht gehindert wird oder auf irgendeine Art und Weise provoziert wird, kann sie sehr aggressiv werden. Blöderweise fühlt sich ein Küstentaipan ziemlich schnell provoziert. Manchmal reicht es, an seinem Terrarium vorbeizulaufen, und schon steht er mit aufgerichtetem Vorderkörper direkt vor der Scheibe und schaut dich an, als ob er sagen würde: „Du Pussy! Mach die Scheibe auf, damit ich dir eine Lektion erteilen kann!“

Auch in diesem Fall verhielt sich der Küstentaipan sehr arttypisch, was ein relativ gutes Zeichen ist, weil es normalerweise bedeutet, dass die Schlange gesund ist. Sobald ich mich dem Terrarium näherte, glitt er blitzschnell von seinem Ast herunter und stand mit erhobenem Vorderkörper direkt vor mir und schaute mich an. Sobald ich mich bewegte, kroch er hastig die Scheibe hoch, in meine Richtung.

„Also, du bist dir jetzt wirklich sicher, dass du dieses Tier rauslassen willst, oder?", fragte mich der Betreuer der Einrichtung.

Ich muss ehrlich gestehen, dass mich die Art und Weise, wie er mich fragte, zum Zögern brachte. Doch auch dieses Mal versuchte ich mich wieder innerlich zu beruhigen und ein paar Mal tief durchzuatmen, bevor ich ihm das Zeichen gab, das Terrarium zu öffnen.

Als die Scheibe offen war, verharrte die Schlange regungslos, als ob sie fast schon ein wenig verwundert wäre, dass es überhaupt jemand wagte, ihr Terrarium zu öffnen. Natürlich ist dies nur meine menschliche Interpretation von der Sache. Die wahre Erklärung ist, dass die Schlange plötzlich eine neue Luft und neue Düfte wahrnimmt und erst mal verharrt, um die Lage zu checken. Dieses Verhalten ist bei fast allen Schlangen zu beobachten.

Langsam versuchte ich die Schlange mit dem Haken zu mir zu holen. Der Küstentaipan blieb dabei sehr ruhig, wobei er ziemlich schnell und hastig züngelte. Nun war die Schlange auf meinem Haken und ich hielt sie am hinteren Körperdrittel fest, während ich mich langsam auf das Foto-Set-up zubewegte.

Dann, auf einmal, änderte die Schlange ihr Verhalten. Von jetzt auf gleich rastete der Küstentaipan komplett aus! Er drehte sich schlagartig um und schnappte nach mir. Ich versuchte der Bewegung auszuweichen, woraufhin sich die Schlange aus dem Haken befreite und ich sie nun nur mehr am hinteren Körperdrittel festhalten konnte. Wie verrückt versuchte sich die Schlange aus meinem Griff zu lösen und schnappte immer wieder nach mir. Dieses Tier war so schnell und agil, dass ich das Gefühl hatte, es nicht mehr festhalten zu können, ohne gebissen zu werden. Also musste ich loslassen, weil es ansonsten meine Hand erwischt hätte. Danach ging es erst richtig los.

Man hat irgendwie den Eindruck, dass ein Küstentaipan verdammt genau weiß, wie abartig giftig er ist und dass so gut wie alles, was er beißt, stirbt. So etwas ist natürlich sehr weit hergeholt und kann wissenschaftlich nicht verifiziert werden. Aber auf jeden Fall haben diese Schlangen eine gewisse Verhaltensweise in ihrem Gehirn einprogrammiert, die dazu führt, dass sie jemanden ziemlich gut einschüchtern können.

Eine Schlange, die man losgelassen hat, weil sie nach dir geschnappt hat, würde normalerweise das Weite suchen. Der Küstentaipan verhielt sich in diesem Fall allerdings anders. Sobald ich ihn losgelassen hatte, drehte er sich erneut um und kroch mit einer erschreckenden Geschwindigkeit auf mich zu, wobei er immer wieder nach meinen Beinen schnappte. Ich legte den Rückwärtsgang ein und versuchte seinen Bissen, so gut es ging, auszuweichen.

Die zoologische Einrichtung war so aufgebaut, dass in der Mitte und an der Wand Terrarien waren. Es führte also ein Gang im Kreis herum und man konnte diesen Kreis, so oft man wollte, durchlaufen, bis man alles gesehen hatte. In diesem Fall nutzte ich den Kreis dazu, vor der Schlange abzuhauen bzw. sie zu überlisten. Nachdem ich um die Ecke verschwand, zog der Betreuer der Einrichtung die Aufmerksamkeit der Schlange auf sich, woraufhin sie ihn verfolgte. Mit dem Schlangenhaken hob er die Schlange immer wieder nach oben, wobei diese vom Haken immer wieder runtersprang. Ich kam von der anderen Seite und ergriff den Taipan wieder am hinteren Körperdrittel. Weil die Schlange nun aber ihre Aufmerksamkeit auf den Betreuer gerichtet hatte, schnappte sie nicht mehr nach mir, sondern immer noch nach ihm. Während ich die Schlange festhielt, versuchte er diese mit dem Haken unter Kontrolle zu bringen, was ihm auch gelang.

Ich konnte das Schwanzende der Schlange loslassen, woraufhin er den Küstentaipan wieder zurück in sein Terrarium ließ. Während er die Schlange ins Terrarium hob, schloss ich die Scheibe. Anschließend setzten wir uns beide kurz auf den Boden und atmeten einmal tief durch, bevor wir anfingen herzhaft zu lachen.

Für den Tag hatte ich wirklich genug von den Giftschlangen. Ich war danach ziemlich auf Adrenalin und es hätte keinen Sinn gehabt, weiterzuarbeiten. Also beschlossen wir es für diesen Tag sein zu lassen.

Der eine oder andere Leser wird nun vielleicht schockiert sein, wie gefährlich solche Tiere sein können. Ich würde die Sache verharmlosen, wenn ich sagen würde, dass ein Küstentaipan nicht gefährlich ist. Aber ich möchte hier ganz klar betonen, dass eine solche Schlange nur dann so reagiert, wenn sie nicht flüchten kann. In all den Jahren, in denen ich mit giftigen Tieren gearbeitet hatte, begegnete mir noch kein Tier, das aus dem Nichts heraus aggressiv wurde. Obwohl ich permanent mit Gifttieren zu tun habe, habe ich solche „Psycho-Momente", in denen ein Tier komplett ausgerastet ist, nur sehr wenige Male erlebt. Das Erlebnis mit diesem Küstentaipan war das Krasseste, was ich jemals mit Giftschlangen durchgemacht habe. In den Tagen darauf hatte ich immer wieder mal einen Traum, in dem mich diese Schlange tatsächlich erwischte. Diese Träume hörten allerdings nach einiger Zeit wieder auf. Seitdem habe ich nie wieder eine so aggressive Schlange erlebt. Dafür aber einmal eine ziemlich giftige Spinne, die ebenfalls meinen Adrenalinspiegel für kurze Zeit in eine gefühlte Überdosis getrieben hatte.

Wenn dir die giftigste Spinne der Welt entgegenspringt …

Du hast ja nun schon ein paar Geschichten von mir aus dem Dschungel gehört. Diese ist die letzte, die ich dir in diesem Buch erzählen werde.

Nachdem die Nacht hereingebrochen war, ging ich mit einigen Leuten aus der Forschungsstation hinaus in den Dschungel, um in der Nacht nach Tieren zu suchen. Die Begleiter für diese Nacht lernte ich direkt auf der Station kennen. Sie sprachen untereinander auf Spanisch, weshalb ich nicht viel von ihren Gesprächen verstehen konnte. Mit mir sprachen sie hingegen auf Englisch. Wir verbrachten einige Tage gemeinsam auf der Station und lernten uns dadurch immer besser kennen, bevor wir uns entschlossen, gemeinsam in die Nacht hinauszugehen. Kleine Späße, die sich die Männer unter sich erlaubten, waren völlig normal. Immer wieder mal machte einer einen ziemlich bescheuerten Witz und wir alle lachten. Diese Witze gingen manchmal ziemlich unter die Gürtellinie, was aber kein großartiges Problem war, weil wir ja nur in unserer kleinen Gruppe waren und jeder wusste, dass es niemand ernst meinte.

Nachdem wir einige Zeit lang durch den nassen Dschungel stiefelten, erblickte einer von uns plötzlich eine Wanderspinne aus der Gattung *Phoneutria*, die auf der Unterseite von einem ziemlich großen Blatt etwa drei Meter über uns saß. Wanderspinnen gehören zu den giftigsten Spinnen der Welt. Der Biss einer solchen Spinne kann dich im schlimmsten Fall das Leben kosten. Das Gift greift das Nervensystem an und verursacht Muskelkrämpfe und Lähmungen, woraufhin man aufgrund einer Atemlähmung oder eines Herzstillstandes stirbt. Zugleich kann das Gift auch eine sehr langanhaltende und schmerzhafte Erektion verursachen, die möglicherweise eine Impotenz zur Folge hat. Du willst also auf keinen Fall von so einer Spinne gebissen werden.

Phoneutria in Drohhaltung.

Ein solches Tier wollten wir natürlich unbedingt einfangen, um auf der Station einmalige Aufnahmen davon

machen zu können. Das Problem war nur, dass sich die Spinne kopfüber auf einem Blatt über uns hingepflanzt hatte und dass es sich um eine sehr schnelle und agile Spinne handelte. Eine *Phoneutria* läuft genauso schnell wie eine Maus und kann in weniger als zwei Sekunden dein Bein hochklettern und in deinem Gesicht stehen bleiben. Außerdem ist sie in der Lage, etwa einen Meter weit zu springen. Zudem sollte hier noch erwähnt werden, dass eine *Phoneutria* einen ähnlichen Charakter wie ein Küstentaipan hat. Die Spinne ist im Normalfall sehr scheu und läuft teilweise selbst bei der kleinsten Erschütterung davon. Wenn sie allerdings provoziert oder an der Flucht gehindert wird, kann sie sehr aggressiv werden.

Wenn jemand vorhat, eine solche Spinne zu fangen, hindert er sie per Definition an der Flucht. Also kannst du dir vorstellen, wie diese Spinne reagiert hat, als wir versucht haben, sie zu fangen.

Einer der Gentlemen, mit denen ich unterwegs war, trug den Namen Fernando und hatte eine grandiose Idee: Er wollte mit dem Schlangenhaken die Spinne dazu bringen, weiter nach unten zu klettern, sodass wir sie mit einem Gefäß einfangen konnten.

Dummerweise kam Fernando allerdings nicht auf die Idee, etwa mit uns zuerst über sein Vorhaben zu sprechen. Stattdessen fing er an, mit seinem Schlangenhaken an der Spinne herumzufummeln. Es dauerte nicht eine einzige Sekunde und die Spinne sprang von ihrem Blatt direkt auf uns herunter und verschwand irgendwo zwischen uns in der Dunkelheit.

Fernando stieß reflexartig ein „Hijo de puta!“ aus, bevor wir alle wie zur Salzsäule erstarrt verharrten, während unsere Blicke unsere Umgebung abscannten, in der Hoffnung, die Spinne ausfindig zu machen. Gefunden haben wir sie nicht.

„Sie muss wohl davongelaufen sein“, dachte ich mir, während Fernando mit leiser Stimme zu mir sagte: „Dude, don‘t move …“

Ich konnte schon ahnen, weshalb ich mich nicht bewegen sollte, fragte aber trotzdem nach, warum ich stillhalten sollte.

„It’s on your back … It’s slowly crawling towards your neck. Don’t move.“

Na toll … Ich hatte eine verfluchte *Phoneutria* auf meinem Rücken, die seelenruhig auf mein Genick zukletterte. Du kannst dir gar nicht vorstellen, wie extrem still und ruhig ich in diesem Moment war. Ich bin zu einer gottverdammten Statue geworden, die nicht mal blinzeln wollte!

Zugleich meinte Fernando, er könnte sie mit dem Schlangenhaken dazu bringen, von mir runter zu klettern.

Wie ein Bauchredner versuchte ich zu ihm zu sprechen, ohne meine Lippen zu bewegen: „*Do not!*"

„Du hast mich mit deinem Schlangenhaken erst in diese Lage gebracht, du Vollidiot …", dachte ich mir.

Der Nächste hatte noch die bessere Idee und meinte: „What if we just knock it off him?"

Ich konnte mir das nicht anhören. Jetzt wollten sie die Spinne von mir einfach runterschlagen?! Anschließend blieben sie alle noch mal kurz ruhig und ich stand da wie eine Statue, was sich wie eine halbe Ewigkeit anfühlte, aber in Wirklichkeit nur wenige Sekunden waren.

Auf einmal fing Fernando an laut zu lachen. Ich bekam es mit der Angst zu tun, weil ich mir dachte, ich sei von Idioten umgeben, die gerade alles Notwendige tun, um diese Spinne dazu zu bringen, mich zu beißen. Fernando kam auf mich zu, klopfte mir auf die Schulter und ich bekam noch mal den Schock meines Lebens, woraufhin er sagte: „Dude, I'm just fucking around with you. No spider on your back."

Ich konnte es nicht glauben. Dieser Drecksack ließ mich eine gefühlte Ewigkeit im Glauben, dass mich möglicherweise bald die giftigste Spinne der Welt beißen würde und ich vielleicht impotent oder tot sein könnte. In mir machte sich wieder eine Erleichterung breit. Allerdings musste das viele Adrenalin irgendwie raus. Trotz der Erleichterung, war ich an diesem Moment ziemlich wütend auf Fernando und verpasste ihm als Dankeschön einen kräftigen Schlag in die Magengegend, woraufhin ihm kurz die Luft wegblieb, bevor er mich wütend fragte, ob ich noch alle Tassen im Schrank hätte. Zugleich gingen die anderen sofort zwischen uns und hielten uns davon ab, damit wir nicht aufeinander losgehen konnten. Während ich immer noch stinksauer war, fing Fernando schon wieder an zu lachen. Allmählich beruhigte auch ich mich und fing ebenfalls an zu lachen.

Schlusswort

Ich könnte dir noch zahlreiche weitere Storys aus der freien Wildbahn erzählen und dir noch viel mehr Schätze der Natur präsentieren. Dies würde allerdings den Rahmen dieses Buches sprengen, das lediglich ein kleiner Einblick in diese ganze Welt darstellen soll. Wenn du bis hierhin alles durchgelesen hast, so hast du lediglich einen kleinen Teil der Spitze von einem riesigen Eisberg gesehen. Vielleicht begibst du dich nun ebenfalls auf eine große Entdeckungsreise durch die Natur. Vielleicht bist du gerade mittendrin. So oder so werden haufenweise großartige Erlebnisse und Erfahrungen auf dich warten. Du wirst Herausforderungen beschreiten und manchmal vielleicht frustriert sein, weil du nicht das findest, wonach du suchst. Oft wirst du mit Problemen einer verdammt anderen Art zu tun bekommen, als wenn du dein Leben nur in der Zivilisation verbringst. Zugleich wirst du aber ein großes Wissen anhäufen, das dir ein beachtliches Maß an Freiheit und Unabhängigkeit verschaffen wird. Du wirst zu den wenigen Leuten gehören, die sich in verschiedensten Situationen selber weiterhelfen können. Du wirst wissen, was du essen kannst, was du lieber stehen lassen solltest, wo welche Tiere leben und wie du von der Natur profitieren kannst.

Ich möchte dich außerdem dazu einladen, dein Wissen stets an andere Menschen weiterzugeben. Nur so können wir unser Überleben langfristig und nachhaltig sichern. Der Mensch muss wieder lernen, dass er ein Teil der Natur ist und dass ihm keine andere Wahl bleibt, als mit der Natur zu arbeiten und nicht gegen sie. Ein Kampf gegen die Natur ist ein Kampf, den niemand von uns gewinnen kann. Nur wer den wahren Kern der ganzen Sache begreift, wird all das, was uns unsere Umwelt schenkt, langfristig und nachhaltig nutzen können. Bring anderen Menschen das bei, was du weißt. Erzähle ihnen von diesem Buch. Erzähle ihnen von deinen eigenen Erfahrungen. Sei ein Vorbild vor allem für jüngere Menschen und versuche jeden, den du kennst, so gut du kannst, mit deiner Begeisterung anzustecken.

Lasst uns gemeinsam das machen, was in unserer Natur liegt, indem wir uns weiterentwickeln und unsere kollektive Entwicklung stets vorantreiben.

Ach ja, und noch eine Sache. Wenn dir das Buch gefallen hat, würde ich mich sehr über eine positive Bewertung von dir auf Amazon und anderen Plattformen freuen. Besuche gerne auch meinen YouTube-Kanal und schau dir ein paar Videos zu den Storys an, die du in diesem Buch gelesen hast.

Dazu einfach den folgenden Link besuchen:

https://www.youtube.com/@WolfgangDibiasi

Oder den folgenden QR-Code scannen:

Und jetzt wünsche ich dir alles erdenklich Gute auf deiner weiteren Reise durch dein eigenes Leben. Dieser Planet ist nicht sonderlich riesig. Vielleicht läuft man sich mal zufällig irgendwo am Ende der Welt über den Weg!

Mit besten Grüßen
Wolfgang Dibiasi

Liebe Leserin, lieber Leser,

hat Ihnen dieses Buch gefallen?
Ihr Feedback, Ihre Anregungen und Ihre Kritik bedeuten uns viel, denn sie helfen uns, unsere Bücher kontinuierlich zu verbessern.

Die Meinung und Zufriedenheit unserer geschätzten Leserinnen und Leser stehen im Mittelpunkt unseres Schaffens. Ihre Gedanken sind uns wichtig.

Zögern Sie daher nicht, uns zu kontaktieren und Ihre Gedanken mit uns zu teilen. Senden Sie uns einfach eine E-Mail an:
feedback@eulogiaverlag.de

Besuchen Sie auch gern unsere Verlagsseite und entdecken Sie weitere spannende Bücher unter:
www.eulogiaverlag.de

Wir sind gespannt auf Ihre Nachricht und freuen uns darauf, von Ihnen zu hören!

Herzlichst
Ihr **Eulogia Verlag**